教育部高职高专化工技术类专业教学指导委员会推荐教材

无机及分析化学简明教程

（第2版）

主　编　王立晖　王　静
副主编　牛红军　刘美玲　齐　菲　董艳萍
参　编　岳　鹍　高　红　于韶梅　吕春晖
　　　　刘　佳　刘　晨　马倩影
主　审　王　芃

U0218208

天津大学出版社
TIANJIN UNIVERSITY PRESS

图书在版编目(CIP)数据

无机及分析化学简明教程/王立晖,王静主编. —天津:天津大学出版社,2007.10(2015.1重印)

ISBN 978 - 7 - 5618 - 2543 - 3

Ⅰ.无… Ⅱ.①王… 王… Ⅲ.①无机化学 – 高等学校 – 教材 ②分析化学 – 高等学校 – 教材 Ⅳ.061 065

中国版本图书馆 CIP 数据核字(2007)第 145360 号

出版发行	天津大学出版社
出版人	杨欢
地 址	天津市卫津路 92 号天津大学内(邮编:300072)
电 话	发行部:022 – 27403647 邮购部:022 – 27402742
印 刷	昌黎太阳红彩色印刷有限责任公司
经 销	全国各地新华书店
开 本	169mm×239mm
印 张	25
字 数	557千
版 次	2007 年 10 月第 1 版 2015 年 1 月第 2 版
印 次	2015 年 1 月第 3 次
印 数	5 001—7 000
定 价	55.00 元

第 2 版前言

本书第一版自 2007 年出版以来,受到同类职业院校的关注和一致好评,作为无机化学和分析化学课程的教材,在教学过程中发挥了一定的积极作用。

根据师生和同行在使用本教材过程中提出的宝贵意见和建议,以及编者结合职业教育教学改革成果和在实践教学中发现的问题,深感有必要对本书进行修订,使其更适应目前高等职业教育课程改革新形势的需要。这次修订工作体现了培养应用型、实用型人才的高等职业教育的特点,在原第一版的基础上对全书进行了全面修订,调整更新的主要内容如下。

(1)基本保留了第一版中所阐述的基础知识,但在内容上进行了优化与完善。在定量分析中的误差及分析数据的处理中增加了"置信度与平均值的置信区间"相关内容,加强了分光光度法中"分光光度计的维护和保养"的介绍。

(2)更新了部分阅读材料。随着科学技术的进步,原有的阅读材料略显陈旧,修订时删除了一部分这样的阅读材料,选择了目前与无机化学及分析化学密切相关的前沿材料。

(3)调整了部分技能训练项目。在保留了第一版大部分经典技能训练项目的基础上,增加并调整了部分技能训练项目,以更加贴切章节内容。

(4)重新编制了部分例题与"思考与练习"中的习题。

本书由国家级示范骨干校天津现代职业技术学院牵头主编和修订,同时天津职业大学和天津市环境影响评价中心等单位也参与了相关工作。王立晖负责本次修订的组织工作。王立晖、岳鹏负责第 1 章的编写修订;刘美玲、董艳萍(天津市环境影响评价中心)负责第 5、9 章的编写修订;齐菲、于韶梅(天津职业大学)负责第 2、6 章的编写修订;牛红军、刘晨负责第 10 章的编写修订;王立晖、高红、吕春晖负责第 7、8 章的编写修订;王静、刘佳、马倩影负责第 3、4 章的编写修订;编写修订由王静整理并统稿,最后由王芃教授复查主审。

由于编者水平有限,本次修订工作中难免存在疏漏,竭诚欢迎专家和读者批评指正。

编者
2014 年 12 月

前　　言

对于职业教育,实践教学是关键,相关知识教学是辅助。本教程按照高职高专教育与人才培养目标、规格和课程的基本要求编写。

目前高职院校无机和分析化学教学主要使用无机化学和分析化学两本教材,理论知识较多,不利于合理安排理论课时和突出基础实训及实验内容。为强化培养应用型、实用型人才的高职教育特点,本教程在编写中注重理论联系实际,注重对学生独立工作能力和操作技能的培养,在介绍基本概念和理论时精选通用、重要、核心部分,将无机化学与分析化学的内容有机地结合在一起,并增加了常用仪器设备的知识。此外,为强化实用性和可操作性,特在每章后增加了相关的技能训练内容和技能考核评分表,方便技能训练和考核,弥补了现在市场上同类教材在这方面的不足。

本教程可供高职高专食品类、生物类、环保类、农产品加工类及轻化工类专业作为专业基础课教材使用,也可供相关企业人员作为参考书使用。

本书共10章,由天津现代职业技术学院生物化工系的教师编写,其中第1、8章由岳鹍编写,第2章由王芃编写,第3章由刘俊花编写,第4、5章由范延辉编写,第6、7章由高红编写,第9章由于韶梅编写,第10章由王立晖编写,全书由王芃统稿。

由于编者水平所限,书中难免有缺点和错误,竭诚欢迎读者批评指正。

编者
2007 年 9 月

目　　录

1

绪论

1.1　化学研究的对象与内容

1.1.1　化学研究的对象

化学是自然科学中的一门基础学科。自然科学的研究对象是物质,而物质总是处于运动中,化学是研究物质的化学运动(即化学变化)的科学,即化学是一门在原子、分子或离子层次上研究物质组成、结构、性质、变化以及变化过程中能量关系的科学。

化学来源于生产,从最初的制陶、金属冶炼到纸的发明、火药的使用等,都可以看到化学的产生与发展是与人类最基本的生产活动紧密地联系在一起的。科学技术的发展促进了化学工业的发展,给化学科学提供了日益丰富的研究对象和物质条件,并开辟了日益广阔的研究领域。当前人类关心的能源和资源的开发、粮食的增产、人口的控制、环境的保护、海洋的综合利用以及生物工程等都离不开化学知识,化学研究的对象已经渗透到人们生活中的方方面面,化学也逐渐显示出"核心科学"的作用。

1.1.2　化学的学科分支

化学的研究范围极其广泛,按其研究对象和研究目的的不同,化学已逐渐形成了分析化学、无机化学、有机化学和物理化学等分支学科。

分析化学是一门对确定物质的化学组成,测量各组成的含量,表征物质的化学结构、形态、能态并在时空范畴跟踪其变化的各种分析方法及其相关理论的科学。19世纪初原子量的准确测定促进了分析化学的发展,这对相对分子质量数据的积累和周期律的发现都有重要作用。1841 年瑞典化学大师贝采里乌斯(J. J. Berzelius)的《化学教程》、1846 年德国分析化学家富里西尼乌斯(C. R. Fresenius)的《定量分析教程》和 1855 年德国分析化学家莫尔(E. Mohr)的《化学分析滴定法教程》等著作相继出版,其中介绍的仪器设备、分离测定方法已具今日化学分析的雏形。随着电子技术的发展,借助于光学性质和电学性质的光度分析法以及测定物质内部结构的 X 射线衍射法、红外光谱法、紫外光谱法、核磁共振法等近代仪器分析方法相继出现,这些方法可以对化学物质进行快速检测。如对运动员的兴奋剂监测,借助这些化学分析仪器,尿样中某些药物浓度即使低到 10^{-13} g·L^{-1} 时,也难逃避分析化学家们的锐利眼睛。

无机化学是研究无机物质的组成、性质、结构和反应的科学。它的形成一般以1870 年前后门捷列夫(Дмитрий Иванович Менделеев)和迈耶(J. L. Meyer)发现周期律和公布周期表为标志。他们把当时已知的 63 种元素及其化合物的零散知识归纳成一个统一整体。化学研究的成果还在不断丰富和发展周期律,周期律的发现是科学史上的一个里程碑。

有机化学是研究有机化合物的组成、结构、性质、合成及其应用的科学,有机化学作为一门学科是在 19 世纪中叶形成的。19 世纪下半叶有机化学的结构理论和有机化合物的分类相继形成。如 1861 年凯库勒(F. A. Kekule)提出碳的四价概念及 1874年范特霍夫(Van't Hoff)和勒贝尔(Le-bel)的四面体学说,至今仍是有机化学最基本的概念之一,世界有机化学权威杂志就是用"Tetrahedron"(四面体)命名的。有机化学是最大的化学分支学科,它以碳氢化合物及其衍生物为研究对象,也可以说有机化学就是"碳的化学",医药、农药、染料、化妆品等无不与有机化学有关。在有机物中有些小分子,如乙烯(C_2H_4)、丙烯(C_3H_6)、丁二烯(C_4H_6),在一定温度、压力和有催化剂的条件下可以聚合成分子量为几万、几十万的高分子材料,形成塑料、人造纤维、人造橡胶等,它们已经走进千家万户、各行各业。目前高分子材料的年产量已超过 1亿吨,预计不久的将来其总产量会大大超过各种金属总产量之和。若按使用材料的主要种类来划分时代,人类在经历了石器时代、青铜器时代和铁器时代后,目前正在迈向高分子时代。现在高分子已被列为另一个化学分支学科。

物理化学是从化学变化与物理变化的联系入手,研究化学反应的方向和限度(化学热力学)、化学反应的速率和机理(化学动力学)以及物质的微观结构和宏观性质间的关系(结构化学)等问题,它是化学学科的理论核心。1887 年奥斯特瓦尔德(W. Ostwald)和范特霍夫合作创办了《物理化学杂志》,标志着这个分支学科的形成。随着电子技术、计算机技术、微波技术等各种高新技术的发展,化学研究如虎添翼,空间分辨率现已达 10^{-10} m,这是原子半径的数量级,时间分辨率已达飞秒级(1 fs = 10^{-15} s),这和原子世界里电子运动速度差不多。肉眼看不见的原子,借助于仪器的延伸已经可被实际观测,微观世界的原子和分子不再那么神秘莫测了。

在研究各类物质的性质和变化规律的过程中,化学逐渐发展成为若干分支学科,但在探索和处理具体课题时,这些分支学科又相互联系、相互渗透。无机物或有机物的合成总是研究(或生产)的起点,在进行过程中必定要靠分析化学的测定结果来指示合成工作中原料、中间体、产物的组成和结构,这一切当然都离不开化学的理论指导。化学学科在其发展过程中还与其他学科交叉结合形成多种边缘学科,如生物化学、环境化学、农业化学、医药化学、材料化学、地球化学、放射化学、激光化学、计算化学和星际化学等。

1.2　无机及分析化学的基本内容

无机及分析化学课程是高等工科学校学习化工、应用化学、生物工程、食品科学以及农林医等与化学相关专业学生必修的第一门化学基础课程,它是培养上述几类专业工程技术人才的整体知识结构及能力结构的重要基础课程,同时也是后续化学课程的基础。

无机及分析化学课程立足于新的一门课程体系基础之上,是对原来无机化学和分析化学课程的基本理论、基本知识进行优化组合、有机结合而成的一门新课程。

无机及分析化学的基本内容如下。

(1)近代物质结构理论。研究原子结构、分子结构和晶体结构,了解物质的性质、化学变化与物质结构之间的关系。

(2)化学平衡理论。研究化学平衡原理以及平衡移动的一般规律,具体讨论酸碱平衡、沉淀溶解平衡、氧化还原平衡和配位平衡。

(3)物质组成的化学分析法及相关理论。应用平衡原理和物质的化学性质,确定物质的化学成分、测定各组分的含量,即通常所说的定性分析和定量分析,掌握基本的分析方法。

因此,无机及分析化学的基本内容可用"结构"、"平衡"、"性质"和"应用"8个字来概括。学习无机及分析化学就是要理解并掌握物质结构的基础理论、化学反应的基本原理及其具体应用,培养学生运用无机及分析化学的理论去解决一般无机及分析化学问题的能力。

化学是一门以实验为基础的科学,化学实验始终是化学工作者认识物质、改变物质的重要手段。因此无机及分析化学实验十分重要,在学习化学基本知识、基本理论的同时,必须重视实验,对自己进行严格的、科学的实验操作训练,掌握实验基本技能,培养自己良好的科学素养。

1.3　无机及分析化学的学习方法

在无机及分析化学的学习过程中,学生应注重基本概念和基本理论的理解和应用,通过分析、比较和判断,加以由此及彼、由表及里的推理和归纳,达到对概念、定律、原理和学说等不同层次知识的理解和吸收。根据各章的学习要求,学会抓住重点和主线进行学习,并学会运用这些理论去分析解决实际问题。

学生应注重培养自学能力。提倡课前预习,课后复习归纳,将知识系统化。每学完一章,应对该章内容进行书面总结,包括基本概念、基本原理、基本公式和有关计算,弄清该章的主要内容。学会充分利用图书馆,通过阅读各类参考资料,帮助自己加深对基本理论和基本知识的理解,拓宽知识面。

学生应注重理论与实践结合。重视无机及分析化学实验,结合实验巩固课堂所学理论知识,掌握实验基本操作技能,培养实事求是的科学态度以及分析问题和解决问题的能力。

技能训练一　无机及分析化学实验基础知识

一、化学实验室安全知识

化学实验室是学习、研究化学的重要场所。在实验室中,经常接触到各种化学药品和仪器。实验室常常潜藏着诸如爆炸、着火、中毒、灼伤、割伤、触电等事故的危险性。因此,实验者必须特别重视实验安全。

1. 基础化学实验守则

基础化学实验守则内容如下。

(1)实验前认真预习,明确实验目的,了解实验原理,熟悉实验内容、方法和步骤。

(2)严格遵守实验室的规章制度,实验中保持安静,实验时有条不紊,保持实验室的整洁。

(3)实验中要规范操作,仔细观察,认真思考,如实记录。

(4)爱护仪器,节约水、电、煤气和试剂药品,精密仪器使用后要在登记本上记录使用情况,并经教师检查认可。

(5)凡涉及有毒气体的实验,都应在通风橱中进行。

(6)废纸、火柴梗、碎玻璃和各种废液倒入废物桶或其他规定的回收容器中。

(7)损坏仪器应填写仪器破损单,并按规定进行赔偿。

(8)发生意外事故时应保持镇静,立即报告教师,及时处理。

(9)实验完毕,整理好仪器、药品和台面,清扫实验室,关好煤气、水、电开关和门窗。

(10)根据原始记录,独立完成实验报告。

2. 危险品的使用

有关危险品的使用,具体要求如下。

(1)浓酸和浓碱具有强腐蚀性,不要把它们洒在皮肤或衣物上。废酸应倒入废液缸中,但不要再向里面倾倒碱液,以免酸碱中和产生大量热而发生危险。

(2)强氧化剂(如高氯酸、氯酸钾等)及其混合物(氯酸钾与红磷、碳、硫等的混合物)不能研磨或撞击,否则易发生爆炸。

(3)银氨溶液放久后会变成氯化银而引起爆炸,因此用剩的银氨溶液应及时处理。

(4)活泼金属钾、钠等不要与水接触或暴露在空气中,应将它们保存在煤油中,使用时用镊子夹取。

(5)白磷有剧毒,并能灼伤皮肤,切勿与人体接触。白磷在空气中易自燃,应保存在水中,取用时,应在水下进行切割,用镊子夹取。

(6)氢气与空气的混合物遇火要发生爆炸,因此产生氢气的装置要远离明火。点燃氢气前,必须先检查氢气的纯度。进行产生大量氢气的实验时,应把废气通至室外,并注意室内的通风。

(7)有机溶剂(乙醇、乙醚、苯、丙酮等)易燃,使用时一定要远离明火。用后要把瓶塞塞严,放在阴凉的地方,最好放入沙桶内。

(8)进行能产生有毒气体(如氟化氢、硫化氢、氯气、一氧化碳、二氧化碳、二氧化氮、二氧化硫、溴等)的反应时,加热盐酸、硝酸和硫酸时,均应在通风橱中进行。

(9)汞易挥发,在人体内会积累起来,引起慢性中毒。可溶性汞盐、铬的化合物、氰化物、砷盐、锑盐、铜盐和钡盐都有毒,不得入口或接触伤口,其废液也不能倒入下水道,应统一回收处理。为了减少汞液面的蒸发,可在汞液面上覆盖化学液体,其中甘油的效果最好,5%的 $Na_2S \cdot 9H_2O$ 溶液次之,水的效果最差。对于溅落的汞应尽量用毛刷蘸水收集起来,直径大于 1 mm 的汞颗粒可用吸耳球或真空泵抽吸的捡汞器捡起来。洒落过汞的地方可以洒上多硫化钙、硫磺粉或漂白粉,或喷洒药品使汞生成不挥发的难溶盐,并要扫除干净。

3. 化学中毒和化学灼伤事故的预防

对于化学中毒和化学灼伤事故的预防应注意以下几点。

(1)保护好眼睛,防止眼睛受到刺激性气体的熏染,防止任何化学药品特别是强酸、强碱等异物进入眼内。

(2)禁止用手直接取用任何化学药品,使用毒品时,除用药匙、量器外,必须戴橡皮手套,实验后马上清洗仪器用具,立即用肥皂洗手。

(3)尽量避免吸入任何药品和溶剂的蒸气。处理具有刺激性、恶臭和有毒的化学药品时,如 H_2S、NO_2、Cl_2、Br_2、CO、SO_2、HCl、HF、浓硝酸、发烟硫酸、浓盐酸、乙酰氯等,必须在通风橱中进行。通风橱使用过程中,不要把头伸入橱内,并保持实验室通风良好。

(4)严禁在酸性介质中使用氰化物。

(5)用移液管、吸量管移取浓酸、浓碱、有毒液体时,禁止用口吸取,应该用吸耳球吸取。严禁冒险品尝药品试剂,不得用鼻子直接嗅气体,而是用手向鼻孔扇入少量气体。

(6)实验室内禁止吸烟、进食,禁止穿拖鞋。

4. 一般伤害的救护

一旦在实验室中受到伤害,应及时进行如下救护。

(1)割伤。可用消毒棉棒把伤口清理干净,若有玻璃碎片需小心挑出,然后涂以紫药水等抗菌药物消炎并包扎。

(2)烫伤。一旦被火焰、蒸汽、红热的玻璃或铁器等烫伤时,立即将伤处用大量清水冲洗,以迅速降温,避免深度烧伤。若起水泡,不宜挑破,用纱布包扎后送医院治疗;对轻微烫伤,可用浓高锰酸钾溶液润湿伤口至皮肤变为棕色,然后涂上獾油或烫伤膏。

（3）受酸腐蚀。先用大量水冲洗,以免深度烧伤,再用饱和碳酸氢钠溶液或稀氨水冲洗,最后再用水冲洗。如果酸溅入眼内也用此法,只是碳酸氢钠溶液改用1%的浓度,禁用稀氨水。

（4）受碱腐蚀。先用大量水冲洗,再用醋酸（20 g·L⁻¹）冲洗,最后用水冲洗。如果碱溅入眼内,可用硼酸溶液洗,再用水洗。

（5）受溴灼伤。被溴灼伤后的伤口一般不易愈合,必须严加防范。凡用溴时都必须预先配制好适量的20%的硫代硫酸钠溶液备用。一旦有溴沾到皮肤上,立即用硫代硫酸钠溶液冲洗,再用大量的水冲洗干净,包上消毒纱布后就医。

（6）白磷灼伤。用1%的硝酸银溶液、1%的硫酸铜溶液或浓高锰酸钾溶液洗后进行包扎。

（7）吸入刺激性气体。可吸入少量酒精和乙醚的混合蒸气,然后到室外呼吸新鲜空气。

（8）毒物进入口内。把5～10 mL的稀硫酸铜溶液倒入一杯温水中,内服后用手伸入喉部,促使呕吐,吐出毒物,再送医院治疗。

5. 灭火常识

实验室内万一着火,要根据起火的原因和火场周围的情况,采取不同的扑灭方法,防止火势扩展,停止加热,停止通风,关闭电闸,移走一切可燃物。

一般的小火可用湿布、石棉布或沙土覆盖在着火的物体上灭火;衣物着火时,切不可慌张乱跑,应立即用湿布或石棉布压灭火焰,如燃烧面积较大,可躺在地上,就地打滚灭火;能与水发生剧烈作用的化学药品（金属钠）或比水轻的有机溶剂着火,不能用水扑救,否则会引起更大的火灾;使用灭火器也要根据不同的情况选择不同的类型。常用灭火器及其适用范围如表1.1。

表1.1　常用灭火器及其适用范围

灭火器类型	药液成分	适用范围
酸碱灭火器	H_2SO_4 和 $NaHCO_3$	非油类物质和电器失火的一般初期火灾
泡沫灭火器	$Al_2(SO_4)_3$ 和 $NaHCO_3$	适用于油类起火
二氧化碳灭火器	液态 CO_2	适用于扑灭电器设备、小范围的油类及忌水的化学药品的失火
四氯化碳灭火器	液态 CCl_4	适用于扑灭电器设备、小范围的汽油和丙酮等失火,不能用于扑灭活泼金属钾、钠的失火,电石、CS_2 失火也不能使用它
干粉灭火器	主要成分是碳酸氢钠等盐类物质与适量的润滑剂和防潮剂	扑救油类、可燃性气体、电器设备、精密仪器、图书文件等物品的初期火灾

二、实验室的"三废"处理

根据绿色化学的基本原则,化学实验室应尽可能选择对环境无毒害的实验项目。

对确实无法避免排放出废气、废渣和废液(这些废弃物又称"三废")的实验项目,如果对"三废"不加处理而任意排放,不仅污染周围空气、水源和环境,造成公害,而且"三废"中的有用或贵重成分不能回收,在经济上也是个损失。因此化学实验室的三废处理问题是很重要且有意义的问题。

化学实验室的环境保护应该规范化、制度化,应对每次产生的废气、废渣和废液进行处理。应要求教师和学生对化学"三废"按照国家要求的排放标准进行处理,把用过的酸类、碱类、盐类等各种废液、废渣分别倒入各自的回收容器内,再根据各类废弃物的特性,采取中和、吸收、燃烧、回收循环利用等方法进行处理。

1. 实验室的废气

实验室中凡可能产生有害废气的操作都应在有通风装置的条件下进行,如加热酸、碱溶液及产生少量有毒气体的实验。汞的操作室必须有良好的全室通风装置,其抽风口通常在墙的下部。实验室若排放毒性大且较多的气体,可参考工业上废气处理的办法,在排放废气之前,采用吸附、吸收、氧化、分解等方法进行预处理。

2. 实验室的废渣

实验室产生的有害固体废渣虽然不多,但决不能将其与生活垃圾混倒。固体废弃物经回收、提取有用物质后,其残渣仍是多种污染物的存在状态,此时方可对它进行最终的安全处理,其安全处理方法常有以下几种。

(1)化学稳定。对少量(如放射性废弃物等)高危险性物质,可将其通过物理或化学的方法进行固化,再进行深地填埋。

(2)土地填埋。这是许多国家对固体废弃物最终处理的主要方法。要求被填埋的废弃物应是惰性物质或经微生物分解已为无害的物质;填埋场地应远离水源,场地底土不透水,不能穿入地下水层;填埋场地可改建为公园或草地。因此,这是一项综合性的环保工程技术。

3. 实验室的废液

化学实验室产生的废弃物很多,但以废液为主。实验室产生的废液种类繁多,组成变化大,应根据废液的性质分别处理。

(1)废酸液可先用耐酸塑料网纱或玻璃纤维过滤,滤液加碱中和,调 pH 至 6~8 后就可排出,少量滤渣可埋于地下。

(2)废洗液可用高锰酸钾氧化法使其再生后使用。少量的废洗液可加废碱液或石灰使其生成 $Cr(OH)_3$ 沉淀,将沉淀埋于地下即可。

(3)氰化物是剧毒物质,少量的含氰废液可先加 NaOH 调至 pH 大于 10,再加入几克高锰酸钾使 CN^- 氧化分解。大量的含氰废液可用碱性氯化法处理,即先用碱调至 pH 大于 10,再加入次氯酸钠,使 CN^- 氧化成氰酸盐,并进一步分解为 CO_2 和 N_2。

(4)含汞盐的废液先调 pH 至 8~10,然后加入过量的 Na_2S,使其生成 HgS 沉淀,并加 $FeSO_4$ 与过量 Na_2S 生成 FeS 沉淀,从而吸附 HgS 沉淀下来。离心分离,清液含汞量降到 $0.02\ mg \cdot L^{-1}$ 以下,方可排放。少量残渣可埋于地下,大量残渣可用焙烧法回收汞,但应注意一定要在通风橱中进行。

(5)含重金属离子的废液,最有效和最经济的处理方法是加碱或加 Na_2S 把重金属离子变成难溶性的氢氧化物或硫化物而沉淀下来,过滤后,残渣可埋于地下。

三、化学试剂的取用和存放

实验中应根据不同的要求选用不同级别的试剂。化学试剂在实验室分装时,一般把固体试剂装在广口瓶中;把液体试剂或配制的溶液盛放在细口瓶或带有滴管的滴瓶中;把见光易分解的试剂或溶液(如硝酸银等)盛放在棕色瓶内。每一试剂瓶上都贴有标签,上面写有试剂的名称、规格或浓度(溶液)以及日期,并在标签外面涂上一层蜡来保护它。

1. 固体试剂的取用规则

固体试剂的取用规则如下所示。

(1)用干净的药勺取用,用过的药勺必须洗净。

(2)试剂取用后应立即盖紧瓶盖。

(3)多取出的药品不要再倒回原瓶。

(4)一般试剂可放在干净的纸或表面皿上称量,具有腐蚀性、强氧化性或易潮解的试剂不能在纸上称量,应放在玻璃容器内称量。

(5)有毒药品要在教师指导下取用。

2. 液体试剂的取用规则

在取用液体试剂时,应按如下规则取用。

(1)从滴瓶中取用液体试剂时,要用滴瓶中的滴管取用,滴管不要触及所接收的容器,以免污染药品。装有药品的滴管不得横置或滴管口向上斜放,以免液体流入滴管的胶皮帽中。

(2)用倾注法从细口瓶中取用试剂,将瓶塞取下,反放在桌面上,手握住试剂瓶上贴标签的一面,慢慢倾斜瓶子,让试剂沿着洁净的瓶口流入试管或沿着洁净的玻璃棒注入烧杯中。取出所需量后,将试剂瓶口在接收容器上靠一下,再慢慢竖起瓶子,以免遗留在瓶口的液体涌流到瓶的外壁。

(3)在试管里进行某些不需要准确体积的实验时,可以估算试剂取用量,如用滴管取,1 mL 相当于多少滴,5 mL 液体占一个试管容量的几分之几等。倒入试管里的溶液量,一般不超过其容积的1/3。

(4)定量取用试剂时,用量筒或移液管取。

3. 特殊化学试剂(汞,金属钠、钾)的存放

(1)汞。汞易挥发,在人体内会积累,引起慢性中毒。因此,汞不能直接暴露在空气中,汞要存放在厚壁器皿中,保存汞的容器内必须加水将汞覆盖,使其不能挥发。玻璃瓶装汞只能至半满。

(2)金属钠、钾。此类活泼金属通常应保存在煤油中,放在阴凉处。使用时先在煤油中将其切割成小块,再用镊子夹取,并用滤纸把煤油吸干。切勿与皮肤接触,以免烧伤。未用完的金属碎屑不能乱丢,可加少量酒精,令其缓慢反应掉。

四、常用仪器及基本操作

常用仪器及基本操作见表1.2。

表1.2 常用仪器及基本操作

仪器名称	规格	用途	注意事项
试管 离心试管	分硬质试管、软质试管、普通试管和离心试管。普通试管以管口外径(mm)×长度(mm)表示，如25 mm×100 mm、10 mm×15 mm等。离心试管以容量(mL)表示	用作少量试剂的反应容器，便于操作和观察。离心试管还可用作定性分析中的沉淀分离	可直接用火加热；硬质试管可以加热至高温；加热后不能骤冷，特别是软质试管更容易破裂；离心试管只能水浴加热
试管架	有木质、铝质、塑料等不同材质的	放试管用	
试管夹	由木头、钢丝或塑料制成	夹试管用	防止烧损或锈蚀
毛刷	按大小和用途分类，如试管刷、滴定管刷等	洗刷玻璃仪器用	小心刷子顶端的铁丝撞破玻璃仪器
烧杯	玻璃质，分硬质和软质，有一般型和高型，有刻度型和无刻度型。规格按容量(mL)大小表示	用作反应物量较多时的反应容器，反应物易混合均匀。也用来配制溶液加速物质的溶解，促进溶剂的蒸发	加热时应放置在石棉网上，使受热均匀
烧瓶	玻璃质，分硬质和软质，有平底、圆底、长颈、短颈几种及标准磨口烧瓶。规格按容量(mL)大小表示。磨口烧瓶以标号表示其口径大小，如14、19等	反应物多且需长时间加热时，常用它作反应容器	加热时应放置在石棉网上，使受热均匀
锥形瓶	玻璃质。规格按容量(mL)大小表示	反应容器。便于振荡，适用于滴定操作	加热时应放置在石棉网上，使受热均匀

续表

仪器名称	规格	用途	注意事项
量筒　量杯	玻璃质,以所能量度的最大容积(mL)表示	用于量度一定体积的液体	不能加热;不能用作反应容器;不能量取热溶液
容量瓶	玻璃质,以刻度以下的容积(mL)大小表示	精确配制一定浓度的溶液,配制准确浓度的溶液时用	配制时液面应恰在刻度上
滴定管(与支架)	玻璃质,分酸式和碱式两种,规格按刻度最大标度表示。还有一种滴定管为通用型滴定管,它带有聚四氟乙烯旋塞。	用于滴定或准确量取液体体积	不能加热或量取热的液体或溶液;酸式滴定管的玻璃活塞是配套的,不能互换使用
称量瓶	玻璃质,规格以外径(mm)×高(mm)表示,分扁型和高型两种	差减法称量一定量的固体样品时用	不能直接用火加热,瓶和塞是配套的,不能互换
干燥器	玻璃质,规格以外径(mm)大小表示;分普通干燥器和真空干燥器	内放干燥剂,可保持样品或产物的干燥	防止盖子滑动打碎,灼热的东西待稍冷后才能放入
药勺	由牛角、陶瓷或塑料制成,现多数由塑料制成	取固体样品用,药勺两端各有一勺,一大一小,根据用药量的大小分别选用	取用一种药品后,必须洗净,并用滤纸擦干后,才能取另一种药品

仪器名称	规格	用途	注意事项
滴瓶 细口瓶 广口瓶	一般多为玻璃质	广口瓶用于盛放固体样品;细口瓶、滴瓶用于盛放液体样品;不带磨口的广口瓶可用作集气瓶	不能直接用火加热;瓶塞不要互换;不能盛放碱液,以免腐蚀塞子
表面皿	以口径大小表示,质地为玻璃	盖在烧杯上,防止液体进溅或其他用途	不能用火直接加热
(a) (b) (c) (d) 漏斗和长颈漏斗	以口径大小表示,质地为玻璃	用于过滤等操作;长颈漏斗特别适用于定量分析中的过滤操作	不能用火直接加热
吸滤瓶和布氏漏斗	布氏漏斗为瓷质,以容量或口径大小表示;吸滤瓶为玻璃质,以容量大小表示	两者配套用于沉淀的减压过滤(利用水泵或真空泵降低吸滤瓶中压力时将加速过滤)	滤纸要略小于漏斗的内径才能贴紧,不能用火直接加热
(a) (b) 分液漏斗	以容积大小和形状(球形、梨形)表示,玻璃质	用于互不相溶的液–液分离;也可用于少量气体发生器装置中加热	不能用火直接加热;漏斗塞子不能互换,活塞处不能漏液
蒸发皿	以口径或容积大小表示,用瓷、石英或铂制作	蒸发浓缩液体用;根据液体性质的不同可选用不同材质的蒸发皿	能耐高温,但不宜骤冷;蒸发溶液时,一般放在石棉网上加热

仪器名称	规格	用途	注意事项
坩埚	以容积(mL)大小表示；用瓷、石英、铁、镍或铂制作	灼烧固体时用；根据固体性质的不同可选用不同材质的坩埚	可直接用火灼烧至高温,热的坩埚稍冷后移入干燥器中存放
泥三角	由铁丝弯成并套有瓷管,有大小之分	灼烧坩埚时放置坩埚用	
石棉网	由铁丝编成,中间有石棉,有大小之分	石棉是一种不良导体,它能使受热物体均匀受热,避免造成局部高温	不能与水接触,以免石棉脱落或铁丝锈蚀
铁架台		用于固定或放置反应容器,铁环还可以代替漏斗架使用	
三脚架	铁制品,有大小、高低之分,比较牢固	放置较大或较重的加热容器	
研钵	用瓷、玻璃、玛瑙或铁制成,规格以口径大小表示	用于研磨固体物质或固体物质的混合；按固体的性质和硬度选择不同的研钵	不能用火直接加热,大块固体物质只能碾压,不能捣碎
燃烧匙	铁制品或铜制品	检验物质可燃性用	用后立即洗净,并将匙勺擦干

续表

仪器名称	规格	用途	注意事项
水浴锅	铜制品或铝制品	用于间接加热,也用于控温实验	用于加热时,防止将锅内水烧干;用完后将锅内水倒掉,并擦干锅体,以免腐蚀

技能训练二　常用仪器的洗涤、干燥及一般溶液的配制

一、实验目的

(1)了解基础化学实验的目的要求。

(2)熟悉实验室内的水、电、气的走向和开关。

(3)学习并掌握化学实验室安全知识,学会实验室事故的应急处理方法。

(4)了解实验室"三废"的处理方法,树立绿色化学意识。

(5)了解常用仪器的主要用途、使用方法及玻璃仪器的洗涤与干燥方法。

(6)学习试剂的取用、台秤的使用等基本操作。

(7)学习一般溶液的配制方法。

二、实验仪器和药品

实验仪器:台秤(精度 0.1 g)、毛刷等。

实验药品:去污粉、洗液、乙醇(CP)、NaOH(固)、H_2SO_4(浓)、HCl(浓)、$SnCl_2 \cdot 2H_2O$(固)、$Pb(NO_3)_2$(固)、$Bi(NO_3)_3 \cdot 5H_2O$(固)。

三、基本操作

1. 一般溶液常用的 3 种配制方法

(1)直接水溶法。对一些易溶于水而不易水解的固体试剂如 KNO_3、KCl、NaCl 等,先算出所需固体试剂的量,用台秤或分析天平称出所需量,放入烧杯中,以少量蒸馏水搅拌使其溶解后,再稀释至所需的体积。若试剂溶解时有放热现象,或以加热促使溶解的,待其冷却后,再移至试剂瓶或容量瓶,贴上标签备用。

(2)介质水溶法。对易水解的固体试剂如 $FeCl_3$、$SbCl_3$、$BiCl_3$ 等,配制其溶液时,称取一定量的固体,加入适量的酸(或碱)使之溶解,再以蒸馏水稀释至所需体积,摇匀后转入试剂瓶。在水中溶解度较小的固体试剂如固体 I_2,可选用 KI 水溶液溶解,摇匀后移入试剂瓶。

(3)稀释法。对于液态试剂如盐酸、硫酸等,配制其稀溶液时,用量筒量取所需浓溶液的量,再用适量的蒸馏水稀释。配制硫酸溶液时,需特别注意,应在不断搅拌下将浓硫酸缓缓倒入盛水的容器中,切不可颠倒操作顺序。

易发生氧化还原反应的溶液如 Sn^{2+}、Fe^{2+} 溶液,为防止其在保存期间失效,应分

别在溶液中倒入一些锡粒和铁粉。

见光容易分解的试剂要注意避光保存,如 $AgNO_3$、$KMnO_4$、KI 等溶液应贮于棕色容器中。

2. 常用仪器的洗涤与干燥

1)检查仪器

按照发给自己的仪器单检查、认识常用仪器,对照仪器填写仪器单(即名称、规格、数量)。

2)洗涤练习

(1)用自来水洗刷发给个人使用的全部仪器。

(2)用去污粉洗刷表面皿、400 mL 的烧杯,然后用自来水冲洗干净,看是否符合要求,若符合要求后,再用蒸馏水冲洗 3 遍。

(3)用洗液洗 1 个称量瓶和 2 支试管(注意洗液用后倒回原瓶),然后用自来水冲洗,符合要求后,再用蒸馏水冲洗 3 遍。

3)仪器的干燥

(1)将上面洗干净的 400 mL 烧杯放在石棉网上用酒精灯小火烤干。

(2)将已洗净的试管用试管夹夹住,小火加热烤干。

(3)将洗净的两支试管尽量倾去水,用少量酒精润湿后倒出,晾干或吹干。

(4)将洗净的称量瓶和瓶盖,倒置于 1 个干净的表面皿上放入橱内,晾干备用。

四、实验内容

1. 配制 $0.1 \ mol \cdot L^{-1}$ 的 NaOH 溶液 500 mL

首先计算出所需 NaOH 固体的质量,按固体试剂取用规则,在台秤上用烧杯称取 NaOH(不能用纸),加入少量蒸馏水,搅拌使其完全溶解,加水稀释至 500 mL。待溶液冷却后,再将溶液倒入带标签的试剂瓶内,备用。

2. 用浓 HCl($12 \ mol \cdot L^{-1}$)配制 $0.1 \ mol \cdot L^{-1}$ 的 HCl 溶液 500 mL

计算出所需浓 HCl 的体积,按液体试剂取用规则,量取所需要的浓 HCl,再加水稀释至 500 mL,倒入带标签的试剂瓶内备用。

3. 配制 $3 \ mol \cdot L^{-1}$ 的 H_2SO_4 溶液 100 mL

计算出所需浓 H_2SO_4 的体积,按液体试剂取用规则,量取所需要的浓 H_2SO_4,搅拌下将浓 H_2SO_4 沿烧杯壁慢慢倒入 50 mL 水中,然后再稀释至 100 mL,待冷至室温后倒入带标签的回收瓶内备用。

4. 介质水溶法配制易水解盐的溶液

(1)Pb^{2+}、Bi^{3+} 各为 $0.01 \ mol \cdot L^{-1}$ 混合液的配制。称取 0.3 g $Pb(NO_3)_2$ 和 0.5 g 的 $Bi(NO_3)_3 \cdot 5H_2O$,加 3 mL $0.5 \ mol \cdot L^{-1}$ HNO_3 溶解,并用 $0.1 \ mol \cdot L^{-1}$ HNO_3 稀释至 100 mL,倒入带标签的回收瓶内备用。

(2)100 mL $0.1 \ mol \cdot L^{-1}$ $SnCl_2$ 溶液的配制。称取 2.3 g $SnCl_2 \cdot 2H_2O$ 固体,溶于 4 mL 浓 HCl 中,加水稀释至 100 mL,临用时配制,为防止二价锡氧化,需加些锡

粒,倒入带标签的回收瓶内备用。

5. 铬酸洗液的配制

25 g 的 $K_2Cr_2O_7$ 放入 500 mL 烧杯中,加水 50 mL,加热溶解,冷却后,不断搅拌下,慢慢加入 450 mL 浓 H_2SO_4,装入试剂瓶内备用。

五、技能考核评分标准

序号	评分点	配分	评分标准		扣分	得分	考评员
1	填写仪器单	6	准确填写名称、规格、数量	(6分)			
2	玻璃仪器的清洗	10	清洗干净,不挂水珠	(5分)			
			质量记录准确	(5分)			
3	0.1 mol·L⁻¹ NaOH 溶液的配制	16	称取装置适当	(4分)			
			正确使用台秤	(5分)			
			配制后溶液的体积符合要求	(3分)			
			配制溶液所倒入的试剂瓶填写标签	(3分)			
			正确记录数据	(1分)			
4	0.1 mol·L⁻¹ HCl 溶液的配制	18	通风橱下操作	(5分)			
			浓 HCl 移取适当	(6分)			
			配制溶液所倒入的试剂瓶填写标签	(3分)			
			配制后的溶液体积符合要求	(3分)			
			正确记录数据	(1分)			
5	3 mol·L⁻¹ H₂SO₄ 溶液的配制	20	在通风橱下操作	(4分)			
			浓 H₂SO₄ 移取适当	(5分)			
			浓 H₂SO₄ 与水混合的顺序正确	(5分)			
			配制溶液所倒入的试剂瓶填写标签	(2分)			
			配制后的溶液体积符合要求	(3分)			
			正确记录数据	(1分)			
6	实验后的结束工作	10	洗涤仪器	(5分)			
			台面清洁	(5分)			
7	分析结果	10	记录准确	(5分)			
			结果与参照值误差不大	(5分)			
8	考核时间	10	考核时间为 120 min。超过时间 10 min 扣 2 分,超过 20 min 扣 4 分,以此类推,直至本题分数扣完为止				

2

定量分析中的误差及分析数据的处理

基本知识与基本技能

1. 掌握分析误差的分类和表示方法。
2. 掌握有效数字的修约及运算规则。
3. 了解分析数据的表示方法。
4. 掌握可疑数据的取舍规则。
5. 熟练掌握定量分析结果表示方法的技能。
6. 熟练掌握正确出具实验报告的技能。

测量是人类认识和改造客观世界必不可少的手段之一。对自然界所发生的量变现象的研究,常常借助于各种各样的实验与测量来完成。由于认识能力不足和科学水平的限制,测得的数值和真实值并不一致,这种在数值上的差别就是误差。随着科学技术水平的提高和人们经验、技巧及专门知识的丰富,误差被控制在越来越小的范围内,但却不能使误差降低为零。科学研究中,在一定条件下尽可能将误差降低到最小,并且能对自己和别人的分析结果作出正确的评价,还应当能找出产生误差的原因及减少误差的途径。

2.1 定量分析中的误差

2.1.1 误差的分类

根据误差的性质和产生原因不同,可将误差分为系统误差和偶然误差(又称随机误差)两大类。

1. 系统误差

系统误差是由分析过程中的某些固定因素所造成的误差。系统误差在重复测定中会反复出现,使得测定结果比真实值偏高或偏低。这种误差既然有一定的规律性,就可以查明原因予以校正,因此又称为可测误差。产生系统误差的主要原因有以下几种。

(1)仪器误差。主要是由于仪器本身不够准确或未经校准引起的,如量器(容量瓶、滴定管等)和仪表刻度不准。

(2)试剂误差。由于试剂不纯或蒸馏水中含有微量杂质所引起。

(3)操作误差。主要指在正常操作情况下,由于分析工作者掌握操作规程与控制条件不当所引起的,如滴定管读数总是偏高或偏低。

(4)方法误差。由分析方法本身所造成的误差,如滴定分析中,由于指示剂确定的滴定终点和化学计量点不完全重合以及副反应的发生都有可能系统地使测定结果偏高或偏低。

系统误差的特性是重复出现、恒定不变(一定条件下)、单向性、大小可测出并可校正,故可以用对照试验、空白试验、校正仪器等办法加以校正。

2. 偶然误差(随机误差)

偶然误差产生的原因与系统误差不同,它是由于某些偶然因素所引起,如测定时环境的温度、湿度和气压的微小波动,以及其性能的微小变化等。偶然误差的特性是有时正、有时负,有时大、有时小,难控制,方向大小不固定,好像无规律可循。

偶然误差的特点是在消除系统误差后,在同样条件下进行多次测定,其结果分布服从统计学正态分布规律,可用统计学方法来处理。

2.1.2 测定值的准确度与精密度

1. 准确度与误差

准确度是测量值(x)与真实值(μ)之间的符合程度。它们之间的差距越小,则分析结果的准确度越高,它说明测定结果的可靠性,常用误差值来度量,绝对误差表示为:

$$绝对误差 = 个别测得值 - 真实值$$
$$E_a = x - \mu \tag{2-1}$$

但绝对误差没有与被测物质的总量联系起来,故不能完全地说明测定的准确度。如果被称量物质的质量分别为 1 g 和 0.1 g,称量的绝对误差同样都是 0.000 1 g,而误差对测定结果准确度的影响却不同,故分析结果的准确度常用相对误差表示:

$$E_r = \frac{x - \mu}{\mu} \times 100\% \tag{2-2}$$

E_r 反映了误差在真实值中所占的比例,故用来比较在各种情况下测定结果的准确度较为合理。

2. 精密度与偏差

在实际的分析工作中,真实值并不知道,一般是取多次测定值的算术平均值表示分析结果,即:

$$\bar{x} = \frac{x_1 + x_2 + \cdots + x_n}{n} = \frac{1}{n}\sum_{i=1}^{n} x_i \tag{2-3}$$

式中　n—测量次数

在真实值不知道的情况,可以用偏差的大小来衡量测定结果的好坏。

偏差也称为表观误差,是指各次测定值与测定的算术平均值之间的差值。偏差的大小可以表示分析结果的精密度,偏差越小说明测定的精密度越高。

精密度是在同一条件下对同一样品进行多次测定测定结果的相互符合程度,表达了测定结果的重复性和再现性,用偏差表示。偏差也分为绝对偏差和相对偏差。

(1)绝对偏差。是指在一组平行测定值中,单次测定值(x_i)与算术平均值 $\bar{x}$ 之间的差,称为该测定值的绝对偏差 d_i,简称偏差:$d_i = x_i - \bar{x}$。

(2)相对偏差。是指偏差在算术平均值中所占的比例,相对偏差 $= \dfrac{d_i}{x}$。

由于各次测定值对于平均值的偏差有正有负,因此偏差之和等于零。为了说明分析结果的精密度,通常用平均偏差($\bar{d}$)来衡量,$\bar{d}$ 表示为:

$$\bar{d} = \frac{\sum_{i=1}^{n} |d_i|}{n} = \frac{\sum_{i=1}^{n} \left| (x_i - \bar{x}) \right|}{n} \tag{2-4}$$

$$相对平均偏差 = \frac{\bar{d}_i}{\bar{x}} \times 100\% \tag{2-5}$$

用平均偏差表示精密度比较简单,但不足之处是在一系列测定中,小的偏差测定总次数总是占多数,而大的偏差的测定次数总是占少数。如果按总的测定次数求平均偏差,所得结果会偏小,大的偏差得不到应有的反映。因此,在数据处理中,常用标准偏差表示精密度。

3. 标准偏差和相对标准偏差

(1)总体标准偏差。当测定次数较多时($n > 30$ 次),测定的平均值接近真实值。此时总体标准偏差用 σ 表示:

$$\sigma = \sqrt{\frac{\sum_{i=1}^{n} (x_i - \mu)^2}{n}} \tag{2-6}$$

(2)样本标准偏差。在实际测定中,测定次数有限(一般 $n < 30$),此时在统计学中用样本的标准偏差 s 来衡量分析数据的分散程度:

$$s = \sqrt{\frac{\sum_{i=1}^{n} (x_i - \bar{x})^2}{n-1}} \tag{2-7}$$

式中 $n-1$ 为自由度,它说明在 n 次测定中,只有 $n-1$ 个可变偏差,引入 $n-1$ 主要是为了校正以样本平均值代替总体平均值所引起的误差,即:

$$\lim_{n \to \infty} \frac{\sum (x_i - \bar{x})^2}{n-1} \approx \frac{\sum (x_i - \mu)^2}{n} \tag{2-8}$$

而使 $s \to \sigma$。

（3）变异系数。样本的相对标准偏差也称变异系数，表示为：

$$s_r = \frac{s}{\bar{x}} \times 100\% \qquad (2-9)$$

（4）样本平均值的标准偏差。平均值的标准偏差与测定次数的平方根成反比，表示为：

$$s_{\bar{x}} = \frac{s}{\sqrt{n}} \qquad (2-10)$$

4. 准确度与精密度的关系

如何从精密度和准确度两个方面评价分析结果呢？

图 2.1 是甲、乙、丙、丁四个人分析同一水泥试样中氧化钙含量的结果示意图。图中 65.15% 处的虚线表示的是真实值。由图可见，甲的分析结果准确度与精密度都较好，结果可靠；乙的分析结果精密度虽然很高，但准确度较低；丙的分析结果精密度与准确度都很差；丁的分析结果平均值虽然接近真实值，但几个测定数据之间却彼此分散，仅仅是正负误差相互抵消而使平均

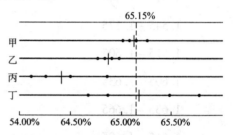

图 2.1　不同人员分析同一试样的结果
（+表示个别测定，|表示平均值）

结果恰巧接近真实值，是不可靠的。由以上的实例分析可知，精密度高，准确度不一定高；准确度高，精密度一定要好。精密度是保证准确度的先决条件，精密度高的分析结果才有可能获得高准确度，准确度是反映系统误差和随机误差两者的综合指标。

2.1.3　随机误差的正态分布

1. 频率分布

在相同条件下，对某样品中镍的质量分数（%）进行重复测定，得到 90 个测定值如下：

1.60	1.67	1.67	1.64	1.58	1.64	1.67	1.62	1.57	1.60
1.59	1.64	1.74	1.65	1.64	1.61	1.65	1.69	1.64	1.63
1.65	1.70	1.63	1.62	1.70	1.65	1.68	1.66	1.69	1.70
1.70	1.63	1.67	1.70	1.70	1.63	1.57	1.59	1.62	1.60
1.53	1.56	1.58	1.60	1.58	1.59	1.61	1.62	1.55	1.52
1.49	1.56	1.57	1.61	1.64	1.50	1.53	1.53	1.59
1.66	1.63	1.54	1.66	1.64	1.64	1.64	1.62	1.62	1.65
1.60	1.63	1.62	1.61	1.65	1.60	1.64	1.63	1.54	1.61
1.60	1.64	1.65	1.59	1.58	1.59	1.60	1.67	1.68	1.69

首先视样本容量的大小将所有数据分成若干组，容量大时分为 10~20 组，容量小时（$n<50$）分为 5~7 组，本例分为 9 组。再将全部数据由小至大排列成序，找出

其中最大值和最小值,算出极差 R。由极差除以组数算出组距。本例中的 $R = 1.74\%$ $-1.49\% = 0.25\%$,组距 $= R/9 = 0.25\%/9 = 0.03\%$。每组内两个数据相差 0.03%,如 $1.48 - 1.51$、$1.51 - 1.54$ 等。为了使每一个数据只能进入某一组内,将组界值较测定值小数点后多取一位,即 $1.485 - 1.515$、$1.515 - 1.545$、$1.545 - 1.575$ 等。

统计测定值落在每组内的个数(称为频数),再计算出数据出现在各组内的频率(即相对频数)。

分组(%)	频数	频率
1.485 - 1.515	2	0.022
1.515 - 1.545	6	0.067
1.545 - 1.575	6	0.067
1.575 - 1.605	17	0.189
1.605 - 1.635	22	0.244
1.635 - 1.665	20	0.222
1.665 - 1.695	10	0.111
1.695 - 1.725	6	0.067
1.725 - 1.755	1	0.011
$\sum$	90	1.00

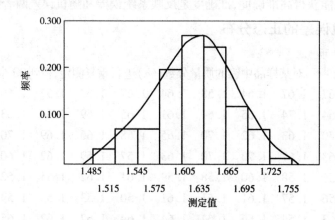

图 2.2   频率分布的直方图

由以上数据和图 2.2 可以看出,测定数据的分布并非杂乱无章,而是呈现出某些规律性。在全部数据中,平均值 1.62% 所在的组(第五组)具有最大的频率值,处于它两侧的数据组频率值依次降低。统计结果表明,测定值出现在平均值附近的频率相当高,具有明显的集中趋势,而与平均值相差越大的数据出现的频率越小。

　　2. 正态分布

　　随机误差的规律服从正态分布规律,可用正态分布曲线(高斯分布的正态概率密度函数)表示:

$$y = f(x) = \frac{1}{\sigma\sqrt{2\pi}}e^{-\frac{(x-\mu)^2}{2\sigma^2}} \qquad (2-11)$$

式中:y ——概率密度;

　　　　μ ——总体平均值;

　　　　σ ——总体标准偏差。

　　正态分布曲线依赖于 μ 和 σ 两个基本参数,曲线随 μ 和 σ 的不同而不同。为简便起见,使用一个新变数 u 来表达误差分布函数式:

$$u = \frac{x-\mu}{\sigma} \qquad (2-12)$$

u 的含义是偏差值 $x-\mu$ 以标准偏差为单位来表示。变换后的函数式为:

$$y = \phi(u) = \frac{1}{\sqrt{2\pi}}e^{-\frac{1}{2}u^2} \qquad (2-13)$$

　　由此绘制的曲线称为标准正态分布曲线。因为标准正态分布曲线横坐标是以 σ 为单位,所以对于不同的测定值 μ 及 σ 都是适用的,如图2.3 和2.4 所示。

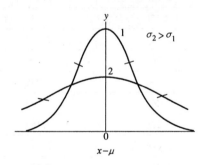

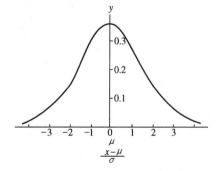

图2.3　两组精密度不同的测定值的正态分布曲线　　　图2.4　标准正态分布曲线

　　标准正态分布曲线如图2.4 所示,图中曲线清楚地反映了随机误差的分布性质。

　　(1)集中趋势。当 $x = \mu$ 时($u = 0$),$y = \frac{1}{\sqrt{2\pi}}e^{-\frac{1}{2}u^2} = \frac{1}{\sqrt{2\pi}} = 0.039\ 89$,$y$ 此时最大,说明测定值 x 集中在 μ 附近,或者说 μ 是最可信赖值。

　　(2)对称趋势。曲线以 $x = \mu$ 这一直线为对称轴,表明正负误差出现的概率相等。大误差出现的概率小,小误差出现的概率大,很大误差出现的概率极小。在无限多次测定时,误差的算术平均值极限为0。

　　(3)总概率。曲线与横坐标从 $-\infty$ 到 $+\infty$ 之间所包围的面积代表具有各种大小

误差的测定值出现的概率的总和,其值为 1(100%),即:

$$P_{(-\infty < u < +\infty)} = \frac{1}{\sqrt{2\pi}} \int_{-\infty}^{+\infty} e^{-\frac{u^2}{2}} du = 1 \qquad (2-14)$$

用数理统计方法可以证明并求出测定值 x 出现在不同 u 区间的概率(不同 u 值时所占的面积),即 x 落在 $\mu \pm u\sigma$ 区间的概率。

	置信区间	置信概率
$u = \pm 1.00$	$x = \mu \pm 1.00\sigma$	68.3%
$u = \pm 1.96$	$x = \mu \pm 1.96\sigma$	95.0%
$u = \pm 3.00$	$x = \mu \pm 3.00\sigma$	99.7%

表 2.1　对于不同测定次数及不同置信度的 t 值

测定次数	置信度		
n	90%	95%	99%
2	6.314	12.706	63.657
3	2.920	4.303	9.925
4	2.353	3.182	5.841
5	2.132	2.776	4.604
6	2.015	2.571	4.032
7	1.943	2.447	3.707
8	1.895	2.365	3.509
9	1.860	2.306	3.355
10	1.833	2.262	3.250
11	1.812	2.228	3.169
21	1.725	2.086	2.845
∞	1.645	1.960	2.576

2.1.4　误差的减免

要提高分析结果的准确度,必须考虑在分析过程中可能产生的各种误差,采取有效措施将这些误差减到最小。

1. 选择合适的分析方法

各种分析方法的准确度是不同的。对高含量组分的测定,化学分析法能获得准确和较满意的结果,相对误差一般在千分之几;而对低含量组分的测定,化学分析法就达不到这个要求。仪器分析法虽然误差较大,但是由于灵敏度高,可以测出低含量组分。在选择分析方法时,一定要根据组分含量及对准确度的要求,选择最佳分析方法。

2. 增加平行测定的次数

偶然误差符合正态分布规律,平行测定的次数越多,消除系统误差时测定结果的算术平均值越接近真实值。因此,常用增加平行测定次数取平均值的方法来减小偶然误差。在一般分析工作中,测定次数为 2 ~ 4 次。如果没有意外误差发生,基本上可以得到比较准确的分析结果。

3. 消除测定中的系统误差

消除测定中的系统误差可采取以下措施。

(1)做空白实验。由试剂、蒸馏水带进杂质等引起的系统误差可用空白实验来消除。即在不加试样的情况下,按试样分析规程,在同样操作条件下进行分析,所得结果的数值称为空白值。然后从试样结果中扣除空白值就得到比较可靠的分析结果,从而减小或消除系统误差。

但要注意,做空白实验时,空白值不应太大,否则须提纯试剂、蒸馏水或更换仪器,以减小空白值。

(2)注意仪器校正。在准确度要求较高的分析工作中,对具有准确体积和质量的仪器如滴定管、移液管、容量瓶、天平砝码等,必须事先进行校准,求出校正值,并在计算结果时采用,以消除仪器不准所引起的系统误差。但在一般的分析工作中,由于仪器出厂时已经过检验,可不必校准。

(3)做对照实验。对照实验就是用同样的分析方法,在同样的条件下,用标样代替试样进行的平行测定。如果所得结果符合要求,说明系统误差较小,该分析方法是可靠的。若发现有一定误差(误差不是很大),可以用校正系数校正分析结果,即将对照试验的测定结果与标样的已知含量相比,其比值称为校正系数。

校正系数 = 标准试样组分的标准含量 ÷ 标准试样测定的含量

被测试样的组分含量 = 测得含量 × 校正系数

由此可见,在分析过程中检查有无系统误差存在,做对照实验是最有效的办法。通过对照实验可以校正测试结果,消除系统误差。

思考与练习 2 - 1

1. 指出在下列情况下,各会引起哪种误差。如果是系统误差,应该采用什么方法减免?

(1)砝码被腐蚀。

(2)天平的两臂不等长。

(3)容量瓶和移液管不配套。

(4)试剂中含有微量的被测组分。

(5)天平的零点有微小变动。

(6)读取滴定体积时最后一位数字估计不准。

（7）滴定时不慎从锥形瓶中溅出一滴溶液。

（8）标定 HCl 溶液用的 NaOH 标准溶液中吸收了 CO_2。

2. 如果分析天平的称量误差为 ±0.2 mg，拟分别称取试样 0.1 g 和 1 g 左右，称量的相对误差各为多少？这些结果说明了什么问题？

3. 滴定管的读数误差为 ±0.02 mL。如果滴定中用去标准溶液的体积分别为 2 mL 和 20 mL，读数的相对误差各是多少？相对误差的大小说明了什么问题？

4. 测定纯 NaCl 中氯的质量分数为 60.52%，而其真实含量（理论值）应为 60.66%。计算测定结果的绝对误差和相对误差。

5. 5 次标定某溶液的浓度，结果为 0.204 1 mol/L、0.204 9 mol/L、0.204 3 mol/L、0.203 9 mol/L 和 0.204 3 mol/L。计算测定结果的平均值 $\bar{x}$、平均偏差 $\bar{d}$、相对平均偏差 $\frac{\bar{d}}{x}$（‰）、标准偏差 S 及相对标准偏差 RSD（%）。

6. 某铁矿石中铁的质量分数为 39.19%，若甲的测定结果是 39.12%、39.15%、39.18%；乙的测定结果为 39.19%、39.24%、39.28%。试比较甲乙两人测定结果的准确度和精密度。

分析方法的验证

一般地，每一测试项目可选用不同的分析方法，为使测试结果准确、可靠，必须对所采用的分析方法的科学性、准确性和可行性进行验证，以充分表明分析方法符合测试项目的要求，这就是通常所说的对方法进行验证。

方法验证的目的是判断采用的分析方法是否科学、合理，是否能有效控制产品的内在质量。一般常用的分析效能评价指标包括：精密度、准确度、检测限、定量限、选择性、线性与范围、重现性、耐用性等；测定法的效能指标可评价分析测定方法，也可作为建立新的测定方法的实验研究依据。

方法验证的具体内容如下：

（一）专属性

专属性系指在其他成分（如杂质、降解物、辅料等）可能存在下，采用的分析方法能够正确鉴定、检出被分析物质的特性。通常，鉴别、杂质检查、含量测定方法中均应考察其专属性。

（二）线性

线性系指在设计的测定范围内，检测结果与供试品中被分析物的浓度（量）直接呈线性关系的程度。线性是定量测定的基础，涉及定量测定的项目，如杂质定量试验和含量测定均需要验证线性。应在设计的测定范围内测定线性关系。可用一贮备液经精密稀释，或分别精密称样，制备一系列被测物质浓度系列进行测定，至少制备 5 个浓度。以测得的响应信号作为被测物浓度的函数作图，观察是否呈线性，用最小二乘法进行线性回归。必要时,响应信号可经数学转换,再进行线性回归计算,并说明依据。

（三）范围

范围系指能够达到一定的准确度、精密度和线性,测试方法适用的试样中被分析物高低限浓度或量的区间。范围是规定值,在试验研究开始前应确定验证的范围和试验方法。可以采用符合要求的原料药配制成不同的浓度,按照相应的测定方法进行试验。范围通常用与分析方法的测试结果相同的单位(如百分浓度)表达。

（四）准确度

准确度是指测得结果与真实值接近的程度,表示分析方法测量的正确性。由于"真实值"无法准确知道,因此,通常采用回收率试验来表示。

制剂的含量测定时,采用在空白辅料中加入原料药对照品的方法作回收试验及计算 RSD,还应作单独辅料的空白测定。每份均应自配制模拟制剂开始,要求至少测定高、中、低三个浓度,每个浓度测定三次,共提供 9 个数据进行评价。

回收率 =（平均测定值 M − 空白值 B）/加入量 A × 100% 回收率的 RSD 一般应为 2% 以内。

（五）精密度

精密度系指在规定的测试条件下,同一均质供试品,经多次取样进行一系列检测所得结果之间的接近程度(离散程度)精密度一般用偏差、标准偏差或相对标准偏差表示。取样测定次数应至少 6 次。

在药物分析中,常用标准(偏)差(SD 或 S);相对标准(偏)差(RSD),也称变异系数(CV),表示。

生物样品分析时,常用 RSD 表示精密度,并可细分为批内(或日内)精密度及批间(或日间)精密度。

批内精密度:是同一次测定的精密度。通常采用高、中、低三种浓度的同一样品各 7 − 10 份,每种浓度的样品按所拟定的分析方法操作,一次开机后,一一测定。计算每种浓度样品的 SD 值及 RSD 值。批内精密度也可视为日内精密度。所得 RSD 应争取达到 5% 以内,但不能超过 10%。

批间精密度:是不同次测定的精密度。通常采用高、中、低三种浓度的同一样品,每种浓度配制 7 − 10 份,置冰箱冷冻。自配制样品之日开始,按所拟定的分析方法操作,每天取出一份测定,计算每种浓度样品的 SD 值及 RSD 值。批间精密度也可视为日间精密度。所得 RSD 应控制在 15% 以内。

（六）检测限

检测限系指试样中的被分析物能够被检测到的最低量,但不一定要准确定量。该验证指标的意义在于考察方法是否具备灵敏的检测能力。因此对杂质限度试验,需证明方法具有足够低的检测限,以保证检出需控制的杂质。LOD 是一种限度检验效能指标,它既反映方法与仪器的灵敏度和噪音的大小,也表明样品经处理后空白

(本底)值的高低。要根据采用的方法来确定检测限。当用仪器分析方法时,可用已知浓度的样品与空白试验对照,记录测得的被测药物信号强度 S 与噪音(或背景信号)强度 N,以能达到 S/N =2 或 S/N =3 时的样品最低药浓为 LOD;也可通过多次空白试验,求得其背景响应的标准差,将三倍空白标准差(即 3δ 空或 3S 空)作为检测限的估计值。为使计算得到的 LOD 值与实际测得的 LOD 值一致,可应用校正系数(f)来校正,然后依之制备相应检测限浓度的样品,反复测试来确定 LOD. 如用非仪器分析方法时,即通过已知浓度的样品分析来确定可检出的最低水平作为检测限。

(七)定量限(LOQ)

是指在保证具有一定可靠性(一定准确度和精密度)的前提下,分析方法能够测定出的样品中药物的最低浓度。

它反映了分析方法测定低药物浓度样品时具有的可靠性。它与上述的检测限的差别在于:定量限要定量测定某一药物在样品介质中的最低浓度,且定量限规定的最低浓度应该符合一定的精密度和准确度的要求。确定定量限的方法也因所用方法不同而异。当用非仪器分析方法时,与上述检测限的确定方法相同;如用仪器分析方法时,则往往将多次空白试验测得的背景响应的标准差(即空白标准差)乘以10,作为定量限的估计值,继之,再通过分析适当数量已知接近定量限或以定量限制备的样品来验证。

2.2　有效数字及其运算规则

2.2.1　有效数字

为了取得准确的分析结果,不仅要准确测量,而且还要正确记录与计算。所谓正确记录是指正确记录数字的位数,因为数字的位数不仅表示数字的大小,也反映测量的准确程度。所谓有效数字,就是实际能测得的数字。

有效数字保留的位数应根据分析方法与仪器的准确度来决定,一般使测得的数值中只有最后一位是可疑的。例如在分析天平上称取试样 0.500 0 g,这不仅表明试样的质量是 0.500 0 g,还表明称量的误差在 ±0.000 1 g 以内,如将其质量记录成0.50 g,则表明该试样是在台秤上称量的,其称量误差为 0.01 g,故记录数据的位数不能任意增加或减少。如在分析天平上测得称量瓶的质量为 10.432 0 g,这个记录说明有 6 位有效数字,最后一位是可疑的,因为分析天平只能称准到 0.000 1 g,即称量瓶的实际质量应为 10.432 0 ±0.000 1 g。无论计量仪器如何精密,其最后一位数字总是估计出来的。因此所谓有效数字就是保留末一位不准确数字,其余数字均为准确数字。同时从上面的例子也可以看出,有效数字和仪器的准确程度有关,即有效数字不仅表明数量的大小,而且也反映测量的准确度。

2.2.2　有效数字中"0"的意义

"0"在有效数字中有两种意义,一种是作为数字定位,另一种是作为有效数字。

例如在分析天平上称量物质,得到如下质量:

物质质量/g　　　　10. 143 0　2. 104 5　0. 210 4　0. 012 0

有效数字位数　　　　6 位　　　5 位　　　4 位　　　3 位

以上数据中"0"所起的作用是不同的。在 10. 143 0 中两个"0"都是有效数字,所以它有 6 位有效数字;在 2. 104 5 中的"0"也是有效数字,所以它有 5 位有效数字;在 0. 210 4 中, 小数点前面的"0"是定位用的,不是有效数字,而在数据中的"0"是有效数字,所以它有 4 位有效数字;在 0. 012 0 中,1 前面的两个"0"都是定位用的,而在末尾的"0"是有效数字,所以它有 3 位有效数字。

综上所述,数字中间的"0"和末尾的"0"都是有效数字,而数字前面所有的"0"只起定位作用。以"0"结尾的正整数,有效数字的位数不确定。例如 4 500 这个数,就不能确定有几位有效数字,可能为两位或 3 位,也可能是 4 位。遇到这种情况,应根据实际情况将有效数字书写成科学计数法,如:

4.5×10^3　　　　2 位有效数字

4.50×10^3　　　　3 位有效数字

4.500×10^3　　　　4 位有效数字

因此很大或很小的数,常用 10 的指数形式表示。当有效数字确定后,在书写时一般只保留 1 位可疑数字,多余数字按数字修约规则处理。

对于滴定管、移液管和吸量管,它们都能准确测量溶液体积到 0. 01 mL。所以当用 50 mL 滴定管测定溶液体积时,如测量体积大于 10 mL 小于 50 mL 时,应记录为 4 位有效数字,如写成 24. 22 mL;如测定体积小于 10 mL,应记录为 3 位有效数字,如写成 8. 13 mL。当用 25 mL 移液管移取溶液时,应记录为 25. 00 mL;当用 5 mL 移液管移取溶液时,应记录为 5. 00 mL;当用 250 mL 容量瓶配制溶液时,所配溶液体积应记录为 250. 00 mL;当用 50 mL 容量瓶配制溶液时,应记录为 50. 00 mL。

应注意变换单位时有效数字的位数必须保持不变。例如,10. 00 mL 可写成 0. 01000 L;10. 5 L 应写成 1.05×10^4 mL。pH 及 pKa 等对数值,由于其整数部分的数字只代表原值的幂次,因此其有效数字仅取决于小数部分数字的位数。如 pH 为 8. 02 的有效数字是两位。总而言之,测量结果所记录的数字应与所用仪器测量的准确度相适应。

2.2.3　数字修约规则

我国科学技术委员会正式颁布的《数字修约规则》通常称为"四舍六入五留双"法则。四舍六入五留双,即当拟舍去的数字的第 1 位 ≤4 时舍去,拟舍去的数字的第 1 位为 6 时进位。拟舍去的数字的第 1 位为 5 时,而 5 的后边并非全是零时则进 1;但 5 后边的数字全部是零或没有数时则应视被保留的末位数是奇数还是偶数处理,5 前为偶数应将 5 舍去,5 前为奇数应将 5 进位。这一法则的具体运用如下。

(1)将 28. 175 和 28. 165 处理成 4 位有效数字,则分别为 28. 18 和 28. 16。

(2)若被舍弃的第 1 位数字大于 5,则其前 1 位数字加 1,例如 28. 264 5 处理成 3

位有效数字时,其被舍去的第 1 位数字为 6,大于 5,则有效数字应为 28.3。

(3)若被舍弃的第 1 位数字等于 5,而其后数字全部为零时,则视被保留末位数字为奇数或偶数(零视为偶)处理而定进或舍,末位数是奇数时进 1,末位数为偶数时不进 1,例如 28.350、28.250、28.050 处理成 3 位有效数字时,分别为 28.4、28.2、28.0。

(4)若被舍弃的第 1 位数字为 5,而其后的数字并非全部为零时,则进 1,例如 28.250 1,只取 3 位有效数字时,成为 28.3。

(5)若被舍弃的数字包括几位数字时,不得对该数字进行连续修约,而应根据以上各条作一次处理。如 2.154 546,只取 3 位有效数字时,应为 2.15,而不得按 2.154 546→2.154 55→2.154 6→2.155→2.16。

数字修约规则可总结为:四舍六入五考虑,五后非零则进一,五后皆零视奇偶,五前为奇则进一,五前为偶则舍弃,不许连续修约。

2.2.4　有效数字运算规则

前面曾根据仪器的准确度介绍了有效数字的意义和记录原则,在分析计算中,有效数字的保留更为重要,下面仅就加减法和乘除法的运算规则加以讨论。

1. 加减法运算

在加减法运算中,保留有效数字以小数点后位数最小的为准,即以绝对误差最大的为准。例如:$0.012\ 1 + 25.64 + 1.057\ 82 = ?$

正确计算	不正确计算
0.01	0.012 1
25.64	25.64
+1.06	+1.057 82
——	——
26.71	26.709 92

上例 3 个数字相加,25.64 中的"4"已是可疑数字,因此最后结果有效数字的保留应以此数为准,即保留有效数字的位数到小数点后面第 2 位。

2. 乘除法运算

乘除运算中,保留有效数字的位数以有效数字位数最少的数为准,即以相对位数最大的为准。例如:$0.012\ 1 \times 25.64 \times 1.057\ 82 = ?$

以上 3 个数的乘积应为:$0.012\ 1 \times 25.6 \times 1.06 = 0.328$

在这个计算中,3 个数的相对误差分别为:

0.012 1 的相对误差 $E_r = (\pm 0.000\ 1)/0.012\ 1 \times 100\% = \pm 8\%$

25.64 的相对误差 $E_r = (\pm 0.01)/25.64 \times 100\% = \pm 0.04\%$

1.057 82 的相对误差 $E_r = (\pm 0.000\ 01)/1.057\ 82 \times 100\% = \pm 0.000\ 9\%$

显然第 1 个数的相对误差最大(有效数字为 3 位),应以它为准,将其他数字根据有效数字修约原则,保留 3 位有效数字,然后相乘即可。使用计算器计算时,在计算过程可能保留了过多的位数,理论上不符合测量值的实际可靠性,反而增加了计算量,故最好能够先取舍后计算。最后计算结果必须按与方法、仪器准确度相适应的有效数字位数进行取舍。

3. 自然数中有效数字的保留

在分析化学中,有时会遇到一些倍数和分数的关系,如 H_3PO_4 的相对分子量/3 $=98.00/3=32.67$,水的相对分子量 $=2\times1.008+16.00=18.02$,在这里分母"3"和"$2\times1.008$"中的"2"都不能看作是 1 位有效数字。因为它们是非测量所得到的数,是自然数,其有效数字位数可视为无限的。

在常见的常量分析中,一般是保留 4 位有效数字。但在水质分析中,有时只要求保留 2 位或 3 位有效数字,其有效数字位数应视具体要求而定。

思考与练习 2-2

1. 下列数据各包括了几位有效数字?
(1)0.033 0　(2)10.030　(3)0.010 20　(4)8.7×10^{-5}　(5)$pK_a=4.74$
(6)$pH=10.00$

2. 将测量值 4.135、4.125、4.105、4.125 1、4.125 0 及 4.134 9 修约为 3 位数。

3. 有甲、乙、丙、丁四人,用螺旋测微计测量一个铜球的直径,各人所得的结果表达如下:$d_甲=(1.283\ 2\pm0.000\ 3)$cm,$d_乙=(1.283\pm0.000\ 3)$cm,$d_丙=(1.28\pm0.000\ 3)$cm,$d_丁=(1.3\pm0.000\ 3)$cm,问哪个人表达得正确?其他人错在哪里?

4. 按照误差理论和有效数字运算规则改正以下错误:
(1)$N=10.800\ 0\pm0.3$ cm
(2)有人说 0.287 0 有五位有效数字,有人说只有三位,请纠正,并说明其原因。
(3)$L=28$ cm $=280$ mm
(4)$L=(28\ 000\pm8\ 000)$ mm

5. 根据有效数字的运算规则进行计算。
(1)$7.993\ 6\div0.996\ 7-5.02=?$
(2)$0.032\ 5\times5.103\times60.06\div139.8=?$
(3)$1.276\times4.17+1.7\times10^{-4}-0.002\ 176\ 4\times0.012\ 1=?$
(4)$pH=1.05,[H^+]=?$

6. 有两位学生使用相同的分析仪器标定某溶液的浓度($mol\cdot L^{-1}$),结果如下。
甲:0.12,0.12,0.12(相对平均偏差 0.00%)
乙:0.124 3,0.123 7,0.124 0(相对平均偏差 0.16%)
你如何评价他们的实验结果的准确度和精密度?

阅读材料　误差与蝴蝶效应

生活中有许多这样的例子。制作服装时,体围大的人,不必在体围上加一个特别大的放松量;体围小的人,不能在体围上加一个小的放松量。因为人虽有胖瘦之别,但都要求相同的空隙量,所以体围上的加放量应该相等。否则,制作出来的服装令胖者更肥、瘦者更细,失去了美学意义和实用价值。同样,生产中制造一个柱罐或球罐,它的外壁不得有半点误差,如果稍有差错就会产生体积上的巨大差异。可见空隙量根本与半径无关。因此可以推断,空隙量只决定于圆周长的增加值,设圆周长增加a,则空隙量增加 a/2π。从这个意义上讲,圆周长的误差万万不能有,大圆的圆周长不能有误差,小圆的圆周长同样不能有误差,准确地确定圆周长十分重要。

如今,人们对误差的认识已经进入了"混沌"时代。1963 年的一次试验中,美国麻省理工学院气象学家洛伦兹用计算机求解仿真地球大气的 13 个方程式。为了更细致地考察结果,在一次科学计算时,洛伦兹对初始输入数据的小数点后第四位进行了四舍五入。他把一个中间解0.506 取出,提高精度到 0.506127 再送回。而当他喝了杯咖啡以后,回来再看时大吃一惊:本来很小的差异,前后计算结果却偏离了十万八千里! 前后结果的两条曲线相似性完全消失了。再次验算发现计算机并没有毛病,洛伦兹发现,由于误差会以指数形式增长,在这种情况下,一个微小的误差随着不断推移造成了巨大的后果。这种对初值误差的敏感性,洛伦兹教授有一个非常生动形象的比喻:一只南美洲亚马逊河流域热带雨林中的蝴蝶,偶尔扇动几下翅膀,可以在两周以后引起美国德克萨斯州的一场龙卷风。其原因就是蝴蝶扇动翅膀的运动,导致其身边的空气系统发生变化,并产生微弱的气流,而微弱的气流的产生又会引起四周空气或其他系统产生相应的变化,由此引起一个连锁反应,最终导致其他系统的极大变化。科学家把这一现象称为"蝴蝶效应",蝴蝶效应(The Butterfly Effect)是一种混沌现象,是指在一个动力系统中,初始条件下微小的变化能带动整个系统的长期的巨大的连锁反应。此效应说明,事物发展的结果,对初始条件具有极为敏感的依赖性,初始条件的极小偏差,将会引起结果的极大差异。该效应通常用于天气、股票市场等在一定时段难以预测的比较复杂的系统中。

从此诞生和发展了一门新的数学分支学科——混沌学。混沌是一种"表观上"混乱无序,而实际上具有深层次规律性的特殊运动形态,它的特点是对于系统的初始条件具有极端敏感的依赖性,在系统初始任何一点点细微的改变,都会在系统后期发生翻天覆地的变化,我们可以做一个实验来解释这个理论。在一个 10cm 左右长的长条形面团上,离其中一端约3cm 处嵌入一颗细钢珠。把面团拉长一倍,再一折二叠成原样。反复这样的操作100 次后,弹珠就会离开原来的位置,到了一个新的位置。多次重复这样的实验,你会发现尽管小钢珠的初始位置几乎完全相同,但折叠100 次后的结果却大不一样。也就是说只要最初的位置存在一极微小差异,则最终的位置就完全不一样了。由此可见,一个确定的操作过程,最后却得到几乎随机的结果。这样的一个现象规律,在数学上就是混沌理论。也就是说,初始的量发生小小的变化,经过反复叠代以后,就得到了惊人的放大效果,从而彻底改变结果。

其实,我国古代先哲们早就认识到了这一点,"差之毫厘,谬以千里",认为微小改变会对未来有很影响。《吕氏春秋》记载:楚国有个边境城邑叫卑梁,那里的姑娘和吴国边境城邑的姑娘同在边境上采桑叶,她们在做游戏时,吴国的姑娘不小心踩伤了卑梁的姑娘。卑梁的人带着受伤的姑娘去责备吴国人。吴国人出言不恭,卑梁人十分恼火,杀死吴人走了。吴国人去卑梁报复,把那个卑梁人全家都杀了。卑梁的守邑大夫大怒,于是发兵反击吴人,把当地的吴人老幼全都杀死了。吴王夷昧听到这件事后很生气,派人领兵入侵楚国的边境城邑,攻占夷以后才离去。吴国和楚国因此发生了大规模的冲突。从做游戏踩伤脚,一直到两国爆发大规模的战争,直到吴军攻入郢都,中间一系列的演变过程,有一种无形的死亡力量把事件一步步无可挽回地推入不可收拾的境地。

近年来,大量研究工作使得混沌与工程技术的联系越来越密切,它在生物医药工程、动力学工程、化学反应工程、电子信息工程、计算机工程、应用数学和实验物理等领域都有广泛应用前景,它在我们的生活方方面面都能起到联系与指导,在现实生活中,我们应该消除混沌现象给生活带来的危害,并且尽可能充分利用蝴蝶效应给我们带来的好处。

2.3 分析结果的数据处理

2.3.1 置信度与平均值的置信区间

在完成一项分析测定工作后,一般是将测定数据的平均值作为结果报出。但在对准确度要求高的分析中,只给出测定结果的平均值是不够的,还应给出测定结果的可靠性或可信度,用以说明真实结果(总体平均值 μ)所在范围(置信区间)及落在此范围内的概率(置信度)。

我们知道

$$u = \frac{x - \mu}{\sigma} \qquad\qquad (2-15)$$

即 $\mu = x \pm u\sigma$,真值 μ 可能存在于 $x \pm u\sigma$ 区间中,此区间称为置信区间。决定置信区间大小的 u 值,对应一定的置信概率。例如 $u = \pm 1$ 时,对应的概率为 68.3%,$u = \pm 2$ 时,对应的概率为95.5%。u 对应的概率即为置信度或置信水平。置信度又称置信概率,通常用 P 表示。它表示在某一置信系数 t 时,测定值落在置信区间内的概率,或者说分析结果在某一范围内出现的概率。落在此范围外的概率 $a = 1 - P$ 称为显著性水平。置信度的高低说明估计的把握程度的大小。如置信度为 95%,说明以平均值为中心,包括总体平均值落在该区间有 95% 的把握。

在做少数测定时，由于经常不知道 σ，只知道 s，此时测量值或其偏差不呈标准正态分布，若以 s 代替 σ 解决实际问题时必定引起误差。英国化学家 gosset，研究了这一课题，提出用 t 值代替 u 值，以补偿这一误差。t 定义为

$$t = \frac{x - u}{s} \tag{2-16}$$

式中：t——以样本标准偏差为单位的 $(x-\mu)$ 值。

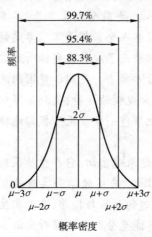

图 2.5 不同 t 的 t 分布曲线

这时随机误差不是正态分布分布，而是 t 分布，t 分布曲线的纵坐标是概率密度，横坐标则是 t，图 2.5 为 t 分布曲线随自由度 f 变化，当 $n \to \infty$ 时，t 分布曲线即为正态分布曲线。t 分布曲线下面某区间的面积也表示随机误差在某区间的概率。t 值不仅随概率而异，还随 f 变化，不同概率与 f 值所相应的 t 值已由数学家算出，由图可见，当 $f \to \infty$ 时，（这时 $s \to \sigma$），t 即 u，实际上当 $f = 20$ 时，t 与 u 已经很接近。

从表 2.1 可以看出，置信区间的大小受置信概率高低的影响。测定次数相同时，置信概率越高，置信系数 t 越大，置信区间就越宽；反之，置信概率越低，置信系数 t 越小，置信区间就越窄。如果判断的结果为置信区间比较小，而置信概率又比较高，是较理想的结果。对于日常分析工作，多选择 95% 的置信概率。

平均值的置信区间，将其定义 t 的式改为

$$\mu = \bar{x} \pm ts = \bar{x} \pm t\frac{s}{\sqrt{n}} \tag{2-17}$$

这表示在一定置信度下，以平均值 $\bar{x}$ 为中心，包括总体平均值 μ 的置信区间，只要选定 P，并根据 P 与 n 值，由 t 分布表查出 t 值，从测定的 $\bar{x}$、s、n 值就可求出相应置信区间。

【例 2-1】 分析铁矿中铁含量如下 $\bar{x} = 35.21\%$，$s = 0.06\%$，$n = 4$，求置信度为 95%、99% 相应的 t 值的置信区间。

解 查 t 分布表：$n = 4$，P 为 95%、99% 所对应的 t 值为 3.18 和 5.84，故

（1）P = 95% 时，

$$\mu = \bar{x} \pm t\frac{s}{\sqrt{n}} = 35.21 \pm 3.18 \times \frac{0.06}{\sqrt{4}} = 35.21 \pm 0.10$$

（2）P = 99% 时

$$\mu = \bar{x} \pm t\frac{s}{\sqrt{n}} = 35.21 \pm 5.84 \times \frac{0.06}{\sqrt{4}} = 35.21 \pm 0.18$$

由上例可见，置信度高，置信区间就大，这不难理解，区间的大小反映了估计的精度，置信度高低说明估计的把握程度。100%的置信度意味着区间是无限大，肯定全包括μ，但取样的区间毫无意义，应当根据实际工作所需定出置信度，在分析中通常将置信度定在95%或90%。

对平均值的置信区间必须理解，对上例（1）置信区间的正确认识是35.21±0.10区间内中包括总体均值μ的把握有95%，但若理解为"未来测定的实验平均值$\bar{x}$有95%落入35.21±0.10区间内"就是错误的。

对于经常地重复进行某种试样的分析，由于分析次数很多可认为s即σ，即标准偏差没有不确定性，这时对总体平均值的区间估计利用下式

$$\mu = \bar{x} \pm u\frac{\sigma}{\sqrt{n}} \tag{2-18}$$

u值可查，亦可查t值表，t值表中f为∞时的t值即为u值，上例中若是经常分析铁矿石，则知道是总体标准偏差σ，假定$\sigma = 0.06$，当$P = 95\%$时，u值为1.96，则平均值的置信区间时

$$\mu = \bar{x} \pm u\frac{\sigma}{\sqrt{n}} = 35.21 \pm 1.96 \times \frac{0.06}{\sqrt{4}} = 35.21 \pm 0.06$$

由于消除了S的不确定值，平均值的置信区间就窄了。

2.3.2　可疑数据的取舍

在测量中有时会遇到一组平行数据中有个别数据过高或过低，这种数据称为可疑数据或逸出值。可疑数据有可能是实验中的过失误差所致，也可能是未知原因产生的。面对可疑数据，不能任意舍弃，首先应该寻找产生可疑数据的原因，如果确有明显过失应该对可疑数据予以舍弃；否则，就要用统计检验的方法，确定该可疑值与其它数据是否来源于同一总体，以决定取舍。对有限量（如3～10次）的实验，通常多用Q检验法（舍弃商法）检验可疑值。

2.3.2.1　Q检验法

当测定次数为3～10次，且只有1个可疑数据时可用Q检验法对分析结果进行数据处理，其处理过程如下所示。

（1）将各数据从小到大排列：x_1，x_2，x_3，$\cdots x_n$。

（2）计算$x_大 - x_小$，即$x_n - x_1$。

（3）计算$x_{可疑} - x_邻$，即$x_n - x_{n-1}$或$x_2 - x_1$。

（4）计算舍弃商$Q_计 = (x_{可疑} - x_邻) / (x_n - x_1)$，即$Q_计 = \dfrac{x_n - x_{n-1}}{x_n - x_1}$或$Q_计 = \dfrac{x_2 - x_1}{x_n - x_1}$。

（5）根据n和置信度查Q值表得$Q_表$。

（6）比较$Q_表$与$Q_计$。

若$Q_计 \geqslant Q_表$，可疑值应舍去；$Q_计 < Q_表$，可疑值应保留。

表2.2　可疑数据的Q值（置信度90%和95%）

测定次数	3	4	5	6	7	8	9	10
$Q_{0.90}$	0.94	0.76	0.64	0.56	0.51	0.47	0.44	0.41
$Q_{0.95}$	1.53	1.05	0.86	0.76	0.69	0.64	0.60	0.58

在3个以上的数据中，需要对一个以上的数据用Q检验法决定取舍时，应首先检查相对较大的数据。

【例2-2】　对某合金中锑含量的测定进行了10次，结果如下表，用Q检验法判断有无可疑数据需要弃去（置信度取90%）。

测定次序	1	2	3	4	5
测定结果/%	15.48	15.51	15.52	15.53	15.52
测定次序	6	7	8	9	10
测定结果/%	15.56	15.53	15.54	15.68	15.56

解：（1）首先将各次测定结果按递增顺序排列。排列结果为：15.48%，15.51%，15.52%，15.52%，15.53%，15.53%，15.54%，15.56%，15.56%，15.68%。

（2）求出最大值与最小值之差：$x_n - x_1 = 15.68\% - 15.48\% = 0.20\%$。

（3）求出可疑值与最相仿数据之差：$x_{可疑} - x_邻 = 15.68\% - 15.56\% = 0.12\%$。

（4）计算Q值：$Q_计 = (x_{可疑} - x_邻) / (x_n - x_1) = \dfrac{0.12\%}{0.20\%} = 0.60$。

（5）查表2.2，当$n = 10$，$Q = 0.90$时，$Q_表 = 0.41$，$Q_计 > Q_表$，所以15.68%应舍去。

同样方法可以检测最小值15.48%，$Q_计 = 0.38$，$Q_计 < Q_表$，所以15.48%应保留。

2.3.2.2　$4\bar{d}$检验法

对于一些实验数据也可用$4\bar{d}$法判断可疑数据的取舍。首先要求出可疑数据除外的其余数据的平均值$\bar{x}$和平均偏差$\bar{d}$，然后将可疑值与平均值进行比较，如绝对值大于$4\bar{d}$，则可以舍去，否则保留。

【例2-3】　用EDTA标准溶液滴定某溶液中的Zn，进行平行测定4次，消耗EDTA标准溶液分别为26.32、26.40、26.42、26.44 mL，判断其中是否有可疑值？

解：假设26.32 mL是可疑数据，不计26.32 mL，求出其余数据的平均值和平均偏差，即

$$\bar{x} = \frac{1}{3}(26.40 + 26.42 + 26.44) = 26.42$$

$$\bar{d} = \frac{|\ 26.40 - 26.42\ | + |\ 26.42 - 26.42\ | + |\ 26.44 - 26.42\ |}{3} = 0.01$$

可疑值与平均值的差值为 $|\ 26.32 - 26.42\ | = 0.10$，$4\bar{d} = 0.04$，此差值大于 $4\bar{d}$ 值，所以 26.32 应舍去。

用 $4\bar{d}$ 法处理的可疑数据的取舍会存在较大误差，但由于处理方法较简单，不必查表，所以仍有较大范围应用，但只适用于处理要求不是很高的实验数据。

思考与练习 2 – 3

1. 当置信度为 0.95 时，测得 Al_2O_3 的 μ 置信区间为 $(35.21 \pm 0.10)\%$，其意义是（　　）。

    A. 在所测定的数据中有 95% 在此区间内

    B. 若再进行测定，将有 95% 的数据落入此区间内

    C. 总体平均值 μ 落入此区间的概率为 0.95

    D. 在此区间内包含 μ 值的概率为 0.95

2. 衡量样本平均值的离散程度时，应采用（　　）。

    A. 标准偏差   B. 相对标准偏差

    C. 极差   D. 平均值的标准偏差

3. 测定碳的相对原子质量所得数据：12.008 0、12.009 5、12.009 9、12.010 1、12.010 6、12.011 1、12.011 3、12.011 8 及 12.012 0，求平均值在 95% 置信水平的置信区间。

4. 标定一个标准溶液，测得 5 个数据：0.102 6 mol/L、0.101 4 mol/L、0.101 2 mol/L、0.101 9 mol/L 和 0.101 6 mol/L。试用 Q 检验法确定可疑数据 0.101 9 mol/L 是否应舍弃？

阅读材料   正态分布在实际生活中的应用

正态分布概念是由德国的数学家和天文学家 Moivre 于 1733 年首次提出的，但由于德国数学家 Gauss 率先将其应用于天文学家研究，故正态分布又叫高斯分布，高斯这项工作对后世的影响极大，他使正态分布同时有了"高斯分布"的名称，后世之所以多将最小二乘法的发明权归之于他，也是出于这一工作。高斯是一个伟大的数学家，重要的贡献不胜枚举。现今德国 10 马克的印有高斯头像的钞票，其上还印有正态分布的密度曲线。这传达了一种想法：在高斯的一切科学贡献中，其对人类文明影响最大者，就是这一项。

正态分布有极其广泛的实际背景，生产与科学实验中很多随机变量的概率分布

都可以近似地用正态分布来描述。例如，在生产条件不变的情况下，产品的强力、抗压强度、口径、长度等指标；同一种生物体的身长、体重等指标；同一种种子的重量；测量同一物体的误差；弹着点沿某一方向的偏差；某个地区的年降水量；以及理想气体分子的速度分量，等等。一般来说，如果一个量是由许多微小的独立随机因素影响的结果，那么就可以认为这个量具有正态分布。从理论上看，正态分布具有很多良好的性质许多概率分布可以用它来近似；还有一些常用的概率分布是由它直接导出的，例如对数正态分布、t 分布、F 分布等。许多实际存在的问题，我们都可以将其转化为正态分布加以解决。

举几个简单例子来分析。

（1）考试（包括高考）

一个班或者一个年级的学生，考试成绩有高有低，高的考到了 90 多甚至 100，低的只考了 20、30 分。这看起来差异太大，参差不齐。但实际上，是有规律的！这个规律就是这个班的成绩一定是符合正态分布的！高分段和低分段占少数，而大部分学生的成绩都集中在中间分数段，也就是大部分学生的成绩都集中在平均分（比如 75）左右，并且高于平均分的分布和低于平均分的分布应当是基本一致的（对称）。虽然个体差异很大，但是整体的规律性很强，这正是因为刚才说的中心极限定理：大量独立的学生，他们整体的成绩服从正态分布。根据教育学与统计学的理论，一次难度适中信度的考试，学生的成绩应该接近正态分布。

也就是说，当学生的成绩接近正态分布时，则说明此次考试基本达到了教学要求。判断成绩是否接近正态分布，最直观且最有效的方法是将成绩分布曲线与均值和方差相同的正态分布曲线加以比较。当然，学生成绩呈现正态分布是理想化状态。考试成绩完全呈正态分布有一定的困难，也不现实。但可以正态分布为标准加以对比，找出不足。

利用教育统计学研究发现，对于难度适中、客观有效的考试成绩一般都符合正态分布。因此，我们有理由使用各种高级统计方法处理考试分数，以挖掘更多的教育信息。考试成绩是考生水平的反映，同时考试成绩分布是否正态分布反映了命题质量。根据正态分布曲线呈现的形态，可以进行考题相对难度分析。

高考亦然如此，每年考生都有几十万，成绩高的特别高，低的特别低。但是，由于量很大，所以整体上一定是服从正态分布的！这也是十几年前为什么高考会有原始分和标准分之分的理论基础。另外，之前一些年在高考成绩和分数线揭晓之前，为什么官方预测出的分数线和最终的分数线差异会那么小，卷子才改了一部分啊。这就是因为，当样本数足够多的时候，可以用样本的分布来推测整体的分布，这点概率论和数理统计是有保证的！

（2）大量的个人特征服从正态分布

我们的身高、体重、智商等等，这些都服从正态分布。体现出中间小，两头大的趋势。

（3）收入分配制度

我国提出的让高收入者和低收入者占少数，中等收入者占多数的两头小中间大的收入分配格局，其实正是符合了正态分布这一客观规律。

（4）人们的文明程度

文明程度仍然是服从正态分布，文明程度高的人占少数，文明程度特别低的人也占少数，中等程度的人占多数。当然，不同国家民众的文明程度虽然都服从正态分布，但是有区别。比如说文明程度高的西方国家，他们的正态分布体现出"瘦高"的特点，对于比较落后的中国甚至非洲若干国家，正态分布体现出"矮胖"的特点。

（5）医学参考值范围

某些医学现象，如同质群体的身高、红细胞数、血红蛋白量，以及实验中的随机误差，呈现为正态或近似正态分布；有些指标（变量）虽服从偏态分布，但经数据转换后的新变量可服从正态或近似正态分布，可按正态分布规律处理。其中经对数转换后服从正态分布的指标，被称为服从对数正态分布。

正态分布作为一种分布函数可以很好的估计生活中和生产中一些典型的事例可以给决策人员很多考虑的因素有很大的现实意义。但是另一方面我们要正视正态分布的含义，不要死板地应用正态分布来解决问题。如学生的成绩不应该完全按照正态分布来进行教学，而是要鼓励学生努力进取，要达到"偏正态分布"，对于工厂中生产的零件的优良好坏也不应该完全按照正态分布来划定，正态分布能反映一定的事实道理也有一定的模式化和刻板性，因此我们要正确地应用正态分布。

技能训练一　天平的校准、使用与维护

一、天平的日常校正

1. 天平校正的实施条件

（1）保证天平处于水平、适当且稳定的温度（10～30℃）及湿度（15～80%）、无风、无振动的环境中。

（2）使用经过校准的砝码

（3）每个工作日的工作开始时进行校正，并保证天平已经过足够长的稳定时间（如果是当天刚开机，须在开机稳定一小时后进行）。

2. 天平校正的实施程序

（1）检查天平是否水平（水平指示器中的气泡是否在中央），如果不够水平，调节两边的水平螺丝，使天平保持水平状态。

（2）用软毛刷清洁天平内部，并确认天平称量盘无异物。将读数清零后，长按 Cal/Menu 键直至显示屏出现"Cal"字样松开，天平开始自动校准。

（3）自动校准结束后，用天平测量一组经过校准的砝码，并将读数记录在

《天平日常校正记录》上。

二、校正结果的判定

1. 判定基准（可根据分析要求自行设定）

根据各个天平的精度不同设定不同的判定基准。

最小称量读数为0.1毫克的天平，判定基准为：｜测量值—真实值｜≤0.5毫克；

最小称量读数为0.01克的天平，判定基准为：｜测量值—真实值｜≤0.05克。

2. 判定

①如测量结果在判定合格范围内，则由校正操作人在记录上填写"合格"并签名，再由确认人确认后签名。

②如测量结果在判定范围外，则检查原因（如是否水平、是否有灰尘等）并排除，再重新实施校正程序；如无法解决，联系厂家处理。

三、天平的使用和维护

1. 天平的使用及注意事项

（1）天平经校正后即可进行直接称量和去皮称量。

（2）称量时，称量对象应放置秤盘中心位置，并避免称量对象接触到秤盘以外的部分。

（3）称量时应避免对天平造成污染，如有污染应及时清理；清理后重新称量。

（4）称量时应避免温度和空气的剧烈波动，避免称量对象与室温存在较大的温差。

（5）如称量对象具有较大的挥发性，则应使用具塞的容器或经处理后称量。

（6）进行精确称量（0.1 mg）时，应避免静电的影响。

（7）天平称量时应尽量保持与校准时相同的环境；如环境（位置、温度、湿度）发生较大变化，则需重新实施自动校准后，再进行称量。

2. 天平的维护

（1）尽量避免频繁切断电源，保持天平工作稳定；

（2）应经常使用湿抹布清洁天平，清洁时注意不可使用溶剂或研磨成分的洗涤剂；

（3）不可使液体接触天平及其电源适配器；

（4）定期请厂家技术工程师检修、维护和实施定期校正

3. 砝码的管理

分析室使用的砝码包括基准砝码和日常使用砝码（相同规格各一套）。

基准砝码和日常使用砝码均由有资质的单位检定（校准），作为公司基准器具使用。

日常使用砝码是指在日常工作中，用来检查天平是否正常的砝码。

1）砝码的校正

砝码委托有校正资质的单位进行定期检定（校准）；并在检定有效期限内实施下一次的检定（校正）。

砝码的校准有效期限按照检定报告的规定（国家规定）执行。

2）砝码的管理

（1）砝码保管条件

砝码须保存于温度、湿度变化较小，且没有振动的密闭容器中。

（2）砝码的使用和维护

①日常使用砝码用来实施天平的日常检查（校正）。如在日常检查中，出现偏差（结果超出判定基准），则使用基准砝码进行复检（确认），并进行以下处置：

a. 复检结果仍超出范围，则判断天平出现异常，按照仪器故障处理。

b. 复检结果正常，则判断日常使用砝码受到污损，须重新送检（校准）。

②砝码不可直接用手接触，必须使用镊子、手套等专用工具，且此工具不得用于其

他用途，以防止污染。

③如砝码被污染或跌落，需重新校准。

四、技能考核评分标准

序号	评分点	配分	评分标准	扣分	得分	考评员
1	检查天平是否水平	2	会判断并调节水平　　　　（2）			
2	天平称量前的准备工作	4	检查砝码、清洁等　　　　（2） 调零　　　　　　　　　　（2）			
3	天平的校准	6	区分分析天平、托盘天平的精密度　　　　　　　　　　（2） 基准判定　　　　　　　　（2） 判定天平是否合格　　　　（2）			
4	称重计算	6	对于分析天平、托盘天平，计算称量相对误差0.1%，取样量分别为多少？　　　　　　　（6）			
5	称重方法	14	正确通过去皮称重　　　　（2） 正确采用减重称量法进行取样　　　　　　　　　　（4） 正确采用加重称量法进行取样　　　　　　　　　　（4） 正确采用直接称量法进行样品称量　　　　　　　　（4）			

序号	评分点	配分	评分标准	扣分	得分	考评员
6	称量过程	10	砝码的使用　　　　　　　　　（3） 称量瓶放置恰当　　　　　　　（2） 倾出试样符合要求　　　　　　（3） 天平开关操作准确　　　　　　（2）			
7	读数记录	4	及时读数记录，有效数字保留位 数准确　　　　　　　　　　　（4）			
8	结束工作	4	归位、清扫　　　　　　　　　（2） 关门　　　　　　　　　　　　（2）			
9	维护	2	日常维护按照操作规程、天平使 用记录的填写　　　　　　　　（2）			
10	考核时间	8	考核时间为 60 min。超过 2 min 扣 2 分，超过 5 min 扣 4 分，以此 类推，直至扣完为止			

技能训练二　容量仪器的校准

一、目的要求

1. 进一步掌握有效数字的正确测量、记录并能进行正确计算。

2. 掌握滴定管、容量瓶、移液管的使用方法。

3. 了解容量器皿校准的意义，学习容量器皿的校准方法。

4. 进一步熟悉分析天平的称量操作。

二、实验原理

滴定管，移液管和容量瓶是分析实验室常用的玻璃容量仪器，这些容量器皿都具有刻度和标称容量，此标称容量是 20 ℃时以水体积来标定的。合格产品的容量误差应小于或等于国家标准规定的容量允差。但由于不合格产品的流入、温度的变化、试剂的腐蚀等原因，容量器皿的实际容积与它所标称的容积往往不完全相符，有时甚至会超过分析所允许的误差范围，若不进行容量校准就会引起分析结果的系统误差。因此，在准确度要求较高的分析工作中，必须对容量器皿进行校准。

由于玻璃具有热胀冷缩的特性，在不同的温度下容量器皿的体积也有所不同。因此，校准玻璃容量器皿时，必须规定一个共同的温度值，这一规定温度值为标准温度。国际标准和我国标准都规定以 20 ℃为标准温度，即在校准时都将玻璃容量器皿的容积校准到 20 ℃时的实际容积，或者说，量器的标称容量都是指 20 ℃时的实际容积。

容量器皿常采用两种校准方法：相对校准（相对法）和绝对校准（称量法）。

（一）相对校准

在分析化学实验中，经常利用容量瓶配制溶液，用移液管取出其中一部分进行测定，最后分析结果的计算并不需要知道容量瓶和移液管的准确体积数值，只需知道二者的体积比是否为准确的整数，即要求两种容器体积之间有一定的比例关系。此时对容量瓶和移液管可采用相对校准法进行校准。例如，25mL 移液管量取液体的体积应等于 250mL 容量瓶量取体积的 10%。此法简单易行，应用较多，但必须在这两件仪器配套使用时才有意义。

（二）绝对校准

绝对校准是测定容量器皿的实际容积。常用的校准方法为衡量法，又叫称量法。即用天平称量被校准的容量器皿量入或量出纯水的表观质量，再根据当时水温下的表观密度计算出该量器在 20℃时的实际容量。

由质量换算成容积时，需考虑三方面的影响：温度对水的密度的影响；温度对玻璃器皿容积胀缩的影响；在空气中称量时空气浮力对质量的影响。

为了方便计算，将上述三种因素综合考虑，得到一个总校准值。经总校准后的纯水密度列于表 1（空气密度为 0.001 2 $g \cdot cm^{-3}$，钙钠玻璃体膨胀系数为 $2.6 \times 10^{-5}℃^{-1}$）。

表 1 不同温度下的 ρ_t

温度（℃）	ρt（g/mL）	温度（℃）	ρt（g/mL）
5	0.99853	18	0.99749
6	0.99853	19	0.99733
7	0.99852	20	0.99715
8	0.99849	21	0.99695
9	0.99845	22	0.99676
10	0.99839	23	0.99655
11	0.99833	24	0.99634
12	0.99824	25	0.99612
13	0.99815	26	0.99588
14	0.99804	27	0.99566
15	0.99792	28	0.99539
16	0.99773	29	0.99512
17	0.99764	30	0.99485

根据表 1 可计算出任意温度下一定质量的纯水所占的实际容积。例如，25℃时由滴定管放出 10.10 mL 水，其质量为 10.08 g，由上表可知，25℃时水的密度为 0.996 12 g/mL，故这一段滴定管在 20 ℃时的实际容积为：V_{20} = 10.08/0.996 1 = 10.12 mL。滴定管这段容积的校准值为 10.12 − 10.10 = +0.02（mL）。

移液管、滴定管、容量瓶等的实际容积都可应用表1中的数据通过称量法进行校正。

三、实验用品

分析天平，50 mL酸式滴定管，25 mL移液管，250 mL容量瓶，烧杯，温度计（公用，精度0.1 ℃），50 mL磨口锥形瓶，洗耳球。

四、实验步骤

（一）滴定管的校准

准备好待校准已洗净的滴定管并注入与室温达平衡的蒸馏水至零刻度以上（可事先用烧杯盛蒸馏水，放在天平室内，并且杯中插有温度计，测量水温，备用），记录水温（t ℃），调至零刻度后，从滴定管中以正确操作放出一定质量的纯水于已称重且外壁洁净、干燥的50 mL具塞的锥形瓶中（切勿将水滴在磨口上）。每次放出的纯水的体积叫表现体积，根据滴定管的大小不同，表观体积的大小可分为1、5、10 mL等，50 mL滴定管每次按每分钟约10 mL的流速，放出10 mL（要求在10 mL±0.1 mL范围内），盖紧瓶塞，用同一台分析天平称其质量并称准确至mg位，直至放出50 mL水。每两次质量之差即为滴定管中放出水的质量。以此水的质量除以由表1查得实验温度下经校正后水的密度 ρ_t，即可得到所测滴定管各段的真正容积。并从滴定管所标示的容积和所测各段的真正容积之差，求出每段滴定管的校正值和总校正值。每段重复一次，两次校正值之差不得超过0.02 mL，结果取平均值。并将所得结果绘制成以表2滴定管读数为横坐标、以校正值为纵坐标的校正曲线。

表2　滴定管校准表

校准时水的温度（℃）：　　　　　　　　　　　水的密度 g/mL

滴定管校准分段/mL	瓶的质量/g	瓶与水的质量/g	水质量/g	真正容积/mL	校准值/mL
0.00－10.00					
0.00－15.00					
0.00－20.00					
0.00－25.00					
……					

（二）移液管的校准

方法同上。将25 mL移液管洗净，吸取去纯水调节至刻度，将移液管水放出至入已称重的锥形瓶中，再称量，根据水的质量计算在此温度时它的真正容积。重复一次，对同一支移液管两次校正值之差不得超过0.02 mL，否则重做校准。测量数据按表3记录和计算。

表3 移液管校准表

校准时水的温度（℃）：　　　　　　　　水的密度（g/mL）：

移液管 标称容积/mL	锥形瓶 质量/g	瓶与水的 质量/g	水 质量/g	实际 容积/mL	校准 值/mL
25					

（三）容量瓶与移液管的相对校准

用已校正的移液管进行相对校准。用25 mL移液管移取蒸馏水至洗净而干燥的250 mL容量瓶（操作时切勿让水碰到容量瓶的磨口）中，移取十次后，仔细观察溶液弯月面下缘是否与标线相切，若不相切，可用透明胶带另作一新标记。经相互校准后的容量瓶与移液管均做上相同标识，经相对校正后的移液管和容量瓶，应配套使用，因为此时移液管取一次溶液的体积是容量瓶容积的1/10。由移液管的真正容积也可知容量瓶的真正容积（至新标线）。

五、注意事项

1. 校正容量仪器时，必须严格遵守它们的使用规则。

2. 称量用具塞锥形瓶不得用手直接拿取。

六、问题讨论

1. 为什么要进行容器器皿的校准？影响容量器皿体积刻度不准确的主要因素有哪些？

2. 为什么在校准滴定管的称量只要称到毫克位？

3. 利用称量水法进行容量器皿校准时，为何要求水温和室温一致？若两者有稍微差异时，以哪一温度为准？

4. 本实验从滴定管放出纯水于称量用的锥形瓶中时应注意些什么？

5. 滴定管有气泡存在时对滴定有何影响？应如何除去滴定管中的气泡？

6. 使用移液管的操作要领是什么？为何要垂直流下液体？为何放完液体后要停一定时间？最后留于管尖的液体如何处理？为什么？

七、技能考核评分标准

序号	评分点	配分	评分标准		扣分	得分	考评员
1	清洗	6	容量瓶的清洗 移液管的清洗 滴定管的清洗	(2) (2) (2)			
2	润洗	6	容量瓶的润洗 移液管的润洗 滴定管的润洗	(2) (2) (2)			

续表

序号	评分点	配分	评分标准		扣分	得分	考评员
3	校准	60	容量瓶的相对校准 移液管的校准 滴定管的校准	(20) (20) (20)			
4	数据记录	18	记录及时 有效数字的保留	(6) (12)			
5	考核时间	10	考核时间为 120 min，若时间超过 5 min，则扣 2 分，超过 10 min，扣 4 分，直至扣完为止				

技能训练三　分析数据的处理

一、可疑数据取舍训练

测定石灰中铁的质量分数（%），测定结果如下表

测定次数	1	2	3	4
测定结果/%	1.59	1.53	1.54	1.83

（1）用 Q 检验法判断第 4 个结果应否弃去？

（2）如第 5 次测定结果为 1.65，此时第 4 个结果能否保留（Q 均为 0.90）？

二、实验报告处理训练

1. 测定某试样中蛋白质的质量分数（%）

测定结果如下表：

测定次数	1	2	3	4	5
测定结果	34.92	35.11	35.01	35.19	34.98

（1）经统计处理后的测定结果应如何出具相关实验报告（报告 n，$\bar{x}$ 和 s）？

（2）计算 $P = 0.95$ 时 μ 的置信区间。

数据处理：

蛋白质的质量分数 $\bar{x} =$　　　　　$P = 0.95$ 时的置信区间为：

$n =$

$s =$

2. 用电位滴定法测定铁精矿中铁的质量分数（%）

6 次测定结果如下：

$$60.72 \quad 60.81 \quad 60.70 \quad 60.78 \quad 60.56 \quad 60.84$$

要求在实验报告中，首先检验有无应舍去的测定值（$P = 0.95$）；如果已知此标准试样中铁的真实含量为 60.75%，那么判断你选择的测定方法是否准确可靠。

数据检验：

方法判断：

3. 用 $K_2Cr_2O_7$ 基准试剂标定 $Na_2S_2O_3$ 溶液的浓度（$mol \cdot L^{-1}$）

实验数据如下：

$$0.102\ 9 \quad 0.105\ 6 \quad 0.103\ 2 \quad 0.103\ 4$$

要求在实验报告中，检验上述测定值中有无可疑值（$P = 0.95$）；并比较置信度为 0.90 和 0.95 时 μ 的置信区间，计算结果说明了什么？

数据检验：

置信度为 0.90 时的置信区间：

置信度为 0.95 时的置信区间：

3

化学反应速率和化学平衡

基本知识与基本技能

1. 掌握反应速率并能用该理论解释反应速率的快慢,进而对相关实验现象进行预测。

2. 熟练掌握化学平衡的有关计算,能用平衡移动原理选择使平衡移动的方法。

3. 能用化学反应速率理论和平衡移动原理进行适宜反应条件的选择,掌握在实验过程中控制产物含量的技能。

生产和科研中,化学工作者所关心的问题是用什么原料能得到期望的产品,即反应将向什么方向进行;怎样在最短的时间内,利用最少的原料生产出最多的产品,而面对一些不利反应,则希望阻止或尽可能延缓其发生。

反应方向、反应进行的限度是化学平衡所讨论的内容,反应的快慢则是反应速率要解决的问题。

3.1 化学反应速率的表示方法

化学反应有快有慢。不同的反应,在相同的条件下有不同的反应速率;相同的反应,当条件不同时反应速率也不相同。要描述反应的快慢,需要有一个共同的标准,通常用反应速率作为比较的尺度。

化学反应速率是指在一定条件下反应物转变成产物的快慢。对气相反应,尤其是在溶液中进行的反应,常用单位时间内反应物浓度的减少或生成物浓度的增加来表示反应速率。如在给定条件下,合成氨的反应:

$$N_2 \quad + \quad 3H_2 \longrightarrow \quad 2NH_3$$

起始浓度/$(mol \cdot L^{-1})$ 1.0   3.0   0

2 s 后浓度/$(mol \cdot L^{-1})$ 0.8   2.4   0.4

上述反应的速率可以用反应物氮气或氢气的浓度减少表示,起始时间记为 t_1,

2 s后时间记为t_2,分别为:

$$\bar{v}_{N_2} = -\frac{\Delta c_{N_2}}{\Delta t} = -\frac{(c_{N_2})_2 - (c_{N_2})_1}{t_2 - t_1} = -\frac{0.8 - 1.0}{2 - 0} = 0.1 \text{ mol} \cdot L^{-1} \cdot s^{-1}$$

$$\bar{v}_{H_2} = -\frac{\Delta c_{H_2}}{\Delta t} = -\frac{(c_{H_2})_2 - (c_{H_2})_1}{t_2 - t_1} = -\frac{2.4 - 3.0}{2} = 0.3 \text{ mol} \cdot L^{-1} \cdot s^{-1}$$

因为反应速率总是正值,所以用反应物浓度的减少来表示时,必须在计算式前加一个负号,保证反应速率为正值。

若用产物氨气的浓度增加表示反应速率,则为:

$$\bar{v}_{NH_3} = \frac{\Delta c_{NH_3}}{\Delta t} = \frac{(c_{NH_3})_2 - (c_{NH_3})_1}{t_2 - t_1} = \frac{0.4 - 0}{2 - 0} = 0.2 \text{ mol} \cdot L^{-1} \cdot s^{-1}$$

在同一时间间隔内,用氮气、氢气或氨气表示的反应速率数值均不相同,但既然是同一反应在同一时段的反应速率,其实质是相同的,因此它们之间必定有内在的联系,这种联系不难从化学反应方程式的计量数关系中找到。

如一般反应: $a\text{A} + b\text{B} \rightarrow g\text{G} + h\text{H}$

反应速率表示为:

$$\bar{v} = -\frac{\bar{v}_A}{a} = -\frac{\bar{v}_B}{b} = \frac{\bar{v}_G}{g} = \frac{\bar{v}_H}{h} \tag{3-1}$$

合成氨反应速率则为:

$$\bar{v} = -\frac{\bar{v}_{N_2}}{1} = -\frac{\bar{v}_{H_2}}{3} = \frac{\bar{v}_{NH_3}}{2}$$

原则上可以用参加反应的任何一种物质的浓度变化来表示反应速率,但一般采用浓度变化易于测定的那种物质。

以上所讨论的是一段时间间隔内的平均反应速率,而在这段间隔的每一时刻,反应的速率是不同的。因此,要确切地描述某一时刻的反应快慢必须将时间间隔尽量减小,当$\Delta t \rightarrow 0$,此时的反应速率就是这一瞬间反应的真实速率,称为瞬时速率。瞬时速率表示为:

$$v = \pm \lim_{\Delta t \to 0} \frac{\Delta c}{\Delta t} \tag{3-2}$$

式中Δc为$\Delta t \rightarrow 0$时参加反应的某物质浓度的增量。

【例3-1】 340 K时N_2O_5分解反应有如下实验数据。

时间/s	0	60	120	180	240
$c_{N_2O_5}$/(mol · L^{-1})	0.160	0.113	0.080	0.056	0.040

求60 s内和120 s到240 s间反应的平均速率。

解:由化学反应平均速率的定义$\bar{v} = -\dfrac{\Delta c}{\Delta t}$

得 $$v_{N_2O_5} = -\frac{\Delta c_{N_2O_5}}{\Delta t} = \frac{(c_{N_2O_5})_2 - (c_{N_2O_5})_1}{t_2 - t_1}$$

(1)60 s内的平均速率$\bar{v}_1$为:

$$\bar{v}_1 = -\frac{0.113 - 0.160}{60 - 0} = -\frac{-0.047}{60} = 7.83 \times 10^{-4} \, mol \cdot L^{-1} \cdot s^{-1}$$

(2)120 s 到 240 s 间的平均速率$\bar{v}_2$为：

$$\bar{v}_2 = -\frac{0.040 - 0.080}{240 - 120} = -\frac{-0.040}{120} = 3.33 \times 10^{-4} \, mol \cdot L^{-1} \cdot s^{-1}$$

思考与练习 3 – 1

选择题：对于反应 A + B→2E，下列反应速率关系正确的是(　　　)。

A. $\dfrac{\Delta c_A}{\Delta t} = 1/2 \dfrac{\Delta c_B}{\Delta t}$　　　　　　B. $\dfrac{\Delta c_E}{\Delta t} = 1/2 \dfrac{\Delta c_A}{\Delta t}$

C. $\dfrac{\Delta c_E}{\Delta t} = 1/2 \dfrac{\Delta c_B}{\Delta t}$　　　　　　D. $\dfrac{\Delta c_B}{\Delta t} = \dfrac{\Delta c_A}{\Delta t}$

阅读材料　化学反应工程

化学反应工程是化学工程的一个分支，是以工业反应过程为主要研究对象，以反应技术的开发、反应过程的优化和反应器设计为主要目的的一门新兴工程学科。它是在化工热力学、反应动力学、传递过程理论以及化工单元操作的基础上发展起来的，其应用遍及化学、石油化学、生物化学、医药、冶金及轻工等许多工业部门。

这一学科是在 1957 年第一届欧洲化学反应工程讨论会上正式确立的。因化学工业的发展，特别是石油化学工业的发展，生产趋于大型化，对化学反应过程的开发和反应器的可靠设计提出迫切要求；化学反应动力学和化工单元操作的理论和实践有了深厚的基础；数学模型方法和大型电子计算机的应用为反应工程理论研究提供了有效的方法和工具。在以上背景条件下，建立了化学反应工程学科。

化学反应工程的早期研究主要是针对流动、传热和传质对反应结果的影响，如德国的 G.达姆科勒、美国的 O.霍根和 K.M.华生以及苏联的 A.Д.弗兰克 – 卡曼涅斯基等人的工作。当时曾取名化工动力学或宏观动力学，着眼于对化学动力学作出某些修正以应用于工业反应过程。1947 年霍根与华生合著的《化工过程原理》第三分册中论述了动力学和催化过程。20 世纪 50 年代，有一系列重要的研究论文发表于《化学工程科学》杂志，化学家们对反应器内部发生的若干种重要的、影响反应结果的传递过程，如返混、停留时间分布、微观混合、反应器的稳定性(见反应器动态特性)等进行研究，获得了丰硕的成果，从而促成了第一届欧洲化学反应工程讨论会的召开。

50 年代末到 60 年代初，出版了一系列反应工程的著作，如 S.M.华拉斯的《化工动力学》、O.列文斯比尔的《化学反应工程》等，使学科体系大体形成。此后，一方面继续进行此学科的理论研究，积累数据，并应用于实践；另一方面，把学科的应用范围扩展至较复杂的领域,形成了一系列新的分支。例如化学反应工程应用于石油炼制工业和石油化工中,处理含有成百上千个组分的复杂反应体系,发展了一种新的处理方法,即集总方法(见反应动力学);应用于高分子化工中的聚合反应过程,出现了聚合反应工程;应用于电化学过程,出现了电化学反应工程;应用于生物化学工业中的生化反应体系,出现了生化反应工程;应用于冶金工业的高温快速反应过程,出现了冶金化学反应工程等。

工业反应过程中既有化学反应,又有传递过程。传递过程的存在并不改变化学反应规律,但却改变了反应器内各处的温度和浓度,从而影响到反应结果,例如影响到转化率和选择率(见化学计量学)。由于物系相态不同,反应规律和传递规律也有显著的差别,因此在化学反应工程研究中通常将反应过程按相态进行分类,如区分为单相反应过程和多相反应过程,后者又可区分为气固相反应过程、气液相反应过程以及气液固相反应过程等。

3.2　反应速率理论

不同反应有着不同的反应速率,如无机物的反应一般比有机物的反应快,溶液中进行的离子反应较快,而分子间的反应一般较慢。同一反应当反应条件不同时,反应速率也有差别,如 $H_2 + O_2 \rightarrow H_2O$ 的反应在常态下难以进行,而在高温下却可以爆炸。由此可见,反应速率的大小取决于两方面的因素,即反应物的本性和外界条件。

为阐明上述问题,已提出应用较多的两种反应速率理论,即碰撞理论和过渡状态理论。

3.2.1　碰撞理论

碰撞理论认为,反应发生的必要条件是反应物分子间的相互碰撞。如果每次碰撞都能发生反应,根据相关计算结果,几乎所有的反应都应是爆炸反应,但事实并非如此。由此可见,碰撞是反应发生的必要条件但不是充分条件。

事实上,只有极少数反应物分子间的碰撞才能发生反应。能够发生反应的碰撞称为有效碰撞,能发生有效碰撞的分子同其他反应物分子的能量状态不同,这些分子具有较高的能量,它们在相互靠近时,能够克服分子无限接近时电子云之间的斥力,从而导致分子中的原子重排,即发生了化学反应。碰撞理论把这些具有较高能量的分子称为活化分子,活化分子间的碰撞才有可能是有效碰撞。有效碰撞是发生反应的充分条件。能发生有效碰撞的分子即活化分子与普通分子的区别在于它们所具有的能量不同。

在一定的温度下,反应物分子的能量分布如图 3.1 所示。图中横坐标为能量,以 E 表示,纵坐标为单位能量范围内的分子分数,ΔN 为 E 到 $E + \Delta E$ 能量范围内的分子数,N 为分子总数,$\dfrac{\Delta N}{N \Delta E}$ 为单位能量的分子数。$E_{平均}$ 为反应物分子的平均能量,$E_{最低}$

为活化分子具有的最低能量。由图 3.1 可以看出,较高能量和较低能量的分子都很少,多数分子的能量接近平均值,活化分子的能量比平均能量高,能量差 $E_{最低} - E_{平均}$ 称为活化能,用 E_a 表示。

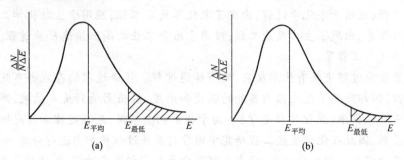

图 3.1   分子能量分布示意图
(a)活化能较小的反应   (b)活化能较大的反应

活化分子占分子总数的百分数为图 3.1 中阴影部分的面积。活化能低则图中阴影面积大,即活化分子的百分数大,发生有效碰撞的机会多,反应速率快,如图 3.1(a)所示。反之,如图 3.1(b)所示,若反应的活化能较高,图中阴影部分面积小,即活化分子百分数较低,反应速率较小。

在一定的温度下,每个反应都有其特定的活化能,一般反应的活化能在 $42 \sim 420\ kJ \cdot mol^{-1}$ 之间,多数在 $60 \sim 250\ kJ \cdot mol^{-1}$ 之间。活化能小于 $4\ kJ \cdot mol^{-1}$ 的反应其反应速率很快,反应可瞬间完成,如酸碱中和反应;活化能大于 $420\ kJ \cdot mol^{-1}$ 的反应,其反应速率则很小。可见,活化能是决定反应速率的重要因素。

碰撞理论指出,反应物分子要发生有效碰撞必须具备以下两个条件。

(1)反应物分子必须具有足够的能量,以克服分子相互靠近时价电子云之间的斥力,使旧键断裂,新键形成。

(2)反应物分子要定向碰撞,若反应物分子具有较高的能量,但碰撞时的取向不合适,反应也不能发生。

碰撞理论较直观,用于简单分子比较适合。但由于它没有考虑到分子的内部结构,把分子间的相互作用看成机械碰撞,因而在处理复杂分子的碰撞时,尽管加了校正因子,仍不能获得满意的结果。为此,过渡状态理论应运而生。

3.2.2   过渡状态理论

1. 活化配合物

过渡状态理论认为,反应不只是通过反应物分子之间的简单碰撞就能够完成的。当平均能量足够的反应物分子相互靠近时,分子中的化学键要经过重排,能量要重新分配。在反应过程中,要经过一个中间过渡状态,此时,反应物分子形成活化配合物。如 CO 与 NO_2 的反应中,当具有相当能量的 CO 和 NO_2 分子以合适的取向相互靠近到一定程度时,电子云便可相互重叠形成活化配合物。在活化配合物中,原有的 N—

O 键部分断裂,新的 C—O 键部分形成,如图 3.2 所示。

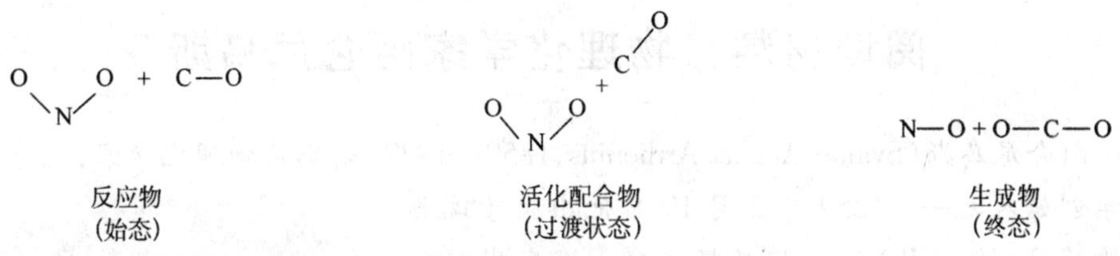

图 3.2　NO 和 CO$_2$ 的反应过程

此时,反应物分子的动能暂时转化为活化配合物的势能,因此活化配合物很不稳定,可以分解为生成物,也可以分解为反应物。

2. 活化能

过渡状态理论将反应速率与分子的微观结构结合起来,较碰撞理论前进了一步。它认为,从反应物到产物,反应物分子必须越过一个势能垒,如图3.3 所示。

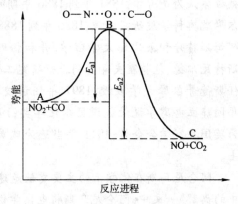

图 3.3　反应进程－势能图

图 3.3 中反应物分子的平均势能 E_A 与活化配合物的势能 E_B 之差,即正反应的活化能 $E_{a1} = E_B - E_A$。

逆反应的活化能为产物分子的平均势能 E_C,与活化配合物的势能 E_B 之差 $E_{a2} = E_B - E_C$。

过渡状态理论把反应速率与反应过程中物质的微观结构联系起来,弥补了碰撞理论的某些不足。但该理论在处理具体问题时也有一定局限性,如活化配合物的结构难以测定、计算复杂等,故使其应用受到一定限制。

反应速率理论虽已取得了很大进展,但要做的工作依然很多,致力于和将要从事这方面工作的化学家仍需要做更进一步的研究探讨。

思考与练习 3－2

1. 升高温度可以增大反应速率,其主要原因是(　　)。

    A. 活化分子百分数增大　　　　　B. 反应的活化能降低

    C. 反应的摩尔吉布斯自由能减小　　D. 反应的速率常数减小

2. 某反应 $a\mathrm{A}(g) + b\mathrm{B}(g) \longrightarrow d\mathrm{D}(g) + e\mathrm{E}(g)$,正反应的活化能为 $E_{a正}$,逆反应的活化能为 $E_{a逆}$,则该反应的热效应 Q 为(　　)。

    A. $E_{a正} - E_{a逆}$　　　　　　　　　B. $E_{a逆} - E_{a正}$

C. $E_{a\text{正}} + E_{a\text{逆}}$ D. 无法确定

阅读材料　物理化学家阿仑尼乌斯

阿仑尼乌斯(Svante August Arrhenius,1859—1927)是瑞典物理化学家,也是物理化学创始人之一。1859 年 2 月 19 日他出生于瑞典乌普萨拉(Uppsala)的大学教师家庭。他 6 岁时就能进行复杂的计算,少年时期就显示出在数学、物理和化学方面的特长,成绩一直名列前茅。1876 年进入乌普萨拉大学攻读物理学、数学及化学,在大学时被校方认为是奇才;1881 年到 1886 年期间在斯德哥尔摩瑞典科学院研究物理;1886 年到 1888 年期间在阿姆斯特丹和莱比锡大学留学,并和物理化学家奥斯特瓦尔德、范特霍夫等共同进行研究工作;1895 年任斯德哥尔摩大学教授,1897 年任该校校长;1903 年因建立电离学说荣获诺贝尔化学奖;1910 年当选为英国皇家学会会员;1911 年当选为瑞典科学院院士。

阿仑尼乌斯

阿仑尼乌斯在化学上的主要贡献是建立了电离学说。1887 年在《关于溶质在水中的离解》一文中,阿仑尼乌斯将电离学说公诸于世。他指出,盐类等电解质溶于水中,能部分地离解成阴、阳离子;离子带电而原子不带电,两者是不同的物质;不管有没有电流通过,电解质溶液中总有离子存在,而且溶液越稀电离度越大。奥斯特瓦尔德将质量作用定律用于电离过程,得到稀释定律,证明阿仑尼乌斯的电离学说对弱电解质的稀溶液是正确的。电离学说是物理化学发展初期的重要成就,最初曾遭到权威们的怀疑和反对,但奥斯特瓦尔德、范特霍夫等给予坚决支持,终使电离学说在 1890 年后逐渐获得公认。

阿仑尼乌斯的另一重要贡献是研究温度对化学反应速度的影响。1889 年他首先注意到温度对反应速度的强烈影响(温度每升高 1 ℃,反应速度增加 12% ~ 13%),并对反应速度随温度变化的规律性的物理意义作出解释。他用"活化分子"和"活化能"的概念来阐明温度对反应速度的影响,并得出"反应速度的指数定律",即阿仑尼乌斯公式。由该公式求得的活化能值有重要的理论意义和实践意义,并对化学动力学理论的发展有十分重要的影响。

阿仑尼乌斯晚年还研究宇宙物理学和免疫学。他以其杰出的贡献和奥斯特瓦尔德、范特霍夫一起成为物理化学的奠基人。1927 年 10 月 2 日,阿仑尼乌斯逝世,享年 68 岁。

3.3 影响化学反应速率的因素

化学反应速率的快慢首先取决于参加反应的物质的性质,其次是外界条件,如反应物的浓度、反应温度和催化剂等。

3.3.1 浓度对化学反应速率的影响

大量实验表明,在一定温度下,增加反应物的浓度可加快反应速率,此现象可用碰撞理论解释。因为在恒定温度下,对某一反应,反应物中活化分子的百分数是一定的。增加反应物的浓度时,增加了单位体积内的活化分子数,使单位时间、单位体积内有效碰撞次数增加,从而加快反应速率。由大量实验数据可得到反应速率与反应物浓度的定量关系。要阐明这些理论,须明确以下概念。

1. 基元反应和复杂反应

实验表明,大多数反应并不是由反应物分子间简单的碰撞一步完成,而往往是分步进行的。一步能完成的反应称为基元反应或简单反应。如:

$$NO_2 + CO \longrightarrow NO + CO_2$$
$$2NOCl \longrightarrow 2NO + Cl_2$$

由两个或两个以上的基元反应构成的化学反应称为复杂反应。如:

$$H_2 + I_2 \longrightarrow 2HI$$

上述反应分两步完成,每一步反应为一个基元反应:

$$I_2 \longrightarrow 2I$$
$$H_2 + 2I \longrightarrow 2HI$$

真正的基元反应不多,绝大多数反应是复杂反应,反应是基元反应还是复杂反应要由实验确定。

2. 质量作用定律

对于基元反应,在一定温度下,其反应速率与各反应物浓度幂的乘积成正比,浓度的幂在数值上等于基元反应中反应物的计量数,这一规律称为质量作用定律。

如在一定温度下,下列基元反应:

$$aA + bB \longrightarrow gG + hH$$
$$v \propto c_A^a \cdot c_B^b$$
$$v = kc_A^a \cdot c_B^b \tag{3-3}$$

式中:k ——反应速率常数;

c ——反应物浓度;

v ——反应速率。

当 $c_A = c_B = 1 \ mol \cdot L^{-1}$ 时,$v = k$,故速率常数 k 就是某反应在一定温度下,反应物为单位浓度时的反应速率。速率常数的大小由反应物本身性质决定,不随反应物的浓度改变而改变。在相同条件下,不同反应的速率常数不同,k 值越大,反应速率越快。同一反应,k 随温度的改变而改变,一般情况下,温度升高,k 值增大。

式中浓度项的幂称为反应级数。其中 a 为反应对 A 的级数,b 为反应对 B 的级数,$a+b$ 的值为总反应的级数。

质量作用定律虽然可以定量说明反应物浓度和反应速率之间的关系,但它有一定的使用范围和条件,在使用时应注意以下几点。

(1)质量作用定律只适用于基元反应和复杂反应的各基元过程,对复杂反应的总反应则不适用。

对于复杂反应,其反应式只表示反应物和产物之间的计量关系,并未反映出反应的历程。如反应 $HIO_3 + 3H_2SO_3 \longrightarrow HI + 3H_2SO_4$,据实验结果,此反应的速率与 HIO_3 浓度的 1 次方成正比,与 H_2SO_3 浓度的 1 次方而不是 3 次方成正比。反应速率方程为:

$$v = kc_{HIO_3}c_{H_2SO_3}$$

经研究,此反应分两步进行:

$$HIO_3 + H_2SO_3 \longrightarrow HIO_2 + H_2SO_4 \quad (慢)$$
$$HIO_2 + 2H_2SO_3 \longrightarrow HI + 2H_2SO_4 \quad (快)$$

总反应的速率取决于反应中最慢的一步(定速步骤)的反应速率,此反应的反应速率则取决于第一步反应,所以其速率方程为:

$$v = kc_{HIO_3}c_{H_2SO_3}$$

由此可见,在使用质量作用定律表示式时,必须根据实验确定一个反应是不是基元反应,而不能简单地根据总反应方程式写出其质量作用定律表示式。

(2)在稀溶液中进行的反应,若溶剂不参与反应则其浓度不写入质量作用定律表示式。因为溶剂大量存在,其量改变甚微可近似看做常数并合并到速率常数项中。如反应:

$$C_{12}H_{22}O_{11} + H_2O \xrightarrow{酸催化} C_6H_{12}O_6 + C_6H_{12}O_6$$
$$\phantom{C_{12}H_{22}O_{11}}蔗糖 \quad 溶剂 \quad\quad 葡萄糖 \quad\quad 果糖$$

据质量作用定律,其反应速率可以写成:$v = kc_{C_{12}H_{22}O_{11}}c_{H_2O}$

$$k' = kc_{H_2O}$$

$$v = k'c_{C_{12}H_{22}O_{11}}$$

(3)纯液体和纯固体参加的多相反应,若它们不溶于其他介质,则其浓度不出现在质量作用定律表示式中。

(4)气体的浓度可以用分压表示。如煤充分燃烧的反应:

$$C(s) + O_2(g) \longrightarrow CO_2(g)$$

其反应速率可表示为:$v = k_p p_{O_2}$

3.3.2 温度对化学反应速率的影响

温度是影响反应速率的重要因素之一。对绝大多数反应来说,升高温度反应速率显著增大。一般来讲,在反应物浓度相同的情况下,温度每升高10℃,反应速率加快2~4倍,相应的速率常数也按同样的倍数增加。

温度升高反应速率大大加快的原因可由反应速率理论解释。温度升高,分子平均动能增加,分子运动速度加快,使分子间的碰撞次数增加,其中有效碰撞次数也相应增加,反应速率随之加快。但是根据计算结果,温度升高10℃,单位时间内的碰撞仅增加2%左右,而实际上反应速率却加快了2~4倍。因此,碰撞次数增加并不是反应速率加快的主要原因,而主要原因是温度升高,一些能量较低的分子获得能量而成为活化分子,活化分子的百分数增大,有效碰撞次数增加,从而使反应速率加快。

由速率方程可知,反应速率是由速率常数和浓度两项决定的。温度的变化对浓度的影响是极其微小的,温度对反应速率的影响实质是温度对速率常数的影响。

1889年阿仑尼乌斯根据实验结果,给出反应速率与温度的定量关系式,即阿仑尼乌斯公式:

$$k = Ae^{-\frac{E_a}{RT}} \tag{3-4}$$

式中:k——速率常数;

T——绝对温度,K;

R——摩尔气体常数,8.314 J·mol^{-1}·K^{-1};

E_a——活化能;

e——自然对数的底,$e = 2.718$;

A——给定反应的特征常数,它与反应物分子的碰撞频率、反应物分子定向碰撞的空间因素均有关。

上式以对数形式表示则为:

$$\ln k = -\frac{E_a}{RT} + \ln A \tag{3-5}$$

若某一反应在温度 T_1 时的速率常数为 k_1,在温度 T_2 时的速率常数为 k_2,则:

$$\ln k_1 = -\frac{E_a}{RT_1} + \ln A$$

$$\ln k_2 = -\frac{E_a}{RT_2} + \ln A$$

后式减前式可得:

$$\ln \frac{k_2}{k_1} = \frac{E_a}{R}\left(\frac{1}{T_1} - \frac{1}{T_2}\right) = \frac{E_a}{R}\left(\frac{T_2 - T_1}{T_1 \cdot T_2}\right) \tag{3-6}$$

对特定的反应在一定的温度范围内,可以认为活化能及 A 不随温度的改变而改变。由式(3-6)可以看出,温度升高速率常数增大,且活化能越大,速率常数增加的幅度越大,即反应速率随温度的变化越显著。

3.3.3 催化剂对化学反应速率的影响

催化剂是一种能改变化学反应速率而其自身在反应前后质量和化学组成均不改

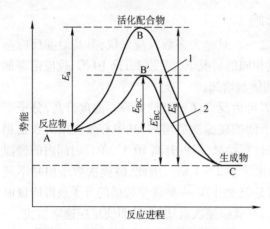

图 3.4　催化剂改变反应活化能示意图
1. 非催化状态下的反应进程与势能关系曲线
2. 催化状态下的反应进程与势能关系曲线

变的物质。能加快反应速率的催化剂称为正催化剂,如合成氨生产中的铁,硫酸生产中的五氧化二钒等;能减慢反应速率的催化剂称为负催化剂,如防止塑料老化的防老剂等。通常所说的催化剂一般是指正催化剂。

催化剂在反应前后其质量、组成均不变,但这并不意味着它不参与反应。催化剂改变反应速率正是由于它参与了反应,降低了反应的活化能,从而使活化分子的百分数增加,反应速率加快。如图 3.4 所示,在催化剂存在时,反应的活化能降低,但应注意如下几点。

(1)催化剂同等程度地降低正逆反应的活化能。

(2)催化剂是通过改变反应的历程来改变反应速率的,它不能改变反应的焓变、方向及反应限度。

(3)当某一反应的温度、浓度不变时,使用催化剂改变了活化能,因而在速率方程中,催化剂对反应的影响体现在速率常数上,使用不同的催化剂,对速率常数的影响不同。

(4)催化剂具有特殊的选择性,即某一催化剂只对特定的反应有催化作用而对其他反应则可能毫无影响。

3.3.4　影响多相反应速率的因素

以上所讨论的均是单相反应速率的影响因素。对于多相反应,如煤的燃烧,除上述影响因素外,其反应速率还与相界面的接触面积有关。因多相反应总是在其相界面上进行的,因此生产中常把固态物料充分粉碎,将液态物料处理成微小液滴,如喷雾淋洒等,以增大相间的接触面,提高反应速率。另外,多相反应还与扩散作用有关,通常采用强制扩散的方法使反应物不断地进入相界面,产物及时脱离相界面,如液固体系常采用搅拌方法增大相界面,气固体系通常采用鼓风等方法增强相间的扩散,以提高反应速率。

由以上讨论可知,影响多相反应反应速率的因素除反应物本身性质、温度、浓度及催化剂外,还有反应物的接触面积、扩散强度等因素。

生产中,反应的快慢是关系到生产效率的重要问题,而给定条件下的产率则要由反应的限度来解决,这便是化学平衡要讨论的内容。

【例 3-2】　一定温度下,反应 $CO(g) + Cl_2(g) \longrightarrow COCl_2$ 有下列实验数据。

初始浓度/(mol·L^{-1})		初始速率/(mol·L^{-1}·s^{-1})
CO	Cl$_2$	
0.10	0.10	1.20×10^{-2}
0.050	0.10	6.00×10^{-3}
0.050	0.050	2.13×10^{-3}

求:(1)反应级数;(2)速率方程;(3)速率常数。

解:(1)设速率方程为: $v = kc_{CO}^{x}c_{Cl_2}^{y}$

将实验数据代入速率方程,得

$1.20 \times 10^{-2} = k \times (0.10)^{x} \times (0.10)^{y}$ ①

$6.00 \times 10^{-3} = k \times (0.050)^{x} \times (0.10)^{y}$ ②

$2.13 \times 10^{-3} = k \times (0.050)^{x} \times (0.050)^{y}$ ③

①÷② 得 $2 = 2^x$ 故 $x = 1$

②÷③ 得 $\dfrac{6.00}{2.13} = 2^y$ $y\lg 2 = \lg \dfrac{6.00}{2.13}$ $y = 1.5$

(2)速率方程为 $v = kc_{CO}c_{Cl_2}^{1.5}$

(3) $k = \dfrac{v}{c_{CO}c_{Cl_2}^{1.5}} = \dfrac{1.20 \times 10^{-2}}{0.10 \times 0.10^{1.5}}$

$= 3.8$

思考与练习 3-3

1. 反应 $A_2 + 2B \longrightarrow 2D$ 的速率方程为 $v = kc_{A_2}c_B^2$,则该反应(　　)。

   A. 一定是基元反应   B. 一定是非基元反应

   C. 不能确定是否是基元反应   D. 反应为二级反应

2. 反应 $A(g) + 2B(g) \longrightarrow 2D(g)$ 的速率方程为 $v = kc_A c_B^2$,若使密闭的反应容器增大一倍,则反应速率为原来的(　　)。

   A. 8 倍   B. 6 倍   C. $\dfrac{1}{8}$ 倍   D. $\dfrac{1}{6}$ 倍

3. 反应 $A(s) + B_2(g) \longrightarrow AB(g)$,$\Delta_t H_m < 0$,欲增大正反应速率,下列操作无用的是(　　)。

   A. 增加 B_2 的分压   B. 加入催化剂

   D. 升高温度   D. 减小 AB 的分压

4. 升高温度可以增大反应速率,其主要原因是(　　)。

   A. 活化分子百分数增大   B. 反应的活化能降低

   C. 反应的摩尔吉布斯自由能减小   D. 反应的速率常数减小

5. 催化剂加快反应速率的原因是(　　　)。
　　A. 降低了反应的活化能　　　　　　B. 增大了活化分子百分数
　　C. 增大了反应物分子间的碰撞频率　D. 减小了活化配合物的分解时间

阅读材料　催化剂在化学工业中的重要性

化学工业的发展在很大程度上依赖于催化剂的开发。新型催化剂的研究和应用不断给化学工业带来新的面貌。

1. 开辟新原料来源,改变化学工业的内部结构

化学工业的资源是多种多样的,如植物、粮食、煤、天然气、石油以至空气等。由于采用新的催化剂,可以将不经济的原料改成廉价原料,可以把复杂的工艺路线改造成简单的工艺路线,这样就可以改变化学工业对单一原料的依赖,改变化学工业的内部结构。20世纪60年代,石油和天然气成为化学工业的主要原料,石油化工蓬勃发展起来,成为化学工业的主要支柱,这就是大力开发催化剂的结果,使得化学工业的原料减少对粮食及天然物质的依赖。例如,原来酒精生产的主要原料是粮食,现在则可以通过催化剂直接由乙烯合成;聚氯乙烯塑料的初始原料原来是煤,生产过程中耗电量很大,很不经济,现在采用氯化铜催化剂可以用乙烯氧氯化反应来代替;又如采用新型磷钼铋催化剂,可以通过丙烯氨氧化制得人造羊毛单体丙烯腈。

2. 使化工技术向节约原料和能耗的方向发展

用尽量少的原料和能量生产尽可能多的化工产品,这一直是化学工业科研的奋斗方向,它在当今能源日益紧张的趋势下显得尤为重要。对耗能极大的操作过程要进行根本的改革,就要求催化剂和催化技术有重大的突破。提高催化剂的选择性和反应转化率,改进操作条件是节省能耗的主要手段。例如,美国联碳公司研制成功一种新型催化剂,可使低密度聚乙烯的生产压力由 $2\,000 \times 10^5 \sim 3\,500 \times 10^5$ Pa 降至 $7 \times 10^5 \sim 21 \times 10^5$ Pa,能耗减少 3/4。随着新一代催化剂的研究开发,一些原来需要在高温、高压下进行的化工过程,有可能在较低的温度和压力下进行,这将显著地降低化工生产的能耗。

3. 促进化学工业的革新

新的催化剂研制成功往往会对原有的生产方法造成冲击,从而开发新的化学过程。例如,早期生产氮肥是将水电解制得氢,再经空气深冷分离得到氮,然后合成氨,接着再用硫酸吸收制成硫铵。而近来则将轻油、水蒸气和空气依次通过催化剂层来制得尿素,这不仅可以提高经济效益,而且使工艺过程发生很大变化。采用羰基钴作催化剂催化一氧化碳和氢合成丁醛,是一种早已工业化的化工过程,但其操作条件苛刻,通常其操作温度要求达到 $140 \sim 180$ ℃,压力要求达到 $280 \times 10^5 \sim 300 \times 10^5$ Pa。近来研制成功了铑催化剂,可使上述反应条件变得十分温和,在 $60 \sim 120$ ℃、$1 \times 10^5 \sim 50 \times 10^5$ Pa 条件下就可使反应很快进行。

4. 为消除三废和污染公害提供有力工具

化学工业在生产中不断排放有毒的废水、废气和废渣。催化剂在改善造成环境污染的现有工艺和研究无污染物排放的新工艺方面,也起着越来越重要的作用。虽然这方面的研究和应用的历史还较短,但使用催化剂消除汽车排出物对空气的污染、使用催化剂回收工厂废气中的二氧化硫和消除恶臭等都已取得了很大的进展。随着催化技术的不断发展,利用催化工艺消除污染的方法将会获得更广泛的应用。

3.4 化学平衡

3.4.1 平衡的建立

化学反应中,除放射性物质的蜕变等极少数反应在一定条件下几乎可以进行到底外,绝大多数的反应都是可逆的,如反应 $N_2 + 3H_2 \rightleftharpoons 2NH_3$。

在一定条件下,反应开始时,正向反应进行的速率较大,逆向反应进行的速率几乎为零。随着时间的延长,反应物浓度逐渐减小,产物浓度越来越大,正向反应速率逐渐减小,逆向反应速率不断增大。当正反应速率等于逆反应速率时,体系中反应物和产物的浓度均不再随时间的改变而变化,即反应达平衡状态。化学上把可逆反应的正、逆反应速率相等时体系所处的状态称为化学平衡状态,简称化学平衡。图 3.5 为化学平衡建立过程示意图。

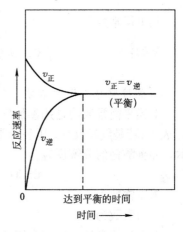

图 3.5　化学平衡建立示意图

化学平衡有如下特点。

(1)达到化学平衡时,正、逆反应速率相等($v_{正} = v_{逆}$)。外界条件不变,平衡会一直维持下去。

(2)化学平衡是动态平衡。达平衡后,反应并未停止,但因 $v_{正} = v_{逆}$,所以体系中各物质浓度维持不变。

(3)化学平衡是有条件的。一定条件下达成的平衡只能在此条件下保持,在另一条件下则会被破坏,但在新的条件下又可建立起新的平衡。

(4)化学平衡可双向达到。由于反应是可逆的,因而化学平衡既可以由反应物开始达到平衡,也可以由产物开始达到平衡。如 $N_2 + 3H_2 \rightleftharpoons 2NH_3$,平衡可从 N_2 和 H_2 反应开始达平衡,也可从 NH_3 分解开始达平衡。

3.4.2 平衡常数

反应在一定温度下达平衡时,各生成物平衡浓度幂的乘积与反应物浓度幂的乘积之比为一常数,此常数称为平衡常数,又称经验平衡常数。如:

$$aA + bB \rightleftharpoons gG + hH$$

$$K_c = \frac{c_G^g c_H^h}{c_A^a c_B^b} \qquad (3-7)$$

式(3-8)为平衡常数表达式,式中 K_c 称为化学平衡常数。

1. 平衡常数的书写规则

(1)正确书写反应式。平衡常数与反应式的书写方法有关,如:

$$\frac{1}{2}H_2 + \frac{1}{2}I_2 \rightleftharpoons HI \qquad K_c = \frac{c_{HI}}{c_{H_2}^{1/2} \cdot c_{I_2}^{1/2}}$$

$$H_2 + I_2 \rightleftharpoons 2HI \qquad K_c' = \frac{c_{HI}^2}{c_{H_2} \cdot c_{I_2}} = K_c^2$$

(2)有纯液体、纯固体或稀溶液的溶剂参加的反应,其平衡常数表达式中不出现这些物质的浓度。如:

$$Cr_2O_7^{2-} + H_2O \rightleftharpoons 2CrO_4^{2-} + 2H^+$$

其平衡常数为:
$$K_c = \frac{c_{CrO_4^{2-}}^2 \cdot c_{H^+}^2}{c_{Cr_2O_7^{2-}}}$$

又如:
$$CaCO_3(s) \rightleftharpoons CaO(s) + CO_2(g)$$
$$K_c = c_{CO_2}$$

2. 浓度常数与压力常数

上述平衡常数均是用参加反应的各物质的平衡浓度来表示的,称为浓度常数,用 K_c 表示;若是气相反应,其平衡常数还可用平衡分压表示,称为压力常数,用 K_p 表示。如碳酸钙的分解反应:

$$CaCO_3(s) \rightleftharpoons CaO(s) + CO_2(g)$$

浓度常数为:
$$K_c = c_{CO_2}$$

压力常数为:
$$K_p = p_{CO_2}$$

对有气体参加的反应常用平衡分压表示其平衡常数。在一定条件下,对特定的反应,压力常数与浓度常数间存在着一定的关系。如气相反应:

$$aA(g) + bB(g) \rightleftharpoons gG(g) + hH(g)$$

$$K_p = \frac{p_G^g p_H^h}{p_A^a p_B^b} \qquad (3-8)$$

若将参加反应的气体视为理想气体,根据理想气体状态方程:

$$pV = nRT$$

则
$$p = \frac{n}{V}RT = cRT$$

式中 c 为气体的浓度。

$$K_p = \frac{(c_G RT)^g \cdot (c_H RT)^h}{(c_A RT)^a \cdot (c_B RT)^b} = K_c \cdot (RT)^{(g+h)-(a+b)}$$

设 $$(g+h)-(a+b)=\Delta v$$

$$K_p = K_c(RT)^{\Delta v} \tag{3-9}$$

则 $$K_c = K_p(RT)^{-\Delta v} \tag{3-10}$$

一般地，$K_p \neq K_c$，当 $\Delta v = 0$ 时，两者相等。

计算时注意压力的单位与 R 的取值，压力单位为 kPa，浓度单位为 mol·L^{-1}时，R 取 8.314 J·mol^{-1}·K^{-1}。浓度常数和压力常数是有单位的，其单位取决于 Δv，如果 $\Delta v = 1$，K_c 的单位为 mol·L^{-1}，K_p 单位为 kPa，当 $\Delta v = 0$ 时，无单位。但一般无论平衡常数有无单位，习惯上均不写。这样势必会造成一些误解，为此引入标准平衡常数。

3. 标准平衡常数

上述平衡常数是由实验得到的，称为实验常数或经验常数。平衡常数还可由热力学计算得出，这样得到的平衡常数称为标准平衡常数。标准平衡常数和实验常数的不同之处在于，前者表达式中的每一浓度项均除以标准浓度或标准压力。

如实验常数为：
$$K_c = \frac{c_G^g c_H^h}{c_A^a c_B^b}$$

则标准常数为：
$$K_c^{\ominus} = \frac{\{c_G^g/(c^{\ominus})^g\}\{c_H^h/(c^{\ominus})^h\}}{\{c_A^a/(c^{\ominus})^a\}\{c_B^b/(c^{\ominus})^b\}} = K_c(c^{\ominus})^{(a+b)-(g+h)} \tag{3-11}$$

$$K_c^{\ominus} = K_c(c^{\ominus})^{-\Delta v} \tag{3-12}$$

$$c^{\ominus} = 1 \text{ mol·L}^{-1}$$

同理
$$K_p^{\ominus} = K_p(p^{\ominus})^{-\Delta v} \tag{3-13}$$

$$p^{\ominus} = 100 \text{ kPa}$$

由上述讨论可知，标准常数是无量纲的纯数。

在书写标准平衡常数时，参加反应的气体物质均用其平衡分压表示，参加反应的液体物质均用其平衡浓度表示，则须区分浓度常数和压力常数。为简化书写，$c/c^{\ominus}$可用 c' 表示，称为相对浓度；$p/p^{\ominus}$可用 p' 表示，称为相对分压，则标准常数可以下方式表达。

液相反应可表示为：
$$K_c^{\ominus} = \frac{c_G'^g c_H'^h}{c_A'^a c_B'^b} \tag{3-14}$$

气相反应可表示为：
$$K_p^{\ominus} = \frac{p_G'^g p_H'^h}{p_A'^a p_B'^b} \tag{3-15}$$

4. 平衡常数的意义

平衡常数是温度的函数，不随浓度的改变而改变。它是反应的特性常数，可以用来衡量反应进行的程度和判断反应方向。

1）衡量反应进行的程度

平衡常数是衡量反应进行程度的特征常数。在一定的条件下，每个反应都有其特有的平衡常数。可用 K 值比较同类反应在相同条件下的反应限度,也可比较同一反应在不同条件下的反应限度。平衡常数大表明反应正向进行程度大。

2)判断反应进行的方向

一个反应是否达平衡可用平衡常数与反应熵比较得出结论。反应熵是任意状态下生成物的浓度幂的乘积与反应物浓度幂的乘积之比,用 Q 表示。如反应:

$$aA + bB \rightleftharpoons gG + hH$$

则其反应熵为:
$$Q = \frac{c_G^g c_H^h}{c_A^a c_B^b} \qquad (3-16)$$

反应熵与平衡常数的书写原则相同,但式中各物质的浓度为任意状态下的浓度或分压,分别称为浓度熵(Q_c)或压力熵(Q_p)。

当 $K^\ominus = Q^\ominus$ 时,反应处于平衡状态;$K^\ominus \neq Q^\ominus$ 时,反应处于非平衡态。当反应处于非平衡态时,有以下两种可能的情况。

(1)$K^\ominus > Q^\ominus$,反应正向进行,产物浓度逐渐增大,反应熵增大,至 $K^\ominus = Q$ 时达平衡。

(2)$K^\ominus < Q^\ominus$,反应逆向进行,反应物浓度逐渐增大,反应熵减小,至 $K^\ominus = Q$ 时达平衡。

由上述讨论可得判断反应方向和限度的判据如下。

(1)$K^\ominus > Q^\ominus$,反应正向进行。

(2)$K^\ominus < Q^\ominus$,反应逆向进行。

(3)$K^\ominus = Q^\ominus$,反应达平衡,此时反应达到该条件下的最大限度。

【例3-3】　确定 NH_3 分解反应 $2NH_3 \rightleftharpoons N_2 + 3H_2$ 在下述条件下的反应方向。

(1)$T = 298.15$ K,$K^\ominus = 1.6 \times 10^{-6}$,$p_{NH_3} = p_{N_2} = 101$ kPa,$p_{H_2} = 1.01$ kPa。

(2)同(1)的总压及温度,$n_{NH_3} = 1.00$ mol,$n_{N_2} = n_{H_2} = 100$ mol。

解:(1)$Q^\ominus = \dfrac{p_{N_2} p_{H_2}^3}{p_{NH_3}^2} p^{-2} = \dfrac{101 \times 1.01^3}{101^2} \times 101.325^{-2} = 9.9 \times 10^{-7}$

$K^\ominus > Q^\ominus$,反应正向进行。

(2)$Q^\ominus = \dfrac{p_{N_2} p_{H_2}^3}{p_{NH_3}^2} p^{-2}$

$p = p_{NH_3} + p_{N_2} + p_{H_2} = 101 + 101 + 1.01 = 203.01$ kPa

$n = n_{NH_3} + n_{N_2} + n_{H_2} = 100 + 100 + 1.00 = 201.00$ mol

$p_{N_2} = p \dfrac{n_{N_2}}{n} = 203.01 \times \dfrac{100}{201.0} = 101$ kPa

$p_{H_2} = p \dfrac{n_{H_2}}{n} = 203.01 \times \dfrac{100}{201.0} = 101$ kPa

$p_{NH_3} = p \dfrac{n_{NH_3}}{n} = 203.01 \times \dfrac{1.00}{201.0} = 1.01$ kPa

$$Q^{\ominus} = \frac{101 \times 101^3}{1.01^2} \times 101.325^{-2} = 9.9 \times 10^3$$

$K^{\ominus} < Q^{\ominus}$,反应逆向进行。

5. 多重平衡规则

当几个反应相加(减)得到总反应时,总反应的平衡常数为各反应平衡常数的积(商)。如:

$2NO + O_2 \rightleftharpoons 2NO_2$ ① $K_1^{\ominus} = \dfrac{(c'_{NO_2})^2}{(c'_{NO})^2 c'_{O_2}}$

$2NO_2 \rightleftharpoons N_2O_4$ ② $K_2^{\ominus} = c'_{N_2O_4}/(c'_{NO_2})^2$

$2NO + O_2 \rightleftharpoons N_2O_4$ ③ $K_3^{\ominus} = \dfrac{c'_{N_2O_4}}{(c'_{NO})^2 c'_{O_2}}$

由于③ = ① + ②,则 $K_3^{\ominus} = K_1^{\ominus} \cdot K_2^{\ominus}$;

而① = ③ - ②,则 $K_1^{\ominus} = K_3^{\ominus}/K_2^{\ominus}$。

可由多重平衡规则利用已知数据计算有关的平衡常数。

【例 3 - 4】 已知某温度下,下列反应的平衡常数。

$$Fe(s) + \frac{1}{2}O_2(g) \rightleftharpoons FeO(s) \quad ① \qquad K_1^{\ominus} = 6.67 \times 10^{42}$$

$$CO(g) + \frac{1}{2}O_2(g) \rightleftharpoons CO_2(g) \quad ② \qquad K_2^{\ominus} = 1.15 \times 10^{45}$$

试计算反应 $FeO(s) + CO(g) \rightleftharpoons Fe(s) + CO_2(g)$ 在相同温度下的平衡常数 $K^{\ominus}$。

解:②式 - ①式可得:$FeO(s) + CO(g) \rightleftharpoons Fe(s) + CO_2(g)$

则 $$K^{\ominus} = K_2^{\ominus}/K_1^{\ominus} = \frac{1.15 \times 10^{45}}{6.67 \times 10^{42}} = 1.72 \times 10^2$$

3.4.3 平衡计算

有关平衡的计算大体分为两类,一类是由平衡组成求平衡常数,另一类是由平衡常数求平衡组成或转化率。平衡常数不仅可以判断反应进行的方向,还可进行平衡的有关计算。

1. 由平衡组成求平衡常数

【例 3 - 5】 在 973 K 时,下列反应达平衡状态:

$$2SO_2(g) + O_2(g) \rightleftharpoons 2SO_3(g)$$

若反应在 2.0 L 的容器中进行,开始时 SO_2 为 1.00 mol,O_2 为 0.5 mol,平衡时生成 0.6 mol 的 SO_3,计算该条件下的 K_c、K_p 和 $K^{\ominus}$。

解:

	$2SO_2(g)$	$+$	$O_2(g)$	$\rightleftharpoons$	$2SO_3(g)$
起始 n/mol	1.00		0.5		0
转化 n/mol	0.6		0.3		0.6

平衡 n/mol 　　　　0.4　　　　　　　　　　0.2　　　　　　　　0.6

平衡 $c/(\text{mol} \cdot \text{L}^{-1})$ 0.4/2 = 0.2　　　　　0.2/2 = 0.1　　　　0.6/2 = 0.3

$$K_c = \frac{(c_{SO_3})^2}{(c_{SO_2})^2 c_{O_2}} = \frac{0.3^2}{0.2^2 \times 0.1} = 22.5$$

$$K_p = K_c(RT)^{\Delta v} = 22.5 \times (8.31 \times 973)^{2-3} = 2.78 \times 10^{-3}$$

$$K^{\ominus} = K_p(p)^{-\Delta v} = 2.78 \times (101.325)^{3-2} = 0.282$$

【例 3 - 6】　在 35 ℃和 101.325 kPa 的压力下,N_2O_4 的分解反应:

$$N_2O_4(g) \Longrightarrow 2NO_2(g)$$

平衡时,若有 27% 的 N_2O_4 发生分解,求 $K^{\ominus}$。

解:设 N_2O_4 的起始物质的量为 1 mol,则:

$$N_2O_4(g) \quad \Longrightarrow \quad 2NO_2(g)$$

起始物质的量 n/mol 　　　　1　　　　　　　　　0

转化的物质的量 n/mol 　　　0.27　　　　　　　0.54

平衡时物质的量 n/mol 　　　0.73　　　　　　　0.54

平衡时总物质的量:　0.73 + 0.54 = 1.27 mol

平衡分压:　　$p_{N_2O_4} = (0.73/1.27)p$　　　　$p_{NO_2} = (0.54/1.27)p$

$$K^{\ominus} = \frac{p_{NO_2}^2}{p_{N_2O_4}} = \frac{\{(0.54/1.27)p\}^2}{(0.73/1.27)p}(p)^{-1} = 0.315$$

2. 由平衡常数求平衡组成或转化率

在一定温度下,特定反应的平衡常数是确定的,可由平衡常数求出平衡组成,进而求出转化率 α。转化率 α 定义如下:

$$\alpha = \frac{\text{已转化的量}}{\text{起始量}} \times 100\% \tag{3-17}$$

【例 3 - 7】　反应 $NO_2(g) + CO(g) \Longrightarrow CO_2(g) + NO(g)$,在某温度时,$K_c = 9.0$,若反应开始时,CO 和 NO_2 的浓度均为 3.0×10^{-2} mol $\cdot$ L^{-1}。求:(1)达到平衡时,各物质的浓度及转化率;(2)反应开始时,四种物质的浓度均为 3.0×10^{-2} mol $\cdot$ L^{-1},平衡时各物质的浓度及转化率。

解:(1)设达平衡时有 x mol $\cdot$ L^{-1} 的 NO_2 转化为 NO,则:

$$NO_2(g) \quad + \quad CO(g) \Longrightarrow CO_2(g) \quad + \quad NO(g)$$

起始 $c/(\text{mol} \cdot \text{L}^{-1})$ 3.0×10^{-2}　　　　3.0×10^{-2}　　　　0　　　　　0

转化 $c/(\text{mol} \cdot \text{L}^{-1})$ 　x　　　　　　　　x　　　　　　x　　　　x

平衡 $c/(\text{mol} \cdot \text{L}^{-1})$ $3.0 \times 10^{-2} - x$　　$3.0 \times 10^{-2} - x$　　x　　　x

$$K_c = \frac{c_{NO} \cdot c_{CO_2}}{c_{NO_2} c_{CO}} = \frac{x^2}{(3.0 \times 10^{-2} - x)^2} = 9.0$$

解得　　　　　　　　$x = 2.25 \times 10^{-2}$ mol $\cdot$ L^{-1}

平衡时,各物质的浓度为:

$$c_{NO_2} = c_{CO} = 3.0 \times 10^{-2} - x = 0.75 \times 10^{-2} \, mol \cdot L^{-1}$$

$$c_{NO} = c_{CO_2} = x = 2.25 \times 10^{-2} \, mol \cdot L^{-1}$$

$$\alpha = \frac{已转化的量}{起始量} \times 100\% = \frac{2.25 \times 10^{-2}}{3.0 \times 10^{-2}} = 75\%$$

(2)设该条件下,平衡时 NO_2 转化为 NO 的浓度为 x mol·L^{-1},则:

	$NO_2(g)$	+	$CO(g)$	$\rightleftharpoons$	$CO_2(g)$	+	$NO(g)$
起始 $c/(mol \cdot L^{-1})$	3.0×10^{-2}		3.0×10^{-2}		3.0×10^{-2}		3.0×10^{-2}
转化 $c/(mol \cdot L^{-1})$	x		x		x		x
平衡 $c/(mol \cdot L^{-1})$	$3.0 \times 10^{-2} - x$		$3.0 \times 10^{-2} - x$		$3.0 \times 10^{-2} + x$		$3.0 \times 10^{-2} + x$

$$K_c = \frac{c'_{NO} c'_{CO_2}}{c'_{NO_2} c'_{CO}} = \frac{(3.0 \times 10^{-2} + x)^2}{(3.0 \times 10^{-2} - x)_2} = 9.0$$

解得 $x = 1.5 \times 10^{-2} \, mol \cdot L^{-1}$

平衡时,各物质的浓度为:

$$c_{NO_2} = c_{CO} = 3.0 \times 10^{-2} - x = 1.5 \times 10^{-2} \, mol \cdot L^{-1}$$

$$c_{NO} = c_{CO_2} = x' = 1.5 \times 10^{-2} \, mol \cdot L^{-1}$$

$$\alpha = \frac{1.5 \times 10^{-2}}{3.0 \times 10^{-2}} = 50\%$$

由例 3-7 可知,改变反应的起始浓度,若温度不变,达平衡时,转化率会发生变化。在(1)条件下转化率为 75%,当增加产物的浓度时转化率降为 50%。即外界条件可以影响平衡时反应的转化率。

研究平衡的最终目的不是为了维持平衡,而是设法打破平衡,只有这样,才能达到有效控制转化率的目的。

思考与练习 3-4

1. 已知反应 $a A(g) + b B(g) \rightleftharpoons d D(g) + e E(g)$,$K_{正}^{\ominus} = 4.6$,则 $K_{逆}^{\ominus}$ 为(　　）。

    A. -4.6　　　B. >4.6　　　C. <4.6　　　D. 4.6

2. 已知:$N_2(g) + 2O_2(g) \rightleftharpoons 2NO_2(g)$　　$K_1^{\ominus}$

$$\frac{1}{2}N_2(g) + O_2(g) \rightleftharpoons NO_2(g) \quad K_2^{\ominus}$$

$$NO_2(g) \rightleftharpoons \frac{1}{2}N_2(g) + O_2(g) \quad K_3^{\ominus}$$

则平衡常数 $K_1^{\ominus}$、$K_2^{\ominus}$、$K_3^{\ominus}$ 间的关系为(　　）。

    A. $K_1^{\ominus} = K_2^{\ominus} = K_3^{\ominus}$　　　　　　　B. $K_1^{\ominus} = \frac{1}{2}K_2^{\ominus} = -K_3^{\ominus}$

C. $K_1^{\ominus} = (K_2^{\ominus})^2 = \dfrac{1}{K_3^{\ominus}}$ D. $K_1^{\ominus} = (K_2^{\ominus})^{\frac{1}{2}} = (\dfrac{1}{K_3^{\ominus}})$

3. 一个可逆化学反应达到平衡的标志是( )。

A. 各反应物和生成物的浓度相等

B. 各反应物和生成物的浓度等于常数

C. 生成物的浓度大于反应物的浓度

D. 生成物和反应物的浓度不再随时间的变化而变化

4. 正反应和逆反应平衡常数之间的关系为( )。

A. $K_{正}^{\ominus} = K_{逆}^{\ominus}$ B. $K_{正}^{\ominus} = -K_{逆}^{\ominus}$

C. $K_{正}^{\ominus} \cdot K_{逆}^{\ominus} = 1$ D. $K_{正}^{\ominus} + K_{逆}^{\ominus} = 1$

阅读材料　生活中的化学平衡

1　化学平衡与人体健康——氟化物防龋齿

羟磷灰石$[Ca_3(PO_4)_2 \cdot Ca(OH)_2]$是牙齿表面的一层坚硬物质,它可保护牙齿,在唾液中存在如下平衡:$Ca_3(PO_4)_2 \cdot Ca(OH)_2 \cdot 4Ca^{2+} + 2PO_4^{3+} + 2OH^-$。进食后,细菌和酶作用于食物产生有机酸,平衡向正反应方向移动,这时牙齿会受到腐蚀。氟磷石灰石$[Ca_3(PO_4)_2 \cdot CaF_2]$的溶解度比上面的羟磷灰石小,当牙膏中配有氟化物后,为什么能防止龋齿呢? 原来牙膏里的氟离子会跟羟磷灰石反应生成氟磷灰石:$Ca_{10}(PO_4)_6(OH)_2 + 2F^- \Longrightarrow Ca_{10}(PO_4)_6F_2 + 2OH^-$,氟化物能够通过上述机制有效地预防龋齿,因此被认为是目前最有效的帮助提高公众口腔健康的措施。

2　化学平衡与生活现象

打开冰镇啤酒瓶把啤酒倒入玻璃杯,为什么杯中会立即泛起大量泡沫? 啤酒瓶中二氧化碳气体与啤酒中已溶解的二氧化碳气体达到平衡,打开啤酒瓶,二氧化碳的压力下降,据化学平衡移动原理知:平衡向放出二氧化碳的方向移动,以减弱气体压力下降对平衡的影响。此外温度也是保持平衡的条件,玻璃杯的温度比冰镇啤酒的温度高,根据化学平衡移动原理,平衡应向减弱温度升高的方向移动,即向吸热反应方向移动,而溶液中放出二氧化碳的过程是吸热的,所以溶液中放出一部分二氧化碳气体。

3　化学平衡与污水处理

排放到污水处理厂的污水及工业废水,可利用沉淀反应除去废水中的重金属离子,这是是污水处理中主要化学反应之一,也是沉淀－溶解平衡的应用。金属硫化物的溶解度一般都比较小,因此用硫化钠或硫化氢作沉淀剂能更有效地处理含重金属离子的废水,特别是对于经过氢氧化物沉淀法处理后,尚不能达到排放标准的含Hg^{2+}和Cd^{2+}的废水,需再通过反应生成极难溶于水的硫化物沉淀:$Hg^{2+} + S^{2-} \rightarrow HgS \downarrow$;$Cd^{2+} + S^{2-} \rightarrow CdS \downarrow$。这样自然沉降后的水中,$Hg^{2+}$含量可由起始的$400mg \cdot L^{-1}$

左右降至1mg·L⁻¹以下,进而达到排放的标准。

4　化学平衡与环境保护

温室效应、臭氧层空洞、酸雨、光化学烟雾等环境问题日趋严重,对我们的生活也带来了严重的影响。这些与环境密切相关的问题其实都与化学平衡密切相关,都是一个健康的平衡向另外一个不利于人类生存的平衡移动,如何抑制大气平衡向环境污染的方向移动,以及如何维持正常的大气平衡都需要利用平衡的知识来解决。

3.5　化学平衡的移动

因外界条件的改变使可逆反应从一种平衡状态向另一种平衡状态转变的过程,称为化学平衡的移动。平衡时,$K^{\ominus} = \dfrac{c'^{g}_{G} c'^{h}_{H}}{c'^{a}_{A} c'^{b}_{B}}$,因此一切能改变式中关系的外界条件(浓度、压力、温度等)都会影响平衡状态,使平衡发生移动。

3.5.1　浓度对化学平衡的影响

在一定温度下,当一个可逆反应达平衡后,改变反应物的浓度或生成物的浓度都会使平衡发生移动。增大反应物的浓度或减小生成物的浓度将使 $Q_c < K_c$,为重新建立平衡,必须使反应熵增大,此时平衡向正反应方向移动;减小反应物的浓度或增加生成物的浓度,使 $Q_c > K_c$,要重新建立平衡,须减小反应熵,此时平衡将向逆反应方向移动。

【例3-8】 1 123 K下反应 $CO(g) + H_2O(g) \rightleftharpoons CO_2(g) + H_2(g)$ 的 $K^{\ominus} = 1$。求:(1) $n_{H_2O} : n_{CO} = 1 : 1$ 时,CO的平衡转化率;(2) $n_{H_2O} : n_{CO} = 4 : 1$ 时,CO的平衡转化率;(3)从计算结果说明浓度对平衡移动的影响。

解:设CO的起始浓度为 a mol·L⁻¹,转化浓度为 x mol·L⁻¹。

(1)因为 $n_{CO} : n_{H_2O} = 1 : 1$,所以起始浓度 $(c_{H_2O})_0 = (c_{CO})_0$

$$CO(g) + H_2O(g) \rightleftharpoons CO_2(g) + H_2(g)$$

起始浓度/(mol·L⁻¹)　　　　　a　　　　a　　　　　0　　　　0

平衡浓度/(mol·L⁻¹)　　　　$a-x$　　$a-x$　　　　x　　　　x

由 $pV = nRT$ 得 $p = cRT$,所以

$$K^{\ominus} = \frac{[p_{CO_2}/p^{\ominus}][p_{H_2}/p^{\ominus}]}{[p_{CO}/p^{\ominus}][p_{H_2O}/p^{\ominus}]} = \frac{[xRT/p^{\ominus}]^2}{[(a-x)RT/p^{\ominus}]^2} = \frac{x^2}{(a-x)^2} = 1$$

$$x = \frac{1}{2}a \text{ mol·L}^{-1}$$

故CO的转化率　　　$\alpha_{CO} = \dfrac{\frac{1}{2}a \text{ mol·L}^{-1}}{a \text{ mol·L}^{-1}} \times 100\% = 50\%$

(2)设CO的转化浓度为 y mol·L⁻¹,当 $n_{H_2O} : n_{CO} = 4 : 1$ 时,起始浓度 $(c_{H_2O})_0 = 4$

$(c_{CO})_0$。

$$CO(g) + H_2O(g) \rightleftharpoons CO_2(g) + H_2(g)$$

| 起始浓度/$(mol \cdot L^{-1})$ | a | $4a$ | 0 | 0 |

| 平衡浓度/$(mol \cdot L^{-1})$ | $a-y$ | $4a-y$ | y | y |

$$K^\ominus = \frac{y^2}{(a-y)(4a-y)} = 1$$

解得

$$y = \frac{4}{5}a \ mol \cdot L^{-1}$$

故 CO 的转化率

$$\alpha'_{CO} = \frac{\frac{4}{5}a}{a} \times 100\% = 80\%$$

（3）计算结果说明：①增大一种反应物的浓度，可提高另一反应物的转化率；②增大反应物浓度，平衡向右移动。

3.5.2 压力对化学平衡的影响

压力对液态物质和固态物质的体积影响很小，因此压力的改变对无气体物质参加的可逆反应的影响微乎其微，可以忽略。但对有气体参加的可逆反应，压力的影响则必须予以考虑。

恒温下，有气体参加的可逆反应，无论是改变总压还是分压都有可能使平衡发生移动。分压对平衡的影响与浓度对平衡的影响相同。增大反应物或减小生成物的分压，压力熵减小，平衡正向移动；减小反应物或增大生成物的分压，压力熵增大，平衡逆向移动。如果改变反应的总压，平衡也会发生移动。如在密闭容器中的反应：

$$2SO_2(g) + O_2(g) \rightleftharpoons 2SO_3(g)$$

在一定温度下达到平衡状态，则其平衡常数为：

$$K_p = \frac{p^2_{SO_3}}{p^2_{SO_2}p_{O_2}}$$

若温度不变，将体系的体积缩小为原来的一半，$V' = V/2$，据气态方程 $pV = nRT$，$pV = p'V'$，$p' = 2p$，各物质的分压均是原来的 2 倍，此时：

$$Q_p = \frac{2p^2_{SO_3}}{2p^2_{SO_2}2p_{O_2}} = \frac{K_p}{2}$$

显然，改变上述体系的总压，平衡被破坏，反应熵小于平衡常数，此时平衡向右移动。

若将上述反应的体积增大一倍，则总压将减小为原来的 1/2，同样的分析方法可知，反应熵增大，欲重新建立平衡，平衡必须左移。

恒温下，对有气体参加的可逆反应，由上述反应的特点可以得出结论：①增大总压，平衡向气体物质的量减小的方向移动；②减小总压，平衡将向气体物质的量增大的方向移动；③若反应前后气体物质的量没有改变，则总压的变化将不会对平衡产生影响。

【例3-9】 可逆反应 $PCl_5(g) \rightleftharpoons PCl_3(g) + Cl_2(g)$，在某温度时达平衡，$K_p = 2.431\ 8 \times 10^5$ Pa，体系的总压 $p = 2.026\ 5 \times 10^6$ Pa，PCl_5 的转化率为 $\alpha = 74\%$。

（1）不改变体系的温度，将总压增至 $1.013\ 25 \times 10^6$ Pa，求此时 PCl_5 的转化率 α_1。

（2）不改变体系的温度及总压，引入 9 mol 水蒸气，求此时 PCl_5 的转化率 α_2。

解：（1）设 PCl_5 起始物质的量为 1，则：

$$PCl_5(g) \rightleftharpoons PCl_3(g) + Cl_2(g)$$

起始	1	0	0
转化	α_1	α_1	α_1
平衡	$1 - \alpha_1$	α_1	α_1

平衡时，体系中总物质的量为：$n = 1 - \alpha_1 + \alpha_1 + \alpha_1 = 1 + \alpha_1$

平衡分压：$p_{PCl_5} = \dfrac{1 - \alpha_1}{1 + \alpha_1}p$ $p_{PCl_3} = \dfrac{\alpha_1}{1 + \alpha_1}p$ $p_{PCl_2} = \dfrac{\alpha_1}{1 + \alpha_1}p$

$$K_p = \frac{p_{PCl_3}p_{Cl_2}}{p_{PCl_5}} = \left(\frac{\alpha_1}{1 + \alpha_1}p\right)^2 / \left(\frac{1 - \alpha_1}{1 + \alpha_1}p\right) = 2.431\ 8 \times 10^5\ \text{Pa}$$

解得 $\alpha_1 = 44\%$

正如前面讨论，增加总压，平衡向气体物质的量减小的方向移动，即向上述反应的逆向进行，使五氯化磷的分解率降低。

（2）不改变体系的温度及总压，引入水蒸气，它不参与反应，可视为此反应的惰性气体。水蒸气虽不参加反应，但它的加入使平衡时总物质的量增加。

$$PCl_5(g) \rightleftharpoons PCl_3(g) + Cl_2(g) + H_2O$$

起始	1	0	0	9
转化	α_2	α_2	α_2	9
平衡	$1 - \alpha_2$	α_2	α_2	9

平衡时，体系中总物质的量为：$n = 1 - \alpha_2 + \alpha_2 + \alpha_2 + 9 = 10 + \alpha_2$

平衡分压：$p_{PCl_5} = \dfrac{1 - \alpha_2}{10 + \alpha_2}p$ $p_{PCl_3} = \dfrac{\alpha_2}{10 + \alpha_2}p$ $p_{PCl_2} = \dfrac{\alpha_2}{10 + \alpha_2}p$

$$K_p = \frac{p_{PCl_3}p_{Cl_2}}{p_{PCl_5}} = \left(\frac{\alpha_2}{10 + \alpha_2}p\right)^2 / \left(\frac{1 - \alpha_2}{10 + \alpha_2}p\right) = 2.438\ 1 \times 10^5\ \text{Pa}$$

解得 $\alpha_2 = 93.4\%$

由上述计算可知，总压不变，引入惰性气体，平衡向气体物质的量增加的方向移动，相当于降低总压所引起的变化。

从以上讨论可知，浓度、压力对平衡的影响其本质是相同的，均是在平衡常数不变时，通过改变反应熵破坏平衡，使平衡发生移动。而温度对平衡的影响与浓度及压力对平衡的影响有着本质的不同。

3.5.3　温度对化学平衡的影响

温度对平衡的破坏是通过改变平衡常数而实现的。改变反应体系的温度,平衡常数将依下式发生变化:

$$\ln \frac{K_2^{\ominus}}{K_1^{\ominus}} = \frac{-H^{\ominus}}{R}\left(\frac{1}{T_1} - \frac{1}{T_2}\right) = \frac{H^{\ominus}}{R}\left(\frac{T_2 - T_1}{T_2 T_1}\right)$$

若正反应为吸热反应:$H^{\ominus} > 0$,当 $T_2 > T_1$ 时,$\ln(K_2^{\ominus}/K_1^{\ominus}) > 0$,$K_2^{\ominus} > K_1^{\ominus}$,$K_1^{\ominus}$ 可看做 T_2 时的反应熵 Q_2,此时 $K_2^{\ominus} > Q_2$,平衡将向正反应方向移动。

若正反应为放热反应:$H^{\ominus} < 0$,当 $T_2 < T_1$ 时,$\ln(K_2^{\ominus}/K_1^{\ominus}) > 0$,$K_2^{\ominus} > K_1^{\ominus}$,$K_2^{\ominus} > Q_2$,平衡向右向移动。

由上述分析可知,升高温度,平衡向吸热反应方向移动;降低温度平衡向放热反应方向移动。

综观影响平衡的各因素,可得出以下普遍规律,改变平衡的条件,平衡将向削弱此改变的方向移动,此原理称为勒夏特利埃(Le chatelier)原理。

3.5.4　催化剂与化学平衡

在讨论破坏化学平衡的因素时,未涉及催化剂,那是由于它没有能力使平衡发生移动。但催化剂对可逆反应是有影响的,它的影响在于它可以同等程度的改变正、逆反应的速率。因此在其他条件不变时,使用催化剂显然不能使转化率提高,但它可以缩短达到平衡的时间,从而提高生产效率。

3.5.5　化学反应速率和化学平衡的综合应用

在化工生产中,反应速率和化学平衡是两个同等重要的问题,既要保证一定的速率,又要尽可能使转化率最高,因此必须综合考虑,采取最有利的工艺条件,以达到最高的经济效益。以下以合成氨为例,讨论选择工艺条件的一般原则。合成氨反应:

$$N_2(g) + 3H_2(g) \Longrightarrow 2NH_3(g)$$

$$\Delta H^{\ominus} = -96.4 \text{ kJ} \cdot \text{mol}^{-1} \quad E_a = 326 \text{ kJ} \cdot \text{mol}^{-1}$$

(1)合成氨反应是放热反应,由式 $\ln \dfrac{K_2}{K_1} = \dfrac{\Delta H^{\ominus}}{R}\left(\dfrac{T_2 - T_1}{T_2 T_1}\right)$ 可知,温度高反应速率快,但对合成氨化学平衡不利;温度低对合成氨化学平衡有利,但反应速率慢。氨合成塔内有一个最适宜的温度分布,最适宜的温度就是单位时间内生成氨最多的温度。

在选择温度时必须考虑催化剂的存在。由于合成氨反应的活化能较高,为了提高反应速率,须使用催化剂。最适宜的温度与反应气体的组成、压力及所用催化剂的活性有关,所选择的温度不应超过催化剂的使用温度。在我国合成氨工业装置中,温度一般控制在470 ℃左右。

(2)从合成氨的反应式可知,其正反应方向为气体物质的量减少的方向,根据平衡移动原理,提高压力有利于氨的合成。在选择压力时还要考虑能量消耗、原料费用、设备投资在内的所谓综合费用。因此,压力高虽然有利于氨合成,但其选择主要取决于技术经济条件。从能量综合费用分析,3×10^7 Pa 左右是合成氨较适宜的操作压力。

由以上分析可知,合成氨反应适宜的条件是中温、中压和使用催化剂。

由合成氨反应推广到一般,选择反应条件时应综合考虑反应速率和化学平衡,既要有适宜的速率,又要有尽可能大的转化率。当反应物(即原料)可循环使用时,以考虑反应速率为主,而在反应物不能循环利用时则应侧重考虑转化率。

(3)任何反应都可以通过增加反应物的浓度或降低产物的浓度来提高转化率。通常,使价格相对较低的反应物适当过量,起到增加反应物的目的,但原料比不能失当,否则会将其他原料冲淡。对于气相反应,更要注意原料气的性质,有的原料配比一旦进入爆炸范围将会造成严重后果。

(4)相同的反应物若同时可能发生几种反应,而其中只有一个反应是生产需要的,则必须首先保证主反应的进行,同时尽可能地抑制副反应的发生。应当选择合适的催化剂,尽量满足主反应所需要的条件。

思考与练习 3 – 5

1. 升高某一平衡系统的温度,下列叙述正确的是(　　)。
   A. 平衡常数增大　　　　　　B. 产物浓度增大
   C. 速率常数增大　　　　　　D. 反应物浓度增大

2. 改变反应容器的体积,平衡状态受影响的反应是(　　)。
   A. $CO(g) + H_2O(g) \rightleftharpoons CO_2(g) + H_2(g)$
   B. $CaCO_3(s) \rightleftharpoons CaO(s) + CO_2(g)$
   C. $H_2(g) + I_2(g) \rightleftharpoons 2HI(g)$
   D. $C(s) + O_2(g) \rightleftharpoons CO_2(g)$

3. 在某一温度下,反应 $SO_2(g) + 1/2O_2(g) \rightleftharpoons SO_3(g)$ 达平衡后,增大 O_2 的浓度,重新建立平衡后,下列叙述正确的是(　　)。
   A. O_2 的浓度减少　　　　　B. 平衡常数减小
   C. SO_2 的浓度增大　　　　　D. SO_3 的浓度增大

4. 下列反应均在恒压下进行,若压缩容器体积,增加其总压力,平衡正向移动的是(　　)。
   A. $CaCO_3(s) \rightleftharpoons CaO(s) + CO_2(g)$
   B. $H_2(g) + Cl_2(g) \rightleftharpoons 2HCl(g)$
   C. $2NO(g) + O_2(g) \rightleftharpoons 2NO_2(g)$
   D. $COCl_2(g) \rightleftharpoons CO(g) + Cl_2(g)$

阅读材料 科技人物:勒夏特列

　　勒·夏特列（Le Chatelier, Henri Louis, 1850～1936），法国化学家。1850 年 10 月 8 日勒·夏特列出生于巴黎的一个化学世家。他的祖父和父亲都从事跟化学有关的事业,当时法国许多知名化学家都是他家的座上客,因此他从小就受化学家们的熏陶。中学时代他特别爱好化学实验,一有空便到祖父开设的水泥厂实验室做化学实验。勒·夏特列的大学学业因普法战争而中途辍学。战后回来,他又决定去专修矿冶工程学（他父亲曾任法国矿山总监,所以这个决定可以认为是很自然的）。1875 年,他以优异的成绩毕业于巴黎工业大学,毕业后任矿业工程师。

1887 年获博士学位,随即在高等矿业学校取得普通化学教授的职位。1898 年任法兰西学院矿物化学教授。1907 年还兼任法国矿业部长,在第一次世界大战期间出任法国武装部长,1919 年退休。于 1936 年 9 月 17 日卒于伊泽尔。

　　勒·夏特列是一位精力旺盛的法国科学家,他对水泥、陶瓷和玻璃的化学原理很感兴趣。他研究过水泥的煅烧和凝固、陶器和玻璃器皿的退火、磨蚀剂的制造以及燃料、玻璃和炸药的发展等问题,也为防止矿井爆炸而研究过火焰的物化原理,这就使得他要去研究热和热的测量。从他研究的内容也可看出他对科学和工业之间的关系特别感兴趣,以及怎样从化学反应中得到最高的产率。

　　勒·夏特列还发明了热电偶和光学高温计,1877 年他提出用热电偶测量高温。这是由两根金属丝组成的,一根是铂,另一根是铂铑合金,两端用导线相接。一端受热时,即有一微弱电流通过导线,电流强度与温度成正比。他还利用热体会发射光线的原理发明了一种测量高温的光学高温计。高温计可顺利地测定 3 000 ℃ 以上的高温。此外,他对乙炔气的研究,致使他发明了氧炔焰发生器,迄今还用于金属的切割和焊接。

　　对热学的研究很自然将他引导到热力学的领域中去,使他得以在 1888 年宣布了一条使他遐迩闻名的定律,那就是至今仍使用的勒夏特列原理。勒·夏特列原理的应用可以使某些工业生产过程的转化率达到或接近理论值,同时也可以避免一些并无实效的方案（如高炉加高的方案）,可以说其应用非常广泛。

　　这个原理可以表达为:"把平衡状态的某一因素加以改变之后,将使平衡状态向抵消原来因素改变的效果的方向移动。"换句话说,如果把一个处于平衡状态的体系置于一个压力增加的环境中,这个体系就会尽量缩小体积,重新达到平衡。由于这个缘故,这时压力就不会增加得像本来应该增加的那样多。又例如,如果把这个体系置于一个会正常增加温度的环境里,纳闷这个体系就会发生某种变化,额外吸收一部分热量。因此温度的升高也不会象预计的那样大。这是一个包括对古尔贝格和瓦格宣布的著名的质量作用定律在内的非常概括的说法,并且它也很符合吉布斯的化学热力学原理。

勒·夏特列原理因可预测特定变化条件下化学反应的方向,所以有助于化学工业的合理化安排和指导化学家们最大程度地减少浪费,生产所希望的产品。例如哈伯借助于这个原理设计出从大气氮中生产氨的反应,这是个关系到战争与和平的重大发明。此外,勒·夏特利还是发现吉布斯的欧洲人之一,是第一个把吉布斯的著作译成法文的人。1899年他将吉布斯的重要文章《关于多相物质的平衡》的一部分译为法文,以《化学体系的平衡》为题在巴黎出版,在传播吉布斯的相律方面起到重要作用。他象鲁兹布姆一样,致力于通过实验来研究相律的含义。他死的时候已经差不多八十六岁了,备受尊敬,子孙满堂。

勒·夏特列不仅是一位杰出的化学家,还是一位杰出的爱国者。当第一次世界大战发生时,法兰西处于危急中,他勇敢地担任起武装部长的职务,为保卫祖国而战斗。

技能训练 化学反应速率和活化能

一、实验目的

了解浓度、温度和催化剂对反应速率的影响,测定过硫酸钾与碘化钾反应的反应速率,并计算反应级数、反应速率常数和反应的活化能。

二、背景知识

在水溶液中过硫酸钾和碘化钾发生如下反应:

$$S_2O_8^{2-} + 3I^- \longrightarrow 2SO_4^{2-} + I_3^- \tag{1}$$

其反应速率方程可表示为:

$$v = kc_{S_2O_8^{2-}}^m \cdot c_{I^-}^n$$

式中 v 是在此条件下反应的瞬时速率。若 $c_{S_2O_8^{2-}}$、c_{I^-} 是起始浓度,则 v 表示初始速率,k 是速率常数,m 与 n 之和是反应级数。

实验所能测定的反应速率是在一段时间(Δt)内反应的平均速率 $\bar{v}$。如果在 Δt 时间 $S_2O_8^{2-}$ 浓度的改变为 $\Delta c_{S_2O_8^{2-}}$,则平均速率为:

$$\bar{v} = \frac{-\Delta c_{S_2O_8^{2-}}}{\Delta t}$$

近似地用反应开始的一段时间内的平均速率代替起始速率:

$$v_0 = \frac{-\Delta c_{S_2O_8^{2-}}}{\Delta t} = k c_{S_2O_8^{2-}}^m \cdot c_{I^-}^n$$

为了能够测出反应在 Δt 时间内 $S_2O_8^{2-}$ 浓度的改变值,需要在混合 $K_2S_2O_8$ 和 KI 溶液的同时,注入一定体积已知浓度的 $Na_2S_2O_3$ 溶液和淀粉溶液,这样在反应(1)进行的同时还进行下面的反应:

$$2S_2O_3^{2-} + I_3^- \Longrightarrow S_4O_6^{2-} + 3I^- \tag{2}$$

这个反应进行得非常快,几乎瞬间完成,而反应(1)比反应(2)慢得多。因此,由反应(1)生成的 I_3^- 立即与 $S_2O_3^{2-}$ 反应,生成无色的 $S_4O_6^{2-}$ 和 I^-。所以在反应的开始阶段看不到碘与淀粉反应而显示的特有蓝色。但是一旦 $Na_2S_2O_3$ 耗尽,反应(1)继续生成的 I_3^- 就与淀粉反应而呈现出特有的蓝色。

由于从反应开始到蓝色出现标志着 $S_2O_3^{2-}$ 全部耗尽,所以从开始到出现蓝色这段时间 Δt 里,$S_2O_3^{2-}$ 浓度的改变 $\Delta c_{S_2O_3^{2-}}$ 实际上就是 $Na_2S_2O_3$ 的起始浓度。

从反应式(1)和(2)可以看出,$S_2O_8^{2-}$ 减少的量为 $S_2O_3^{2-}$ 减少量的一半,所以 $S_2O_8^{2-}$ 在 Δt 时间内的减少量可以从下式求得:

$$\Delta c_{S_2O_8^{2-}} = \frac{\Delta c_{S_2O_3^{2-}}}{2}$$

反应物 $S_2O_8^{2-}$ 和 I^- 的初始浓度不同时,通过反应使 $S_2O_3^{2-}$ 消耗相同浓度 $\Delta c_{S_2O_8^{2-}}$ 所需时间不同。实验中,通过改变反应物 $S_2O_8^{2-}$ 和 I^- 的初始浓度,测定消耗等量的 $S_2O_8^{2-}$ 的浓度 $\Delta c_{S_2O_8^{2-}}$ 所需要的不同的时间间隔(Δt),计算得到反应物不同初始浓度的初速度,进而确定该反应的速率方程和反应速率常数。

三、基本操作

1. 量筒

量筒是化学实验室中最常用的液体测量工具,它有各种不同的容量,可根据不同需要选用。例如需要取 8.0 mL 液体时,为了提高测量的准确度,应选用 10 mL 量筒(测量误差为 ±0.1 mL),如果选用 100 mL 量筒量取 8.0 mL 液体,则至少有 ±1 mL 的误差。读取量筒的刻度值时,一定要使视线与量筒内液面(半月形弯曲面)的最低点处于同一水平线上,否则会增加体积的测量误差。量筒不能用作反应器,不能装热的液体。

2. 秒表

秒表是准确测量时间的仪器。它有各种规格,实验室常用秒表有两个针,长针为秒针,短针为分针,表面上也相应地有两圈刻度,分别表示秒和分的数值,其秒针转一周为 30 s,分针转一周为 15 min。秒表可读准到 0.01 s。表的上端有柄头,用它旋紧发条,控制表的开始计时和停止计时。

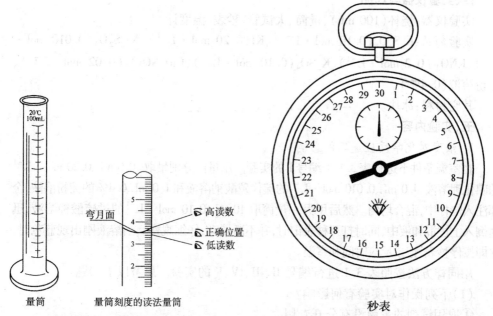

量筒　　　量筒刻度的读法量筒　　　　　　　　　　　　　　秒表

高读数
正确位置
低读数
弯月面

使用时,先旋紧发条,用手握住表体,用拇指或食指按柄头,按一下秒表的柄头,表即走动。需停表时,再按柄头,秒针、分针就都停止,便可读数。第三次按柄头时,秒针、分针即返回零点,恢复原始状态,可再次使用。

3. 作图

实验后常要用作图来处理实验数据,图表可直接显示出数据的特点和数据变化的规律,根据作图还可求得斜率、截距、外推值等等。因此,作图好坏与实验结果有着直接的关系。以下简要介绍一般的作图方法。

(1)准备材料。作图需要直角坐标纸、铅笔(以1H的硬铅笔为好)、透明直角三角板、曲线尺等。

(2)选取坐标轴。在坐标纸上画两条互相垂直的直线,一条为横坐标,一条为纵坐标,分别代表实验数据的两个变量,习惯上以自变量为横坐标,因变量为纵坐标。坐标轴旁需要标明代表的变量和单位。坐标轴上比例尺的选择原则:①从图上读出的有效数字与实验测量的有效数字要一致;②每一格所对应的数值要易读,便于计算;③要考虑图的大小布局,要能使数据的点分散开,有些图不必把数据的零值放在坐标原点。

(3)标定坐标点。根据数据的两个变量在坐标内确定坐标点,符号可用×、①、A等表示。同一曲线上各个相应的坐标点要用同一种符号表示。

(4)画出图线。用均匀光滑的曲线或直线连接各坐标点,要求这条线能通过较多的点,但不一定通过所有的点。没有被连上的点,最好均匀地分布在曲线两侧。

四、实验仪器与药品

实验仪器:烧杯(100 mL)、量筒、大试管、秒表、温度计。

实验药品:$K_2S_2O_8$(0.10 mol·L^{-1})、KI(0.20 mol·L^{-1})、$Na_2S_2O_3$(0.010 mol·L^{-1})、KNO_3(0.2 mol·L^{-1})、K_2SO_4(0.10 mol·L^{-1})、$Cu(NO_3)_2$(0.02 mol·L^{-1})、淀粉溶液(0.4%)。

其它材料:冰块。

五、实验内容

1. 浓度对化学反应速率的影响

在室温条件下进行表3.1中编号 I 的实验。用量筒分别量取10.0 mL、0.20 mol·L^{-1}的碘化钾溶液,4.0 mL、0.010 mol·L^{-1}的硫代硫酸钠溶液和1.0 mL、0.4%的淀粉溶液,全部注入烧杯中,混合均匀。然后用另一量筒取10 mL、0.10 mol·L^{-1}的过硫酸钾溶液,迅速倒入上述混和液中,同时打开秒表记时,并不断搅动,仔细观察。当溶液刚出现蓝色时,立即按停秒表,记录反应时间和室温。

用同样方法按照表3.1进行编号 II、III、IV、V 的实验。思考以下问题。

(1)下列操作对实验有何影响?

①取用试剂的量筒没有分开专用。

②先加过硫酸钾□液,最后加碘化钾溶液。

③过硫酸钾溶液慢慢加入碘化钾等混合溶液中。

(2)为什么在 II、III、IV、V 的实验中,分别加入硝酸钾或硫酸钾溶液?

(3)每次实验的计时操作要注意什么?

表3.1　浓度对反应速度的影响　室温＿＿＿℃

实验编号		I	II	III	IV	V
试剂用量/mL	0.10 mol·L^{-1} $K_2S_2O_3$	10.0	5.0	2.5	10.0	10.0
	0.20 mol·L^{-1} KI	10.0	10.0	10.0	5.0	2.5
	0.010 mol·L^{-1} $Na_2S_2O_3$	4.0	4.0	4.0	4.0	4.0
	0.4% 淀粉溶液	1.0	1.0	1.0	1.0	1.0
	0.20 mol·L^{-1} KNO_3	0	0	0	5.0	7.5
	0.10 mol·L^{-1} K_2SO_4	0	5.0	7.5	0	0
混合液中反应物的起始浓度/(mol·L^{-1})	$K_2S_2O_3$					
	KI					
	$Na_2S_2O_3$					
反应时间 Δt/s						
$S_2O_3^{2-}$ 的浓度变化						
反应速率 v						

2. 温度对化学反应速率的影响

按表 3.1 实验 IV 中的药品用量,将装有 KI、$Na_2S_2O_3$、KNO_3 和淀粉混合溶液的烧杯和装有 $K_2S_2O_8$ 溶液的小烧杯,放入热水浴中加热,待它们温度加热到高于室温 10 ℃时,将 $K_2S_2O_8$ 迅速加到 KI 的混合溶液中,同时计时并不断搅动,当溶液刚出现蓝色时,记录反应时间。此实验编号记为 VI。

同样方法在冰水浴中进行低于室温 10 ℃(或在热水浴中加热,进行高于室温 20 ℃)的实验。此实验编号记为 VII。

将此二次实验数据和实验 IV 的数据记入表 3.2 中进行比较。

表 3.2　温度对化学反应速率的影响

项目 实验编号	IV	VI	VII
反应温度 $T/℃$			
反应时间 $\Delta t/s$			
反应速率 v			

3. 催化剂对化学反应速率的影响

按表 3.1 实验 IV 的用量,把 KI、$Na_2S_2O_3$、KNO_3 和淀粉溶液加到小烧杯中,再加入 1 滴 $0.02\ mol \cdot L^{-1}$ 的 $Cu(NO_3)_2$ 溶液,搅匀,然后迅速加入 $K_2S_2O_8$ 溶液,搅动并记时。将此实验的反应速率与表 3.1 中实验 IV 的反应速率定性地进行比较可得到什么结论?

六、数据处理

1. 反应级数和反应速率常数的计算

反应速率表示式:
$$v = kc_{S_2O_3^{2-}}^{m} c_{I^-}^{n}$$
$$\lg v = m\lg c_{S_2O_3^{2-}} + n\lg c_{I^-} + \lg k$$

当 c_{I^-} 不变时(即实验 I、II、III),以 $\lg v$ 对 $\lg c_{S_2O_3^{2-}}$ 作图,可得一直线,斜率即为 m。同理,当 $c_{S_2O_3^{2-}}$ 不变时(即实验 I、IV、V),以 $\lg v$ 对 $\lg c_{I^-}$ 作图,可求得 n,此反应的级数则为 $m+n$。将求得的 m 和 n 代入 $v = kc_{S_2O_3^{2-}}^{m} c_{I^-}^{n}$ 即可求得反应速度常数 k。将数据填入表 3.3。

表 3.3　计算反应级数和反应速率常数

项目 实验编号	I	II	III	IV	V
$\lg v$					
$\lg c_{S_2O_3^{2-}}$					
$\lg c_{I^-}$					
m					
n					
速率常数 k					

2. 反应活化能的计算

E_a 为反应活化能,R 为气体常数,T 为热力学温度,以 $\lg k$ 对 $\frac{1}{T}$ 作图,可得一直线,由直线斜率 $\left(\frac{E_a}{2.303R}\right)$ 可求得反应活化能 E_a,将数据填入表3.4。

也可利用不同温度的速率常数代入下式计算活化能:

$$E_a = 2.303R\left(\frac{T_1 T_2}{T_2 - T_1}\right)\lg\frac{k_2}{k_1}$$

本实验活化能测定的误差不超过10%(文献值:51.8 kJ·mol^{-1})。

表3.4 计算反应活化能

实验编号 \ 项目	VI	VII	IV
反应速率常数 k			
$\lg k$			
$\frac{1}{T}$			
反应的活化能 E_a			

七、实验思考题

(1)若不用 $S_2O_8^{2-}$,而用 I^- 或 I_3^- 的浓度变化来表示反应速率,则反应速率常数 k 是否一样?

(2)化学反应的反应级数是怎样确定的?用本实验的结果加以说明。

(3)用阿仑尼乌斯公式计算反应的活化能,并与用作图法得到的值进行比较。

(4)本实验研究了浓度、温度、催化剂对反应速率的影响,对有气体参加的反应,压力对反应速率有怎样的影响?如果对 $2NO + O_2 \longrightarrow 2NO_2$ 的反应,将压力增加到原来的 2 倍,那么反应速率将增加几倍?

(5)已知 $A(g) \rightarrow B(l)$ 是二级反应,其数据如下:

p_A/kPa	40	26.6	19.1	13.3
t/s	0	250	500	1000

试计算反应速率常数 k。

八、技能考核评分标准

序号	评分点	配分	评分标准		扣分	得分	考评员
1	玻璃仪器的清洗	10	清洗干净,不挂水珠	(5分)			
			质量记录准确	(5分)			
2	浓度对化学反应速率的影响	20	准确配置所需各种溶液	(6分)			
			配制的溶液试剂瓶填写标签	(2分)			
			记录反应时间准确	(6分)			
			记录数据准确	(6分)			

序号	评分点	配分	评分标准		扣分	得分	考评员
3	温度对化学反应速率的影响	20	准确配置所需各种溶液 配制的溶液试剂瓶填写标签 记录反应时间准确 记录数据准确	(6分) (2分) (6分) (6分)			
4	催化剂对化学反应速率的影响	20	准确配置所需各种溶液 配制的溶液试剂瓶填写标签 记录反应时间准确 记录数据准确	(6分) (2分) (6分) (6分)			
5	实验后的结束工作	10	洗涤仪器 台面清洁	(5分) (5分)			
6	分析结果	10	记录准确 结果与参照值的误差不大	(5分) (5分)			
7	考核时间	10	考核时间为150 min。超过时间10 min扣2分，超过20 min扣4分，以此类推，直至本题分数扣完为止。				

4

原子结构与元素周期律

基本知识与基本技能

1. 要求理解四个量子数的物理意义。

2. 懂得近似能级图的意义,能够运用核外电子排布的三个原理,写出若干常见元素的原子核外电子的排布方式。

3. 学会利用电离能、原子半径等数据讨论各类元素的某些性质与电子层结构的关系。

4. 重点掌握原子结构与元素周期律间的关系。

世界是由物质组成的,物质又由相同或不同的元素组成。迄今经 IUPAC 正式公布的元素已有 109 种,正是这些元素的原子经过各种化学反应,组成了千万种不同性质的物质。19 世纪末以来,科学实验证实了原子很小(直径约 10^{-10} m),却有着复杂的结构。原子是由带正电荷的原子核和绕核运动的带负电荷的电子所组成。原子核又包含了带正电荷的质子与不带电荷的中子。元素的原子序数等于核电荷数(即质子数),也等于核外电子数。由于化学反应不涉及原子核的变化,而只是改变了核外电子的数目或运动状态,因此,本章在讨论原子核外电子排布和运动规律的基础上介绍元素周期表,并进一步阐明原子和元素性质变化的周期规律。

4.1 原子核外电子的运动状态

人们对原子结构的认识和原子光谱的实验是分不开的。1913 年,玻尔(Bohr N)在氢原子光谱和普朗克(Planck M)量子论的基础上提出了如下假设。

(1) 在原子中,电子只能沿着一定能量的轨道运动,这些轨道称为稳定轨道。电子运动时所处的能量状态称为能级。轨道不同,能级也不同。

(2) 电子只有从一个轨道跃迁到另一轨道时,才有能量的吸收或放出。

玻尔理论成功地解释了氢原子光谱,阐明了谱线的波长与电子在不同轨道之间跃迁时能级差的关系,因而在原子结构理论的发展过程中作出了很大的贡献。但是该理论不能解释多电子原子光谱、氢原子光谱的精细结构（在精密的分光镜下,发现氢光谱的每一条谱线是由几条波长相差甚微的谱线所组成）等新的实验事实。其原因是该理论没有完全摆脱经典力学的束缚,电子在固定轨道上绕核运动的观点不符合微观粒子的运动特性。因此随着科学的发展,玻尔的原子结构理论便被原子的量子力学理论所代替。

4.1.1 电子的波粒二象性

光在传播过程中的干涉、衍射等实验现象说明光具有波动性;而光电效应、原子光谱等现象又说明光具有粒子性。所以光既有波动性又有粒子性,称为光的波粒二象性。

电子的发现和光电效应等实验事实早就证实了电子的粒子性。电子的质量和体积都很小。

原子轨道绝无宏观物体固定轨道的含义,它只是反映了核外电子运动状态表现出的波动性和统计性规律。如前所述,波函数 ψ 是空间坐标 x、y、z 的函数,这种三维空间的波（或者说有四个变量）很难用适当的简单图形表示清楚。一般处理方法是首先将 x、y、z 表示的直角坐标转换成用 r、θ、ϕ 表示的球坐标,而后把 $\psi(r,\theta,\phi)$ 分解为用 r 表示的径向分布函数（或简称径向分布）$R(r)$ 和仅包含角度变量 θ 和 ϕ 的角度分布函数（或简称角度分布）$Y(\theta,\phi)$。由于 ψ 的角度分布与主量子数无关,且角量子数相同时,其角度分布图总是一样。在下章讨论成键时,角度分布图有直接应用,故比较重要。图 4.1 为某些原子轨道的角度分布图,图中的"+"、"−"号表示波函数的正、负值。

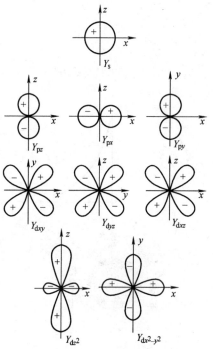

图 4.1 s、p、d 原子轨道角度分布图（平面图）

4.1.2 概率密度与电子云

波函数 ψ 的物理意义曾引起科学家的长期争议,实际上与一般物理量不同,波函数没有明确直观的物理意义。光的强度与光子的数目成正比,而在某处光子的数目同该处发现一个光子的概率成正比。光的强度是同光波的电场或磁场强度的平方成正比的,所以核外空间某处出现电子的概率和波函数 ψ 的平方成正比,也即 $|\psi|^2$ 表示为电子在原子核外空间某点附近微体积内出现的概率。

对于原子核外高速运动的电子,并不能肯定某一瞬间它在空间所处位置,只能用统计方法推算出它在空间各处出现的概率,或者是电子在空间单位体积内出现的概率,即概率密度。为了形象地表示电子在原子中的概率密度分布情况,常用密度不同的小黑点来表示,这种图像称为电子云。黑点较密的地方,表示电子出现的概率密度较大;黑点较稀疏的地方,表示电子出现的概率密度较小。图4.2为基态氢原子中电子的概率密度分布及电子云示意图,图的上部分表示电子的概率密度随其离核远近(r)的变化,下部分表示电子云分布。

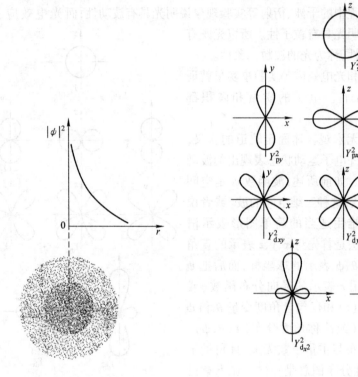

图 4.2　基态氢原子中电子概率密度分布及电子云

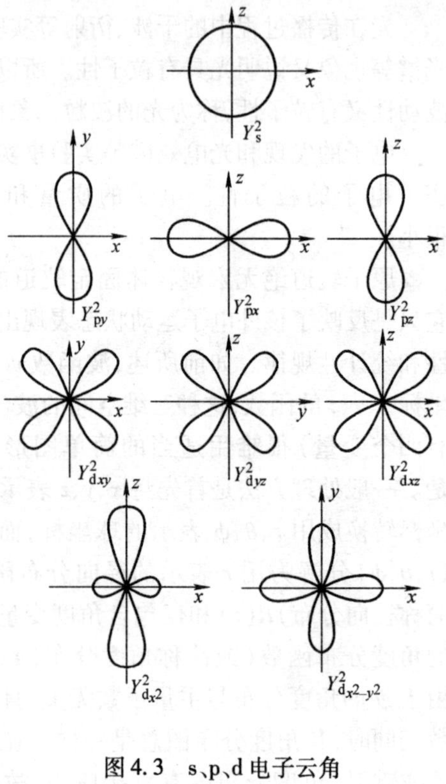

图 4.3　s、p、d 电子云角度分布图(平面图)

与作原子轨道角度分布图类似,也可以作电子云的角度分布图(见图 4.3)。两种图形基本相似,但有两点区别:①原子轨道的角度分布图带有正、负号,而电子云的角度分布图均为正值,通常不标出;②电子云角度分布的图形比较"瘦"些。

4.1.3　四个量子数

解薛定谔方程时引入的三个常数项分别为主量子数 n、角量子数 l 和磁量子数 m,它们的取值是相互制约的,用这些量子数可以表示原子轨道或电子云离核的远近、形状及其在空间伸展的方向。此外,还有用来描述电子自旋运动的自旋量子数 m_s。下面分别予以说明。

1. 主量子数 n

主量子数 n 的取值数为从 1 开始的正整数（$1,2,3,4\cdots$）。主量子数表示电子离核的平均距离，n 越大，电子离核平均距离越远，n 相同的电子离核平均距离比较接近，即所谓电子处于同一电子层。电子离核越近，其能量越低，因此电子的能量随 n 的增大而升高。n 是决定电子能量的主要量子数。n 值又代表电子层数，不同的电子层用不同的符号表示，如下所示：

主量子数 n	1	2	3	4	5	6
电子层名称	第一层	第二层	第三层	第四层	第五层	第六层
电子层符号	K	L	M	N	O	P

电子层能量高低按 K < L < M < N < O < P 的顺序排列。

2. 角量子数 l

根据光谱实验及理论推导可知，即使在同一电子层内，电子的能量也有所差别，其运动状态也有所不同，即一个电子层还可分为若干个能量稍有差别、原子轨道形状不同的亚层。角量子数（又称副量子数）l 就是用来描述不同亚层的量子数。l 的取值受 n 的制约，可以取从 0 到 $n-1$ 的正整数，如下所示：

n	1	2	3	4
l	0	0,1	0,1,2	0,1,2,3

每个 l 值代表一个亚层。第一电子层只有一个亚层，第二电子层有两个亚层，以此类推。亚层用光谱符号 s、p、d、f 等表示。角量子数、亚层符号及原子轨道形状的对应关系如下所示：

l	0	1	2	3
亚层符号	s	p	d	f
原子轨道或电子云形状	球形	哑铃形	花瓣形	花瓣形

同一电子层中，随着 l 数值的增大，原子轨道能量也依次升高。从能量角度讲，每一个亚层有不同的能量，常称之为相应的能级。与主量子数决定的电子层间的能量差别相比，角量子数决定的亚层间的能量差要小得多。

3. 磁量子数 m

根据光谱线在磁场中会发生分裂的现象得出结论，原子轨道不仅有一定的形状，并且还具有不同的空间伸展方向。磁量子数 m 就是用来描述原子轨道在空间伸展方向的量。磁量子数 m 的取值受角量子数的制约。当角量子数为 l 时，m 的取值可以从 $+l$ 到 $-l$ 并包括 0 在内的正整数，即 $m=0,\pm 1,\pm 2,\cdots,\pm l$。因此，亚层中 m 的取值个数与 l 的关系是 $2l+1$，即 m 取值有 $2l+1$ 个。每个取值表示亚层中的一个有一定空间伸展方向的轨道。因此，一个亚层中有几个数值，该亚层中就有几个伸展方向不同的轨道。n、l、m 的关系见表4.1所示。由表可见,当 $n=1$、$l=0$ 时,$m=0$,表示 1s 亚层在空间只有一种伸展方向。当 $n=2$、$l=1$ 时,$m=0$、± 1,表示 2p 亚层中有 3 个空间伸展方向不同的轨道,即 p_x、p_y、p_z。这 3 个轨道的 n、l 值相同,轨道的能量相同,所以称为等价轨道或简并轨道。当 $n=3$、$l=2$ 时,$m=0$、± 1、± 2,表示 3d 亚层中有 5 个空间伸展方向不同的 d 轨道,这 5 个轨道的 n、l 值相同,轨道能量也应相同,所以也是等价轨道或简并轨道。

表4.1　n、l 和 m 的关系

主量子数(n)	1	2		3			4			
电子层符号	K	L		M			N			
角量子数(l)	0	0	1	0	1	2	0	1	2	3
电子亚层符号	1s	2s	2p	3s	3p	3d	4s	4p	4d	4f
磁量子数(m)	0	0	0 ± 1	0	0 ± 1	0 ± 1 ± 2	0	0 ± 1	0 ± 1 ± 2	0 ± 1 ± 2 ± 3
亚层轨道($2l+1$)	1	1	3	1	3	5	1	3	5	7
电子层轨道数	1	4		9			16			

综上所述,用 n、l、m 三个量子数即可决定一个特定原子轨道的大小、形状和伸展方向。

4. 自旋量子数 m_s

电子除绕核运动外,本身还作两种相反方向的自旋运动,描述电子自旋运动的量子数称为自旋量子数 m_s,取值为 $+1/2$ 和 $-1/2$,符号用"↑"和"↓"表示。由于自旋量子数只有 2 个值,因此每个原子轨道最多能容纳两个电子。

以上讨论了四个量子数的意义和它们之间相互联系又相互制约的关系。有了这四个量子数就能够比较全面地描述一个核外电子的运动状态,如原子轨道的分布范围、轨道形状、伸展方向以及电子的自旋状态等。此外,由 n 值可以确定 l 的最大限值(几个亚层或能级);由 l 值又可以确定 m 的最大限值(几个伸展方向或几个等价轨道),这样就可推算出各电子层和各亚层上的轨道总数,再结合 m_s,也很容易得出各电子层和各亚层的电子最大容量。

4.1.4　多电子原子轨道的能级

氢原子核外只有一个电子,它的原子轨道能级只取决于主量子数 n。但是对于多电子原子来说,由于电子间的互相排斥作用,原子轨道能级关系较为复杂。原子中各原子轨道能级的高低主要根据光谱实验确定,用图示法近似表示,这就是所谓近似

能级图。常用的是鲍林(Pauling L)的近似能级图,原子轨道按照能量由低到高的顺序排列,并将能量相近的能级划归一组,称为能级组,以虚线框起来。每个能级组(除第一能级组)都是从 s 能级开始,于 p 能级终止,能级组数等于核外电子层数。图4.4 为原子轨道近似能级图。

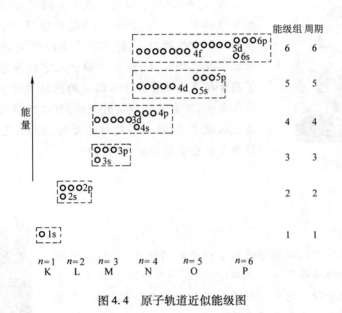

图 4.4 原子轨道近似能级图

(1)同一原子中的同一电子层内,各亚层之间的能量次序为 $ns < np < nd < nf$。

(2)同一原子中的不同电子层内,相同类型亚层之间的能量次序为 $1s < 2s < 3s$ …。

(3)同一原子中的第三层以上的电子层中,不同类型的亚层之间,在能级组中常出现能级交错现象。例如 $4s < 3d < 4p, 5s < 4d < 5p, 6s < 4f < 5d < 6p$。

必须指出,鲍林近似能级图反映了多电子原子中原子轨道能量的近似高低,不能认为所有元素原子中的原子轨道能级高低都是一成不变的,更不能用它来比较不同元素原子轨道能级的相对高低。

思考与练习 4−1

区别以下概念。

(1)线状光谱和连续光谱基态和激发态。

(2)波函数和原子轨道。

阅读材料　探索原子核奥秘的钥匙——中子

查德威克

1932 年,物理学家查德威克发现了质量同质子相当的中性粒子,这正是 1920 年卢瑟福猜想原子核内可能存在的一种中性的粒子,即中子。他因此获 1935 年诺贝尔物理学奖。1932 年,海森伯和伊凡宁柯各自独立地提出了原子核是由质子和中子组成的核结构模型。由于中子不带电荷,不受静电作用的影响,可以比较自由地接近以至进入原子核,容易引起核的变化,因此,它立即被用来作为轰击原子核的理想"炮弹"。

海森伯

中子的发现为核物理学开辟了一个新的纪元,它不仅使人们对原子核的组成有了一个正确的认识,而且为人工变革原子核提供了有效手段。它可以说是打开原子核奥秘的钥匙,在开发原子能的伟大事业中大显身手。

4.2　原子中电子的排布

4.2.1　基态原子中电子的排布原理

为了说明基态原子中的电子排布,根据光谱实验结果,并结合对元素周期律的分析,归纳、总结出核外电子排布的三个基本原理。

1. 能量最低原理

自然界任何体系总是能量越低所处状态越稳定,这个规律称为能量最低原理。原子核外电子的排布也遵循这个原理,所以随着原子序数的递增,电子总是优先进入能量最低的能级,其进入次序可依鲍林近似能级图逐级填入。

需要指出,无论是实验结果还是理论推导都已证明,原子在失去电子时的顺序与填充时的顺序并不对应。基态原子外层电子填充顺序为 $ns \to (n-2)f \to (n-1)d \to np$,而基态原子失去外层电子的顺序为 $np \to ns \to (n-1)d \to (n-2)f$。例如,Fe 的最高能级组电子填充的顺序为先填 4s 轨道上的 2 个电子,再填 3d 轨道上的 6 个电子;

而在失去电子时,却是先失 2 个 4s 轨道电子(成为 Fe^{2+} 离子),再失 1 个 3d 轨道电子(成为 Fe^{3+} 离子)。

2. 泡利不相容原理

泡利(Pauli W)提出,在同一原子中不可能有四个量子数完全相同的两个电子。换句话说,在同一轨道上最多只能容纳两个自旋方向相反的电子。

应用泡利不相容原理,可以推算出每一电子层上电子的最大容纳量。

3. 洪德规则

洪德(Hund F)提出,在同一亚层的等价轨道上,电子将尽可能占据不同的轨道,且自旋方向相同(这样排布时总能量最低)。例如,C 的电子排布为 $1s^2 2s^2 2p^2$,其轨道上的电子排布为

此外,根据光谱实验结果,又归纳出一个规律:等价轨道在全充满、半充满或全空的状态是比较稳定的,其中全充满状态为 p^6、d^{10} 或 f^{14},半充满状态为 p^3、d^5 或 f^7,全空状态为 p^0、d^0 或 f^0。如 $_{24}Cr$ 原子核外电子的排布式,不是 $1s^2 2s^2 2p^6 3s^2 3p^6 3d^4 4s^2$,而是 $1s^2 2s^2 2p^6 3s^2 3p^6 3d^5 4s^1$,$3d^5$ 为半充满状态。$_{29}Cu$ 不是 $1s^2 2s^2 2p^6 3s^2 3p^6 3d^9 4s^2$,而是 $1s^2 2s^2 2p^6 3s^2 3p^6 3d^{10} 4s^1$,$3d^{10}$ 为全充满状态。

4.2.2　基态原子中的电子排布

表 4.2 列出了由光谱实验数据得到的原子序数为 1～36 的各元素基态原子中的电子排布情况。其中绝大多数元素的电子排布与上节所述的排布原则是一致的,但也有少数有所不符。对此,必须尊重事实,并在此基础上去探求更符合实际的理论解释。

表 4.2　基态原子的电子分布

周期	原子序数	元素符号	元素名称	电子层						
				K	L	M	N	O	P	Q
				1s	2s2p	3s3p3d	4s4p4d4f	5s5p5d5f	6s6p6d	7s
1	1	H	氢	1						
	2	He	氦	2						
2	3	Li	锂	2	1					
	4	Be	铍	2	2					
	5	B	硼	2	2 1					
	6	C	碳	2	2 2					
	7	N	氮	2	2 3					
	8	O	氧	2	2 4					
	9	F	氟	2	2 5					
	10	Ne	氖	2	2 6					

续表

周期	原子序数	元素符号	元素名称	电子层						
				K	L	M	N	O	P	Q
				1s	2s2p	3s3p3d	4s4p4d4f	5s5p5d5f	6s6p6d	7s
3	11	Na	钠	2	2 6	1				
	12	Mg	镁	2	2 6	2				
	13	Al	铝	2	2 6	2 1				
	14	Si	硅	2	2 6	2 2				
	15	P	磷	2	2 6	2 3				
	16	S	硫	2	2 6	2 4				
	17	Cl	氯	2	2 6	2 5				
	18	Ar	氩	2	2 6	2 6				
4	19	K	钾	2	2 6	2 6	1			
	20	Ca	钙	2	2 6	2 6	2			
	21	Sc	钪	2	2 6	2 6 1	2			
	22	Ti	钛	2	2 6	2 6 2	2			
	23	V	钒	2	2 6	2 6 3	2			
	24	Cr	铬	2	2 6	2 6 5	1			
	25	Mn	锰	2	2 6	2 6 5	2			
	26	Fe	铁	2	2 6	2 6 6	2			
	27	Co	钴	2	2 6	2 6 7	2			
	28	Ni	镍	2	2 6	2 6 8	2			
	29	Cu	铜	2	2 6	2 6 10	1			
	30	Zn	锌	2	2 6	2 6 10	2			
	31	Ga	镓	2	2 6	2 6 10	2 1			
	32	Ge	锗	2	2 6	2 6 10	2 2			
	33	As	砷	2	2 6	2 6 10	2 3			
	34	Se	硒	2	2 6	2 6 10	2 4			
	35	Br	溴	2	2 6	2 6 10	2 5			
	36	Kr	氪	2	2 6	2 6 10	2 6			

思考与练习 4 – 2

选择题

(1) 第四周期元素原子中未成对电子数最多可达( )。

    A. 4 个   B. 5 个   C. 6 个   D. 7 个

(2) 基态原子的第五电子层只有两个电子,则该原子的第四电子层中的电子数肯定为( )。

    A. 8 个   B. 18 个   C. 8 ~ 18 个   D. 8 ~ 32 个

(3) 主量子数 $n = 4$ 能层的亚层数是( )。

    A. 3   B. 4   C. 5   D. 6

(4) 下列基态原子的电子构型中,正确的是( )。

    A. Nb $4d^4 5s^1$ B. Nd $4f^4 5d^0 6s^2$ C. Ne $3s^2 3p^6$ D. Ni $3d^8 4s^2$

(5) 下列基态原子的电子构型中,正确的是( )。

    A. $3d^9 4s^2$ B. $3d^4 4s^2$ C. $4d^{10} 5s^0$ D. $4d^8 5s^2$

(6) Pb^{2+} 离子的价电子结构是( )。

    A. $5s^2$ B. $6s^2 6p^2$

    C. $5s^2 5p^2$ D. $5s^2 5p^6 5d^{10} 6s^2$

(7) 某元素基态原子失去 3 个电子后,角量子数为 2 的轨道半充满,其原子序数为( )。

    A. 24   B. 25   C. 26   D. 27

阅读材料　　电子环绕原子核运动

    1913 年,玻尔把卢瑟福的原子模型和普朗克的量子论巧妙地结合起来,并且把原来只用于能的量子概念加以推广,提出了新的原子结构理论,为以后各种物理量的量子化打开了大门。其理论要点:一是电子只能在一些特定的轨道上运行;二是电子在特定轨道上运行时,不发射也不吸收能量;三是当电子从一个具有较高能量的轨道跃迁到较低能量的轨道时,就要发射出能量,反之吸收能量。这个理论显然是违反古典理论的,由古典理论估算,电子在绕核运行时,必定不断损失能量,轨道会越来越小,电子最终落到核中,并计算出一个直径为 10^{-10} m 的原子在 10^{-12} s 时间内就会崩溃。但玻尔在大量研究和计算的基础上,坚持真理,为长期以来一直无法解释的经验公式做出了统一的理论解释。玻尔因此而获 1922 年诺贝尔物理学奖。

4.3　原子核外电子排布与元素周期律

人们根据大量实验事实总结得出,元素随着原子序数(核电荷数)的递增呈周期性的变化,这一规律称为周期律。元素周期律总结和揭示了元素性质从量变到质变的特征和内在依据,元素周期律的图表形式称为元素周期表。

4.3.1　周期与能级组

元素周期表共分 7 个周期。第 1 周期只有两种元素,为特短周期;第 2 周期和第 3 周期各有 8 种元素,为短周期;第 4 周期和第 5 周期各有 18 种元素,为长周期;第 6 周期有 32 种元素,为特长周期;第 7 周期预测有 32 种元素,尚有几种元素还待发现,故称其为不完全周期。除第 1 周期和第 2 周期的元素数目与原子的第 1 和第 2(或 K、L)层中的电子数目相同外,其余各周期的元素数目与各层电子数目均不相同。各周期的元素数目是与其对应的能级组中的电子数目相一致的,即每建立一个新的能级组,就出现一个新的周期。周期数即为能级组组数或核外电子层数,各周期的元素数目等于该能级组中各轨道所能容纳的电子总数。

每一周期中的元素随着原子序数的递增,总是从活泼的碱金属开始(第 1 周期例外),逐渐过渡到稀有气体为止。对应于其电子结构的能级组则总是从 ns^1 开始至 np^6 结束,如此周期性地重复出现。在长周期或特长周期中,其电子层结构还夹着 $(n-1)d$、$(n-2)f$ 或 $(n-1)d$ 亚层,其关系见表 4.3 所示。

可见,元素划分为周期的本质在于能级组的划分,元素性质周期性的变化是原子核外电子层结构周期性变化的反映。

表4.3　能级组与周期的关系

周期	能级组	原子序数	能级组内各亚层电子填充顺序	电子填充数	元素种数
1	I	1~2	$1s^{1\sim2}$	2	2
2	II	3~10	$2s^{1\sim2}\longrightarrow2p^{1\sim6}$	8	8
3	III	11~18	$3s^{1\sim2}\longrightarrow3p^{1\sim6}$	8	8
4	IV	19~36	$4s^{1\sim2}\longrightarrow3d^{1\sim10}\longrightarrow4p^{1\sim6}$	18	18
5	V	37~54	$5s^{1\sim2}\longrightarrow4d^{1\sim10}\longrightarrow5p^{1\sim6}$	18	18
6	VI	55~86	$6s^{1\sim2}\longrightarrow4f^{1\sim14}\longrightarrow5d^{1\sim10}\longrightarrow6p^{1\sim6}$	32	32
7	VII	87~未完	$7s^{1\sim2}\longrightarrow5f^{1\sim14}\longrightarrow6d^{1\sim7}$	23(未填满)	23(尚待发现)

4.3.2　族与价层电子构型

价电子是指原子参加化学反应时能用于成键的电子。价电子所在的亚层统称为价电子层,简称价层。原子的价层电子构型是指价层电子的排布式,它能反映出该元素原子在电子层结构上的特征。

元素周期表中共有 18 个纵行,分为 8 个主(A)族和 8 个副(B)族。同族元素虽然电子层数不同,但价层电子构型基本相同(少数例外),所以原子、价层电子构型相同是元素分族的实质。

1. 主族元素

在各族号罗马字旁加 A 表示主族。周期表中共有 8 个主族,即 IA ~ VIIIA。凡原子核外最后一个电子填入 ns 或 np 亚层上的元素,都是主族元素,其价层电子构型为 $ns^{1~2}$ 或 $ns^2np^{1~6}$,价电子总数等于其族数。例如,元素 $_{16}$S 核外电子排布式是 $1s^22s^22p^63s^23p^4$,最后的电子填入 3p 亚层,为主族元素,价层电子构型为 $3s^23p^4$,即 VIA 族。

VIIIA 族为稀有气体。这些元素原子的最外层($nsnp$)上电子都已填满,价层电子构型为 ns^2np^6,成为 8 电子稳定结构(He 只有 2 个电子即 $1s^2$)。它们的化学性质很不活泼,故称为零族元素或惰性气体。

2. 副族元素

在各族号罗马字旁加 B 表示副族。周期表中共有 8 个副族,凡是原子核外最后一个电子填入 $(n-1)d$ 或 $(n-2)f$ 亚层上的元素,都是副族元素,也称过渡元素,最后一个电子填在 $(n-2)f$ 亚层上的元素,称内过渡元素。$(n-1)d^{1~10}ns^{1~2}$ 为过渡元素的价层电子构型。IIIB 到 VIIB 族元素原子的价层电子总数等于其族数。例如,元素 $_{25}$Mn,其核外电子排布式是 $1s^22s^23s^23p^63d^54s^2$,最后电子填入 3d 亚层,为副族元素或过渡元素,其价层电子构型为 $3d^54s^2$,即 VIIB 族。VIIIB 族有 3 个纵行,它们的价层电子构型为 $(n-1)d^{6~10}ns^{0~2}$,价层电子总数为 8 ~ 10 个,VIIIB 族的多数元素在化学反应中表现出的价电子数并不等于其族数。IB、IIB 族元素由于其 $(n-1)d$ 亚层已经填满,所以最外层(即 ns)上的电子数等于其族数。

这种划分主、副族的方法,将主族割裂为前后两部分,且副族的排列也不是由低到高,VIIIB 族又包含 8、9、10 三行,IUPAC 于 1988 年建议将 18 行定为 18 个族,不分主、副族,并仍以元素的价层电子构型作为族的特征列出。这样虽然避免了上述问题,但 18 族不分类,显得多而乱,初学者不易把握,故本书仍使用过去的主、副族分类法。

4.3.3 周期表元素分区

根据周期、族和原子结构特征的关系,可将周期表中的元素划分成五个区域,如图 4.5 所示。

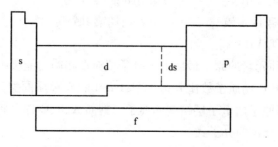

图 4.5 周期表中元素分区示意图

(1)s区。为IA、IIA族元素,价层电子构型为ns^1、ns^2(1、2两行)。

(2)d区。为IIIB~VIIIB族元素,价层电子构型为$(n-1)d^{1~10}ns^{0~2}$(3~10行,共8行)。

(3)ds区。原d区中的IB、IIB族元素,由于$(n-1)d$已填满,其ns上的电子数与s区相同,所以称为ds区元素,价层电子构型为$(n-1)d^{10}ns^{1~2}$(11、12两行)。

(4)p区。为IIIA~VIIIA族元素,价层电子构型为$ns^2np^{1~6}$(13~18行,共6行)。

(5)f区。为镧系、锕系元素(内过渡元素),其价层电子构型为$(n-2)f^{0~14}(n-1)^{0~2}ns^2$(周期表下的两横列)。

综上所述,原子的电子层结构与元素周期表之间有着密切的关系。对于多数元素来说,如果知道了元素的原子序数,便可以写出该元素原子的电子层结构,从而判断它所在的周期和族;反之,如果已知某元素所在的周期和族,便可写出该元素原子的电子层结构,也能推知它的原子序数。

【例4-1】 已知某元素在周期表中位于第5周期IVA族,试写出该元素的电子排布式、名称和符号。

解:根据该元素位于第5周期可以断定,它的核外电子一定是填充在第五能级组,即5s4d5p;又根据它位于IVA族得知,这个主族元素的族数应等于它的最外层电子数,即$5s^25p^2$;再根据4d的能量小于5p的事实,则4d中一定充满了10个电子。所以,该元素原子的电子排布式为$[Kr]4d^{10}5s^25p^2$,该元素为锡(Sn)。

思考与练习4-3

1. 写出下列元素原子的电子排布式,并给出原子序数和元素名称。

(1)第3个稀有气体　　　　(2)第四周期的第6个过渡元素

(3)电负性最大的元素　　　(4)4p半充满的元素

(5)4f填4个电子的元素

2. 由下列元素在周期表中的位置,给出元素名称、元素符号及其价层电子构型。

(1)第四周期第VIB族　　　(2)第五周期第IB族

(3)第五周期第IVA族　　　(4)第六周期第IIA族

(5)第四周期第VIIA族

3. A、B、C三种元素的原子最后1个电子填充在相同的能级组轨道上,B的核电荷比A大9个单位,C的质子数比B多7个;1 mol的A单质同酸反应置换出1 g H_2,同时转化为具有氩原子的电子层结构的离子。判断A、B、C各为何种元素,A与B同C反应时生成的化合物的分子式。

4. 对于116号元素,请给出以下问题的答案。

(1)钠盐的化学式　　　　　(2)简单氢化物的化学式

（3）最高价态的氧化物的化学式　（4）该元素是金属还是非金属

阅读材料　解释微观世界

德布罗意

玻尔的理论取得了很大成功,但它只能用于氢原子,对于解释带两个电子的氦原子却困难重重。

　　1923 年,物理学家德布罗意提出了电子作为粒子应该具有波动的性质,他在自己晚年回忆这段经历时说:"经过长期的孤寂的思索和遐想之后,在 1923 年我蓦然想到,爱因斯坦在 1905 年所作出的发现应当加以推广,把它扩展到一切物质粒子,特别是电子。"他提出了物质波理论,预言电子波的衍射,并获 1929 年诺贝尔物理学奖。1925 年,物理学家薛定谔把德布罗意的理论大大向

薛定谔

前推进,建立了波动力学体系,加深了对微观客体的波粒二象性的理解,为数学上解决原子物理学、核物理学、固体物理学和分子物理学问题提供了一种有力的理论工具。他于 1933 年获诺贝尔物理学奖。1927 年戴维孙和汤姆逊发现了晶体对电子的衍射和电子照射晶体的干涉现象,证实了德布罗意的预言,他们因此获 1937 年诺贝尔物理学奖。

4.4　元素性质的周期性

　　元素性质取决于其原子的内部结构。本节结合原子核外电子层结构周期性的变化,阐述元素的一些主要性质的周期变化规律。

4.4.1　有效核电荷(Z^*)

　　在多电子原子中,任一电子受到原子核吸引的同时还受到其他电子的排斥。斯莱脱提出,内层电子和同层电子对某一电子的排斥作用势必削弱原子核对该电子的吸引,这种作用称为屏蔽效应。屏蔽效应的结果使该电子实际上受到的核电荷(有效核电荷 Z^*)的引力比原子序数(Z)所表示的核电荷的引力要小。屏蔽作用的大小可以用屏蔽常数(δ)来表示,即 $Z^* = Z - \delta$,可见屏蔽常数可以理解为被抵消的那部分核电荷。

　　在周期表中元素的原子序数依次递增,原子核外电子层结构呈周期性变化。由于屏蔽常数 δ 与电子层结构有关,所以有效核电荷也呈现周期性变化。

　　根据理论计算,有效核电荷与原子序数的关系如图 4.6 所示。

　　由该图可以看出:①有效核电荷随原子序数的增加而增加,并呈周期性变化;②同一周期的主族元素,从左到右随原子序数的增加 Z^* 有明显的增加,而副族元素

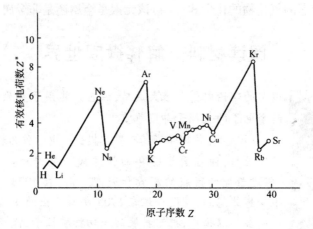

图4.6 有效核电荷的周期性变化

Z^*增加的幅度要小许多,造成这种差别的原因是前者为同层电子之间的屏蔽,屏蔽作用较小,而后者是内层电子对外层电子的屏蔽,屏蔽作用较大;③同族元素由上到下,虽然核电荷增加得较多,但上、下相邻两元素的原子依次增加一个电子层,屏蔽常数较大,故有效核电荷增加得并不多。

4.4.2 原子半径(r)

依量子力学的观点,核外电子在核外空间是按概率分布的,这种分布没有明确的界面,所以原子的大小无法直接测定。通常所说的原子半径是根据原子不同的存在形式来定义的,常用的有以下三种。

(1)金属半径。把金属晶体看成是由金属原子紧密堆积而成,因此,两相邻金属原子核间距离的一半称为该金属原子的金属半径。

(2)共价半径。同种元素的两个原子以共价键结合时,两原子核间距离的一半称为该原子的共价半径。周期表中各元素原子的共价半径见表4.4。

表4.4 元素原子的共价半径 r(单位:pm)

H 32																	He 23
Li 123	Be 89											B 82	C 77	N 70	O 66	F 64	Ne 112
Na 154	Mg 136											Al 118	Si 117	P 100	S 104	Cl 99	Ar 154
K 203	Ca 174	Sc 144	Ti 132	V 122	Cr 118	Mn 117	Fe 117	Co 116	Ni 115	Cu 117	Zn 125	Ga 126	Ge 122	As 121	Se 117	Br 114	Kr 169
Rb 216	Sr 191	Y 162	Zr 145	Nb 134	Mn 130	Tc 127	Ru 125	Rh 125	Pd 134	Ag 134	Cd 148	In 144	Sn 140	Sb 141	Te 137	I 133	Xe 190
Cs 235	Ba 198	△ Lu 158	Hf 144	Ta 134	W 130	Re 128	Os 126	Ir 127	Pt 130	Au 134	Hg 144	Tl 148	Pb 147	Bi 146	Po 146	At 145	Rn 220

△	La 169	Ce 165	Pr 164	Nd 164	Pm 163	Sm 162	Eu 185	Gd 162	Tb 161	Dy 160	Ho 158	Er 158	Tm 158	Yb 170

（3）范德华半径。在分子晶体中,分子间以范德华力相结合,这时相邻分子间两个非键结合的同种原子核间距离的一半,称为该原子的范德华半径。同一元素原子的范德华半径大于共价半径。例如,氯原子的共价半径为 99 pm,其范德华半径则为180 pm,两者的区别见图 4.7。

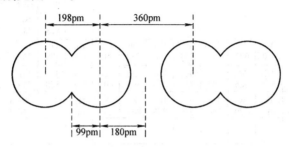

图 4.7　氯原子的共价半径与范德华半径

原子半径的大小主要取决于核外电子层数和有效核电荷。由表 4.4 可见,同族元素从上到下由于电子层数增加,原子半径逐渐增大。同一周期的主族元素其电子层数相同,而有效核电荷 Z^* 从左到右依次递增,原子半径则随之递减;过渡元素的 Z^* 增加缓慢,原子半径减小也较缓慢;镧系元素从镧到镥因增加的电子填入靠近内层的 f 亚层,而使有效核电荷 Z^* 增加得更为缓慢,故镧系元素的原子半径自左而右的递减也更趋缓慢。镧系元素原子半径的这种缓慢递减的现象称为镧系收缩。

尽管每个镧系元素的原子半径减小得都不多,但 14 种镧系元素半径减小的累计值还是可观的,且恰好使其后的几个第 6 周期副族元素与对应的第 5 周期同族元素的原子半径十分接近,以致 Y 和 Lu、Zr 和 Hf、Nb 和 Ta、Mo 和 W 等元素的半径和性质十分相近,此即镧系收缩效应。

4.4.3　电离能(I)

从基态原子移去电子,需要消耗能量以克服核电荷的吸引力。单位物质的量的基态气态原子失去第一个电子成为气态一价阳离子所需要的能量称为该元素的第一电离能,以 I_1 表示,其 SI 的单位为 kJ·mol^{-1},见表 4.5。从气态一价阳离子再失去一个电子成为气态二价阳离子所需要的能量,称为第二电离能,以 I_2 表示,其余依此类推。

电离能的大小反映了原子失去电子的难易程度。电离能越大,原子失电子越难;反之,电离能越小,原子越容易失电子。通常用第一电离能 I_1 来衡量原子失去电子的能力。电离能的大小主要取决于有效核电荷、原子半径和电子层结构,电离能也呈周期性的变化。

由图 4.8 可见,对同一周期的主族元素来说,随着有效核电荷 Z^* 增加,原子半径减小,失电子由易变难,故电离能明显增大。有些元素如 N、P 等的第一电离能在曲线上出现尖峰,这是由于电子要从 np^3 半充满的稳定状态中电离出去,需要消耗更多

表 4.5   元素的第一电离能 I_1（单位：$kJ \cdot mol^{-1}$）

H 1312																	He 2372
Li 520	Be 899											B 801	C 1086	N 1402	O 1314	F 1631	Ne 1631
Na 496	Mg 738											Al 578	Si 786	P 1012	S 1000	Cl 1051	Ar 1051
K 419	Ca 590	Sc 631	Ti 658	V 650	Cr 623	Mn 717	Fe 759	Co 758	Ni 737	Cu 745	Zn 906	Ga 579	Ge 762	As 947	Se 941	Br 1140	Kr 1351
Rb 403	Sr 550	Y 616	Zr 660	Nb 664	Mo 685	Tc 702	Ru 711	Rh 720	Pd 805	Ag 804	Cd 868	In 558	Sn 709	Sb 834	Te 869	I 1008	Xe 1170
Cs 376	Ba 503	Lu 523	Hf 675	Ta 761	W 770	Re 760	Os 839	Ir 878	Pt 868	Au 890	Hg 1007	Tl 589	Pb 716	Bi 703	Po 812	At	Rn 1041
Fr	Ra 509	Lr															

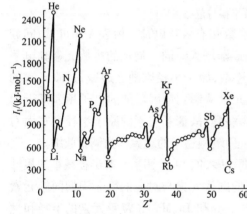

图 4.8   元素的第一电离能的周期变化

的能量（实际上，前面述及的等价轨道的全空、半充满、全充满状态比较稳定，就是根据电离能的数据归纳总结出的）。过渡元素电离能升高比较缓慢，这种现象和它们有效核电荷增加缓慢、半径减小缓慢是一致的。

同一主族从上到下有效核电荷增加不明显，但原子的电子层数相应增多，原子半径显著增大，因此，核对外层电子的引力逐渐减弱，电子移去就较为容易，故电离能逐渐减小。

4.4.4   电子亲和能（Y）

基态原子得到电子会放出能量，单位物质的量的基态气态原子得到一个电子成为气态一价阴离子时所放出的能量称为电子亲和能，用符号 Y 表示，其 SI 的单位也为 $kJ \cdot mol^{-1}$。

电子亲和能也有 Y_1，Y_2，…之分，如果没有特别说明，通常说的电子亲和能就是指第一电子亲和能。各元素原子的 Y_1 一般为负值，这是由于原子获得第一个电子时系统能量降低，要放出能量。已带负电的阴离子要再结合一个电子则需要克服阴离子电荷的排斥作用，必须吸收能量。应该注意手册上的电子亲和能的数据符号是放热为正，吸热为负。因此，在谈到电子亲和能的正、负时，要弄清所使用的表示方法，本书采用热力学方法表示。

电子亲和能的大小反映原子获得电子的难易程度。电子亲和能越小，原子获得电子的能力越强。电子亲和能的大小与有效核电荷、原子半径和电子层结构有关，故也呈周期性变化。以主族元素为例，同一周期从左到右，各元素的原子结合电子时放出的能量总的趋势是增加的或更负的(稀有气体除外),表明原子越来越容易结合电子形成阴离子。但与电离能相似,其变化趋势也呈波浪形变化,如下表所示:

原子	Na	Mg	Al	Si	P	S	Cl
$Y_1/(\text{kJ} \cdot \text{mol}^{-1})$	-52.7	-230	-44	-133.6	-71.7	-200.4 590(Y_2)	-348.8

同族元素从上到下结合电子时放出能量总的趋势是逐渐减小,表明结合电子的能力逐渐减弱,但是,可能由于 F 原子半径太小,其电子亲和能反而比 Cl 原子的小,Cl 是周期表中电子亲和能最大的元素,如下表所示:

原子	F	Cl	Br	I
$Y_1/(\text{kJ} \cdot \text{mol}^{-1})$	-327.9	-348.8	-324.6	-295.3

4.4.5　电负性(x)

电离能和电子亲和能都是从一个侧面反映元素原子失去或得到电子能力的大小,为了综合表征原子得失电子的能力,1932 年鲍林提出了电负性概念。元素电负性是指在分子中原子吸引成键电子的能力。他指定最活泼的非金属元素氟的电负性为 4.0,然后通过计算得出其他元素电负性的相对值。元素电负性越大,表示该元素原子在分子中吸引成键电子的能力越强,反之则越弱。表 4.6 列出了鲍林的元素电负性数值。

表 4.6　元素电负性表

H 2.2																
Li 1.0	Be 1.6											B 2.0	C 2.6	N 3.0	O 3.4	F 4.0
Na 0.9	Mg 1.3											Al 1.6	Si 1.9	P 2.2	S 2.6	Cl 3.2
K 0.8	Ca 1.0	Sc 1.4	Ti 1.5	V 1.6	Cr 17.	Mn 1.6	Fe 1.8	Co 1.9	Ni 1.9	Cu 1.9	Zn 1.7	Ga 1.8	Ge 2.0	As 2.2	Se 2.6	Br 3.0
Rb 0.8	Sr 1.0	Y 1.2	Zr 1.3	Nb 1.6	Mo 2.2	Tc 1.9	Ru 2.2	Rh 2.3	Pd 2.2	Ag 1.9	Cd 1.7	In 1.8	Sn 2.0	Sb 2.1	Te 2.1	I 2.7
Cs 0.8	Ba 0.9	Lu 1.3	Hf 1.3	Ta 1.5	W 2.4	Re 1.9	Os 2.2	Ir 2.2	Pt 2.2	Au 2.5	Hg 2.0	Tl 2.0	Pb 2.0	Bi 2.0	Po 2.0	At 2.2
Fr 0.7	Ra 0.9															

由表 4.6 可见,同一周期主族元素的电负性从左到右依次递增,也是由于原子的有效核电荷逐渐增大、半径依次减小的缘故,使原子在分子中吸引成键电子的能力逐

渐增强。在同一主族中,从上到下电负性逐渐减小,说明原子在分子中吸引成键电子的能力趋于减弱。过渡元素电负性的变化没有明显的规律。

4.4.6　元素的金属性与非金属性

元素的金属性是指原子失去电子成为阳离子的能力,通常可用电离能来衡量。元素的非金属性是指原子得到电子成为阴离子的能力,通常可用电子亲和能来衡量。元素的电负性综合反映了原子得失电子的能力,故可作为元素金属性与非金属性统一衡量的标准。一般来说,金属的电负性小于2,非金属的电负性大于2。

同一周期主族元素从左到右金属性逐渐减弱,非金属性逐渐增强;同一主族元素从上到下非金属性逐渐减弱,金属性逐渐增强。

4.4.7　元素的氧化值

为了反映元素的氧化状态,常用氧化值作为定量的表征。元素的氧化值与其价层电子构型有关。由于元素价层电子构型周期性重复,所以元素的最高氧化值也呈周期性重复。元素参加化学反应时,可达到的最高氧化值等于价电子总数,也等于所属族数,见表4.7所示。但须指出的是 VIIA、VIIIB 族元素中,至今只有少数元素(如 Xe、Ke 和 Ru 等)有氧化值为 $+8$ 的化合物。IB 族元素最高氧化值不等于族数,如 Cu 的最高氧化值为 $+2$,Ag 的最高氧化值为 $+3$,Au 的最高氧化值为 $+3$。

表4.7　元素的最高氧化值和价层电子构型

主族	价层电子构型	最高氧化值	主族	价层电子构型	最高氧化值
IA	ns^1	$+1$	IB	$(n-1)d^{10}$	$+3$
IIA	ns^2	$+2$	IIB	$ns^1(n-1)d^{10}ns^2$	$+2$
IIIA	ns^2np^1	$+3$	IIIB	$(n-1)d^1ns^2$	$+3$
IVA	ns^2np^2	$+4$	IVB	$ns^2(n-1)d^2ns^2$	$+4$
VA	ns^2np^3	$+5$	VB	$(n-1)d^3ns^2$	$+5$
VIA	ns^2np^4	$+6$	VIB	$(n-1)d^{4\sim5}ns^{1\sim2}$	$+6$
VIIA	ns^2np^5	$+7$	VIIB	$(n-1)d^5ns^2$	$+7$
VIIIA	ns^2np^6	$+8$（部分元素）	VIIIB	$(n-1)d^{6\sim10}ns^{1\sim2}$	$+8$

思考与练习 4－4

1. 19 号元素 K 和 29 号元素 Cu 的最外层中都只有一个 4s 电子,但二者的化学活泼性相差很大,试从有效核电荷和电离能说明之。

2. 比较大小并简要说明原因。

(1)第一电离能:O 与 N,Cd 与 In,Cr 与 W。

(2)第一电子亲和能:C 与 N,S 与 P。

3. 选择题

(1)下列元素中,原子半径最接近的一组是(　　)。

A. Ne、Ar、Kr、Xe　　　　B. Mg、Ca、Sr、Ba

C. B、C、N、O　　　　　　D. Cr、Mn、Fe、Co

(2)按原子半径由大到小排列,顺序正确的是(　　)。

A. Mg、B、Si　　　　　　B. Si、Mg、B

C. Mg、Si、B　　　　　　D. B、Si、Mg

4. 有 A、B、C、D 4 种元素。其中 A 为第四周期元素,与 D 可形成 1∶1 和 1∶2 原子比的化合物;B 为第四周期 d 区元素,最高氧化数为 7;C 和 B 是同周期元素,具有相同的最高氧化数;D 为所有元素中电负性第二大元素。给出 4 种元素的元素符号,并按电负性由大到小排列之。

5. 有 A、B、C、D、E、F 元素,试按下列条件推断各元素在周期表中的位置和元素符号,给出各元素的价电子构型。

(1)A、B、C 为同一周期活泼金属元素,原子半径满足 A > B > C,已知 C 有 3 个电子层。

(2)D 和 E 为非金属元素,与氢结合生成 HD 和 HE。室温下 D 的单质为液体,E 的单质为固体。

(3)F 为金属元素,它有 4 个电子层并且有 6 个单电子。

阅读材料　门捷列夫与元素周期表

门捷列夫出生于 1834 年,他出生不久,父亲就因双目失明出外就医失去了得以维持家人生活的教员职位。门捷列夫 14 岁那年,父亲逝世,接着火灾又吞没了他家中的所有财产,真是祸不单行。1850 年,家境困顿的门捷列夫凭借微薄的助学金开始了他的大学生活,后来成了彼得堡大学的教授。

幸运的是,门捷列夫生活在化学界探索元素规律的卓绝时期。当时各国化学家都在探索已知的几十种元素的内在联系规律。1865 年,英国化学家纽兰兹把当时已知的元素按原子量大小的顺序进行排列,发现无论从哪一个元素算起,每到第八个元素就和第一个元素的性质相近。这很像音乐上的八度音循环,因此,他干脆把元素的这种周期性叫做"八音律",并据此画出了标示元素关系的"八音律"表。显然纽兰兹已经下意识地摸到了"真理女神"的裙角,差点就揭示元素周期律了。不过条件限制了他进一步的探索，因为当时原子量的测定值有错误，而且他也没有考虑到还有尚未发现的元素，只是机械地按当时的原子量大小将元素排列起来，所以他没能揭示出元素之间的内在规律。可见，任何科学真理的发现，都不会是一帆风顺的，都会受到阻力，有些阻力甚至是人为的。当年，纽兰兹的"八音律"在英国化学学会上受到了嘲弄，主持人以不无讥讽的口吻问道："你为什么不按元素的字母顺序排列？"

　　可门捷列夫顾不了这么多，他以惊人的洞察力投入了艰苦的探索。直到 1869 年，他将当时已知的元素的主要性质和原子量写在一张张小卡片上，进行反复排列比较，最后发现了元素周期规律，并依此制定了元素周期表。门捷列夫的元素周期律宣称：把元素按原子量的大小排列起来，在物质上会出现明显的周期性；原子量的大小决定元素的性质；可根据元素周期律修正已知元素的原子量。门捷列夫元素周期表被后来一个个发现新元素的实验证实，反过来元素周期表又指导化学家们有计划、有目的地寻找新的化学元素。至此，人们对元素的认识跨过漫长的探索历程，终于进入了自由王国。

　　门捷列夫，这位化学巨人的元素周期表奠定了现代化学和物理学的理论基础。在他死后，人们格外怀念这位个子魁伟、留着长发、有着碧蓝的眼珠、挺直的鼻子、宽广的前额的化学家。他生前总是穿着自己设计的似乎有点古怪的衣服，上衣的口袋特别大，据说那是便于放下厚厚的笔记本——他一想到什么，总是习惯立即从衣袋里掏出笔记本并顺手记下。门捷列夫在生活上总是以简朴为乐，即使是沙皇想接见他，他也事先声明"平时穿什么，接见时就穿什么"，对于衣服的式样他毫不在乎，他说："我的心思在周期表上，不在衣服上。"

　　当门捷列夫把元素卡片进行系统地整理时，他的家人对一向珍惜时间的教授突然热衷于"纸牌"而感到奇怪。门捷列夫却旁若无人每天手拿元素卡片像玩纸牌那样收起、摆开、再收起、再摆开，皱着眉头地玩"牌"……门捷列夫没有在杂乱无章的元素卡片中找到内在的规律。直到有一天他又坐到桌前摆弄起"纸牌"来了，摆着摆着门捷列夫像触电似的站了起来，在他面前出现了完全没有料到的现象：每一行元素的性质都是按照原子量的增大而从左到右地逐渐变化着。门捷列夫激动得双手不断颤抖着"这就是说，元素的性质与它们的原子量呈周期性有关系。"门捷列夫兴奋地在室内踱着步子，然后迅速地抓起记事簿在上面写道："根据元素原子量及其化学性质的近似性试排元素表。"

　　1869 年 2 月底，门捷列夫终于在化学元素符号的排列中，发现了元素具有周期性变化的规律。同年，德国化学家迈尔根据元素的物理性质及其他性质，也制出了一个元素周期表。到了 1869 年底，门捷列夫已经积累了关于元素化学组成和性质的足够材料。元素周期律一举连中三元，使人类认识到化学元素性质发生变化是由量变到质变的过程，把原来认为各种元素之间彼此孤立、互不相关的观点彻底打破了，使化学研究从只限于对无数个别的零星事实作无规律的罗列中摆脱出来，从而奠定了现代化学的基础。

技能训练 元素性质的周期性变化实验

一、实验目的

1. 认识钠、镁、铝单质及其化合物的性质,掌握元素周期律;

2. 认识氯、溴、碘的单质及其化合物的性质,掌握卤素间的置换反应。

二、实验原理

金属性强弱判断标准:

(1)单质与水反应越剧烈,金属性越强;

(2)单质与非氧化性酸反应越剧烈,金属性越强;

(3)最高价氧化物对应水化物的碱性越强,金属性越强;

(4)原电池反应中,负极金属的金属性较强;

(5)置换反应中,金属性较强的可置换出金属性较弱的;

非金属性强弱判断标准:

(1)由对应氢化物的稳定性判断。氢化物越稳定,非金属性越强;

(2)由和氢气化合的难易程度判断。化合反应越容易,非金属性越强;

(3)由最高价氧化物对应水化物的酸性来判断,酸性越强,非金属越强;

(4)由对应最低价阴离子的还原性判断,还原性越强,对应非金属性越弱;

(5)由置换反应判断,非金属强的单质可置换出非金属性较弱的。

三、仪器和药品

实验仪器:烧杯、酒精灯、小刀、砂纸、铁架台(带铁夹)、胶头滴管、火柴、试管。

实验药品:新制氯水、溴水、碘水、氯化钠溶液、溴化钠溶液、碘化钠溶液、0.5 mol·L^{1}硫酸铝溶液、氯化镁溶液、氢氧化钠溶液、酚酞、金属钠、镁带、铝片、氨水、1 mol·L^{-1}盐酸、淀粉–KI试纸、四氯化碳、硝酸银溶液、稀硫酸、碳酸钠溶液、稀硝酸、马铃薯、碘化钾溶液。

四、实验内容

1. 钠、镁、铝的金属性强弱

(1)钠、镁、铝与水的反应

① 在一盛有约50 ml水的烧杯中,然后放入一小块金属钠,待反应停止后,滴入几滴酚酞,观察;

② 取一小段镁带,用砂纸除去表面的氧化膜,放入试管中,向试管中加入2 mL水,并滴入2滴酚酞溶液,观察,过一会儿加热试管至水沸腾,观察现象;

③ 取一小片铝,用砂纸除去表面的氧化膜,放入试管中,向试管中加入2 mL水,并滴入2滴酚酞溶液,观察,过一会儿加热试管至水沸腾,观察现象。

(2)镁、铝分别与酸反应

取一小段镁带和一小片铝,用砂纸磨去它们表面的氧化膜,分别放入两支试管,再各加入 2 mL 1 mol/L 盐酸,观察发生的现象。

（3）钠、镁、铝分别与 O_2 反应;

①用小刀切开一块钠,观察颜色变化;

②取一小段镁带,用砂纸磨去表面的氧化膜,在空气中燃烧,描述现象;

③取一小片铝,用砂纸磨去表面的氧化膜,在纯氧中燃烧,描述现象。

（4）镁、铝的最高价氧化物对应的水化物碱性强弱对比

①取一支大试管,加入 1/4 体积的硫酸铝溶液。滴加氨水到不再产生沉淀为止;

②将沉淀分成两份;

③一份沉淀滴加盐酸;

④一份沉淀滴加氢氧化钠;

⑤用 $MgCl_2$ 溶液和 NaOH 制备 $Mg(OH)_2$ 沉淀,分置两支试管,分别加入稀硫酸和 NaOH 溶液。观察现象。

2. 氯、溴、碘的性质

（1）氯、溴、碘的溶解性

观察氯水、溴水、碘水的颜色。向三支试管中分别加入 1 mL 氯水、溴水、碘水,再向每一支试管中各滴入 10 滴四氯化碳,观察现象。

（2）碘与淀粉的反应

用小刀在切下 2 小块马铃薯,在切面上分别滴一滴碘水与碘化钠溶液,观察现象。

（3）氯、溴、碘间的置换反应

①将 1 滴氯水滴在淀粉 – KI 试纸上,观察现象;

②将 1 滴溴水滴在淀粉 – KI 试纸上,观察现象;

③向两支试管,分别加入 1 mL 溴化钠溶液,其中一支滴加 2 – 3 滴氯水,另一支滴加 2 – 3 滴碘水,观察现象。

（4）卤素离子的检验

①在盛有少量氯化钠溶液的试管中,滴入几滴硝酸银溶液,再加入几滴稀硝酸,振荡并观察现象;

②在盛有少量碳酸钠溶液的试管中,滴入几滴硝酸银溶液,再加入几滴稀硝酸,振荡并观察现象;

③向两支试管,分别加入 1 mL 溴化钠溶液和碘化钠溶液,向两支试管同加入稀硝酸和硝酸银溶液,观察现象。

（5）萃取分液

分液漏斗检漏;用量筒量取 8 ml 的 KI 溶液倒入小烧杯,加入 2 滴管氯水;将所得溶液倒入分液漏斗,滴入 4 mL 四氯化碳,充分振荡,放在铁圈上静置;打开漏斗上盖,打开活塞,将下层 CCl_4 液体从下口放出,用小烧杯承接(下层液体回收),上层溶液直接从上口倒出。

五、实验思考题

1. 将一小块钠投入硫酸铜溶液中,能否置换出铜? 为什么?
2. 已知镁铝合金共 a g,用尽可能多定量实验方法确定镁铝各多少克?

六、技能考核评分标准

序号	评分点	配分	评分标准		扣分	得分	考评员
1	玻璃仪器的清洗	5	清洗干净,不挂水珠	(3分)			
			重量记录准确	(2分)			
2	钠、镁、铝的金属性强弱	30	准确量取所需各种试剂	(7分)			
			准确滴加实验试剂	(7分)			
			记录反应现象准确	(8分)			
			记录反应时间准确	(8分)			
3	氯、溴、碘的性质	30	准确量取所需各种试剂	(6分)			
			准确滴加实验试剂	(6分)			
			萃取分液	(6分)			
			记录反应现象准确	(6分)			
			记录反应时间准确	(6分)			
4	实验后的清洁工作	10	仪器洗涤	(5分)			
			台面清洁	(5分)			
5	现象分析	10	记录准确	(5分)			
			实验结果正确	(5分)			
6	考核时间	5	考核时间为120min。超过时间10min扣1分,超过20min扣2分,以此类推,直至本题分数扣完为止				
7	其他	10	爱护实验仪器、遵守课堂纪律、穿实验服				

5

化学键与晶体结构

基本知识与基本技能
1. 要求掌握离子键和共价键的基本特征和它们的区别。
2. 理解分子间力的概念,分清化学键和分子间力的区别。
3. 掌握氢键的特征和形成条件,以及对于物质物理性质的影响。
4. 理解化合物的性质与分子结构间的关系。
5. 掌握晶体的特征和晶格的类型。
6. 掌握各种晶体类型的特征及其与化合物性质的关系。

　　自然界的物质除稀有气体是单原子分子外,其他元素的原子都是通过一定的化学键结合成分子或晶体而存在。化学上把分子或晶体中相邻原子(或离子)之间强烈的相互吸引作用称为化学键。根据原子(或离子)间相互作用方式的不同,大致上把化学键分成三种基本类型,即离子键、共价键和金属键,相应形成的晶体为离子晶体、原子晶体、分子晶体和金属晶体。本章主要讨论分子的形成、分子的几何构型以及分子的相互作用,并简单介绍晶体的几种类型。

5.1　共价键理论

　　共价键概念是 1916 年由美国化学家路易斯(Lewis G N)提出的。他认为在 H_2、O_2、N_2 等分子中,两个原子是由于共用电子对吸引两个相同的原子核而结合在一起的,电子成对并共用之后,每个原子都达到稳定的稀有气体原子的 8 电子结构。这种通过共用电子对形成的键叫做共价键。一般来说,电负性相差不大的元素原子之间常形成共价键。

　　1927 年,海特勒(Heitler W)和伦敦(London F)用量子力学研究 H_2 分子的形成时进一步阐明了共价键形成的本质,并在此基础上逐步形成了两种共价键理论,即价键理论和分子轨道理论。本章仅对价键理论作初步介绍。

5.1.1 共价键的形成

海特勒和伦敦应用量子力学处理由 H 原子形成 H_2 分子的系统,假设有以下两种情况。

(1)两个 H 原子中电子的自旋方向相反。当这两个 H 原子相互靠近时,每个 H 原子核除吸引自身的 1s 电子外,还可以吸引另一 H 原子的 1s 电子,从而发生两个 1s 轨道的重叠。从电子出现的概率密度分布(电子云)来看,由于轨道的重叠,使电子在两核间的概率密度增大,形成了高电子概率密度的区域(见图 5.2),从而增强了核对电子的吸引,同时部分抵消了两核间的斥力,此时系统能量降到最低,从而形成了稳定的化学键(见图 5.1 中的曲线 a)。但两原子也不能无限靠近,因为在更为靠近时,两核间的斥力迅速增加。在曲线上的能量最低点处,引力和斥力达到平衡状态。

(2)两个 H 原子中电子的自旋方向相同。当两个 H 原子相互靠近时,两原子核间的电子概率密度几乎为零,两核的正电荷互斥,使系统能量升高,处于不稳定状态,不能形成化学键(见图 5.1 中的曲线 b)。

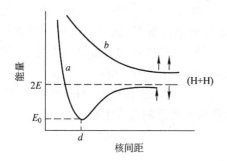

图 5.1 H_2 分子能量曲线

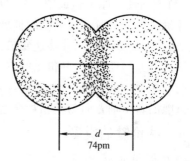

图 5.2 H_2 分子的核间距

5.1.2 价键理论的要点

1930 年美国化学家鲍林把上述研究 H_2 分子的成果推广到其他分子系统,发展为价键理论。价键理论的基本要点如下。

(1)电子配对原理。两个键合原子互相接近时,各提供一个自旋方向相反的电子彼此配对,形成共价键,故价键理论又称电子配对法。例如,H_2 分子的形成可表示为 H∶H 或 H—H。

(2)最大重叠原理。成键电子的原子轨道重叠越多,则两核间的电子概率密度越大,形成的共价键越牢固。

5.1.3 共价键的特性

价键理论的两个基本要点决定了共价键具有的两种特性,即饱和性和方向性。

(1)饱和性。根据自旋方向相反的两个未成对电子可以配对形成一个共价键,推知一个原子有几个未成对电子,就只能和同数目的自旋方向相反的未成对电子配对成键,即原子能形成共价键的数目受未成对电子数所限制,这一特性称为共价键的饱和性。例如,Cl 原子的电子排布为[Ne]$3s^2 3p^5$,3p 轨道上只有一个未成对电子,因此它只能和另一个 Cl 原子中自旋方向相反而未成对的一个电子配对,形成一个共价键,即 Cl_2 分子。当然,该 Cl 原子也可以和一个 H 原子中自旋方向相反的未成对电子配对,形成一个共价键,即 HCl 分子,其形成过程如图 5.3 所示。根据共价键的饱和性,一个 Cl 原子决不能同时和两个 Cl 原子或两个 H 原子配对。

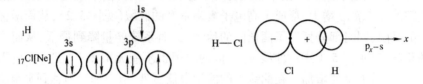

图 5.3　HCl 分子的形成过程

上述形成共价键的配对电子,它们只在两个原子的核间附近运动,所以这种电子常称为定域电子。

(2)方向性。原子轨道中,除 s 轨道是球形对称没有方向性外,p、d、f 原子轨道中的等价轨道都具有一定的空间伸展方向。在形成共价键时,只有当成键原子轨道沿合适的方向相互靠近,才能达到最大程度的重叠,形成稳定的共价键。因此,共价键必然具有方向性,称为共价键的方向性。例如,HCl 分子中共价键的形成,假如 Cl 原子的 p 轨道中的 p_x 有一个未成对电子,H 原子的 s 轨道中自旋方向相反的未成对电子只能沿着 x 轴方向与其相互靠近,才能达到原子轨道的最大重叠。

5.1.4　共价键的类型

1. σ 键和 π 键

根据原子轨道重叠方式,将共价键分为 σ 键和 π 键。

(1)σ 键。原子轨道沿两原子核的连线(键轴)以"头顶头"方式重叠,重叠部分集中于两核之间,通过并对称于键轴,这种键称为 σ 键。形成 σ 键的电子称为 σ 电子,H—H 键、H—Cl 键、Cl—Cl 键均为 σ 键。

(2)π 键。原子轨道垂直于两核连线以"肩并肩"方式重叠,重叠部分在键轴的两侧并对称于与键轴垂直的平面,这样形成的键称作 π 键。形成 π 键的电子为 π 电子。通常 π 键形成时原子轨道重叠程度小于 σ 键,故 π 键常没有 σ 键稳定,π 电子容易参与化学反应。

当两原子形成双键或叁键时,既有 σ 键又有 π 键。例如,N_2 分子的 2 个 N 原子之间就有一个(且只能有一个)σ 键和两个 π 键。N 原子的价层电子构型是 $2s^2 2p^3$,三个未成对的 2p 电子分布在三个互相垂直的 $2p_x$、$2p_y$、$2p_z$ 原子轨道上。当两个 N 原子形成 N_2 分子时,若两个 N 原子的 $2p_x$ 以"头顶头"方式重叠形成 $\sigma_{p_x-p_x}$ 键,则垂直于 σ 键键轴的 $2p_y$、$2p_z$ 只能分别以"肩并肩"方式重叠,形成 $\pi_{p_y-p_y}$ 和 $\pi_{p_z-p_z}$ 键。

2. 非极性共价键和极性共价键

根据共价键的极性情况,可分为极性共价键和非极性共价键(简称极性键和非极性键)。

由同种原子组成的共价键,如单质分子 H_2、O_2、N_2、Cl_2 等分子中的共价键由于元素的电负性相同,电子云在两核中间均匀分布(并无偏向),这类共价键称为非极性共价键。另一些化合物如 HCl、H_2O、NH_3、CH_4、H_2S 等分子中的共价键是由不同元素的原子形成的,由于元素的电负性不同,对电子对的吸引能力也不同,所以共用电子对偏向电负性较大的元素的原子。电负性较大的元素原子一端电子云密度大,带部分负电荷而显负电性,电负性较小的一端则呈正电性。于是在共价键的两端出现了

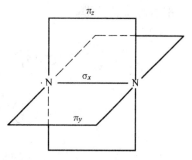

图 5.4 N_2 分子中 σ 键和 π 键示意图

电的正极和负极,这样的共价键称为极性共价键。极性共价键的极性大小,通常可用成键的两元素电负性差值(Δx)来衡量。Δx 值越大,键的极性就越强,离子键是极性共价键的一个极端;Δx 值越小,键的极性就越弱,非极性共价键则是极性共价键的另一个极端。显然,极性共价键是非极性共价键与离子键之间的过渡键型。

化学键的极性大小常用离子性来表示。所谓化学键的离子性,就是把完全得失电子而构成的离子键定为离子性 100%;把非极性共价键定为离子性 0%。一种化学键的离子性与两元素的电负性差值(Δx)有关,就 AB 型化合物单键而言,其离子性成分与电负性差值(Δx)之间的关系有以下经验值:

电负性差值(Δx)	0.8	1.2	1.6	1.8	2.2	2.8	3.2
键的离子性	15%	30%	47%	55%	70%	86%	95%

由上可见,如果 Δx 值大于 1.7,离子性就大于 50%,可以认为该化学键属于离子键。但是,以最典型的离子化合物 CsF 来说,化学键的离子性也只达到 92%,其中还有 8% 的共价性成分。纯粹的离子键是没有的,实际上绝大多数的化学键既不是纯粹的离子键,也不是纯粹的共价键,它们都具有双重性。对某一具体的化学键来说,只是哪一种性质占优势而已。

3. 配位共价键

配位共价键简称配位键或配价键。配位键的形成是由一个原子单方面提供一对电子而与另一个有空轨道的原子(或离子)共用,这种共价键称为配位键。在配位键中,提供电子对的原子称为电子给予体,接受电子对的原子称为电子接受体。配位键的符号用箭号"→"表示,箭头指向接受体。下面以 CO 为例说明配位键的形成。

C 原子的价层电子是 $2s^2 2p^2$,O 原子的价层电子是 $2s^2 2p^4$。C 原子和 O 原子的 2p 轨道上各有两个未成对电子,可以形成两个共价键。此外,C 原子的 2p 轨道上还

有一个空轨道,O 原子的 2p 轨道上又有一对成对电子(也称孤对电子),正好提供给O 原子的空轨道共用而形成配位键。配位键的形成如图 5.5 所示。

此类共价键在无机化合物中是大量存在的,如 NH_4^+、SO_4^{2-}、PO_4^{3-}、ClO_4^- 等离子中都有配位共价键。

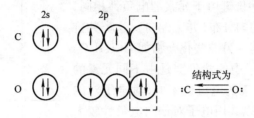

图 5.5　CO 配位键的形成过程

5.1.5　键参数

共价键的基本性质可以用某些物理量来表征,如键长、键能、键角等,这些物理量统称键参数。

1. 键长(l)

分子中成键的两原子核间的平衡距离(即核间距)称为键长或键距,常用单位为pm(皮米)。用 X 射线衍射方法可以精确地测得各种化学键的键长。表 5.1 列举了一些共价键的键长。

表 5.1　一些共价键的键长和键能

键	键长 l/pm	键能 E/(kJ·mol^{-1})	键	键长 l/pm	键能 E/(kJ·mol^{-1})
H—H	74	436	C—H	109	414
C—C	154	347	C—N	147	305
C—C	134	611	C—O	143	360
C—C	120	837	C—O	121	736
N—N	145	159	C—Cl	177	326
O—O	148	142	N—H	101	389
Cl—Cl	199	244	O—H	96	464
Br—Br	228	192	S—H	136	368
I—I	267	150	N—N	110	946
S—S	205	264	F—F	128	158

一般情况下,键合原子的半径越小,成键的电子对越多,其键长越短,键能越大,共价键就越牢固。

2. 键能(E)

键能是化学键强弱的量度。在一定温度和标准压力下,气态分子每断裂单位物质的量的化学键(即 6.022×10^{23} 个化学键)使它变成气态原子或原子团时所需要的能量称为键能,用符号 E 表示,其 SI 的单位为 kJ·mol^{-1}。对于双原子分子,键能在数值上等于键离解能(D);对于 A_mB 或 AB_n 类的多原子分子所指的是 m 个或 n 个等价键的离解能的平均键能。表5.1列出了一些化学键的平均键能。从表中数据可以看出,共价键是一种结合力很强的键。键能越大,表明该键越牢固,断裂该键所需要的能量越大,故键能可作为共价键牢固程度的参数。

键能是热力学能的内含之一,化学反应中键的形成和破坏都涉及热力学能的变化。

3. 键角(α)

在分子中键与键之间的夹角称为键角。键角是反映分子几何构型的重要因素之一。对于双原子分子,分子的形状总是直线型的。对于多原子分子,由于原子在空间排列不同,所以有不同的键角和几何构型。键角可由实验测得。

一般说来,如果知道一个分子中所有共价键的键长和键角,这个分子的几何构型就能确定。例如,H_2O 分子中 H—O 键的键长和键角分别为 96 pm 和 104.45°,说明水分子是 V 形结构。一些分子的键长、键角和几何构型见表5.2。

表5.2 一些分子的键长、键角和几何构型

分子(AD_n)	键长 l/pm	键角 α	几何构型*
$HgCl_2$	234	180°	直线形
CO_2	116.3	180°	
H_2O	96	104.5°	折线形
SO_2	143	119.5°	
BF_3	131	120°	三角形
SO_3	143	120°	
NH_3	101.5	107.18°	三角形
SO_3^{2-}	151	106°	
CH_4	109	109.5°	四面体形
SO_4^{2-}	149	109.5°	

*在画分子的几何构型时,为显示出立体图像,按透视原理,将键的近端画粗些,远端画细些。纸面后的键按同样原理画影线。

思考与练习 5 −1

判断以下问题。

(1)共价键的键长等于成键原子共价半径之和。

(2)相同原子间双键的键能等于单键键能的2倍。

(3)由于 F 原子的电负性要远远大于 H 原子的电负性,所以 F_2 分子的键能也大于 H_2 分子的键能。

(4)原子间形成的共价键的数目等于原子的未成对电子数。

(5)原子在基态时没有未成对电子,就一定不能形成共价键。

阅读材料　共价键

原子间通过共用电子对(或原子内价电子通过轨道重叠而密集于核间区)所形成的化学键叫做共价键。为了解释两个原子为什么能结合成稳定的分子,1916年路易斯(Gilbert Lewis,1875—1946)提出共价键的共用电子对理论。1927年海特勒(Werner Heitler,1904—1981)和伦敦(Fritz London,1900—1954)首次根据量子力学基本原理,采用电子配对成键概念解释 H_2 分子的结构。后来斯莱脱(John Clarke Slater)和鲍林把这一概念推广到其他双原子分子中,并提出用轨道杂化说明一些多原子分子的结构,从而奠定现代价键理论(简称VB法)的基础。1932年,马利肯和洪德在分子光谱的实验基础上又提出分子轨道法(简称MO法),成为当代共价键理论的主体。现代价键理论指出,形成共价键的两个原子间必须有共用电子对;组成共用电子对的电子必须自旋方向相反。当两个原子互相接近时,两个核间的电子云密集形成"电子桥",对两核产生吸引作用,于是就形成原子间的共价键。在形成共价键时,每个原子能结合其他原子的数目不是任意的,而是有一个最大的成键数,这就是共价键的饱和性。例如氮原子有3个未成对2p电子,它可以和另一个氮原子的3个未成对电子配对形成 N_2,也可以和3个H原子(而不是4个)的电子配对,形成 NH_3 分子。要形成稳定的共价键,必须尽可能使成键电子的原子轨道交盖程度大一些。人们提出的杂化轨道就是能使原子轨道在成键方向上有较大的分布,以便发生最大重叠,因而共价键还有方向性。键和键之间有键角,整个分子还有一定的空间几何构型。

5.2　杂化轨道理论与分子几何构型

价键理论部分说明了分子中共价键的形成,但却不能很好地说明 $HgCl_2$、BF_3、CH_4 等分子的成键情况,并且往往不能圆满地解释分子的几何构型。例如 CH_4 分子中C原子的电子排布是 $1s^2 2s^2 2p^2$,p轨道上只有两个未成对电子,按照价键理论,与H原子只能形成两个C—H键,但经实验测定,在 CH_4 分子中却有4个C—H键。为了说明这一问题,有人提出激发成键的概念,即在化学反应中,C原子的2个s电子中有1个跃迁到2p轨道上去,使价电子层内具有4个未成对电子,这样就可能形成4个C—H键。但是问题并没有因此而完全解决。由于s轨道和p轨道能级不同,这4个C—H键的键能和键角不应相同。而实验测知 CH_4 分子中的键长、键角却是相同的,CH_4 分子的构型是正四面体,C原子位于正四面体中心,H原子分别位于四面体的4个顶点。为了解决上述矛盾,1931年鲍林和斯莱脱在价键理论的基础上,提出杂化轨道理论。

5.2.1　杂化轨道理论概要

原子在成键时,常将其价层的成对电子中的一个电子激发到邻近的空轨道上,以增加能成键的单个电子。如 $Be(2s^2)$、$Hg(5d^{10}6s^2)$、$B(2s^22p^1)$、$C(2s^22p^2)$ 等元素的原子,成键时都将一个 ns 电子激发到 np 轨道上去,相应增加两个成单电子,便可多形成两个键。多成键后释放出的能量远比激发电子所需的能量多,故系统的总能量是降低的。

与此同时,同一原子中一定数目、能量相近的几个原子轨道会重新组合成相同数目的等价新轨道,这一过程称为原子轨道的杂化,简称杂化,所组成的新轨道称为杂化轨道。轨道经杂化后,其角度分布及形状均发生了变化,形成的杂化轨道形状一头大,一头小,大的一头与另一原子成键时,原子轨道可以得到更大程度的重叠,所以杂化轨道的成键能力比未杂化前更强,使系统能量降低得更多,生成的分子也更加稳定。因此杂化轨道理论认为原子轨道在成键时会采取杂化方式。

电子激发和轨道杂化虽都可使成键系统的能量降低,但前者是由于多成了键,后者是因为成的键更强,二者原理并不相同。原子在成键时,既可以同时发生电子激发和轨道杂化,也可以只进行轨道杂化。

5.2.2　杂化轨道类型与分子几何构型的关系

杂化轨道类型与分子的几何构型有密切关系,本章介绍由 s 轨道和 p 轨道参与杂化的 3 种方式,即 sp、sp^2 和 sp^3 杂化(统称 s - p 杂化),以及等性杂化和不等性杂化。

1. sp 杂化

sp(实际是 sp^1)杂化是同一原子的 1 个 s 轨道和 1 个 p 轨道之间进行的杂化,形成两个等价的 sp 杂化轨道。以 $HgCl_2$ 分子的形成为例,实验测得 $HgCl_2$ 的分子构型为直线形,键角为180°。该分子的形成过程如下:Hg 原子的价层电子为 $5d^{10}6s^2$,成键时 1 个 6s 轨道上的电子激发到空的 6p 轨道上(成为激发态 $6s^16p^1$),同时发生杂化,组成两个新的等价的 sp 杂化轨道。每个 sp 杂化轨道均含有 1/2s 轨道和 1/2p 轨道成分,这两个轨道在同一直线上,杂化轨道间的夹角为180°,如图 5.6 所示。两个 Cl 原子的 3p 轨道以"头顶头"方式与 Hg 原子的 2 个杂化轨道大的一端发生重叠,形

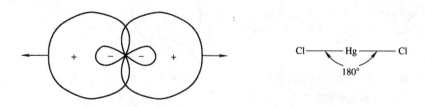

图 5.6　$HgCl_2$ 的 sp 杂化轨道的分布与分子的几何构型

成两个 σ 键。所以 $HgCl_2$ 分子中 3 个原子在同一直线上,Hg 原子位于中间(又称其为中心原子)。这样就圆满地解释了 $HgCl_2$ 分子的几何构型。$BeCl_2$ 以及 IIB 族元素的其他 AB_2 型直线形分子的形成过程与上述过程相似。

2. sp^2 杂化

sp^2 杂化是同一原子的 1 个 s 轨道和 2 个 p 轨道进行杂化,形成 3 个等价的 sp^2 轨道。以 BF_3 分子的形成为例,实验测得 BF_3 分子的几何构型是平面正三角形,键角为 120°。该分子形成过程如下:B 原子的价层电子为 $2s^2 2p^1$,只有 1 个未成对电子,成键过程中 2s 的 1 个电子激发到 2p 空轨道上(成为激发态 $2s^1 2p_x^1 2p_y^1$),同时发生杂化,组成 3 个新的等价的 sp^2 杂化轨道,每个杂化轨道均含有 1/3s 和 2/3p 轨道成分。这 3 个杂化轨道指向正三角形的 3 个顶点,杂化轨道间的夹角为 120°,如图 5.7 所示。3 个 F 原子的 2p 轨道以"头顶头"方式与 B 原子的 3 个杂化轨道的大头重叠,形成 3 个 σ 键。所以 BF_3 为平面正三角形,B 原子位于中心。

3. sp^3 杂化

sp^3 杂化是同一原子的 1 个 s 轨道和 3 个 p 轨道间的杂化,形成 4 个等价的 sp^3 轨道。CH_4 分子的形成即属此类杂化。实验测得 CH_4 分子为正四面体,键角为 109.5°。该分子形成过程如下:C 原子的价层电子为 $2s^2 2p^2$(或 $2s^2 2p_x^1 2p_y^1$),只有 2 个未成对电子。成键过程中,经过激发,成为 $2s^1 2p_x^1 2p_y^1 2p_z^1$,同时发生杂化,组成 4 个新的等价的 sp^3 杂化轨道,每个杂化轨道均含 1/4s 和 3/4p 轨道成分。4 个杂化轨道的大头指向正四面体的 4 个顶点,杂化轨道间的夹角为 109.5°,见图 5.8 所示。4 个 H 原子的 s 轨道以"头顶头"方式与 4 个杂化轨道的大头重叠,形成 4 个 σ 键。所以,CH_4 分子为正四面体,C 原子位于其中心。

比较 sp、sp^2 和 sp^3 3 种杂化轨道,可知轨道含有的 s 轨道成分依次减少,p 轨道成分依次增多,且轨道间的夹角也依次变小,1/2p 轨道时为 180°,2/3p 轨道时为 120°,3/4p 轨道时为 109.5°,纯 p 轨道时为 90°。

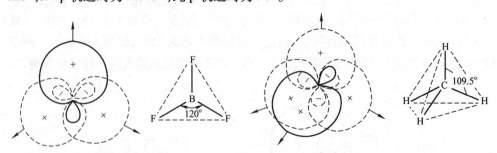

图 5.7　BF_3 分子 sp^2 杂化轨道的分布
与分子的几何构型

图 5.8　CH_4 分子 sp^3 杂化轨道的
分布与分子的几何构型

4. 等性杂化与不等性杂化

在以上 3 种杂化轨道类型中,每种类型形成的各个杂化轨道的形状和能量完全相同,所含 s 轨道和 p 轨道的成分也相等,这类杂化称为等性杂化。

当几个能量相近的原子轨道杂化后,所形成的各杂化轨道的成分不完全相等时,即为不等性杂化。下面以 NH_3 分子的形成为例予以说明。实验测定 NH_3 分子为三角锥形,键角为 107°18″,略小于正四面体的键角。N 原子的价层电子构型为 $2s^2 2p^3$,它的 1 个 s 轨道和 3 个 p 轨道进行杂化,形成 4 个 sp^3 杂化轨道。其中 3 个杂化轨道中各有 1 个成单电子,第 4 个杂化轨道则被成对电子所占有。3 个具有成单电子的杂化轨道分别与 H 原子的 1s 轨道重叠成键,而被成对电子占据的杂化轨道不参与成键,此即不等性杂化。在不等性杂化中,由于成对电子没有参与成键,离核较近,故其占据的杂化轨道所含 s 轨道成分较多,p 轨道成分较少,其他成键的杂化轨道则相反。因此,受成对电子的影响,键的夹角小于正四面体中键的夹角,如图 5.9 所示。

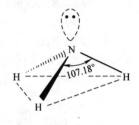

图 5.9 NH_3 分子的
几何构型

H_2O 分子的形成与此类似,其中 O 原子也采取不等性 sp^3 杂化,只是 4 个杂化轨道中有 2 个被成对电子所占有。成键轨道所含 p 轨道成分更多,其键的夹角也更小,分子为角折形(或 V 形)。

如果键合原子不完全相同,也可引起中心原子轨道的不等性杂化。如 $CHCl_3$ 分子中,C 原子采取 sp^3 杂化,其中与 Cl 原子键合的 3 个 sp^3 杂化轨道,每个含 s 轨道成分为 0.258,而与 H 原子键合的 1 个 sp^3 杂化轨道所含 s 轨道成分为 0.226,所以 $CHCl_3$ 中 C 原子的 sp^3 杂化也是不等性的。

思考与练习 5-2

1. 选择题

(1)中心原子采取 sp^2 杂化的分子是(   )。

    A. NH_3 B. BCl_3 C. PCl_3 D. H_2O

(2)下列分子中,中心原子采取 SP^3 杂化的是(   )。

    A. NCl_4 B. SF_4 C. $BeCl_2$ D. H_2O

(3)下列分子中,属非极性分子的是(   )。

    A. SO_2 B. CO_2 C. NO_2 D. ClO_2

(4)下列分子中,含有不同长度共价键的是(   )。

    A. NH_3 B. SO_3 C. KI_3 D. SF_4

2. 判断题

(1)在 CCl_4、$CHCl_3$ 和 CH_2Cl_2 分子中,碳原子都是采用 sp^3 杂化,因此这些分子都呈正四面体结构。

（2）sp^3 杂化轨道是由 1s 轨道和 3p 轨道混合起来形成的 4 个 sp^3 轨道。

（3）甲烷分子中的 sp^3 杂化轨道是由氢原子的 1s 轨道和碳原子的 2p 轨道线性组合得到的杂化轨道。

（4）凡 AB_3 型的共价小分子，其中心原子均采取 sp^2 杂化轨道成键。

3. 试用杂化轨道理论讨论下列分子的成键情况。

$BeCl_2$ PCl_5 OF_2 ICl_3 XeF_4

4. 试用杂化轨道理论，说明下列分子的中心原子可能采取的杂化类型，并预测其分子或离子的几何构型。

BBr_3 PH_3 H_2S $SiCl_4$ CO_2

阅读材料　鲍林与杂化轨道理论

美国著名化学家鲍林自 1930 年代开始致力于化学键的研究，1931 年 2 月发表价键理论，此后陆续发表相关论文，1939 年出版了在化学史上有划时代意义的《化学键的本质》一书。这部书彻底改变了人们对化学键的认识，将其从直观的、臆想的概念升华为定量的和理性的高度，在该书出版后不到 30 年内，共被引用超过 16 000次，至今仍有许多高水平学术论文引用该书观点。由于鲍林在化学键本质以及复杂化合物质结构阐释方面杰出的贡献，他赢得了 1954 年诺贝尔化学奖。鲍林对化学键本质的研究，引申出了广泛使用的杂化轨道概念。杂化轨道理论认为，在形成化学键的过程中，原子轨道自身回重新组合，形成杂化轨道，以获得最佳的成键效果。根据杂化轨道理论，饱和碳原子的四个价层电子轨道，即一个 2S 轨道和三个 2P 轨道喙线性组合成四个完全对等的 sp3杂化轨道，量子力学计算显示这四个杂化轨道在空间上形成正四面体，从而成功的解释了甲烷的正四面体结构。

5.3　分子间力与分子晶体

分子之间也存在着相互作用力，这种力虽不及化学键强烈，但气态物质能凝聚成液态，液态物质能凝固成固态，正是分子之间相互作用或吸引的结果。分子间作用力是 1873 年由荷兰物理学家范德华首先提出的，故又称范德华力。随着人们对原子、分子结构研究的深入，认识到分子间力本质上也属于一种电性引力。为了说明这种引力的由来，先介绍分子的极性与变形性。

5.3.1　分子的极性

任何以共价键结合的分子中都存在带正电荷的原子核和带负电荷的电子。尽管整个分子是电中性的,但可设想分子中两种电荷分别集中于一点,各称为正电荷中心和负电荷中心,即"＋"极和"－"极。如果两个电荷中心之间存在一定的距离,即形成偶极,这样的分子就有极性,称为极性分子;如果两个电荷中心重合,分子就无极性,称为非极性分子。

对于双原子分子来说,分子的极性和化学键的极性是一致的。例如,H_2、O_2、N_2、Cl_2 等分子都是由非极性共价键相结合的,它们都是非极性分子;HF、HCl、HBr、HI 等分子由极性共价键结合,正负电荷中心不重合,它们都是极性分子。

对于多原子分子来说,分子有无极性取决于分子的组成和结构。例如,CO_2 分子中的 C—O 键虽为极性键,但由于 CO_2 分子是直线形,结构对称,见图 5.10 所示,两边键的极性相互抵消,整个分子的正、负电荷中心重合,故 CO_2 分子是非极性分子。

在 H_2O 分子中,H—O 键为极性键,分子为 V 形结构,如图 5.11 所示,分子的正、负电荷中心不重合,所以水分子是极性分子。

分子极性的大小通常用偶极矩来衡量。偶极矩(μ)定义为分子中正电荷中心或负电荷中心上的荷电量(q)与正、负电荷中心间距(d)的乘积:

$$\mu = q \cdot d$$

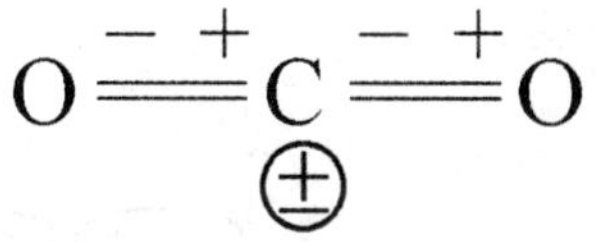

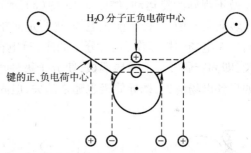

图 5.10　CO_2 分子中的正负
　　　　电荷中心分布

图 5.11　H_2O 分子中的正、负电荷中心分布

d 又称偶极长度。偶极矩的 SI 单位是库·米(C·m),它是一个矢量,规定方向是从正极到负极。分子的偶极矩可通过实验测定。表 5.3 是一些气态分子偶极矩的实验

表 5.3　一些分子的偶极矩与几何构型

分子式	$\mu/(\times 10^{-30}C \cdot m)$	分子构型	分子式	$\mu/(\times 10^{-30}C \cdot m)$	分子构型
H_2	0	直线形	SO_2	5.33	角折形
N_2	0	直线形	H_2O	6.17	角折形
CO_2	0	直线形	NH_3	4.90	三角锥形
CS_2	0	直线形	HCN	9.85	直线形
CH_4	0	正四面体形	HF	6.37	直线形
CO	0.40	直线形	HCl	3.57	直线形
$CHCl_3$	3.50	四面体形	HBr	2.67	直线形
H_2S	3.67	角折形	HI	1.40	直线形

值。表中 $\mu=0$ 的分子为非极性分子，$\mu\neq0$ 的分子为极性分子。μ 值越大，分子的极性越强。分子的极性既与化学键的极性有关，又和分子的几何构型有关，所以测定分子的偶极矩有助于比较物质极性的强弱和推断分子的几何构型。

5.3.2 分子的变形性

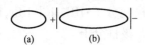

图 5.12 非极性分子在电
场中的变形极化
（a）未受电场作用前　（b）受到电场作用后

上面所讨论的分子的极性与非极性是无外界影响下分子本身的属性。如果分子受到外加电场的作用，分子内部电荷的分布因同电相斥、异电相吸的作用而发生相对位移。例如非极性分子在未受电场作用前，正、负电荷中心重合，如图5.12（a）所示。当受到电场作用后，分子中带正电荷的原子核被吸向负极，带负电的电子云被吸向正极，使正、负电荷中心发生位移而产生偶极（这种偶极称为诱导偶极），整个分子发生了变形，如图 5.12（b）所示。外电场消失时，诱导偶极也随之消失，分子恢复为原来的非极性分子。

对于极性分子来说，分子原本就存在偶极（称为固有偶极），通常这些极性分子在做不规则的热运动，如图 5.13 中（a）所示。当分子进入外电场后，固有偶极的正极转向负电场，负极转向正电场，进行定向排列，如图 5.13（b）所示，这个过程称为取向。在电场的持续作用下，分子的正、负电荷中心也随之发生位移而使偶极距离增长，即固有偶极加上诱导偶极，使分子极性增加，分子发生变形，如图 5.13（c）所示。如果外电场消失，诱导偶极也随之消失，但固有偶极不变。

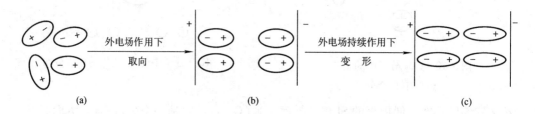

图 5.13 极性分子在电场中的变形极化
（a）未受电场作用前　（b）进入外电场后　（c）在电场持续作用下

非极性分子或极性分子受外电场作用而产生诱导偶极的过程，称为分子的极化（或称变形极化）。分子受极化后外形发生改变的性质，称为分子的变形性。电场越强，产生的诱导偶极也越大，分子的变形越显著；另一方面，分子越大，所含电子越多，它的变形性也越大。分子在外电场作用下的变形程度可以用极化率（α）来量度，α可由实验测定。一些气态分子的极化率见表 5.4。

由表5.4可见，VIIIA 族的单原子分子（从 He 到 Xe），VIIA、VIA 族部分元素及其与氢的化合物（如 HCl、HBr、HI、H_2O、H_2S），以及 CO、CO_2 和 CH_4、C_2H_6 等分子的极化率分别依次增加，这是由于它们的相对分子质量和分子体积依次增大（在同类型分子的前提下),故其变形性也依次增大。

表5.4 一些气态分子的极化率

分子式	$\alpha/(\times10^{-40}C\cdot m^2\cdot V^{-1})$	分子式	$\alpha/(\times10^{-40}C\cdot m^2\cdot V^{-1})$
He	0.227	HCl	2.85
Ne	0.437	HBr	3.86
Ar	1.81	HI	5.78
Kr	2.73	H_2O	1.61
Xe	4.45	H_2S	4.05
H_2	0.892	CO	2.14
O_2	1.74	CO_2	2.87
N_2	1.93	NH_3	2.39
Cl_2	5.01	CH_4	3.00
Br_2	7.15	C_2H_6	4.81

5.3.3 分子间力

分子具有极性和变形性是分子间产生作用力的根本原因。一般认为分子间存在3种作用力,即色散力、诱导力和取向力,统称范德华力。

1. 色散力

非极性分子的偶极矩为零,似乎不存在相互作用。事实上分子内的原子核和电子在不断地运动,在某一瞬间,正、负电荷中心发生相对位移,使分子产生瞬时偶极。当两个或多个非极性分子在一定条件下充分靠近时,就会由于瞬时偶极而发生异极相吸的作用,这种作用力虽然是短暂的,瞬现即逝,但原子核和电子时刻在运动,瞬时偶极不断出现,异极相邻的状态也时刻出现,所以分子间始终维持这种作用力。这种由于瞬时偶极而产生的相互作用力称为色散力。色散力不仅是非极性分子之间的作用力,也存在于极性分子的相互作用之中。

色散力的大小与分子的变形性或极化率有关。极化率越大,分子之间的色散力越大,物质的熔点、沸点越高,如表5.5所示。

表5.5 物质的极化率、色散能与其熔点、沸点

(色散能:两分子间距离 $d=500$ pm,温度 $T=298$ K)

物质	极化率 $\alpha/(\times10^{-40}C\cdot m^2\cdot V^{-1})$	色散能 $E/(\times10^{-22}J)$	熔点 $t_m/℃$	沸点 $t_b/℃$
He	0.227	0.05	-272.2	-268.94
Ar	1.81	2.9	-189.38	-185.87
Xe	4.45	18	-111.8	-108.10

2. 诱导力

极性分子中存在固有偶极,可以作为一个微小的电场。当非极性分子与它充分靠近时,就会被极性分子极化而产生诱导偶极,如图5.14所示,诱导偶极与极性分子固有偶极之间有作用力;同时,诱导偶极又可反过来作用于极性分子,使其也产生诱

导偶极,从而增强了分子之间的作用力,这种由于形成诱导偶极而产生的作用力称为诱导力。诱导力与分子的极性和变形性有关,分子的极性和变形性越大,其产生的诱导力也越大。当然,极性分子与非极性分子之间也存在色散力。

图 5.14　极性分子和非极性分子间的作用
(a)分子离得较远　(b)分子靠近时

3. 取向力

当两个极性分子充分靠近时,由于极性分子中存在固有偶极,就会发生同极相斥、异极相吸的取向(或有序)排列,如图 5.15(b)所示。取向后,固有偶极之间产生的作用力称为取向力。取向力的大小取决于极性分子的偶极矩,偶极矩越大,取向力越大。当然,极性分子之间也存在着色散少和诱导力,如图 5.15(c)。

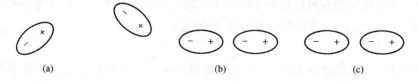

图 5.15　极性分子间的相互作用
(a)分子离得较远　(b)取向　(c)诱导

综上所述,在非极性分子之间只有色散力,在极性分子和非极性分子之间有诱导力和色散力,在极性分子和极性分子之间有取向力、诱导力和色散力。这些力本质上都是静电引力。

在 3 种作用力中,色散力存在于一切分子之间,一般也是分子间的主要作用力(极性很大的分子除外),取向力次之,诱导力最小。从表 5.6 的数据可以看出某些物质分子间作用能的 3 个组成部分的相对大小。

表 5.6　物质分子间作用能及其构成

(两分子间距离 $d = 500$ pm,温度 $T = 298$ K)

分子	$E_{取向}/(kJ \cdot mol^{-1})$	$E_{诱导}/(kJ \cdot mol^{-1})$	$E_{色散}/(kJ \cdot mol^{-1})$	$E_{总}/(kJ \cdot mol^{-1})$
Ar_2	0.000	0.000	8.49	8.49
CO	0.003	0.008 4	8.74	8.75
HCl	3.305	1.004	16.82	21.13
HBr	0.686	0.502	21.92	23.11
HI	0.025	0.113 0	25.86	26.00
NH_3	13.31	1.548	14.94	29.80
H_2O	36.38	1.929	8.996	47.30

4. 范德华力对物质性质的影响

分子间的吸引作用比化学键弱得多,即使在分子晶体中或分子靠得很近时,其作用力也不过是化学键的 1/100 到 1/10,并且只是在分子间的距离为几百皮米时,才表现出分子间力,随分子间距离的增加分子间力迅速减小。分子间力普遍存在于各种分子之间,它对物质的物理性质如熔点、沸点、硬度、溶解度等都有一定影响。例如在周期表中,由同族元素生成的单质或同类化合物,其熔点或沸点往往随着相对分子质量的增大而升高。稀有气体按 He→Ne→Ar→Kr→Xe 的顺序,相对分子质量增加,分子体积增大,变形性或极化率升高,色散力随着增大(见表5.4和表5.5),故熔点、沸点依次升高。卤素单质都是非极性分子,常温下 F_2 和 Cl_2 是气体,Br_2 是液体,而 I_2 是固体,也反映了从 F_2 到 I_2 色散力依次增大这一事实。

卤化氢分子是极性分子,按 HCl→HBr→HI 的顺序分子的偶极矩递减(见表5.3),极化率递增(见表5.4),分子间的取向力和诱导力依次下降,色散力明显上升(见表5.6),致使这几种物质的熔点、沸点依次升高。此例也说明色散力在范德华力中所起的重要作用。除了极性很大的如 HF、H_2O 等分子取向力起主要作用外,一般分子都是以色散力为主。

5.3.4 氢键

按照前面对分子间力的讨论,在卤化氢中,HF 的熔点和沸点理应最低,但事实并非如此。类似情况也存在于 VIA、VA 族各元素与氢的化合物中,如图5.16所示。

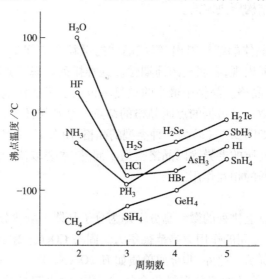

图 5.16 IVA ~ VIIA 族各元素的氢化物的
沸点递变情况

从图5.16可看出,HF、H_2O 和 NH_3 有着反常高的熔点和沸点,说明这些分子内除了普遍存在的分子间力外,还存在着另一种作用力。如在 HF 分子中,由于 F 原子的半径小、电负性大,共用电子对强烈偏向于 F 原子一方,使 H 原子的核几乎"裸露"出来。这个半径很小又无内层电子的带正电荷的氢核,能和相邻 HF 分子中 F 原子的孤对电子相互吸引,这种静电吸引力称为氢键。由于氢键的形成,使简单 HF 分子发生缔合。

氢键的组成可用 X—H⋯Y 来表示,其中 X 和 Y 代表电负性大、半径小且有孤对电子的原子,一般是 F、O、N 等原子。X 和 Y 可以是不同原子,也可是相同原子。氢键既可在同种分子或不同分子之间形成,又可在分子内形成,例如 HNO_3 或 H_3PO_4。

与共价键相似,氢键也有饱和性和方向性,每个 X—H 只能与一个 Y 原子相互吸引形成氢键;Y 与 H 形成氢键时,尽可能采取 X—H 键键轴的方向,使 X—H⋯Y 在一直线上。

氢键的键能比化学键的键能小得多,但通常又比分子间力大很多,如 HF 的氢键键能为 28 kJ·mol^{-1}。氢键的形成会对某些物质的物理性质产生一定的影响,如 HF、H_2O、NH_3 由固态转化为液态或由液态转化为气态时,除需克服分子间力外,还需破坏比分子间力更大的氢键,要消耗更多能量,此即 HF、H_2O、NH_3 的熔点和沸点出现异常的原因。如果溶质分子与溶剂分子间能形成氢键,将有利于溶质的溶解,如 NH_3 在水中有较大的溶解度就与此有关。

5.3.5　分子晶体

晶体物质有一定的共性,但不同的晶体物质在某些物理性质上却相差甚远,这是由晶体物质的内部结构所决定的。

1. 晶格和晶胞

用 X 射线研究晶体的结构得出,组成晶体的微粒在空间呈有规则的排列,而且每隔一定间距便重复出现,有明显的周期性。这种排列状态或点阵结构在结晶学上称为结晶格子,简称晶格。晶格中最小的重复单位或者说能体现晶格一切特征的最小单元称为晶胞。微粒所占据的点叫晶格的结点。结点按照不同方式排列,即构成不同类型的晶格。如图 5.17(a)为一种类型的晶格,图 5.17(b)为该种晶格的晶胞。

晶体某些物理性质的差异除因晶格类型不同外,主要取决于晶格结点上所排列的微粒种类和微粒间的相互作用。

2. 分子晶体

晶体的晶格结点上排列的微粒是分子即为分子晶体。虽然分子内部是以较强的共价键结合,但分子之间的作用力是范德华力。固态 CO_2(干冰)就是一种典型的分子晶体,见图 5.18 所示。此外,非金属单质如 H_2、O_2、N_2、P_4、S_8、卤素等,非金属化合物如 NH_3、H_2O、SO_2 等及大部分有机化合物,在固态时也都是分子晶体。有些分子晶体中还同时存在氢键,如冰的结构。由于分子间力比化学键弱得多,因而分子晶体有熔点和沸点低、硬度小等特征。

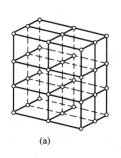 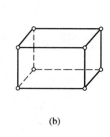

(a)   (b)

图 5.17 晶格与晶胞

(a)某种类型晶格 (b)某种类型晶胞

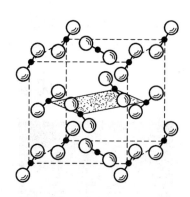

图 5.18 CO_2 的分子晶体(干冰)

思考与练习 5-3

1. 判断下列化合物的分子间能否形成氢键,哪些分子能形成分子内氢键。

    NH_3 H_2CO_3 HNO_3 CH_3COOH $C_2H_5OC_2H_5$

HCl

2. C 和 O 的电负性差较大,CO 分子极性却较弱,请说明原因。

3. 为什么由不同种元素的原子生成的 PCl_5 分子为非极性分子,而由同种元素的原子形成的 O_3 分子却是极性分子?

4. 请指出下列分子中哪些是极性分子,哪些是非极性分子。

    NO_2 $CHCl_3$ NCl_3 SO_3 SCl_2 $COCl_2$ BCl_3

5. 判断下列各组分子之间存在何种形式的分子间作用力。

    (1)CS_2 和 CCl_4 (2)H_2O 和 N_2 (3)H_2O 和 NH_3

6. 下列各物质的分子间只存在色散力的是( )。

    A. CO_2 B. NH_3 C. H_2S D. HBr

7. 下列晶体熔化时,只需克服色散力的是( )。

    A. Ag B. NH_3 C. SiO_2 D. C

8. 判断题

(1)由于 CO_2、H_2O、H_2S、CH_4 分子中都含有极性键,因此皆为极性分子。

(2)分子中的化学键为极性共价键,则分子为极性分子。

（3）范德华力是一种较弱的化学键。

（4）氢化物分子间均存在氢键。

（5）色散力存在于所有分子之间。

阅读材料　氢键空间图像

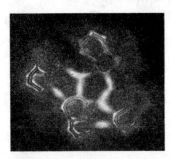

2013年10月25日，国家纳米科学中心研究员裴晓辉告诉《中国科学报》记者在实验室直接观察到了分子间氢键。研究团队在超高真空和低温条件下，通过原子力显微镜(AFM)观测在铜单晶表面吸附的8-羟基喹啉分子，获得了其化学骨架、分子间氢键的高分辨图像。

一直以来，科学界普遍认为氢键是一种弱的静电相互作用，单分子尺度的氢键构型难以用红外、核磁共振、X射线晶体衍射等传统的实验技术直接获取。裴晓辉团队此次获得的氢键图像是国际上首次在实空间直接观测到分子间的氢键作用。对氢键特性的精确实验测量，一方面有助于从科学上阐明氢键的本质，解开自然界诸多奥秘，另一方面，我们在原子、分子尺度上获得关于物质结构和性质的信息，对于功能材料及药物分子的设计也有重要意义。

5.4　离子键与离子晶体

5.4.1　离子键的形成和特征

当电负性相差较大的两种元素的原子相互接近时，电子从电负性小的原子转移到电负性大的原子，从而形成了阳离子和阴离子。相邻的阴、阳离子之间的吸引作用即为离子键。阴、阳离子分别是键的两极，故离子键呈强极性。

离子的电场分布是球形对称的，可以从任何方向吸引带异号电荷的离子，故离子键无方向性。此外，只要离子周围空间允许，它将尽可能多地吸引带异号电荷的离子，即离子键无饱和性。

5.4.2　离子的结构特征

1. 离子的电荷

简单离子的电荷是由原子获得或失去电子形成的，其电荷绝对值为得到或失去的电子数。

例如：

$$F + e^- \longrightarrow F^-$$
$$(1s^2 2s^2 2p^5) \qquad (1s^2 2s^2 2p^6)$$
$$Sn - 2e^- \longrightarrow Sn^{2+}$$

$$([\text{Kr}]4d^{10}5s^25p^2) \qquad ([\text{Kr}]4d^{10}5s^2)$$
$$\text{Fe} - 3e^- \longrightarrow \text{Fe}^{3+}$$
$$([\text{Ar}]3d^64s^2) \qquad ([\text{Ar}]3d^5)$$

2. 离子的电子构型

所有简单阴离子的电子构型都是 8 电子型,并与其相邻稀有气体的相同。如 F^- $(2s^22p^6)$、O^{2-} $(2s^22p^6)$ 与 Ne 的构型相同;Br^- $(4s^24p^6)$ 与 Kr 的构型相同。

阳离子的构型可分为如下几种。

(1)2 电子型。例如 Li^+、Be^{2+} $(1s^2)$。

(2)8 电子型。例如 K^+、Ba^{2+} (ns^2np^6) 等。

(3)18 电子型。例如 Ag^+、Zn^{2+}、Sn^{4+} $(ns^2np^6nd^{10})$ 等。

(4)18 + 2 电子型。例如 Sn^{2+}、Bi^{3+} $[ns^2np^6nd^{10}(n+1)s^2]$ 等。

(5)9 ~ 17 电子型。例如 Fe^{2+}、Fe^{3+}、Cu^{2+}、Pt^{2+} $(ns^2np^6nd^{1\sim9})$ 等。

3. 离子半径

各元素的离子半径列于表 5.7 中。根据实验数据,归纳出离子半径的规律如下。

(1)阳离子的半径小于其原子半径,简单阴离子的半径大于其原子半径,如 $r_{Na} > r_{Na^+}$,$r_{F^-} > r_F$。

(2)同一周期电子层结构相同的阳离子的半径随离子电核的增加而减小,如 $r_{Na^+} > r_{Mg^{2+}} > r_{Al^{3+}}$。

(3)同族元素离子电荷数相同的阴离子或阳离子的半径随电子层数的增多而增大,如 $r_{Cl^-} > r_{F^-}$,$r_{K^+} > r_{Na^+}$。

(4)同一元素形成不同离子电荷的阳离子时,电荷数高的半径小,如 $r_{Sn^{2+}} > r_{Sn^{4+}}$,$r_{Fe^{2+}} > r_{Fe^{3+}}$。

表 5.7　离子半径(单位:pm)

				H^- 208	Li^+ 60	Be^{2+} 31										B^{3+} 20	C^{4+} 15	N^{5+} 11		
C^{4-} 260	N^{3-} 171	O^{2-} 140	F^- 136	Na^+ 95	Mg^{2+} 65											Al^{3+} 50	Si^{4+} 41	P^{5+} 34	S^{6+} 29	Cl^{7+} 26
Si^{4-} 271	P^{3-} 212	S^{2-} 184	Cl^- 181	K^+ 133	Ca^{2+} 99	Sc^{3+} 81	Ti^{4+} 68	V^{5+} 59	Cr^{6+} 52	Mn^{7+} 46	Cu^+ 96	Zn^{2+} 74	Ca^{3+} 62	Ce^{4+} 53	As^{5+} 47	Se^{6+} 42	Br^{7+} 39			
Ge^{4-} 272	As^{3-} 222	Se^{2-} 198	Br^- 195	Rb^+ 148	Sr^{2+} 113	Y^{3+} 93	Zr^{4+} 80	Nb^{5+} 70	Mo^{6+} 60	Tc^{7+} [97.9]	Ag^+ 126	Cd^{2+} 97	In^{3+} 81	Sn^{4+} 71	Sb^{5+} 62	Te^{6+} 56	I^{7+} 50			
Sn^{4-} 294	Sb^{3-} 245	Te^{2-} 221	I^- 216	Cs^+ 169	Ba^{2+} 135	Lu^{3+} 85	Hf^{4+} [78]	Ta^{5+} [68]	W^{6+} [62]	Re^{7+} [56]	Au^+ 137	Hg^{2+} 110	Tl^{3+} 95	Pb^{4+} 84	Bi^{5+} 74	Po^{6+} [67]	At^{7+} [62]			

5.4.3　离子晶体

　　由阴、阳离子按一定规则排列在晶格结点上形成的晶体为离子晶体。NaCl 晶体就是典型的离子晶体。这类晶体中不存在独立的小分子,整个晶体就是一个巨型分子,常以其化学式表示其组成,如 NaCl,其晶体结构见图 5.19 所示。

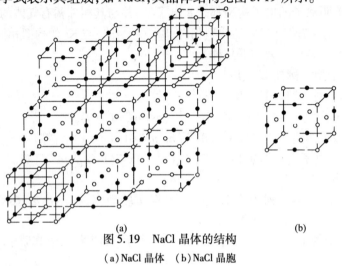

(a)　　　　　　　　　　　　　　　　　　(b)

图 5.19　NaCl 晶体的结构

(a)NaCl 晶体　(b)NaCl 晶胞

　　1.　离子晶体的特征

　　前已述及,晶体的特性主要取决于晶格结点上微粒的种类与其相互作用。离子晶体主要有如下特征。

　　(1)离子晶体中晶格结点上微粒间的作用力为阴、阳离子间的库仑引力(即离子键),这种引力较强烈,故离子晶体的熔点、沸点较高,常温下均为固体,且硬度较大。

　　(2)离子晶体因其强极性,多数易溶于极性较强的溶剂,如溶剂 H_2O。

　　(3)离子晶体中,阴、阳离子被束缚在相对固定的位置上不能自由移动,不导电。但在熔融状态或水溶液中,离子能自由移动,在外电场作用下可导电。

　　2.　离子晶体的晶格能(U)

　　晶格能是表征离子晶体稳定性的物理量。其定义为:相互远离的气态阴、阳离子在标准状态下,结合成单位物质的量的离子晶体时所释放的能量,用符号 U 表示,其 SI 的单位为 $kJ \cdot mol^{-1}$。与通常热力学表示的符号相反,晶格能放热为正,如$U_{NaCl} =$ 786 $kJ \cdot mol^{-1}$,$U_{MgO} = 3\,916\ kJ \cdot mol^{-1}$。晶格能通常随离子电荷数增多和离子半径减小而增大。晶格能越大,晶体越稳定,其熔点越高,硬度也越大,见表 5.8 所示一些物质的晶格能数据。

表 5.8　晶格能与熔点 t_m 和硬度

化合物	离子电荷	$(r^+ + r^-)$/pm	$U/(kJ \cdot mol^{-1})$	t_m/℃	硬度
NaCl	+1、−1	95+181=276	786	801	2.5
BaO	+2、−2	135+140=275	3 054	1 918	3.3
MgO	+2、−2	65+140=205	3 791	2 800	5.5

5.5 离子极化

在离子晶体中,晶格结点上排列的是离子,阴、阳离子间强烈的静电作用会相互作为电场,使彼此的原子核和电子云发生相对位移,即发生与分子极化类似的离子极化作用,从而影响离子化合物的某些性质。

5.5.1 离子在电场中的极化

离子并非刚性球体,在外电场的作用下,正极吸引核外电子云,排斥原子核,负极吸引原子核,排斥核外电子云,使离子中的电荷分布发生相对位移,离子变形,产生了诱导偶极如图 5.20 所示,这种现象称为离子极化。显然,外电场越强,离子受到的极化作用越强,离子的变形程度越大,产生的诱导偶极也越长。在外电场相同的情况下,离子半径越大,外层电子离核越远,离子也就越容易变形。关于离子变形性的大小,可以用离子极化率(α)来量度。一些离子的极化率见表 5.9 所示。

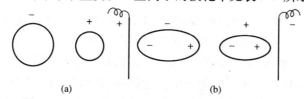

(a)   (b)

图 5.24 离子极化示意图
(a)无电场作用   (b)在电场中

表 5.9   一些离子的极化率 α

离子	$\alpha/(\times 10^{-40} C \cdot m^2 \cdot V^{-1})$	离子	$\alpha/(\times 10^{-40} C \cdot m^2 \cdot V^{-1})$	离子	$\alpha/(\times 10^{-40} C \cdot m^2 \cdot V^{-1})$
Li^+	0.034	B^{3+}	0.003 3	F^-	1.16
Na^+	0.199	Al^{3+}	0.058	Cl^-	4.07
K^+	0.923	Si^+	0.018 4	Br^-	5.31
Rb^+	1.56	Ti^{4+}	0.206	I^-	7.90
Cs^+	2.69	Ag^+	1.91	O^{2-}	4.32
Be^{2+}	0.009	Zn^{2+}	0.32	S^{2-}	11.3
Mg^+	0.105	Cd^{2+}	1.21	Se^-	11.7
Ca^{2+}	0.52	Hg^{2+}	1.39	OH^-	1.95
Sr^{2+}	0.96	Ce^{4+}	0.81	NO_3^-	4.47

由表可见:①同族元素离子,从上到下离子半径增大,离子的变形性增大,极化率增大;②阴离子的极化率要比阳离子的大得多,说明阴离子要比阳离子容易变形。

5.5.2 离子间的相互极化

离子都带有电荷,所以,每个离子都可以看作是一个微小的电场。在离子晶体中,若阴、阳离子靠得极近,就有可能互相极化,使离子具有以下双重性质。

(1)极化力。离子作为电场,可使周围的异电荷离子受到极化而变形,这种作用称为极化作用。离子使异电荷离子极化的能力,称为极化力。离子极化力的大小,主要取决于离子半径、电荷和电子构型。半径越小,电荷越多,离子的极化力就越强,例如$Na^+ > K^+$,$Mg^{2+} > Ca^{2+}$,$Al^{3+} > Mg^+ > Na^+$。当电荷相同、半径相近时,极化力则取决于电子构型。通常8电子型(如Ca^{2+}) < 9 ~ 17电子型(如Mn^{2+}、Fe^{2+}等) < 18或18 + 2电子型(如Cu^{2+}、Cd^{2+}、Pb^{2+}等)。

(2)变形性。离子作为被极化对象,其外层电子与核会发生相对位移而变形。离子变形性的大小也取决于离子半径、电荷和电子构型。如果电子构型相似,电荷相同,则离子半径越大,核对外层电子吸引力越弱,离子越易变形。当离子半径相近,电荷相同时,则变形性取决于电子构型,一般规律是8电子型 < 8 ~ 18电子型 < 18电子型 < 18 + 2电子型。

综上所述,阳离子和阴离子都具有极化力和变形性的双重性质,影响因素也相近。但是由于阳离子半径通常比阴离子半径小,表现出极化力强,变形性小,故一般对阴离子的极化作用为主。反之,阴离子半径大,变形性大,极化力弱,一般以变形性为主。

还须指出,一些18电子或18 + 2电子构型的阳离子,它们的极化力和变形性都很强,在它使阴离子极化的同时,本身又会被阴离子所极化。阳、阴离子相互极化的结果使彼此变形性增大,诱导偶极增大,导致彼此的极化作用都进一步加强,如图5.21所示。图5.21(a)图离子间未发生极化作用;图5.21(b)图阳离子对阴离子极化,使阴离子变形,产生诱导偶极;图5.21(c)图阴离子反过来对阳离子极化,使阳离子变形而产生诱导偶极;图5.21(d)图相互极化进一步加强,诱导偶极增大。

这种相互极化而增加的极化能力称为附加极化力,这种效应称为附加极化作用。在这种情况下,每个离子的总极化力等于该离子的固有极化力和附加极化力之和。极化和附加极化作用的结果对化学键和化合物性质的影响更为显著。

图5.21　离子附加极化作用示意图

(a)离子间未发生极化　(b)阳离子对阴离子极化

(c)阴离子对阳离子极化　(d)离子间相互极化进一步加强

5.5.3　离子极化对物质结构和性质的影响

1. 离子极化使键的极性减小

在离子晶体中,如离子间相互极化作用很弱,对化学键影响不大,化学键仍为离子键;如离子间相互极化作用很强,引起离子变形后,阴、阳离子的电子云会发生重叠,致使阴、阳离子的核间距离缩短,键的离子性降低,共价性增加。离子间相互极化作用越强,电子云重叠程度越大,键的共价性越强,就有可能由离子键过渡为共价键,其过程如图 5.22 所示。

下面以 AgF、AgCl、AgBr、AgI 的键型过渡加以说明。在卤化银系列化合物中，Ag^+ 离子为 18 电子构型，它的极化力和变形性都很大。对卤素离子来说，从 F^- 离子到 I^- 离子，离子半径依次增大，离子的变形性依次增加（参考表 5.9 极化率）。因此，除 F^- 离子半径较小、相互极化作用较弱外，从 Cl^- 离子到 I^- 离子，离子间在相互极化的同时，附加极化作用也依次增强，离子间电子云的相互重叠依次增加，所以核间距明显地小于阳、阴离子半径之和，并且差值依次增加，如表 5.10 所示，化学键也就从 AgF 的离子键逐渐过渡为 AgI 的共价键。

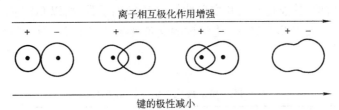

图 5.22　离子极化对键型的影响

表 5.10　卤化银的键型和性质

卤化银	AgF	AgCl	AgBr	AgI
卤素离子半径 r^-/pm	136	181	195	216
离子半径之和$(r^+ + r^-)$/pm	262	307	321	342
实测键长/pm	246	277	288	299
键型	离子键	过渡键型	过渡键型	共价键
晶体构型	NaCl 型	NaCl 型	NaCl 型	ZnS 型
溶解度 s/(mol·L^{-1})	易溶	1.34×10^{-5}	7.07×10^{-7}	9.11×10^{-9}
颜色	白色	白色	淡黄	黄

2. 离子极化使溶解度减小

离子化合物大都易溶于水，离子相互极化引起键型过渡后，往往导致化合物溶解度减小。例如表 5.10 中的卤化银，其中 AgF 为离子化合物，易溶于水，其他卤化物都从离子键依次向共价键过渡，故溶解度自 AgCl→AgBr→AgI 依次明显减小。

3. 离子极化使化合物的颜色加深

离子极化作用对化合物的颜色也有影响。几种卤化银的颜色见表 5.10。下面再列举几种卤化物的实例：

$PbCl_2$　$PbBr_2$　PbI_2　$HgCl_2$　$HgBr_2$　HgI_2
白色　白色　黄色　白色　白色　红色

由此可见，相互极化作用越强，化合物的颜色越深。这一现象在某些金属硫化物与氧化物之间同样存在。由于 S^{2-} 离子半径（184 pm）比 O^{2-} 离子半径（140 pm）大，故变形性增大,极化作用增强。例如,As_2O_3 为白色,As_2S_3 则为黄色;Cu_2O 为暗红色,Cu_2S 则为黑色等。

4. 离子极化使晶体的熔点降低

前已述及,离子化合物的熔点一般都比较高,共价化合物形成的分子晶体的熔点较低。当化合物由离子键向共价键过渡后,其熔点也会相应降低。从表5.11中可以看出离子极化对金属卤化物熔点的影响。在卤化钙中,随着卤素离子的变形性依次增加,离子极化作用依次加强,化学键的共价性增加,致使熔点依次降低。卤化钙与卤化镉相比,Cd^{2+} 离子与 Ca^{2+} 离子的电荷相同,半径相近,但电子构型不同,Cd^{2+} 离子为18电子构型,其极化作用和变形性都比 Ca^{2+} 离子强,所以 Cd^{2+} 离子与卤素离子的相互极化作用大于 Ca^{2+} 离子,化学键的共价性更大,因而其卤化物的熔点相应地比 Ca^{2+} 的低。

表5.11 离子极化对卤化物熔点的影响

金属离子(M^{2+})	r/pm	M^{2+} 的电子构型	熔点 t_m/℃			
			F^-	Cl^-	Br^-	I^-
Ca^{2+}	99	$3s^23p^6$	1 400	772	760	575
Cd^{2+}	97	$4s^24p^64d^{10}$	1 100	568	567	388

综上所述,离子极化理论在无机化学中颇有实用意义,对某些同系列化合物的性质变化能作出较好的解释。但该理论只是一个近似的定性模型,还存在较大的局限性。

思考与练习 5 – 5

1. 试用离子极化理论比较下列各组氯化物熔点和沸点的高低。
   (1)$CaCl_2$ 和 $GeCl_4$ (2)$ZnCl_2$ 和 $CaCl_2$ (3)$FeCl_3$ 和 $FeCl_2$
2. 比较下列每组化合物的离子极化作用的强弱,并预测溶解度的相对大小。
   (1)ZnS CdS HgS   (2)PbF_2 $PbCl_2$ PbI_2 (3)CaS FeS ZnS

阅读材料 离子晶体

在食盐晶体中,根本不存在 NaCl 分子,它是由 Na^+ 和 Cl^- 离子交替排列,通过静电引力(离子键)结合而成的。由于在所有相互作用中,化学键的强度最高,故离子晶体有较高的熔点和硬度,离子只能在平衡点附近振动,因此不能导电,但是在熔融后可以存在自由离子,就可以有很好的导电性。原子晶体的典型代表是钻石(C)和水晶(SiO_2),中性原子间以很强的共价键结合,因此硬度和熔点都很高,导电性即使在熔融时也很差。冰、固态的 O_2、CO_2 等都是分子晶体,它们通过较弱的氢键或分子力结合,因此熔点都比较低,硬度也较小,不易导电。在分子晶体中存在着一个个的小分子,分子内是化学键,分子间是分子间力,可能还会有氢键。自然界中除离子键和共价键外,还存在第三种化学键——金属键。整块金属的晶格由带正电的离子组成,沉浸在自由电子的海洋里,自由电子属于整块晶体,它们不但抵消了正离子晶格间的库仑排斥力,而且还有剩余。由于自由电子的存在,金属有很多非常独特的性质,如良好的导电性、导热性、延展性等。由于自由电子和光子的相互作用,导致绝大部分金属表面都有一种特有的银白色光泽。又因为金属键属于化学键,其强度很高,因此金属硬度和熔点都很高。

5.6 其他类型晶体

5.6.1 原子晶体

原子晶体晶格结点上排列的是原子,原子之间通过共价键结合而成的晶体为原子晶体。典型的原子晶体并不多,常见的有金刚石(C)、单质硅(Si)、单质硼(B)、碳化硅(SiC,俗称金刚砂)、石英(SiO_2,俗称水晶)等,其中金刚石的晶体结构如图 5.23 所示。

在不同的原子晶体中,原子的排列方式可能不同,但原子之间都是以很强的共价键结合在一起的。例如在金刚石晶体结构中,C 原子以 sp^3 杂化轨道成键,每个 C 原子周围都有 4 个 C—C 键,将所有 C 原子结合成一个整体。破坏这种晶体,要打开晶体中所有的共

图 5.23 金刚石的晶体结构

价键,需消耗很高的能量,故原子晶体熔点高,硬度大,不溶于任何溶剂中,且熔融状态也不导电。例如金刚石的硬度为 10,熔点为 3 570 ℃;金刚砂的硬度为 9.5,熔点为 2 700 ℃(升华);石英的硬度为 7,熔点为 1 713 ℃。

原子晶体和分子晶体中虽然都存在共价键,但前者晶格结点上是原子,晶格是以原子间的共价键维系的;后者晶格结点上是分子,晶格是以分子间力维系的,与其分子内的共价键多少和强弱无关。

5.6.2 金属键与金属晶体

金属晶体中晶格结点上排列的是金属原子或离子。由于金属原子的最外电子层上电子较少,且与原子核联系较弱而容易脱落成自由电子,它们可在金属内部从一个原子自由地流向另一原子或离子,并被许多原子或离子所共用,而不是固定在两个原子之间,即处于非定域态。众多原子或离子被这些自由电子"胶合"在一起,形成金属键。也就是说,金属键是金属晶体中的金属原子、金属离子跟维系它们的自由电子

间产生的结合力。由于在金属键中,电子不是固定于两原子之间,且无数金属原子和金属离子共用无数自由流动的电子,故金属键无方向性和饱和性。

自由电子可在整个晶体中运动,并将电能和热能迅速传递,故金属是电和热的良导体。金属晶格各部分如发生一定的相对位移,不会改变自由电子的流动和"胶合"状态,也就不会破坏金属键,故金属有较好的延展性。金属键有一定强度,故大多数金属有较高的熔点、沸点和硬度。

表 5.12 归纳了 4 种晶体的基本性质。

表 5.12 4 种晶体的结构与性质

晶体类型	晶格结点上的粒子	粒子间的作用力	晶体的一般性质	实例
离子晶体	阴离子、阳离子	离子键	熔点较高,硬度大而脆,固态不导电,熔融态或水溶液导电	$NaCl$,MgO
原子晶体	原子	共价键	熔点高,硬度大,不导电	金刚石,SiC
分子晶体	分子	分子间力（有的有氢键）	熔点低,硬度小,不导电	CO_2,NH_3
金属晶体	原子、离子	金属键	熔点一般较高,硬度一般较大,能导电,导热,具有延展性	W,Ag,Cu

5.6.3 混合型晶体

混合型晶体,又称过渡型晶体。有一些晶体,晶体内可能同时存在着若干种不同的作用力,具有若干种晶体的结构和性质,这类晶体称为混合型晶体。石墨晶体就是一种典型的混合型晶体。石墨晶体内既有共价键,又有类似金属键那样的非定域键(成键电子并不定域于两个原子之间)和分子间力在共同起作用,可称为混合键型的晶体。属于这类晶体的还有:CaI_2,CdI_2,MgI_2,$Ca(OH)_2$ 等。滑石、云母、黑磷等也都属于层状过渡型晶体。另外,纤维状石棉属链状过渡型晶体,链中 Si 和 O 间以共价键结合,硅氧链与阳离子以离子键结合,结合力不及链内共价键强,故石棉容易被撕成纤维。

思考与练习 5 - 6

1. 选择题

(1)下列物质中属于分子晶体的是(   )。

    A. BBr_3,熔点 -46 ℃   B. KI,熔点 880 ℃

    C. Si,熔点 1 423 ℃   D. NaF,熔点 995 ℃

(2)熔融 SiO_2 晶体时,需要克服的主要是(   )。

    A. 离子键   B. 氢键

    C. 共价键   D. 范德华力

(3)AgI 在水中的溶解度比 AgCl 小,主要是由于(　　)。

    A. 晶格能 AgCl > AgI   B. 电负性 Cl > I

    C. 变形性 $Cl^- < I^-$ D. 极化力 $Cl^- < I^-$

(4)由于 NaF 的晶格能较大,所以可以预测它的(　　)。

    A. 溶解度小   B. 水解度大

    C. 电离度小   D. 熔点、沸点高

(5)下列物质中溶解度相对大小关系正确的是(　　)。

    A. $Cu_2S > Ag_2S$ B. $AgI > AgCl$

    C. $Ag_2S > Cu_2S$ D. $CuCl > NaCl$

(6)某物质具有较低的熔点和沸点,且又难溶于水,这种物质可能是(　　)。

    A. 原子晶体   B. 非极性分子型物质

    C. 极性分子型物质   D. 离子晶体

2. 根据所学晶体结构知识,填出下表。

物质	晶格结点上的粒子	晶格结点上粒子间的作用力	晶体类型	预测熔点(高或低)
N_2				
SiC				
Cu				
冰				
$BaCl_2$				

3. 用所学的化学知识解释以下事实。

(1)Na 和 Si 都为第三周期元素,但在室温下 NaH 为固体,而 SiH_4 则为气体。

(2)C 和 Si 为同族元素,但在常温常压下 CO_2 是气体,SiO_2 是坚硬的固体。

(3)冰和干冰都是分子晶体,但干冰的熔点却比冰的熔点低很多。

阅读材料　感光材料卤化银与晶体石墨

    卤化银感光材料是以卤化银(包括氯化银、溴化银)为光敏物质,将它们的微晶分散于明胶介质中形成感光乳剂,并将其涂布在支持体(胶片或纸基)上而成。不同用途的感光材料所需卤化银颗粒的尺寸是不同的,通常使用的卤化银微晶尺寸为 0.2~2 μm;特殊用途的胶片使用的卤化银颗粒是超微粒晶体,尺寸为 0.01~0.1 μm;卤化银全息感光材料使用的卤化银微晶尺寸为 0.03~0.08 μm。为提高感光乳剂的分辨力、衍射效率及对激光的灵敏度,研制出了 T - 颗粒乳剂,即指扁平薄片卤化银颗粒。T - 颗粒厚度在0.3 μm 以下,形态比(颗粒直径与厚度之比)大于8,典型的 T - 颗粒形态比大于20。在 T - 颗粒制备中,银难以做到极好的分散性。T - 颗粒的优点是表面积大,可使感光层变薄,用银量减少。为适应不同需要,已研制出多种

形状及不同内部结构的卤化银微晶。

卤化银感光材料是用银量最大的领域之一。目前生产和销售量最大的几种感光材料是摄影胶卷、相纸、医用 X - 光胶片、工业用 X - 光胶片、缩微胶片、荧光信息记录片、电子显微镜照相软片和印刷尖胶片。20 世纪 90 年代,世界照相业用银量大约在 6 000 ~ 6 500 t,医用 X - 光胶片(包括 CT 片)比工业用 X - 光胶片的产量大 10 倍,缩微胶片的银用量也很大。

由于电子成像、数字化成像等技术的发展,使传统的卤化银成像技术受到冲击和挑战。同时非银感光材料在印刷业、文件复制、视听业等高新技术中的应用,也使卤化银感光材料用量有所减少,但卤化银感光材料的应用在某些方面尚不可被替代,仍有很大的市场空间。

卤化银感光材料的大量应用使之成为银的二次资源的源泉。如医用 X - 光胶片需要存档,在一些国家规定儿童的 X - 光胶片要保存到成年,这些胶片使用了大量的银,仅美国各大医院保存的 X - 光胶片估计占用银量就达 3 000 ~ 4 000 t。采用缩微技术可节约用银。在制造摄影胶卷和相纸中,卤化银的用量占 25%,而且所用的银可以百分百从废物中重新获得。曝光和处理过的胶片和相纸中,约 90% 的银可以回收再利用。虽然对 X - 光胶片来说,银的损耗和回收情况是一样的,但是曝光过的胶片中只有 40% 的银可以被回收利用。

石墨是碳质元素结晶矿物,它的结晶格架为六边形层状结构每一网层间的距离为 0.34 nm,同一网层中碳原子的间距为 0.142 mm,属六方晶系,具完整的层状解理。解理面以分子键为主,对分子吸引力较弱,故其天然可浮性很好。

山东省莱西市为我国石墨重要产地之一,石墨探明储量 687.11 万吨,现保有储量 639.93 万吨。自然界中纯净的石墨是没有的,其中往往含有 SiO_2、Al_2O_3、FeO、CaO、P_2O_5、CuO 等杂质。这些杂质常以石英、黄铁矿、碳酸盐等矿物形式出现,此外,还有水、沥青、CO_2、H_2、CH_4、N_2 等气体部分。因此对石墨的分析,除测定固定碳含量外,还必须同时测定挥发分和灰分的含量。石墨质软,黑灰色;有油腻感,可污染纸张;硬度为 1 ~ 2,沿垂直方向随杂质的增加其硬度可增至 3 ~ 5;相对密度为 1.9 ~ 2.3;在隔绝氧气条件下,其熔点在 3 000 ℃ 以上,是最耐温的矿物之一。

石墨的工艺特性主要取决于它的结晶形态。结晶形态不同的石墨矿物具有不同的工业价值和用途。工业上,根据结晶形态不同,将天然石墨分为致密结晶状石墨、鳞片石墨和隐晶质石墨 3 类。

技能训练　硫酸亚铁铵的制备

一、实验目的

(1)学会利用溶解度的差异制备硫酸亚铁铵。

(2)从实验中掌握硫酸亚铁、硫酸亚铁铵复盐的性质

（3）掌握水浴、减压过滤等基本操作

（4）学习 pH 试纸、吸管、比色管的使用

（5）学习用目测比色法检验产品质量。

二、实验目的

铁屑溶于稀硫酸生成硫酸铁。硫酸铁与硫酸铵作用生成溶解度较小的硫酸亚铁铵。

$$Fe + H_2SO_4 = FeSO_4 + H_2 \uparrow$$

$$FeSO_4 + (NH_4)_2SO_4 + 6H_2O = FeSO_4(NH_4)_2SO_4 \cdot 6H_2O$$

硫酸铵/硫酸亚铁/硫酸亚铁铵在不同温度的溶解度数据（单位:g/100g H_2O）

温度/℃	0	20	40	50	60	70	80	100
硫酸铵	70.6	75.4	81.0	—	88.0	—	95	103
七水硫酸亚铁	28.8	48.0	73.3	—	100.7	—	79.9	57.8
六水硫酸亚铁铵	12.5	—	33	40	—	52	—	—

由于复盐的溶解度比单盐要小,因此溶液经蒸发浓缩、冷却后,复盐在水溶液中首先结晶,形成 $(NH_4)_2FeSO_4 \cdot 6H_2O$ 晶体。

比色原理: $Fe^{3+} + nSCN^- = Fe(SCN)_n^{(3-n)}$（红色）用比色法可估计产品中所含杂质 Fe^{3+} 的量。 Fe^{3+} 由于能与 SCN^- 生成红色的物质 $[Fe(SCN)]^{2+}$,当红色较深时,表明产品中含 Fe^{3+} 较多;当红色较浅时,表明产品中含 Fe^{3+} 较少。所以,只要将所制备的硫酸亚铁铵晶体与 KSCN 溶液在比色管中配制成待测溶液,将它所呈现的红色与含一定 Fe^{3+} 量所配制成的标准 $Fe(SCN)]^{2+}$ 溶液的红色进行比较,根据红色深浅程度相仿情况,即可知待测溶液中杂质 Fe^{3+} 的含量,从而可确定产品的等级。

三、实验仪器和药品

洗瓶、250 ml 烧杯、锥形瓶（150 mL,250 mL 各一个）、移液管（1 mL,2 mL 各一根）10 mL 量筒、吸滤瓶、比色管（25 mL）、比色架、铁粉、2 mol/L 盐酸、3 mol/L 硫酸、25% KSCN

四、实验内容

硫酸亚铁制备

硫酸亚铁铵的制备

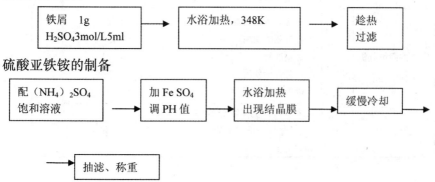

配(NH_4)$_2SO_4$饱和溶液:$0.005 * 3 * 132 = 1.98g((NH_4)$_2SO_4$),$1.98 * 100 \div 75 = 2.64g($水$)$

Fe^{3+}的限量分析

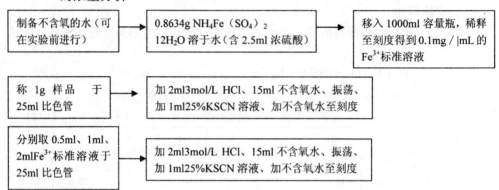

不含氧水的准备:在 250 mL 锥形瓶中加热 150 mL 纯水至沸,小火煮沸 10 ~ 20 分钟,冷却后备用。

五、实验思考题

(1)在反应过程中,铁和硫酸哪一种应过量,为什么? 反应为什么要在通风橱中进行?

(2)混合液为什么要呈酸性?

(3)怎样才能得到较大的晶体?

六、技能考核评分标准

序号	评分点	配分	评分标准		扣分	得分	考评员
1	硫酸亚铁制备	20	称量准确	(6分)			
			水浴加热	(8分)			
			趁热过滤	(6分)			
2	硫酸亚铁铵的制备	30	溶液配制精确	(8分)			
			PH 调节准确	(8分)			
			抽滤完全	(6分)			
			称重准确	(8分)			
3	Fe^{3+}的限量分析	40	不含氧水的制备	(8分)			
			容量瓶的使用	(8分)			
			称量准确	(8分)			
			比色管的使用	(8分)			
			锥形瓶的使用	(8分)			
4	考核时间	10	考核时间为 135 分钟,超过时间 5 分钟扣 2 分,超过 10 min 扣 4 分,以此类推,直至本题分数扣完为止				

6

酸碱平衡与酸碱滴定法

基本知识与基本技能

1. 掌握酸碱平衡及溶液 pH 值的计算。
2. 了解酸碱指示剂的原理及变色范围。
3. 掌握酸碱滴定过程中 pH 突跃及指示剂的选择。
4. 了解酸碱滴定法的应用。
5. 掌握标准溶液的配制及标定技能。
6. 掌握滴定操作及滴定终点的判断技能。

6.1 电解质的解离平衡

6.1.1 强电解质和弱电解质

从中学化学的学习中,我们知道氯化钠、硝酸钾、氢氧化钠的晶体不导电,而它们的水溶液能导电。原因是它们在水溶液中发生了电离,产生了能够自由移动的离子。如果我们将氯化钠、硝酸钾、氢氧化钠晶体加热熔融,它们也能导电。凡是在水溶液中或熔融状态下能够导电的化合物叫做电解质。如蔗糖、酒精等化合物,无论是固态还是水溶液都不导电,这些化合物叫做非电解质。

离子化合物和某些具有极性键的共价化合物在水溶液里全部电离成为离子,没有分子存在,这样的电解质属于强电解质。强电解质在水溶液里全部电离为离子,如强酸、强碱和大部分盐类是强电解质。某些具有极性键的共价化合物在水溶液里只有一部分电离成为离子,还有未电离的电解质分子存在,这样的电解质属于弱电解质,如弱酸、弱碱是弱电解质。

6.1.2 电离度

不同的弱电解质在水溶液里的电离程度是不同的,有的电离程度大,有的电离程度小。这种电离程度的大小可用电离度来表示。所谓电解质的电离度就是当弱电解质在溶液里达到电离平衡时,溶液中已经电离的电解质分子数占原来总分子数(包括已电离的和未电离的)的百分数。电解质的电离度常用符号 α 来表示:

$$\alpha = \frac{\text{已电离的电解质分子数}}{\text{溶液中原有电解质的分子总数}} \times 100\% \qquad (6-1)$$

例如,25 ℃时,在 0.1 mol·L^{-1} 的醋酸溶液里,每 10 000 个醋酸分子里有 132 个分子电离成离子,它的电离度是:

$$\alpha = \frac{132}{10\ 000} \times 100\% = 1.32\%$$

表 6.1 是几种常见弱电解质的电离度。

表 6.1　0.1 mol·L^{-1} 溶液里某些弱电解质的电离度(25 ℃)

电解质	化学式	电离度/%	电解质	化学式	电离度/%
氢氟酸	HF	8.0	醋酸	CH_3COOH	1.32
亚硝酸	HNO_2	7.16	氢氰酸	HCN	0.01
甲酸	HCOOH	4.24	氨水	$NH_3·H_2O$	1.33

从表 6.1 可见,在相同条件下,不同弱电解质的电离度不同,这是由弱电解质的相对强弱决定的,一般来说,电解质越弱,电离度越小。

电离度不仅跟电解质的本性有关,还与溶液的浓度、温度等有关。同一弱电解质,通常是溶液越稀,离子相互碰撞而结合成分子的机会越少,电离度就越大。

6.1.3　电离平衡

在电离过程中,分子电离成离子的速率必将随着溶液里离子的逐渐增多而减小,同时离子结合成分子的速率将不断增大。在一定条件(如温度、浓度)下,两者的速率相等,电离过程就达到了平衡状态,叫做电离平衡。电离平衡和化学平衡一样,也是动态平衡。平衡时,单位时间内电离的分子数和离子重新结合生成的分子数相等,也就是说,溶液里离子的浓度和分子的浓度都保持不变。

思考与练习 6-1

1. 下列物质中,属于强电解质的是(　　)。

　　A. K_2SO_4　　　　　B. H_2S　　　　　C. CH_3COOH　　　　D. $NH_3·H_2O$

2. 在氯化钠晶体里有没有离子存在?为什么氯化钠必须在水溶液里或熔融状态才能导电?

3. 在下列物质里,哪些能够导电?为什么能够导电?写出电离方程式。哪些不能导电,为什么?

(1)氢氧化钾水溶液　　　(2)氯化钾晶体　　　(3)醋酸水溶液

(4)纯醋酸　　　　　　　(5)氨水　　　　　　(6)液氯

4. 现有九种物质:①铝线;②石墨;③氯气;④硫酸钡晶体;⑤纯硫酸;⑥金刚石;⑦石灰水;⑧乙醇;⑨熔化的硝酸钾。其中能导电的是_____,属于电解质的是_____,既不是电解质也不是非电解质的是_____。

5. 现有以下物质:①$NaCl$ 晶体;②液态 SO_2;③液态醋酸;④汞;⑤固体 $BaSO_4$;⑥纯蔗糖($C_{12}H_{22}O_{11}$);⑦酒精(C_2H_5OH);⑧熔化的 KNO_3。

请回答下列问题。(填相应序号)

(1)以上物质能导电的是_____;

(2)以上物质属于电解质的是_____;

(3)以上物质属于非电解质的是_____;

(4)以上物质中溶于水后形成的水溶液能导电的是_____。

阅读材料　分析化学发展简史(Ⅰ)

在化学还没有成为一门独立学科的中世纪,甚至古代,人们已开始从事分析检验的实践活动。这一实践活动来源于生产和生活的需要,如为了冶炼各种金属,需要鉴别有关的矿石;采取天然矿物做药物治病,需要识别它们。这些鉴别是一个由表及里的过程,古人首先注意和掌握的当然是它们的外部特征,如水银又名"流珠","其状如水似银",硫化汞名为"朱砂"、"丹砂"等,都是抓住它们的外部特征。人们初步对不同物质进行概念上的区别,用感官对各种客观实体的现象和本质加以鉴别,这就是原始的分析化学。

在制陶、冶炼、制药和炼丹的实践活动中,人们对矿物的认识逐步深化,于是能进一步通过它们的一些其他物理特性和化学变化作为鉴别的依据。如中国曾利用"丹砂烧之成水银"来鉴定硫汞矿石。

随着商品生产和交换的发展,很自然地就会产生对产品的质量和纯度进行控制检验的需求,于是产生了早期的商品检验工作。在古代主要是用简单的比重法来确定一些溶液的浓度,可用比重法衡量酒、醋、牛奶、蜂蜜和食油的质量。到了6世纪,就已经有了与我们现在所用的比重计基本相同的比重计了。

商品交换的发展又促进了货币的流通,贵金属的制品是高价值的货币,于是出现了货币的检验,也就是金属的检验。古代的金属检验,最重要的是试金技术。在我国古代,关于金的成色就有"七青八黄九紫十赤"的谚语。在古罗马帝国则利用试金石,根据黄金在其上划痕颜色和深度来判断金的成色。16世纪初,在欧洲又有检验黄金的所谓"金针系列试验法",这是简易的划痕试验法的进一步发展。16世纪,化学的发展进入所谓的"医药化学时期"。关于各地各类矿泉水药理性能的研究是当时医药化学的一项重要任务,这类研究促进了水溶液分析技术的兴起和发展。1685 年,英国著名物理学家兼化学家波义耳(Boyle R, 1627—1691)编写了一本关于矿泉 水的专著——《矿泉的博物学考察》,全面概括地总结了当时已知的关于水溶液的各 种检验方法和检定反应。波义耳在定性分析中的一项重要贡献是用多种动、植物浸 液来检验水的酸碱性,他还提出了"定性检出极限"这一重要概念。这一时期的湿法 分析从过去利用物质的一些物理性质为主,发展到广泛应用化学反应为主,提高了分 析检验法的多样性、可靠性和灵敏性,并为近代分析化学的产生打下了基础。

6.2　酸碱平衡的理论基础

1887 年,阿仑尼乌斯(Arrhenius)提出酸碱电离理论,即电解质离解时所产生的 阳离子全部是 H^+ 的物质是酸;离解时所产生的阴离子全部是 OH^- 的物质是碱,例 如:

酸:$HAc \rightleftharpoons H^+ + Ac^-$

碱:$NaOH \rightleftharpoons Na^+ + OH^-$

酸碱发生中和反应生成盐和水:$HAc + NaOH \rightleftharpoons NaAc + H_2O$

反应的实质是:$H^+ + OH^- \rightleftharpoons H_2O$

电离理论有一定的局限性,它只适用于水溶液,不适用于非水溶液。为了进一步 认识酸碱反应的本质和便于统一考虑水溶液和非水溶液的酸碱平衡问题,还需引入 酸碱质子理论。

6.2.1　酸碱质子理论

1923 年,布朗斯台德在酸碱理论的基础上,提出了酸碱质子理论。根据质子理 论,凡是能够给出质子(H^+)的物质是酸;凡是能够接受质子的物质是碱。它们之间 的关系可以表示为:酸 $\rightleftharpoons$ 质子 + 碱。

当一种酸失去了质子后形成酸根,它自然对质子有一定亲和力,便成为碱。例 如:

$$HAc \rightleftharpoons H^+ + Ac^-$$

上式中的 HAc 是酸,它给出质子后,转化成的 Ac^- 能接受质子,因而 Ac^- 是一种碱。 由于一个质子的得失而互相转变的每一对酸碱,称为共轭酸碱对。再例如:

$$HCl \rightleftharpoons H^+ + Cl^-$$

$$HSO_4^- \rightleftharpoons H^+ + SO_4^{2-}$$

$$HCO_3^- \rightleftharpoons H^+ + CO_3^{2-}$$

上述各式中共轭酸碱对的质子得失反应,称为酸碱半反应。由于质子不可能在水溶 液中独立存在,因此酸碱半反应在溶液中也不能单独进行,而是当一种酸给出质子 时,溶液中必定有一种碱来接受质子。例如 HAc 在水溶液中离解时,作为溶剂的水

就是接受质子的碱,它们的反应如下式表示:

$$HAc \rightleftharpoons H^+ + Ac^-$$
$$酸_1 \qquad 碱_1$$

$$H_2O + H^+ \rightleftharpoons H_3O^+$$
$$碱_2 \qquad 酸_2$$

$$HAc + H_2O \rightleftharpoons H_3O^+ + Ac^-$$
$$酸_1 \quad 碱_2 \qquad 酸_2 \quad 碱_1$$

同样地,碱在水溶液中接受质子的过程也必须有溶剂水分子的参加。如氨与水的反应如下:

$$NH_3 + H^+ \rightleftharpoons NH_4^+$$
$$H_2O \rightleftharpoons H^+ + OH^-$$

$$NH_3 + H_2O \rightleftharpoons OH^- + NH_4^+$$

在上述两个共轭酸碱对相互作用而达到的平衡中,H_2O 分子所起的作用是不相同的,在后一个反应中,溶剂的水起了酸的作用。因此水是一种两性溶剂。

由于水分子的两性作用,一个水分子可以从另一个水分子夺取质子而形成 H_3O^+ 和 OH^-,可表示为:

$$H_2O + H_2O \rightleftharpoons H_3O^+ + OH^-$$

水分子之间存在着质子的传递作用,称为水的质子自递作用。这个作用的平衡常数称为水的质子自递常数,即:

$$K_W = [H_3O^+][OH^-] \qquad (6-2)$$

在水溶液中,水合质子 H_3O^+ 也可简写作 H^+,因此水的质子自递常数常简写作:

$$K_W = [H^+][OH^-] \qquad (6-3)$$

这个常数就是水的离子积,在 25 ℃时等于 10^{-14},即 $K_W = 10^{-14}$,$pK_W = 14$。

根据质子理论,酸和碱的中和反应也是一种质子的转移过程,例如 HCl 和 NH_3 的反应:

$$HCl + NH_3 \rightleftharpoons NH_4^+ + Cl^-$$

反应的结果是各反应物转化为它们各自的共轭酸和共轭碱。

在电离理论中,盐的水解过程是盐电离出的离子与水电离出的 H^+ 或 OH^- 离子结合生成弱酸或弱碱,从而使溶液的酸碱性发生改变的反应,实质上也是质子的转移

过程,它们和酸碱离解过程在本质上是相同的,例如 NaAc 和 NH$_4$Cl 的水解:

$$H_2O + Ac^- \rightleftharpoons HAc + OH^-$$

$$NH_4^+ + H_2O \rightleftharpoons H_3O^+ + NH_3$$

以上两个反应中,Ac$^-$ 与 H$_2$O 之间、NH$_4^+$ 与 H$_2$O 之间发生了质子的转移反应。Na$^+$ 和 Cl$^-$ 不参与酸碱反应,也可分别看作碱(Ac$^-$)的离解反应和酸(NH$_4^+$)的离解反应。

6.2.2　酸碱解离平衡

例如 HAc 在水中发生离解反应:

$$HAc + H_2O \rightleftharpoons H_3O^+ + Ac^-$$

离解平衡常数用 K_a 表示,则:

$$K_a = \frac{[H^+][Ac^-]}{[HAc]} \qquad K_a = 1.8 \times 10^{-5}$$

HAc 的共轭碱 Ac$^-$ 的离解常数 K_b 为:

$$Ac^- + H_2O \rightleftharpoons HAc + OH^-$$

$$K_b = \frac{[HAc][OH^-]}{[Ac^-]}$$

显然,共轭酸碱对的 K_a 和 K_b 有下列关系:

$$K_a \cdot K_b = [H^+][OH^-] = K_w = 10^{-14}(25\ ℃)$$

【例6-1】　已知 NH$_3$ 的离解反应为:

$$NH_3 + H_2O \rightleftharpoons NH_4^+ + OH^- \qquad K_b = 1.8 \times 10^{-15}$$

求 NH$_3$ 的共轭酸的离解常数 K_a。

解:NH$_3$ 的共扼酸为 NH$_4^+$,它的离解反应为:

$$NH_4^+ + H_2O \rightleftharpoons NH_3 + H_3O^+$$

$$K_a = \frac{K_w}{K_b} = \frac{10^{-14}}{1.8 \times 10^{-5}} = 5.6 \times 10^{-10}$$

对于多元酸,要注意 K_a 和 K_b 的对应关系,如三元酸 H$_3$A 在水溶液中:

$$H_3A + H_2O \overset{K_{a1}}{\rightleftharpoons} H_3O^+ + H_2A^-$$

$$H_2A^- + H_2O \overset{K_{b3}}{\rightleftharpoons} H_3A + OH^-$$

$$H_2A^- + H_2O \overset{K_{a2}}{\rightleftharpoons} H_3O^+ + HA^{2-}$$

$$HA^{2-} + H_2O \overset{K_{b2}}{\rightleftharpoons} H_2A^- + OH^-$$

$$HA^{2-} + H_2O \overset{K_{a3}}{\rightleftharpoons} H_3O^+ + A^{3-}$$

$$A^{3-} + H_2O \xrightleftharpoons{K_{b1}} HA^{2-} + OH^-$$

则 $K_{a1} \cdot K_{b3} = K_{a2} \cdot K_{b2} = K_{a3} \cdot K_{b1} = [H^+][OH^-] = K_w$

【例 6 – 2】 S^{2-} 与 H_2O 的反应为:

$$S^{2-} + H_2O \xrightleftharpoons{} HS^- + OH^- \quad K_{b1} = 1.4$$

求 S^{2-} 的共轭酸的离解常数 K_{a2}。

解: S^{2-} 的共轭酸为 HS^-,其离解反应为:

$$HS^- + H_2O \xrightleftharpoons{} S^{2-} + H_3O^+$$

$$K_{a2} = \frac{K_w}{K_{b1}} = \frac{10^{-14}}{1.4} = 7.1 \times 10^{-15}$$

酸碱的强弱取决于物质给出质子或接受质子能力的强弱。给出质子的能力越强,酸性就越强,反之就越弱;同样,接受质子的能力越强,碱性就越强,反之就越弱。物质的酸性或碱性可以通过酸或碱的离解常数 K_a 和 K_b 来衡量。K_a 愈大,酸性就愈强;K_b 愈大,碱性就愈强。

在共轭酸碱对中,如果酸愈易给出质子,酸性愈强,则其共轭碱对质子的亲合力就愈弱,就愈不易接受质子,碱性就愈弱。例如 $HClO_4$、HCl 都是强酸,它们的共轭碱 ClO_4^-、Cl^- 都是弱碱。反之,酸愈弱,则其共轭碱就愈容易接受质子,因而碱性就愈强。以下 4 种酸的强度顺序为 $HAc > H_2PO_4^- > NH_4^+ > HS^-$,而它们共轭碱的强度恰好相反,强度顺序为 $Ac^- < HPO_4^{2-} < NH_3 < S^{2-}$,此结论可以从表 6.2 中得出。

表 6.2　4 种共轭酸碱对的 K_a、K_b 值

共轭酸碱对	K_a	K_b
$HAc - Ac^-$	1.8×10^{-5}	5.6×10^{-10}
$H_2PO_4^- - HPO_4^{2-}$	6.3×10^{-8}	1.6×10^{-7}
$NH_4^+ - NH_3$	5.6×10^{-10}	1.8×10^{-5}
$HS^- - S^{2-}$	1.2×10^{-13}	8.3×10^{-2}

思考与练习 6 – 2

1. 下列各种弱酸的 pK_a 已在括号内注明,求它们的共轭碱的 pK_b。

(1) HCN(9.21)　　(2) HCOOH(3.74)　　(3) 苯酚(9.95)　　(4) 苯甲酸(4.21)

2. 已知 H_3PO_4 的 $pK_{a1} = 2.12$,$pK_{a2} = 7.20$,$pK_{a3} = 12.36$,求其共轭碱 PO_4^{3-} 的 pK_{b1}、HPO_4^{2-} 的 pK_{b2} 和 $H_2PO_4^-$ 的 pK_{b3}。

3. 下列分子或离子:HS^-、CO_3^{2-}、$H_2PO_4^-$、NH_3、H_2S、HCl、Ac^-、OH^-、H_2O,根据酸碱质子理论,属于酸的是_____,_____是碱,既是酸又是碱的有_____。

4. 写出下列各酸的共轭碱: H_2O, $H_2C_2O_4$, $H_2PO_4^-$, HCO_3^-, HS^- ;写出下列各碱的共轭酸: H_2O, NO_3^-, HSO^{4-}, S^{2-}。

5. 试找出下列物质的共轭酸碱对: NH_4^+、Ac^-、H_2O、HSO_4^-、NH_3、SO_4^{2-}、HNO_3、OH^-、H_2SO_4、CO_3^{2-}、NO_3^-、H_3O^+、H_2CO_3、HAc、HCO_3^-。

阅读材料　分析化学简史(Ⅱ)

　　18 世纪以后,由于冶金、机械工业的飞速发展,要求提供数量更大、品种更多的矿石,从而促进了分析化学的发展。这一时期,分析化学的研究对象主要以矿物、岩石和金属为主,而且这种研究从定性检验逐步发展到较高级的定量分析。其中干法的吹管分析法曾起过重要作用。此法是把要化验的金属矿样放在一块木炭的小孔中,然后用吹管将火焰吹到它上面,一些金属氧化物便发生熔化并会被还原为金属单质。但这种方法能够还原出的金属种类并不多。到了 18 世纪中叶,重量分析法使分析化学迈入了定量分析的时代。当时著名的瑞典化学家和矿物学家贝格曼(Torbern Bergman,1735—1784)在《实用化学》一书中指出:"为了测定金属的含量,并不需要把这些金属转变为它们的单质状态,只要把他们以沉淀化合物的形式分离出来,如果我们事先测定沉淀的组成,就可以进行换算了。"

　　到了 19 世纪,新元素如雨后春笋般被人类发现,加之矿物组成复杂,若没有丰富的经验和周密的检验方案,用湿法检验想得到确切的检验结果显然是非常困难的。德国化学家汉立希(Christian Heinrich,1773—1852)在他 1821 出版的一书中指出:"为了使湿法定性检验的问题简单化和减少盲目性,应进行初步试验。"1829 年,德国化学家罗塞(Hoinrlch Rose,1795—1864)首次明确地提出并制定了系统定性分析法。1841 年德国化学家伏累森纽斯(Carl Remegius Fresenitm,1818—1897)改进了系统定性分析法,较之罗塞的方案需使用的试剂更少,此方法后来又得到美国化学家诺伊斯(Arthur Noyes)的进一步精细研究和改进,使定性分析趋于完善。同一期间,定量分析方法也得到迅猛发展。将伏累森纽斯对各种沉淀组成的测定结果与今天的同类数据加以对比,可以看出重量分析法在伏累森纽斯时期已经非常准确。他当年研究的某些测定方法至今仍在沿用,其精确度也很可靠。他对一系列复杂的分离问题如钙与镁、铜和汞、锡和锑等的分离都提出了创造性的见解,他还将缓冲溶液、金属置换、络合掩蔽等手段用于解决这些问题。

6.3　溶液 pH 值的计算

6.3.1　不同 pH 值溶液中酸碱存在的形式

　　根据酸碱质子理论,在水溶液中,酸、碱的解离实际上就是它们与溶剂水分子间的酸碱反应。酸的解离即酸给出质子转变为其共轭碱,而水接受质子转变为其共轭酸(H_3O^+);碱的解离即碱接受质子转变为其共轭酸,而水给出质子转变为其共轭碱(OH^-)。酸、碱的解离程度可以用相应平衡常数的大小来衡量。

1. 一元酸

一元弱酸溶液,以 HAc 为例,其中含有 HAc 和 Ac^- 两种形式,设 c_{HAc} 为 HAc 的总浓度,$[HAc]$、$[Ac^-]$ 分别为平衡浓度,则 $c = [HAc] + [Ac^-]$。设 δ_0、δ_1 分别为 HAc 和 Ac^- 所占的分数。根据定义:

$$\delta_0 = \frac{[HAc]}{c} = \frac{[HAc]}{[HAc] + [Ac^-]} = \frac{1}{1 + \frac{[Ac^-]}{[HAc]}} = \frac{1}{1 + \frac{K_a}{[H^+]}} = \frac{[H^+]}{[H^+] + K_a}$$

同理可得:

$$\delta_1 = \frac{[Ac^-]}{c} = \frac{[Ac^-]}{[HAc] + [Ac^-]} = \frac{K_a}{[H^+] + K_a}$$

显然,各种组分分布系数之和等于 1,即 $\delta_0 + \delta_1 = 1$。

如果以 pH 值为横坐标,各存在形式的分布系数为纵坐标,可得图6.1所示的分布曲线。由图6.1可以看出,δ_1 随 pH 增大而增大,δ_0 随 pH 增大而减小。

(1)当 $pH = pK_a$ 时,$\delta_0 = \delta_1 = 0.5$,即 $[HAc] = [Ac^-]$,两种形式各占 50%。

(2)当 $pH < pK_a$ 时,溶液中主要存在形式为 HAc。

(3)当 $pH > pK_a$ 时,溶液中主要存在形式为 Ac^-。

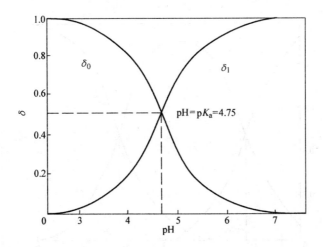

图6.1 HAc、Ac^- 分布系数与溶液 pH 值的关系曲线

同样可推导出一元弱碱的分布系数,以 NH_3 为例,其分布系数为:

$$\delta_{NH_3} = \frac{[OH^-]}{[OH^-] + K_b}$$

$$\delta_{\mathrm{NH_4^+}} = \frac{K_{\mathrm{b}}}{[\,\mathrm{OH^-}\,] + K_{\mathrm{b}}}$$

2. 二元酸

二元弱酸在溶液中有 3 种存在形式,例如草酸,它在溶液中以 $\mathrm{H_2C_2O_4}$、$\mathrm{HC_2O_4^-}$ 和 $\mathrm{C_2O_4^{2-}}$ 3 种形式存在,根据分布分数的定义式、质量平衡以及酸的解离平衡关系,可以推导出草酸总浓度 c 为:

$$c = [\,\mathrm{H_2C_2O_4}\,] + [\,\mathrm{HC_2O_4^-}\,] + [\,\mathrm{C_2O_4^{2-}}\,]$$

$$\delta_0 = \frac{[\,\mathrm{H_2C_2O_4}\,]}{c} = \frac{[\,\mathrm{H_2C_2O_4}\,]}{[\,\mathrm{H_2C_2O_4}\,] + [\,\mathrm{H_2C_2O_4^-}\,] + [\,\mathrm{C_2O_4^{2-}}\,]} = \frac{[\,\mathrm{H^+}\,]^2}{[\,\mathrm{H^+}\,]^2 + K_{\mathrm{a1}}[\,\mathrm{H^+}\,] + K_{\mathrm{a1}}K_{\mathrm{a2}}}$$

$$\delta_1 = \frac{[\,\mathrm{HC_2O_4^-}\,]}{c} = \frac{[\,\mathrm{HC_2O_4^-}\,]}{[\,\mathrm{H_2C_2O_4}\,] + [\,\mathrm{HC_2O_4^-}\,] + [\,\mathrm{C_2O_4^{2-}}\,]} = \frac{K_{\mathrm{a1}} \cdot [\,\mathrm{H^+}\,]}{[\,\mathrm{H^+}\,]^2 + K_{\mathrm{a1}}[\,\mathrm{H^+}\,] + K_{\mathrm{a1}}K_{\mathrm{a2}}}$$

$$\delta_2 = \frac{[\,\mathrm{C_2O_4^{2-}}\,]}{c} = \frac{[\,\mathrm{C_2O_4^{2-}}\,]}{[\,\mathrm{H_2C_2O_4}\,] + [\,\mathrm{HC_2O_4^-}\,] + [\,\mathrm{C_2O_4^{2-}}\,]} = \frac{K_{\mathrm{a1}}K_{\mathrm{a2}}}{[\,\mathrm{H^+}\,]^2 + K_{\mathrm{a1}}[\,\mathrm{H^+}\,] + K_{\mathrm{a1}}K_{\mathrm{a2}}}$$

显然 $\delta_0 + \delta_1 + \delta_2 = 1$。

图 6.2 为草酸溶液中各种存在形式的分布曲线,由图 6.2 可知有 3 种主要的存在形式。

(1)当 $\mathrm{pH} < \mathrm{p}K_{\mathrm{a1}}$ 时,$\mathrm{H_2C_2O_4}$ 为主要存在形式。

(2)当 $\mathrm{pH} > \mathrm{p}K_{\mathrm{a2}}$ 时,$\mathrm{C_2O_4^{2-}}$ 为主要存在形式。

(3)当 $\mathrm{p}K_{\mathrm{a1}} < \mathrm{pH} < \mathrm{p}K_{\mathrm{a2}}$ 时,$\mathrm{HC_2O_4^-}$ 为主要存在形式。

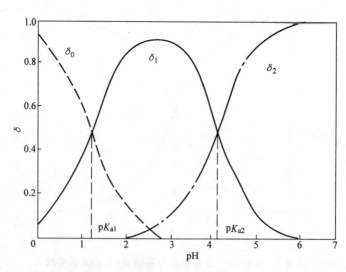

图 6.2　草酸溶液中各种存在形式的分布系数与溶液 pH 值的关系曲线

分布曲线很直观地反映存在形式与溶液 pH 的关系,在选择反应条件时,可以按所需组分查图,即可得相应的 pH 值。

例如,欲测得 Ca^{2+},采用 $C_2O_4^{2-}$ 为沉淀剂,反应时,溶液的 pH 值应维持在多少?从图 6.2 可以看出,在 pH ≥ 5.0 时,$C_2O_4^{2-}$ 为主要存在形式,有利于沉淀形成。

3. 三元酸

三元弱酸如 H_3PO_4 在溶液中有 4 种存在形式,分别是 H_3PO_4、$H_2PO_4^-$、HPO_4^{2-} 和 PO_4^{3-},$c = [H_3PO_4] + [H_2PO_4^-] + [HPO_4^{2-}] + [PO_4^{3-}]$。同理可推导出各分布分数的计算式:

$$\delta_0 = \frac{[H_3PO_4]}{c} = \frac{[H^+]^3}{[H^+]^3 + K_{a1}[H^+]^2 + K_{a1}K_{a2}[H^+] + K_{a1}K_{a2}K_{a3}}$$

$$\delta_1 = \frac{[H_2PO_4^-]}{c} = \frac{K_{a1}[H^+]^2}{[H^+]^3 + K_{a1}[H^+]^2 + K_{a1}K_{a2}[H^+] + K_{a1}K_{a2}K_{a3}}$$

$$\delta_2 = \frac{[HPO_4^{2-}]}{c} = \frac{K_{a1}K_{a2}[H^+]}{[H^+]^3 + K_{a1}[H^+]^2 + K_{a1}K_{a2}[H^+] + K_{a1}K_{a2}K_{a3}}$$

$$\delta_3 = \frac{[PO_4^{3-}]}{c} = \frac{K_{a1}K_{a2}K_{a3}}{[H^+]^3 + K_{a1}[H^+]^2 + K_{a1}K_{a2}[H^+] + K_{a1}K_{a2}K_{a3}}$$

磷酸溶液中各种存在形式的分布系数与溶液 pH 值的关系分布曲线如图 6.3 所示。

可知磷酸溶液有 4 中主要的存在形式。

(1) 当 pH < pK_{a1} 时,H_3PO_4 为主要存在形式。

(2) 当 pK_{a1} < pH < pK_{a2} 时,$H_2PO_4^-$ 为主要存在形式。

(3) 当 pK_{a2} < pH < pK_{a3} 时,HPO_4^{2-} 为主要存在形式。

(4) 当 pH > pK_{a3} 时,PO_4^{3-} 为主要存在形式。

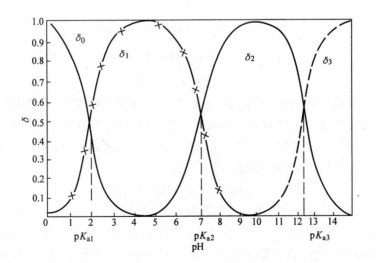

图 6.3　磷酸溶液中各种存在形式的分布系数与溶液 pH 值的关系曲线

需要指出,在 pH = 4. 7 时,$H_2PO_4^-$ 形式占 99. 4% ;同样,当 pH = 9. 8 时,HPO_4^{2-} 形式占绝对优势,为 99. 5% 。

6.3.2　质子条件

酸碱反应的本质是物质间质子的转移,当酸碱反应达到平衡时,酸失去质子的数目必然与碱得到的质子数目相等,这种相等关系式称为质子条件式,又称为质子平衡方程。

根据酸碱反应得失质子相等关系可以直接写出质子条件式。首先,从酸碱平衡系统中选取质子参考水准(又称为零水准),它们是溶液中大量存在并参与质子转移的物质,通常是起始酸碱组分,包括溶剂分子。其次,根据质子参考水准判断得失质子的产物及其得失质子的量。最后,根据得失质子的量相等的原则,按照得质子产物的物质的量浓度之和等于失质子产物的物质的量浓度之和,写出质子条件式。注意,质子条件式中不应出现质子参考水准本身和与质子转移无关的组分,对于得失质子产物在质子条件式中其浓度前应乘以相应的得失质子数。

【例 6 – 3】　写出浓度为 c 的强酸 HCl 水溶液的质子条件式。

解:选取 HCl 和 H_2O 为质子参考水准,它们得失质子情况如下:

$$\text{失质子}\quad\text{得质子}$$

$$OH^- \xleftarrow{-H^+} H_2O \xrightarrow{+H^+} H_3O^+$$

$$Cl^- \xleftarrow{-H^+} HCl$$

质子条件式为:$[H^+] = [Cl^-] + [OH^-] = [H_3O^+]$

即 $[H^+] = c + [OH^-]$。

对于 Na_2CO_3 的水溶液,可以选择 CO_3^{2-} 和 H_2O 作为参考水平,由于存在下列反应:

$$CO_3^{2-} + H_2O \rightleftharpoons HCO_3^- + OH^-$$

$$CO_3^{2-} + 2H_2O \rightleftharpoons H_2CO_3 + 2OH^-$$

$$H_2O \rightleftharpoons H^+ + OH^-$$

将各种存在形式与参考水平相比较,可知 OH^- 为失质子的产物,而 HCO_3^-、H_2CO_3 和第 3 个反应式中的 H^+(即 H_3O^+)为得质子的产物,但应注意其中 H_2CO_3 是 CO_3^{2-} 得到 2 个质子的产物,在列出质子条件时应在 $[H_2CO_3]$ 前乘以系数 2,以使得失质子的物质的量相等,因此 Na_2CO_3 溶液的质子条件为:

$$[H^+] + [HCO_3^-] + 2[H_2CO_3] = [OH^-]$$

也可以通过溶液中各存在形式的物料平衡(某组分的总浓度等于其各有关存在形式平衡浓度之和)与电荷平衡(溶液中正离子的总电荷数等于负离子的总电荷数,以维持溶液的电中性)得出质子条件。仍以 Na_2CO_3 水溶液为例,设 Na_2CO_3 的总浓度为 c,其物料平衡和电荷平衡如下:

物料平衡 $[CO_3^{2-}] + [HCO_3^-] + [H_2CO_3] = c$

$$[Na^+] = 2c$$

电荷平衡 $[H^+] + [Na^+] = [HCO_3^-] + 2[CO_3^{2-}] + [OH^-]$

将上述 3 式进行整理,也可得到相同的质子条件。

6.3.3 酸碱溶液 pH 值的计算

许多化学反应都与介质的 pH 有密切关系,酸碱滴定过程中更加需要了解溶液的 pH 变化情况,因此在学习酸碱滴定法之前,先讨论各种酸碱溶液 pH 的计算方法。

本节计算溶液 pH 的方法是首先从化学反应出发,全面考虑由于溶液中存在的各种物质提供或消耗质子而影响 pH 的因素,找出各因素之间的关系,然后在允许的计算误差范围内,进行合理简化,求得结果。

1. 强酸(碱)溶液

溶液中存在下列两个质子转移反应:

$$HA \rightleftharpoons H^+ + A^-$$

$$H_2O + H_2O \rightleftharpoons H_3O^+ + OH^-$$

以 HA 和 H_2O 为参考水平,可写出其质子条件为:

$$[H^+] = [A^-] + [OH^-]$$

$$[H^+] = \frac{K_W}{[H^+]} + [A^-] \qquad (6-4)$$

上式表明溶液中的 $[H^+]$ 来自两部分,即强酸的完全离解,相当于式(6-4)中的 $[A^-]$ 项,和水的质子自递反应,相当于式(6-4)中的 $[OH^-]$ 项。当强酸(或强碱)的浓度不是太稀(即 $[A^-] \geq 10^{-6}$ mol · L^{-1} 或 $[OH^-] \geq 10^{-6}$ mol · L^{-1})时,得最简式:

$$[H^+] = [A^-]$$

当 $[A^-] \leq 1.0 \times 10^{-8}$ mol · L^{-1} 时,溶液 pH 值主要由水的离解决定,即:

$$[H^+] = \sqrt{K_W}$$

当强酸或强碱的浓度较稀时,$[A^-]$ 为 $10^{-6} \sim 10^{-8}$ mol · L^{-1},得精确式:

$$[H^+] = \frac{1}{2}([A^-] + \sqrt{[A^-]^2 + 4K_W}) \qquad (6-5)$$

2. 一元弱酸(碱)水溶液

对于一元弱酸 HA,其 $[H^+]$ 同样也来自两部分,即来自弱酸的离解和水的自递反应,其溶液的质子条件为:

$$[H^+] = [A^-] + [OH^-]$$

由

$$K_a = \frac{[H^+][A^-]}{[HA]}$$

可得 $[A^-] = \dfrac{K_a[HA]}{[H^+]}$ 和 $[OH^-] = \dfrac{K_W}{[H^+]}$,代入上式可得:

$$[H^+] = \frac{K_a[HA]}{[H^+]} + \frac{K_w}{[H^+]}$$

经整理可得 $$[H^+] = \sqrt{K_a[HA] + K_w} \qquad (6-6)$$

式(6-6)为计算一元弱酸溶液中[H^+]的精确公式。式中[HA]为平衡浓度，需利用分布分数的公式求得，计算相当麻烦。若计算[H^+]允许有5%的误差，同时满足 $c/K_a \geqslant 105$ 和 $cK_a \geqslant 10K_w$（c 表示一元弱酸的浓度）两个条件，上式可简化为：

$$[H^+] = \sqrt{cK_a} \qquad (6-7)$$

【例6-4】 求 $0.20 \ mol \cdot L^{-1}$ HCOOH 溶液的 pH 值。

解：已知 HCOOH 的 $pK_a = 3.75$，$c = 0.20 \ mol \cdot L^{-1}$，则 $c/K_a > 105$，且 $cK_a > 10K_w$，故可利用最简式求得[H^+]：

$$[H^+] = \sqrt{cK_a} = \sqrt{0.20 \times 10^{-3.75}} = 10^{-2.22} \ mol \cdot L^{-1}$$

对于一元弱碱溶液，只需将上述弱酸溶液 H^+ 浓度公式中的 K_a 换成 K_b，[H^+]换成[OH^-]，就可以计算一元弱碱溶液中的 pOH。

【例6-5】 计算 $0.10 \ mol \cdot L^{-1}$ NH_3 溶液的 pH 值。

解：已知 NH_3 的 $K_b = 1.8 \times 10^{-5}$，$c = 0.10 \ mol \cdot L^{-1}$，则 $c/K_b > 105$，且 $cK_b > 10K_w$，

故可利用最简式求得[OH^-]：

$$[OH^-] = \sqrt{cK_b} = \sqrt{0.10 \times 1.8 \times 10^{-5}} = 1.3 \times 10^{-3} \ mol \cdot L^{-1}$$

$$pOH = 2.89$$

$$pH = 14.00 - 2.89 = 11.11$$

3. 两性物质溶液

一般情况下，两性物质包括酸式盐（$NaHA$、NaH_2A、Na_2HA）和弱酸弱碱盐（如 NH_4Ac、NH_4CN 等），在水溶液中即可以给出质子显示酸性，又可以接受质子显示碱性，其酸碱平衡较为复杂。但在计算[H^+]时，仍可作合理的简化处理。

以 $NaHCO_3$ 为例，质子条件为：

$$[H^+] + [H_2CO_3] = [OH^-] + [CO_3^{2-}]$$

以平衡常数 K_{a1}、K_{a2} 代入上式，并经整理得：

$$[H^+] = \sqrt{\frac{K_{a1}(K_{a2}[HCO_3^-] + K_w)}{K_{a1} + [HCO_3^-]}} \qquad (6-8)$$

当 $cK_{a2} \geqslant 10K_w$，$c/K_{a1} \geqslant 10$ 时，上式可化简为：

$$[H^+] = \sqrt{K_{a1}K_{a2}} \qquad (6-9)$$

式(6-9)为计算 NaHA 型两性物质溶液 pH 值常用的最简式，在满足上述两条件下，用最简式计算出的[H^+]与精确式所求的[H^+]结果相比，相对误差在允许的 5% 范围以内。

【例 6-6】 计算 $0.10\ \text{mol} \cdot \text{L}^{-1}\ \text{NaH}_2\text{PO}_4$ 溶液的 pH 值。

解:已知 H_3PO_4 的 $\text{p}K_{a1} = 2.12$,$\text{p}K_{a2} = 7.20$,$\text{p}K_{a3} = 12.36$。

对于 $0.10\ \text{mol} \cdot \text{L}^{-1}$ 的 NaH_2PO_4 溶液,$cK_{a2} = 0.10 \times 10^{-7.20} \geqslant 10K_w$,$c/K_{a1} = 0.10 \div 10^{-2.12} = 13.18 > 10$,所以可用式(6-9)计算:

$$[\text{H}^+] = \sqrt{K_{a1}K_{a2}} = \sqrt{10^{-2.12} \times 10^{-7.20}} = 10^{-4.66}\ \text{mol} \cdot \text{L}^{-1}$$

若计算 NaHPO_4 溶液的 $[\text{H}^+]$,公式中的 K_{a1} 和 K_{a2} 应分别改换成 K_{a2} 和 K_{a3}。

一元弱酸和两性物质溶液的 pH 值的计算是最常见的,将计算各种酸溶液 pH 值的最简式及使用条件列于表 6.3 中。

表 6.3 计算几种酸溶液 $[\text{H}^+]$ 的最简式及使用条件

	计算公式	使用条件(允许相对误差 5%)
强酸	$[\text{H}^+] = c$	$c \geqslant 4.7 \times 10^{-7}\ \text{mol} \cdot \text{L}^{-1}$
	$[\text{H}^+] = \sqrt{K_w}$	$c \leqslant 1.0 \times 10^{-8}\ \text{mol} \cdot \text{L}^{-1}$
一元弱酸	$[\text{H}^+] = \sqrt{cK_a}$	$c/K_a \geqslant 105$
		$cK_a \geqslant 10K_w$
二元弱酸	$[\text{H}^+] = \sqrt{cK_{a1}}$	$cK_{a1} \geqslant 10K_w$
		$c/K_{a1} \geqslant 105$
		$2K_{a2}/[\text{H}^+] \ll 1$
两性物质	$[\text{H}^+] = \sqrt{K_{a1}K_{a2}}$	$cK_{a2} \geqslant 10K_w$
		$c/K_{a1} \geqslant 10$

思考与练习 6-3

1. 写出下列物质在水中的质子条件。

(1)$\text{NH}_3 \cdot \text{H}_2\text{O}$　　　(2)Na_2CO_3　　　(3)NaHCO_3

2. 下列叙述 $(\text{NH}_4)_2\text{HPO}_4$ 溶液的质子条件式中,正确的是(　　)

A. $c(\text{H}^+) + c(\text{H}_2\text{PO}_4^-) + 2c(\text{H}_3\text{PO}_4) = c(\text{OH}^-) + 2c(\text{NH}_3) + c(\text{PO}_4^{3-})$

B. $c(\text{H}^+) + c(\text{H}_2\text{PO}_4^-) + 2c(\text{H}_3\text{PO}_4) = c(\text{OH}^-) + c(\text{NH}_3) + c(\text{PO}_4^{3-})$

C. $c(\text{H}^+) + c(\text{H}_2\text{PO}_4^-) + 2c(\text{H}_3\text{PO}_4) = c(\text{OH}^-) + 2c(\text{NH}_3) + 3c(\text{PO}_4^{3-})$

D. $c(\text{H}^+) + c(\text{H}_2\text{PO}_4^-) + c(\text{H}_3\text{PO}_4) = c(\text{OH}^-) + c(\text{NH}_3) + c(\text{PO}_4^{3-})$

3. 下列叙述 $(\text{NH}_4)_2\text{CO}_3$ 溶液的质子条件式中,正确的是(　　)

A. $c(\text{H}^+) + c(\text{NH}_4^+) = c(\text{HCO}_3^-) + 2c(\text{CO}_3^{2-}) + c(\text{OH}^-)$

B. $c(\text{H}^+) + c(\text{HCO}_3^-) + c(\text{H}_2\text{CO}_3) = c(\text{NH}_4^+) + c(\text{OH}^-)$

C. $c(\text{H}^+) + c(\text{HCO}_3^-) + 2c(\text{H}_2\text{CO}_3) = 2c(\text{NH}_4^+) + c(\text{OH}^-)$

D. $c(\text{H}^+) + c(\text{HCO}_3^-) + 2c(\text{H}_2\text{CO}_3) = c(\text{NH}_4^+) + c(\text{OH}^-)$

4. 计算 0.18molL^{-1} HAC 溶液的 pH 值(已知 HAc 的 $P_{Ka}=4.74$)。

5. 计算 0.25molL^{-1} $NH_3 \cdot H_2O$ 溶液的 PH 值(已知 $NH_3 \cdot H_2O$ 的 $P_{Kb}=4.74$)。

阅读材料　分析化学简史(Ⅲ)

随着过滤技术的改进和有机沉淀剂的应用,加热、净化、重结晶、高精度分析天平等方面的研究工作进展迅速,使重量分析的精确度得到更进一步的提高。但重量分析法操作步骤繁琐,耗时长,这就使得容量分析迅速发展。根据沉淀反应、酸碱反应、氧化－还原反应及络合反应的特点,相应出现了沉淀滴定、酸碱滴定、氧化－还原滴定及络合滴定的容量分析法。法国物理学家兼化学家盖吕萨克(Gay Lussac,1778—1850)应该算是滴定分析的创始人,他继承前人的分析成果,对滴定分析进行了深入研究。他对滴定法的进一步发展,特别是对提高准确度方面作出了贡献,他所提出的银量法至今仍在应用。在各种滴定法中,氧化－还原滴定法占有最重要的地位。碘量法在 19 世纪中叶已经具有了今天我们沿用的各种形式。1853 年赫培尔应用高锰酸钾标准溶液滴定草酸,这一方法的建立为以后一些重要的间接法和回滴法打下了基础。沉淀滴定法则在盖吕萨克银量法的启发下有了较大发展。其中最重要的是1856 年莫尔提出的以铬酸钾为指示剂的银量法,此方法便是广泛应用于测定氯化物的"莫尔法"。1874 年伏尔哈特提出了间接沉淀滴定的方法,使沉淀滴定法的应用范围得以扩大。络合滴定法在 19 世纪的中叶借助于有机试剂而得以形成,且有较大进展。酸碱滴定法由于找不到合适的指示剂进展不大,直到 19 世纪 70 年代,酸碱滴定方法仍没有大的进展。当人工合成指示剂问世并开始应用后,由于它们可在一个很宽的 pH 范围内变色,这才使酸碱滴定的应用范围显著地扩大。滴定分析发展中的另一个方面是仪器的设计和改进,分析仪器已基本上具备了现有的各种形式。因而,这一时期堪称为滴定分析发展的极盛时期。

直到 19 世纪末,分析化学基本上仍然是许多定性和定量检测技术的汇集。德国著名物理化学家奥斯特瓦尔德(Wilholn Ostward)在 1894 年出版的专著《分析化学科学基础》中认为分析化学在化学发展为一门科学中起着关键作用,这是因为整个化学中要有定性和定量分析工作。这本书的出版奠定了经典分析化学的科学基础。20世纪初,物理化学的发展为分析技术提供了理论基础,建立了溶液中四大平衡的理论,使分析化学从一门技术发展成一门科学,称之为经典分析化学。因此,20 世纪初是分析化学发展史的第一次革命时期。

6.4　同离子效应与缓冲溶液

6.4.1　同离子效应

在弱电解质溶液中加入含有与该弱电解质具有相同离子的强电解质,从而使弱电解质的解离平衡朝着生成弱电解质分子的方向移动,弱电解质的解离度降低的效应称为同离子效应。

6.4.2 缓冲溶液

能抵抗外来少量强酸强碱或加水稀释的影响,而保持自身的 pH 不甚改变的溶液称为缓冲溶液。缓冲溶液保持 pH 值不变的作用称为缓冲作用。通常所说的缓冲溶液是由弱酸及其共轭碱、弱碱及其共轭酸或某些两性物质溶液组成的,如 HAc - NaAc、NH_3 - NH_4Cl、HCO_3 - H_2CO_3、NaH_2PO_4 - Na_2HPO_4、邻苯二甲酸氢钾、饱和酒石酸氢钾等。有时高浓度的强酸强碱溶液也具有缓冲作用,如 HNO_3 溶液,NaOH 溶液等。

许多化学反应要在一定的 pH 值条件下进行。例如:

$$M^{2+} + H_2Y \longrightarrow MY + 2H^+$$

要求在 pH 为 7.0 左右才能正常进行,溶液的 pH 必须保持在 6.5~7.5。假设此反应在 1 L 水溶液中进行,要把 0.01 mol 的 M^{2+} 完全转化成 MY。当反应物转化了一半时,即有 0.005 mol M^{2+} 转化了,产生 0.01 mol H^+,此时已使溶液的 pH 值变成 2,早已破坏了反应应保持的 pH 条件。在这种情况下,反应物连一半也转化不了。

如果在弱酸溶液中同时存在该弱酸的共轭碱,或弱碱溶液中同时存在该弱碱的共轭酸,则能构成缓冲溶液,能使溶液的 pH 值控制在一定的范围内。此时,溶液中存在下列平衡:

$$HA + H_2O \Longrightarrow H_3O^+ + A^-$$

若以 HA、H_2O 为参考水平,便有质子条件式:

$$[H^+] = [A^-] - c_{A^-} + [OH^-]$$

若以 A^-、H_2O 为参考水平,便有质子条件式:

$$[H^+] + [HA] - c_{HA} = [OH^-]$$

整理以上两式,便得到:

$$[HA] = c_{HA} + [OH^-] - [H^+]$$

$$[A^-] = c_{A^-} + [H^+] - [OH^-]$$

根据化学平衡式 $K_a = \dfrac{[H^+][A^-]}{[HA]}$,可得到 $[H^+] = K_a \cdot \dfrac{[HA]}{[A^-]}$,也即:

$$[H^+] = K_a \frac{c_{HA} + [OH^-] - [H^+]}{c_{A^-} + [H^+] - [OH^-]}$$

当溶液为酸性时(pH≤6),可忽略 $[OH^-]$,则:

$$[H^+] = K_a \frac{c_{HA} - [H^+]}{c_{A^-} + [H^+]}$$

当溶液为碱性时(pH≥8),可忽略 $[H^+]$,则:

$$[H^+] = K_a \frac{c_{HA} + [OH^-]}{c_{A^-} - [OH^-]}$$

当 c_{HA} 和 c_{A^-} 较大时,可得缓冲溶液中 $[H^+]$ 的最简式:

$$[H^+] = K_a \frac{c_{HA}}{c_{A^-}}$$

常用的缓冲溶液如表6.4所示。

表6.4　常用的缓冲溶液

缓冲溶液	共轭酸	共轭碱	K_a	可控制的 pH 值范围
邻苯二甲酸 氢钾 – HCl	(苯环) COOH COOH	(苯环) COOH COO$^-$	$10^{-2.89}$	1.9 ~ 3.9
$NaH_2PO_4 – Na_2HPO_4$	$H_2PO_4^-$	HPO_4^{2-}	$10^{-7.20}$	6.2 ~ 8.2
$Na_2B_4O_7 – HCl$	H_3BO_3	$H_2BO_3^-$	$10^{-9.24}$	8.2 ~ 10.2
$Na_2B_4O_7 – NaOH$	H_3BO_3	$H_2BO_3^-$	$10^{-9.24}$	9.2 ~ 11.0
$NaHCO_3 – Na_2CO_3$	HCO_3^-	CO_3^{2-}	$10^{-10.25}$	9.32 ~ 11.3

各种缓冲溶液具有不同的缓冲能力,其大小可用缓冲容量来衡量。缓冲容量是使 1 L 缓冲溶液的 pH 值改变 1 个单位所需加入的强酸或强碱的物质的量。缓冲容量越大,缓冲能力越强。缓冲容量的大小与产生缓冲作用的组分的浓度有关,其浓度越高,缓冲容量越大。此外,也与缓冲溶液中各组分浓度的比值有关。如果缓冲组分的总浓度一定,缓冲组分的浓度比值为1:1时,缓冲容量为最大。在实际应用中,常采用弱酸及其共轭碱的组分浓度比 $c_a : c_b = 10:1$ 和 $c_a : c_b = 1:10$ 作为缓冲溶液 pH 值的缓冲范围。当 $c_a : c_b = 10:1$ 时,$pH = pK_a - 1$;当 $c_a : c_b = 1:10$ 时,$pH = pK_a + 1$。因而缓冲溶液 pH 值的缓冲范围为 $pK_a \pm 1$。例如 HAc – NaAc 缓冲范围为 pH $= 4.74 \pm 1$,即 $pH = 3.74 \sim 5.74$ 为其缓冲范围;又如 $NH_4Cl – NH_3$ 可在 $pH = 8.26 \sim 10.26$ 范围内起到缓冲作用。

标准缓冲溶液的 pH 值在一定温度下经准确实验测得。常用缓冲溶液的种类很多,使用要根据实际情况选用不同的缓冲溶液。注意所选用的缓冲溶液要对分析过程没有干扰;所需控制的 pH 值应在缓冲溶液的缓冲范围之内;缓冲组分的浓度也应在 $0.01 \sim 1$ mol · L^{-1} 之间。

思考与练习 6 – 4

1. 下列说法是否正确,为什么?

(1) 将氢氧化钠溶液和氨水分别稀释1倍,则两溶液中的 $[OH]^-$ 都减小到原来的 1/2。

(2) 中和等体积的 0.10 mol · L^{-1} 盐酸和 0.10 mol · L^{-1} 醋酸,所需 0.10 mol ·

L^{-1} NaOH 溶液的体积不同。

2. 计算下列缓冲溶液的 pH。

(1) 0.50 mol $\cdot$ L^{-1} $NH_3 \cdot H_2O$ 和 0.10 mol $\cdot$ L^{-1} NH_4Cl 各 100mL 混合；

(2) 0.10 mol $\cdot$ L^{-1} $NaHCO_3$ 和 0.10 mol $\cdot$ L^{-1} Na_2CO_3 各 100mL 混合。

3. 要使使 H_2S 饱和溶液中的 $[S^{2-}]$ 加大，应加入碱还是加入酸？为什么？

4. 成人胃液（pH = 1.4）的 $[H^+]$ 是婴儿胃液（pH = 5.0）$[H^+]$ 的多少倍？

5. 用 NH_4Cl 固体和 NaOH 溶液来配制总浓度为 0.125 mol $\cdot$ L^{-1}, pH = 9.00 的缓冲溶液 1L，求需 NH_4Cl 固体的质量？所需 1.00 mol $\cdot$ L^{-1} NaOH 溶液的体积？

阅读材料　分析化学简史(Ⅳ)

　　20 世纪以来，原有的各种经典分析方法不断被充实完善。直到目前，分析试样中的常量元素或常量组分的测定仍普遍采用经典的化学分析方法。20 世纪中叶，由于生产和科研的发展，分析的样品越来越复杂，要求对试样中的微量及痕量组分进行测定，对分析的灵敏度、准确度和对分析速度的要求不断提高，一些以化学反应和物理特性为基础的仪器分析方法逐步创立和发展起来。这些新的分析方法都是采用了电学、电子学和光学等仪器设备，因而称为仪器分析。仪器分析所牵涉到的学科领域远较 19 世纪时的经典分析化学宽阔得多。光度分析法、电化学分析法、色层法相继产生并迅速发展。这一时期分析化学的发展受到了物理、数学等学科的广泛影响，同时也开始对其他学科的发展作出显著贡献，这是分析化学史上的第二次革命。

　　20 世纪 70 年代以后，分析化学已不仅仅局限于测定样品的成分及含量，而是着眼于降低测定下限、提高分析准确度上，并且打破化学与其他学科的界限，利用化学、物理、生物、数学等其他学科中一切可以利用的理论、方法、技术对待测物质的组成、组分、状态、结构、形态、分布等性质进行全面的分析。由于这些非化学方法的建立和发展，有人认为分析化学已不只是化学的一部分，而是正逐步转化成为一门边缘学科——分析科学，并认为这是分析化学发展史上的第三次革命。

　　目前，分析化学处于日新月异的变化之中，它的发展同现代科学技术的总体发展是分不开的。一方面，现代科学技术对分析化学的要求越来越高；另一方面，又不断地向分析化学输送新的理论、方法和手段，使分析化学迅速发展。特别是近年来电子计算机与各类化学分析仪器的结合，更使分析化学的发展如虎添翼，不仅使仪器的自动控制和操作实现了高速、准确和自动化，而且在数据处理的软件系统和计算机终端设备方面也大大前进了一步。作为分析化学两大支柱之一的仪器分析在分析中发挥着越来越重要的作用，但对于常量组分的精确分析仍然主要依靠化学分析，即经典分析。化学分析和仪器分析两部分内容互相补充，化学分析仍是分析化学的一大支柱。美国 Analytical Chemistry 杂志于 1991 年和 1994 年两次刊登同一作者的长文《经典分析的过去、现在和未来》,强调了经典分析的重要性。

6.5 酸碱滴定法

6.5.1 酸碱滴定终点的指示方法

酸碱滴定分析中判断终点的方法主要有指示剂法和电位滴定法。指示剂法是利用指示剂在某一固定条件(如某一 pH 范围)时的变色来指示终点;电位滴定法是通过测量两个电极的电势差,根据电势差的突然变化来确定终点。

1. 指示剂法

酸碱指示剂一般是有机弱酸或弱碱。当溶液的 pH 变化时,指示剂失去质子由酸式转变为碱式,或得到质子由碱式转变为酸式。它们的酸式及碱式具有不同的颜色。因此,指示剂结构上的变化可引起颜色的变化。

例如,酚酞是一种有机弱酸,其在溶液中的结构变化过程可表示如下:

酚酞结构变化的过程也可简单表示为:

$$无色分子 \underset{H^+}{\overset{OH^-}{\rightleftharpoons}} 无色离子 \underset{H^+}{\overset{OH^-}{\rightleftharpoons}} 红色离子 \underset{H^+}{\overset{强碱}{\rightleftharpoons}} 无色离子$$

这个变化过程是可逆的。当 H^+ 浓度增大时,平衡向反方向移动,酚酞变成无色分子;当 OH^- 浓度增大时,平衡向正方向移动,当 pH 约为 8 时酚酞呈红色,但在浓碱中酚酞又呈无色。酚酞指示剂在 pH = 8 ~ 10 时,它由无色逐渐变成红色。因此,pH 值从 8 到 10 称为酚酞的变色范围。

又如甲基橙是一种有机弱碱,它在溶液中存在着如下式所示的平衡。黄色的甲基橙分子在酸性溶液中获得一个 H^+,转变成为红色阳离子:

甲基橙溶液当 pH 值小于 3.1 时呈红色,大于 4.4 时呈黄色,pH 值从 3.1 到 4.4 是甲基橙的变色范围。

由于各种指示剂的平衡常数不同,它们的变色范围也不相同。表 6.5 中列出了几种常用酸碱指示剂的变色范围。由于变色范围是由目视判断得到的,而每个人的眼睛对颜色的敏感度不相同,所以各资料报道的变色范围也略有差异。

表6.5 几种常用酸碱指示剂的变色范围

指示剂	变色范围 pH	颜色变化	pK_{HIn}	浓度	用量(滴/10 mL 试液)
百里酚蓝	1.2 ~ 2.8	红 ~ 黄	1.7	0.1%的20%乙醇溶液	1 ~ 2
甲基黄	2.9 ~ 4.0	红 ~ 黄	3.3	0.1%的90%乙醇溶液	1
甲基橙	3.1 ~ 4.4	红 ~ 黄	3.4	0.05%的水溶液	1
溴酚蓝	3.0 ~ 4.6	黄 ~ 紫	4.1	0.1%的20%乙醇溶液或其钠盐水溶液	1
溴甲酚绿	4.0 ~ 5.6	黄 ~ 蓝	4.9	0.1%的20%乙醇溶液或其钠盐水溶液	1 ~ 3
甲基红	4.4 ~ 6.2	红 ~ 黄	5.0	0.1%的60%乙醇溶液或其钠盐水溶液	1
溴百里酚蓝	6.2 ~ 7.6	黄 ~ 蓝	7.3	0.1%的20%乙醇溶液或其钠盐水溶液	1
中性红	6.8 ~ 8.0	红 ~ 黄橙	7.4	0.1%的60%乙醇溶液	1
苯酚红	6.8 ~ 8.4	黄 ~ 红	8.0	0.1%的60%乙醇溶液或其钠盐水溶液	1
酚酞	8.0 ~ 10.0	无 ~ 红	9.1	0.5%的90%乙醇溶液	1 ~ 3
百里酚蓝	8.0 ~ 9.6	黄 ~ 蓝	8.9	0.1%的20%乙醇溶液	1 ~ 4
百里酚酞	9.4 ~ 10.6	无 ~ 蓝	10.0	0.1%的90%乙醇溶液	1 ~ 2

从表6.5 中可以清楚地看出,各种不同的酸碱指示剂具有不同的变色范围,有的在酸性溶液中变色,如甲基橙、甲基红等;有的在中性附近变色,如中性红、苯酚红等;

有的则在碱性溶液中变色,如酚酞、百里酚酞等。

为了说明指示剂颜色变化与酸度的关系,可由指示剂在溶液中的平衡移动过程加以解释。现以 HIn 表示弱酸型指示剂,它在溶液中的平衡移动过程可以简单地用下式表示:

$$HIn + H_2O \rightleftharpoons H_3O + In^-$$

指示剂质子转移反应平衡常数为:

$$\frac{[H^+][In^-]}{[HIn]} = K_{HIn}$$

或

$$\frac{[In^-]}{[HIn]} = \frac{K_{HIn}}{[H^+]}$$

式中:K_{HIn}——指示剂离解常数,简称指示剂常数;

　　　$[In^-]$——指示剂的碱式态的浓度;

　　　$[HIn]$——指示剂的酸式态的浓度。

由上式可知,溶液的颜色是由比值$[In^-]/[HIn]$决定的,而此比值又与$[H^+]$和K_{HIn}有关。在一定温度下,对某种指示剂来说,K_{HIn}是常数。因此,比值$[In^-]/[HIn]$是溶液$[H^+]$的函数,即$[H^+]$改变,$[In^-]/[HIn]$值随之发生改变。由于人眼辨别颜色的能力有限,一般来说,当 HIn 的浓度大于 In^- 浓度 10 倍以上时,就只能看到 HIn 的颜色,即$[In^-]/[HIn] > 10$ 时,观察到 In^-(碱式)的颜色,相应的$pH > pK_{HIn} + 1$;$[In^-]/[HIn] = 10$ 时,在 In^- 颜色中勉强看出 HIn 的颜色,相应的$pH = pK_{HIn} + 1$;$[In^-]/[HIn] < 1/10$ 时,观察到 HIn(酸式)的颜色,相应的$pH < pK_{HIn} - 1$;$[In^-]/[HIn] = 1/10$ 时,在 HIn 颜色中勉强看出 In^- 的颜色,相应的$pH = pK_{HIn} - 1$。因此,当溶液的 pH 值由$pK_{HIn} - 1$变化到$pK_{HIn} + 1$时,才能明显观察到指示剂颜色的变化。所以 $pH = pK_{HIn} \pm 1$ 是指示剂变色的 pH 范围(理论上的变色范围),简称为指示剂的变色范围。因此不同的指示剂的 pK_{HIn} 值不同,其变色范围也不同。

当指示剂的$[In^-] = [HIn]$时,$pH = pK_{HIn}$,此 pH 值称为指示剂的变色点。

实际上指示剂的变色范围不是根据 pK_{HIn} 计算出来的,而是依靠人眼观察得到的。由于人眼对各种颜色的敏感程度不同,以及指示剂的两种颜色之间互相掩盖,使实际观察结果与理论计算结果之间有所差别。例如甲基红的理论变色范围应为4.1 ~ 6.1,其变色间隔应为 2 个 pH 单位,但实际测得的变色范围是 4.4 ~ 6.2,其变色间隔为 1.8 个 pH 单位,即当 pH = 4.4 时,$[H^+] = 4.0 \times 10^{-5}$ mol·L^{-1},则:

$$\frac{[HIn]}{[In^-]} = \frac{[H^+]}{K_{HIn}} = \frac{4.0 \times 10^{-5}}{7.9 \times 10^{-6}} = 5.0$$

当 pH = 6.2 时,$[H^+] = 6.3 \times 10^{-7}$ mol·L^{-1},则:

$$\frac{[HIn]}{[In^-]} = \frac{[H^+]}{K_{HIn}} = \frac{6.3 \times 10^{-7}}{7.9 \times 10^{-6}} = \frac{1}{12.5}$$

上述结果表明,当酸态的浓度比碱态的浓度大 5 倍时,就能看到酸态的红色,但若要看到碱态的黄色,则需要碱态的浓度比酸态的浓度大 12.5 倍。这是由于人眼对红色较之对黄色更为敏感的缘故,因此甲基红的变色范围 pH 小的一端要短一些。

指示剂的变色范围越窄越好,pH 值稍有改变,就可立即由一种颜色变为另一种颜色,即变色敏锐,有利于提高分析结果的准确度。为使指示剂的变色范围变窄些,变色更敏锐些,人们常常使用混合指示剂,几种常用的混合指示剂见表 6.6。

表 6.6　几种常用的混合指示剂

指示剂溶液的组成	变色时 pH 值	颜色		备　　注
		酸色	碱色	
1 份 0.1% 甲基黄乙醇溶液 1 份 0.1% 次甲基蓝乙醇溶液	3.25	蓝紫	绿	pH = 3.2,蓝紫色; pH = 3.4,绿色
1 份 0.1% 甲基橙水溶液 1 份 0.25% 靛蓝二磺酸水溶液	4.1	紫	黄绿	
1 份 0.1% 溴甲酚绿钠盐水溶液 1 份 0.2% 甲基橙水溶液	4.3	橙	蓝绿	pH = 3.5,黄色; pH = 4.05,绿色;pH = 4.3,浅绿
3 份 0.1% 溴甲酚绿乙醇溶液 1 份 0.2% 甲基红乙醇溶液	5.1	酒红	绿	
1 份 0.1% 溴甲酚绿钠盐水溶液 1 份 0.1% 氯酚红钠盐水溶液	6.1	黄绿	蓝紫	pH = 5.4,蓝绿色;pH = 5.8,蓝色; pH = 6.0,蓝带紫;pH = 6.2,蓝紫
1 份 0.1% 中性红乙醇溶液 1 份 0.1% 次甲基蓝乙醇溶液	7.0	紫蓝	绿	pH = 7.0,紫蓝
1 份 0.1% 甲酚红钠盐水溶液 3 份 0.1% 百里酚蓝钠盐水溶液	8.3	黄	紫	pH = 8.2,玫瑰红 pH = 8.4,清晰的紫色
1 份 0.1% 百里酚蓝 50% 乙醇溶液 3 份 0.1% 酚酞 50% 乙醇溶液	9.0	黄	紫	从黄到绿,再到紫
1 份 0.1% 酚酞乙醇溶液 1 份 0.1% 百里酚酞乙醇溶液	9.9	无	紫	pH = 9.6,玫瑰红; pH = 10,紫色
2 份 0.1% 百里酚酞乙醇溶液 1 份 0.1% 茜素黄 R 乙醇溶液	10.2	黄	紫	

混合指示剂是利用颜色之间的互补作用,使变色范围变窄,在终点时颜色变化敏锐。混合指示剂有两种配制方法,一种是由两种或两种以上的指示剂混合而成,例如溴甲酚绿(pK_{HIn} = 4.9)和甲基红(pK_{HIn} = 5.0),前者当 pH < 4.0 时呈黄色(酸色),

pH > 5.6 时呈蓝色(碱色);后者当 pH < 4.4 时呈红色(酸色),pH > 6.2 时呈浅黄色(碱色)。它们按一定配比混合后,两种颜色叠加在一起,酸色为酒红色(红稍带黄),碱色为绿色。当 pH = 5.1 时,甲基红呈橙色和溴甲酚绿呈绿色,两者互为补色而呈现浅灰色,这时颜色发生突变,变色十分敏锐。

另一种混合指示剂是在某种指示剂中加入一种惰性染料。例如中性红与染料次甲基蓝混合配成的混合指示剂,在 pH = 7.0 时呈紫蓝色,变色范围只有 0.2 个 pH 单位左右,比单独的中性红的变色范围要窄得多。

2. 电位滴定法

用指示剂指示滴定终点,操作简便,不需特殊设备,因此指示剂法使用广泛,但也有其不足之处。如人的眼睛辨别颜色的能力有差异,指示剂法不能用于有色溶液的滴定;此外,对于某些酸碱滴定(如 $K_a < 10^{-7}$ 的弱酸或 $K_b < 10^{-7}$ 的弱碱的滴定)变色不敏锐,难于判断终点,而电位滴定法在这些方面却表现出它的优越性。

实验时将参比电极(例如甘汞电极)和指示电极(例如 pH 玻璃电极)都浸在被滴定的溶液中,在不断搅拌情况下,加入滴定剂溶液,每加一定体积(V)的溶液测量一次电极电势 E,就可得到一组 $V - E$ 的数据。将这些数据绘成 $V - E$ 曲线,或者经过数学处理,就可确定终点时所需的滴定剂溶液的体积。

6.5.2 一元酸碱的滴定

酸碱滴定过程中,随着滴定剂不断加入到被滴定溶液中,溶液的 pH 值不断变化,根据滴定过程中溶液 pH 值的变化规律,选择合适的指示剂,从而正确地判断滴定终点。

1. 强碱滴定强酸

强碱滴定强酸时发生的反应为:

$$H^+ + OH^- \rightleftharpoons H_2O$$

上述反应的平衡常数 K_t 为:

$$K_t = \frac{1}{[H^+][OH^-]} = \frac{1}{K_w} = 1.0 \times 10^{14}$$

现以 $0.1000\ mol \cdot L^{-1}$ NaOH 溶液滴定 $20.00\ mL$ 的 $0.1000\ mol \cdot L^{-1}$ HCl 溶液为例,讨论滴定过程中溶液 pH 值的变化情况。

在滴定开始前,HCl 溶液呈强酸性,pH 值很低。随着 NaOH 溶液的不断加入,不断地发生中和反应,溶液中的 $[H^+]$ 不断降低,pH 值逐渐升高。当加入的 NaOH 与 HCl 的量符合化学计量关系时,滴定到达化学计量点,中和反应恰好进行完全,原来的 HCl 溶液变成了 NaCl 溶液,溶液中 $[H^+] = [OH^-] = 10^{-7}\ mol \cdot L^{-1}$,pH = 7.0,化学计量点以后如再继续加入 NaOH 溶液,溶液中就存在过量 NaOH,$[OH^-]$ 不断增加,pH 值不断升高。因此,整个滴定过程中,溶液的 pH 值是不断升高的。但是 pH

值的具体变化规律怎样? 尤其是化学计量点附近 pH 值的变化规律涉及到分析测定的准确程度, 更是我们特别关心的。

可以根据滴定过程中溶液内各种酸碱形式的存在情况, 求出加入不同量 NaOH 溶液时溶液的 pH 值, 从而得出滴定曲线。根据整个滴定过程中溶液有 4 种不同的组成情况, 所以可分为以下 4 个阶段进行计算。

(1)滴定开始前。溶液中仅有 HCl 存在, 所以溶液的 pH 值取决于 HCl 溶液的原始浓度, 即:

$$[H^+] = c_{HCl} = 0.100\ 0\ mol \cdot L^{-1}$$
$$pH = -lg[H^+] = 1.00$$

(2)滴定开始至化学计量点前。由于加入 NaOH, 部分 HCl 被中和, 组成 HCl + NaCl 溶液, 其中的 Na^+、Cl^- 对 pH 无影响, 所以可根据剩余的 HCl 量计算 pH 值。例如加入 18.00 mL NaOH 溶液时, 还剩余 2.00 mL HCl 溶液未被中和, 这时溶液中的 HCl 浓度应为:

$$[H^+] = \frac{c_{HCl} V_{剩余HCl}}{V}$$

溶液的 $[H^+]$ 决定于剩余 HCl 的浓度, 即:

$$[H^+] = 0.200\ 0/(20.00 + 18.00) = 5.3 \times 10^{-3}\ mol \cdot L^{-1}$$
$$pH = -lg[H^+] = -lg5.3 \times 10^{-3} = 2.28$$

用类似的方法可求得当加入 19.98 mL NaOH 时溶液的 pH 值为 4.30。从滴定开始直到化学计量点前的各点都这样计算。

(3)化学计量点时。当加入 20.00 mL NaOH 溶液时, HCl 溶液被完全中和, 变成了中性的 NaCl 水溶液, 故溶液的 pH 值由水的离解决定, 此时:

$$[H^+] = [OH^-] = \sqrt{K_w} = 1.00 \times 10^{-7}\ mol \cdot L^{-1}$$
$$pH = 7.00$$

(4)化学计量点后。过了化学计量点, 再加入 NaOH 溶液, 构成 NaOH + NaCl 溶液, 其 pH 值取决于过量的 NaOH, 计算方法与强酸溶液中计算 $[H^+]$ 的方法相类似。例如, 加入 20.02 mL NaOH 溶液时, NaOH 溶液过量 0.02 mL, 多余的 NaOH 浓度为:

$$[OH^-] = \frac{0.100\ 0 \times 0.02}{(20.02 + 20.00)} = 5.0 \times 10^{-5}\ mol \cdot L^{-1}$$

溶液的 pH 值由过量的 NaOH 的量和溶液的总体积决定, 即:

$$pOH = 4.30$$
$$pH = 14.00 - 4.30 = 9.70$$

化学计量点后都这样计算。

根据上述方法可以计算出不同滴定点时溶液的 pH 值, 部分结果列于表 6.7。

表6.7　用 NaOH 滴定 HCl 时溶液 pH 的变化($c_{NaOH} = c_{HCl} = 0.100\ 0\ mol \cdot L^{-1}$)

V/mL (加 NaOH)	被滴定 HCl 的 百分含量/%	V/mL (剩余 HCl)	V/mL (过量 NaOH)	$[H_3O^+]/$ $(mol \cdot L^{-1})$	pH
0	0.00	20.00		1.00×10^{-1}	1.00
19.00	90.00	2.00		5.26×10^{-3}	2.28
19.80	99.00	0.20		5.02×10^{-4}	3.30
19.98	99.90	0.02		5.00×10^{-5}	4.30
20.00	100.00	0.00		1.00×10^{-7}	7.00
20.02	100.10		0.02	2.00×10^{-10}	9.70
20.20	101.00		0.20	2.01×10^{-11}	10.70

　　根据表6.7中的数据作图,即可得到强碱滴定强酸的滴定曲线图6.4。

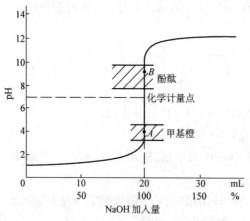

图 6.4　$0.100\ 0\ mol \cdot L^{-1}$ NaOH 滴定 $20.00\ mL\ 0.100\ 0\ mol \cdot L^{-1}$ HCl 的滴定曲线

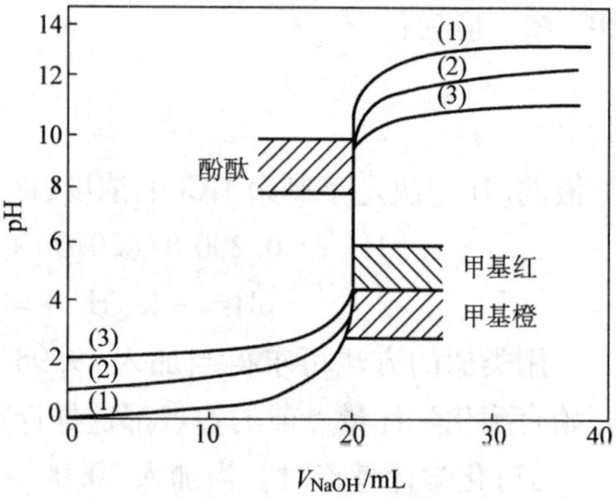

图 6.5　不同浓度 NaOH 溶液滴定不同浓度 HCl 溶液的滴定曲线

(1) $c_{NaOH} = 1.000\ mol \cdot L^{-1}$

(2) $c_{NaOH} = 0.100\ 0\ mol \cdot L^{-1}$

(3) $c_{NaOH} = 0.010\ 0\ mol \cdot L^{-1}$

　　滴定曲线不仅说明了滴定时溶液 pH 值的变化方向,而且也说明了各个阶段的变化速度。从图6.4可以看出,曲线自左至右明显分成3段。前段和后段比较平坦,溶液的 pH 值变化缓慢,中段曲线近乎垂直,在化学计量点附近 pH 值有一个突变过程。这种 pH 值突变称之为滴定突跃,突跃所在的 pH 值范围称为滴定突跃范围(常用化学计量点前后各 0.1% 的 pH 范围表示,本例的突跃范围是 4.30 ~ 9.70)。最理想的指示剂应该能恰好在反应的化学计量点发生颜色变化,但在实际工作中很难使指示剂的变色范围和化学计量点完全一致。因此,指示剂的选择主要以滴定的突跃范围为依据,通常选取变色范围全部或部分处在突跃范围内的指示剂滴定终点,这样产生的疑点误差不会超过 ±0.1% 。在上述滴定中,甲基橙(pH 为 3.1 ~ 4.4)和酚酞

(pH 为 8.0~10.0)的变色范围均有一部分在滴定的突跃范围内,所以都可以用来指示这一滴定疑点。此外,甲基红、溴酚蓝和溴百里酚蓝等也可用作这类滴定的指示剂。

滴定突跃的大小与溶液的浓度密切相关。若酸碱浓度均增大 10 倍,滴定突跃范围将加宽 2 个 pH 单位;反之,若酸碱浓度减小到原来的 1/10,相应的突跃范围将减小 2 个 pH 单位,可见浓度愈高突跃范围越大,浓度越低突跃范围越小。如果滴定时所用的酸碱浓度相等并小于 2×10^{-4} mol·L^{-1},滴定突跃范围就会小于 0.4 个 pH 单位,用一般的指示剂就不能准确地指示出终点,故将 $c \geqslant 2 \times 10^{-4}$ mol·L^{-1} 作为此类滴定能够准确进行的条件。NaOH 滴定 HCl 的滴定曲线如图 6.5 所示。

总之,在酸碱滴定中,如果用指示剂指示终点,应根据化学计量点附近的滴定突跃来选择指示剂,应使指示剂的变色范围处于或部分处于化学计量点附近的滴定突跃范围内。

2. 强碱滴定弱酸

在这类滴定反应中,由于强碱完全离解而弱酸(HA)部分离解,故滴定反应及其反应常数 K_t 可表述为:

$$HA + OH^- \rightleftharpoons H_2O + A^-$$

$$K_t = \frac{[A^-]}{[HA][OH^-]} = \frac{K_a}{K_w}$$

同强碱滴定强酸的反应常数相比较,上述的 K_t 值要小得多,说明反应的完全程度较前类滴定差,且弱酸的 K_a 越大,反应的完全程度就越高。

与强碱滴定强酸相似,整个滴定过程按照不同的溶液组成情况,也可分为 4 个阶段。应该指出,虽然用最简式求得的溶液 $[H^+]$ 与用精确式计算出的 $[H^+]$ 相比有百分之几的误差,但当换算成 pH 值时,往往在小数点后第二位才显出差异,对于滴定曲线上各点的计算,这个差异是允许的,也不影响指示剂的选择,因此除了使用的溶液浓度极稀或者酸碱极弱的情况之外,通常用最简式计算。

现以 0.100 0 mol·L^{-1}NaOH 溶液滴定 20.00 mL 0.100 0 mol·L^{-1}HAc 溶液为例讨论这类滴定的特点,已知 HAc 的 pK_a = 4.74。

(1)滴定开始前。根据 0.100 0 mol·L^{-1} HAc 的离解平衡,即:

$$c/K_a = 0.100\ 0/1.8 \times 10^{-5} > 105, cK_a > 10K_w$$

$$[H^+] = \sqrt{c_{HAc}K_a} = \sqrt{1.8 \times 10^{-5} \times 0.100\ 0}$$

$$= 1.34 \times 10^{-3}\ mol·L^{-1}$$

$$pH = 2.87$$

(2)滴定开始至化学计量点前。根据剩余 HAc 和反应产物 Ac$^-$ 所组成的缓冲溶液计算,设滴入 NaOH 溶液 19.98 mL,剩余 0.02 mL HAc,即:

$$OH^- + HAc \rightleftharpoons Ac^- + H_2O$$

此时溶液为缓冲体系,$[H^+] = K_a \dfrac{[HAc]}{[Ac^-]}$

$$pH = pK_a + \lg \frac{[Ac^-]}{[HAc]}$$

而

$$[HAc] = \frac{(V_{HAc} - V_{NaOH})c_{HAc}}{V_{HAc} + V_{NaOH}} = 5.00 \times 10^{-5} \text{ mol} \cdot L^{-1}$$

$$[Ac^-] = \frac{V_{NaOH}c_{NaOH}}{V_{HAc} + V_{HaOH}} = 5.00 \times 10^{-2} \text{ mol} \cdot L^{-1}$$

故

$$[H^+] = K_a \frac{[HAc]}{[Ac^-]}$$

$$= 1.80 \times 10^{-5} \times \frac{5.00 \times 10^{-5}}{5.00 \times 10^{-2}}$$

$$= 1.80 \times 10^{-8} \text{ mol} \cdot L^{-1}$$

$$pH = 7.7$$

（3）化学计量点时。完全中和,$0.05 \text{ mol} \cdot L^{-1}$ Ac^- 溶液的解离平衡为:

$$Ac^- + H_2O \Longrightarrow OH^- + HAc$$

$$c_{Ac^-} = \frac{0.100\ 0 \times 20.00}{20.00 + 20.00} = 5.00 \times 10^{-2} \text{ mol} \cdot L^{-1}$$

$$\frac{c_{Ac^-}}{K_b} = \frac{0.05}{5.60 \times 10^{-10}} > 105 \quad c_{Ac^-}K_b \gg 10K_w$$

$$[OH^-] = \sqrt{c_{Ac^-}K_b} = \sqrt{c_{Ac^-} \cdot \frac{K_w}{K_b}}$$

$$= \sqrt{5.00 \times 10^{-2} \times \frac{1.00 \times 10^{-14}}{1.80 \times 10^{-5}}}$$

$$= 5.30 \times 10^{-6} \text{ mol} \cdot L^{-1}$$

$$pOH = 5.28, pH = 8.72$$

（4）化学计量点后。与强碱滴定强酸的情况完全相同,根据 NaOH 的过量程度进行计算。如上所示逐一计算,把计算结果列于表 6.8 中。并根据计算结果绘制滴定曲线,得到如图 6.6 中的曲线 Ⅰ,该图中的虚线为强碱滴定强酸曲线的前半部分。

将图 6.6 中的曲线 Ⅰ 与虚线进行比较可以看出,由于 HAc 是弱酸,滴定开始前溶液中 $[H^+]$ 就较低,pH 值较 NaOH – HCl 滴定时高。滴定开始后 pH 值较快地升高,这是由于和生成的 Ac^- 产生同离子效应,使 HAc 更难离解,$[H^+]$ 较快地降低。但在继续滴入 NaOH 溶液后,由于 NaAc 不断生成,在溶液中形成弱酸及其共轭碱（HAc – Ac^-）的缓冲体系,pH 值增加较慢,使这一段曲线较为平坦。当滴定接近化学计量点时,由于溶液中剩余的 HAc 已很少,溶液的缓冲能力已逐渐减弱,于是随着 NaOH 溶液的不断滴入,溶液的 pH 值逐渐变快,到达化学计量点时,在其附近出现一个较为短小的滴定突跃。这个突跃的 pH 值为 7.74 ~ 9.70,处于碱性范围内,这是由于化学计量点时溶液中存在着大量的 Ac^-,它是弱碱,在水中发生下列质子转移反应:

表6.8　用0.100 0 mol·L⁻¹ NaOH 溶液滴定 20.00 mL 0.100 0 mol·L⁻¹ HAc 溶液

加入 NaOH 溶液		剩余 HAC 溶液的体积 V/mL	过量 NaOH 溶液的体积 V/mL	pH 值
mL	%			
0.00	0	20.00		2.87
18.00	90.0	2.00		5.70
19.80	99.0	0.20		6.73
19.98	99.9	0.02		7.74
20.00	100.0	0.00		8.72
20.02	100.1		0.02	9.70B
20.20	101.0		0.20	10.70
22.00	110.0		2.00	11.70
40.00	200.0		20.00	12.50

（pH 值 7.74 至 9.70B 之间标注：滴定突跃）

$$H_2O + H_2O \rightleftharpoons H_3O^+ + OH^-$$
$$Ac^- + H_3O^+ \rightleftharpoons HAc + H_2O$$
$$Ac^- + H_2O \rightleftharpoons HAc + OH^-$$

从而使溶液显微碱性。

强碱滴定弱酸时,滴定突跃范围较小,因此在选择指示剂时受到一定的限制,只能选择在弱碱性范围内变色的指示剂,如用酚酞或百里酚酞作指示剂。若选择在酸性范围内变色的指示剂,如甲基橙则完全不适用。

强碱滴定弱酸时的滴定突跃大小取决于弱酸溶液的浓度和它的离解常数 K_a。

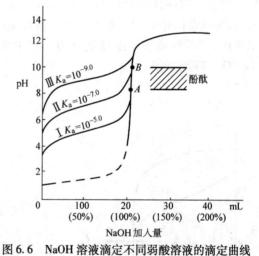

图6.6　NaOH 溶液滴定不同弱酸溶液的滴定曲线

醋酸的离解常数 $K_a = 1.8 \times 10^{-5}$,如果被滴定的酸更弱,它的离解常数为 10^{-7} 左右,则滴定到达化学计量点时溶液的 pH 值更高,化学计量点附近的滴定突跃范围更小,如图6.6中曲线 Ⅱ。此时酚酞作为指示剂不合适,应选择变色范围 pH 值更高些的指示剂,例如百里酚酞(变色范围 pH =9.4～10.6)。

如果被滴定的酸更弱(例如 H_3BO_3,离解常数为 10^{-9} 左右),则滴定到达化学计量点时,溶液的 pH 值更高,图6.6中曲线上已看不出滴定突跃。对于这类极弱酸,在水溶液中就无法用一般的酸碱指示剂来指示滴定终点,但是可以设法使弱酸的酸性增强后测定,也可以用非水滴定等方法测定。

由于化学计量点附近滴定突跃的大小不仅和被测酸的 K_a 值有关,也和浓度有关,用较浓的标准溶液滴定较浓的试剂,可使滴定突跃适当增大,滴定终点较易判断。但这也存在一定的局限性,对于 $K_a \approx 10^{-9}$ 的酸,即使用 1 mol·L⁻¹ 的标准碱也难以直接滴定。一般来讲,当弱酸溶液的浓度 c 和弱酸的离解常数 K_a 的乘积 $cK_a \geqslant 10^{-8}$ 时,滴定突跃可大于 0.3 个 pH 单位,人眼能够辨别出指示剂颜色的改变,滴定就可以直接进行,这时终点误差也在允许的 ±0.1% 以内。

3. 强酸滴定弱碱

强酸滴定弱碱与强碱滴定弱酸相类似,现以 $0.1000 \text{ mol} \cdot \text{L}^{-1}$ HCl 溶液滴定 20.00 mL $0.1000 \text{ mol} \cdot \text{L}^{-1}$ 氨水为例,说明滴定过程中 pH 值的变化及指示剂的选择。上述滴定的反应和反应常数可表述为:

$$H^+ + NH_3 \rightleftharpoons NH_4^+$$

$$K_t = \frac{[NH_4^+]}{[NH_3][H^+]} = \frac{1}{K_a} = \frac{K_b}{K_w} = \frac{1.78 \times 10^{-5}}{1.00 \times 10^{-14}} = 1.78 \times 10^9$$

该反应的反应常数较大,可以预计反应能较完全进行。各滴定点 pH 值可通过计算求得,滴定曲线如图 6.7。由图可以看出,强酸滴定弱碱时,滴定突跃在酸性范围内化学计量点时,溶液的 pH 值小于 7.00,对于该例来说,化学计量点时溶液的 pH 值为 5.28,突跃范围是 6.25~4.30。对于这种类型滴定所选指示剂的变色范围应在酸性范围内,甲基红或溴甲酚绿是这类滴定中常用的指示剂。图 6.8 为 HCl 溶液滴定 Na_2CO_3 溶液的滴定曲线。

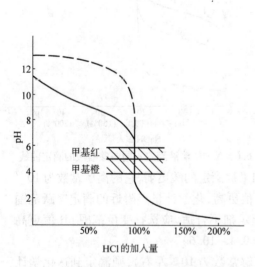

图 6.7　用 HCl 滴定 $NH_3 \cdot H_2O$ 的滴定曲线
$c_{HCl} = c_{NH_3 \cdot H_2O} = 0.1000 \text{ mol} \cdot \text{L}^{-1}$

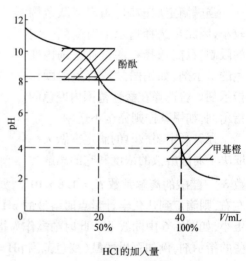

6.8　HCl 溶液滴定 Na_2CO_3 溶液的滴定曲线

在强酸滴定弱酸时,弱碱的 K_b 值与浓度也应满足 $cK_b \geqslant 10^{-8}$ 的条件,方可进行准确滴定。

6.5.3 多元酸碱的滴定

1. 强碱滴定多元酸

常见的多元酸大多是弱酸,它们在水溶液中分步离解。例如,H_3PO_4 可分 3 步离解:

$$H_3PO_4 \rightleftharpoons H^+ + H_2PO_4^- \qquad K_{a1} = 7.6 \times 10^{-3}$$
$$H_2PO_4^- \rightleftharpoons H^+ + HPO_4^{2-} \qquad K_{a2} = 6.3 \times 10^{-8}$$
$$HPO_4^{2-} \rightleftharpoons H^+ + PO_4^{3-} \qquad K_{a3} = 4.4 \times 10^{-13}$$

当用强碱滴定多元酸时,酸碱反应和离解一样也是分步进行的。但二元酸是否有 2 个突跃,三元酸是否有 3 个突跃呢? 能否进行分步滴定,就要根据下述原则来判断。

(1)若 $cK_{a1} > 10^{-8}$,则这一级电离的 $[H^+]$ 可被准确滴定,若 $cK_{a1} < 10^{-8}$,则不能被直接准确滴定。

(2)若 $K_{a1}/K_{a2} \geqslant 10^4$,表明在第一个 $[H^+]$ 被准确滴定时,可产生第 1 个突跃,即说明第 2 步离解产生的 $[H^+]$ 不会干扰第 1 个 $[H^+]$ 与碱的中和反应。若 $K_{a1}/K_{a2} \leqslant 10^4$,表明第 1 个 $[H^+]$ 虽然能被准确滴定,但第 2 步离解出来的 $[H^+]$ 干扰第 1 个 $[H^+]$ 的中和反应,也就是第 1 个 $[H^+]$ 没有被全部中和时,第 2 步离解出来的 $[H^+]$ 就开始与碱反应了,使得溶液中的 $[H^+]$ 浓度不会发生大的变化,即不能产生突跃。

(3)同理,若 $cK_{a2} \geqslant 10^{-8}$,表明该酸的第 2 步电离出来的 $[H^+]$ 能用强碱直接准确滴定。若 $K_{a2}/K_{a3} \geqslant 10^4$,则表明在第 2 个 $[H^+]$ 被滴定时,可产生第 2 个突跃,即第 3 步离解产生的 $[H^+]$ 不会干扰第 2 个 $[H^+]$ 的滴定。若 $K_{a2}/K_{a3} < 10^4$,表明第 2 个 $[H^+]$ 虽然能被准确滴定,但因第 3 步离解出来的 $[H^+]$ 干扰第 2 个 $[H^+]$ 的中和反应,也就是第 2 个 $[H^+]$ 没有被全部中和时,第 3 步离解出来的 $[H^+]$ 就开始与碱反应了,所以不能产生第 2 个突跃。

(4)若只有三元酸且 $cK_{a3} \geqslant 10^{-8}$,即可产生第 3 个突跃。可以这样认为,因为没有了第 4 步离解的产生,也就谈不上干扰或影响了。

以此类推,可进行判断四元酸以上多元酸的滴定情况。

例如亚硫酸,$K_{a1} = 1.3 \times 10^{-2}$,$K_{a2} = 6.3 \times 10^{-8}$,$K_{a1}/K_{a2} > 10^4$,且能用 NaOH 溶液滴定,并有 2 个突跃,产生第 1 个突跃时,即达到第 1 计量点,此时生成两性物质 $NaHSO_3$;产生第 2 个突跃时,达到第 2 计量点,此时生成多元弱碱 Na_2SO_3。

例如氢硫酸,$K_{a1} = 1.3 \times 10^{-7}$,$K_{a2} = 5.4 \times 10^{-15}$,虽能用 NaOH 溶液滴定,但只有 1 个突跃,计量点时生成两性物质 NaHS。

例如草酸,$K_{a1} = 5.4 \times 10^{-2}$,$K_{a2} = 5.4 \times 10^{-5}$,$K_{a1}/K_{a2} < 10^4$,第 1 计量点时不能产生突跃,只有第 2 计量点时才产生突跃。因此,在用 NaOH 溶液滴定时,只能产生 1 个突跃,计量点时生成多元弱碱 $Na_2C_2O_4$。许多有机弱酸,如酒石酸、琥珀酸、柠檬酸等,由于相邻离解常数之比都太小,不能分步滴定,但又因最后一级常数都大于

10^{-7},因此能用 NaOH 溶液滴定,滴定最后一个$[H^+]$离子时形成突跃。

根据上述原则,分析用 0.10 mol·L^{-1} 的 NaOH 溶液滴定 20.00 mL 的 0.10 mol·L^{-1} 的 H$_3$PO$_4$ 时的情况。因 $cK_{a1} > 10^{-8}$,$K_{a1}/K_{a2} > 10^4$;且 $cK_{a2} \approx 10^{-8}$,$K_{a2}/K_{a3} > 10^4$,因此能分步滴定得到 2 个突跃,但第 2 计量点突跃不够明显,又因为$cK_{a3} < 10^{-8}$,而得不到第 3 个突跃。

多元酸的滴定曲线计算比较复杂,通常用 pH 计测定滴定过程中的 pH 值从而绘制滴定曲线。在实际工作中,为了选择指示剂,通常只需计算计量点的曲线 pH 值,然后选择合适的指示剂。

因此,用 NaOH 标准溶液滴定 H$_3$PO$_4$ 时,因为第一计量点时,反应生成物是两性物质 NaH$_2$PO$_4$,所以:

$$[H^+] = \sqrt{K_{a1}K_{a2}}$$

$$pH = \frac{1}{2}(pK_{a1} + pK_{a2}) = \frac{1}{2}(2.12 + 7.20) = 4.66$$

可选甲基红、溴甲酚绿等作指示剂,若选用甲基橙为指示剂,应采用同浓度的 NaH$_2$PO$_4$ 溶液为参比,误差可小于 0.5%。第 2 计量点时,反应生成物为两性物质 Na$_2$HPO$_4$,所以:

$$[H^+] = \sqrt{K_{a2}K_{a3}}$$

$$pH = \frac{1}{2}(pK_{a2} + pK_{a3}) = \frac{1}{2}(7.20 + 12.36) = 9.78$$

可选酚酞、百里酚酞等作指示剂。

2. 强酸滴定多元碱

多元碱如 Na$_2$CO$_3$、Na$_2$B$_4$O$_7$ 等,用强酸滴定时,其情况与多元酸的滴定相似。现以 0.100 mol·L^{-1} 的 HCl 滴定 0.100 mol·L^{-1} 的 Na$_2$CO$_3$ 溶液为例进行讨论。反应分 2 步进行:

$$CO_3^{2-} + H^+ \underset{K_{a2}}{\overset{K_{b1}}{\rightleftharpoons}} HCO_3^- \quad K_{b1} \cdot K_{a2} = K_w$$

$$HCO_3^- + H^+ \underset{K_{a1}}{\overset{K_{b2}}{\rightleftharpoons}} H_2CO_3 \quad K_{a1} \cdot K_{b2} = K_w$$

$$K_{b1} = \frac{K_w}{K_{a2}} = \frac{1.00 \times 10^{-14}}{5.6 \times 10^{-11}} = 1.8 \times 10^{-4}$$

$$K_{b2} = \frac{K_w}{K_{a1}} = \frac{1.00 \times 10^{-14}}{4.2 \times 10^{-7}} = 2.4 \times 10^{-8}$$

因 $cK_{b1} = 1.8 \times 10^{-5} > 10 \times 10^{-8}$,$cK_{b2} = 2.4 \times 10^{-9} \approx 10^{-8}$,$K_{b1}/K_{b2} \approx 10^4$,所以 Na$_2CO_3$ 可被 HCl 标准溶液直接滴定。

达到第 1 计量点时,生成的 NaHCO$_3$ 是两性物质。此时溶液的 pH 值为:

$$pH = \frac{1}{2}(pK_{a1} + pK_{a2}) = \frac{1}{2}(6.38 + 10.25) = 8.32$$

虽可用酚酞作为指示剂,但由于 K_{b1}/K_{b2} 较小,同时生成的 $NaHCO_3$ 具有缓冲作用,因此滴定突跃不明显。为能准确判断第 1 终点,常用相同浓度的 $NaHCO_3$ 作为参比溶液或采用变色点为 8.30 的甲酚红 – 百里酚蓝混合指示剂,可提高滴定结果的准确度。

达到第 2 计量点时,溶液是 CO_2 的饱和溶液,其中 H_2CO_3 的浓度为 0.04 mol·L^{-1}。

$$[H^+] = \sqrt{K_{a1} \cdot c_{H_2CO_3}} = \sqrt{4.2 \times 10^{-7} \times 0.04} = 1.3 \times 10^{-4} \text{ mol} \cdot L^{-1}$$

$$pH = -\lg[H^+] = -\lg 1.3 \times 10^{-4} = 3.89$$

可选用甲基橙为指示剂。但由于这时易形成 CO_2 的过饱和溶液,滴定过程中生成的 H_2CO_3 只能慢慢地转变为 CO_2,这就使溶液的酸度增大,终点出现过早,且变色不明显,往往不易掌握终点。因此,在滴定快达到计量点时,应剧烈地摇动溶液,以加快 H_2CO_3 的分解,或在近终点时,加热煮沸溶液以除去 CO_2,待溶液冷却后再继续滴定至终点。也可以在滴定时采用被 CO_2 所饱和的并含有相同浓度的 NaCl 溶液和指示剂的溶液为参比。

总之,从以上讨论可见,滴定过程生动地体现了由量变到质变的辩证规律。在酸碱滴定中,溶液 pH 值的变化情况,是随着酸碱溶液强弱的不同而具有不同的滴定曲线。因此,只有了解在滴定过程中,特别是计量点前后,即不足 0.1% 和过量 0.1% 时的 pH 值,才能选用最合适的指示剂,达到准确测定的目的。

6.5.4 酸碱滴定法的应用

1. 酸碱滴定法应用示例

1)硼酸的测定

硼酸是一种极弱的弱酸($K_{a1} = 5.8 \times 10^{-10}$),因 $cK_{a1} < 10^{-8}$,故不能用标准碱溶液直接滴定,但是 H_3BO_3 可与某些多羟基化合物,如乙二醇、丙三醇、甘露醇等反应生成络合酸,增加酸的强度。

这种络合酸的离解常数在 10^{-6} 左右,因而使弱酸得到强化,用 NaOH 标准溶液滴定时化学计量点的 pH 值在 9 左右,可用酚酞或百里酚酞指示终点。

2)铵盐的测定

$(NH_4)_2SO_4$、NH_4Cl 都是常见的铵盐,由于 NH_4^+ 的 $pK_a = 9.26$,不能用标准碱溶

液进行直接滴定,但测定铵盐可用下列两种方法。

(1)蒸馏法。即置铵盐试样于蒸馏瓶中,加入过量 NaOH 溶液后加热煮沸,蒸馏出的 NH_3 吸收在过量的 H_2SO_4 标准溶液或 HCl 标准溶液中,过量的酸用 NaOH 标准溶液回滴,用甲基红或甲基橙指示终点,测定过程的反应式如下:

$$NH_4^+ + OH^- \longrightarrow NH_3\uparrow + H_2O$$

$$NH_3 + HCl \longrightarrow NH_4^+ + Cl^-$$

$$NaOH + HCl_{剩余} \longrightarrow NaCl + H_2O$$

也可用硼酸溶液吸收蒸馏出的 NH_3,生成的 $H_2BO_3^-$ 是较强的碱,可用标准酸溶液滴定,用甲基红和溴甲酚绿混合指示剂指示终点。使用硼酸吸收 NH_3 的改进方法,仅需配制一种标准溶液,测定过程的反应式如下:

$$NH_3 + H_3BO_3 \longrightarrow NH_4^+ + H_2BO_3^-$$

$$HCl + H_2BO_3^- \longrightarrow H_3BO_3 + Cl^-$$

(2)甲醛法。较为简便的 NH_4^+ 测定方法是甲醛法,甲醛与 NH_4^+ 有如下反应:

$$4NH_4^+ + 6HCHO =\!=\!= (CH_2)_6N_4H^+ + 3H^+ + 6H_2O$$

生成物 H^+ 是六亚甲基四胺的共轭酸,可用碱直接滴定。计算结果时应注意反应中 4 个 NH_4^+ 反应后生成 4 个可与碱作用的 H^+,因此当用 NaOH 滴定时,NH_4^+ 与 NaOH 的化学计量关系为 1:1。由于反应产物六亚甲基四胺是一种极弱的有机弱碱,可用酚酞指示终点,溶液出现淡红色即为终点。

蒸馏法操作繁琐,分析流程长,但准确度较高。甲醛法简便、快捷,准确度比蒸馏法稍差,但可满足工、农业生产要求,应用较广。

3)克式定氮法

含氮的有机物质(如面粉、谷物、肥料、肉类中的蛋白质、饲料以及合成药物等)常通过克氏定氮法测定氮含量,以确定其氨基态氮或蛋白质的含量。

测定时将试样与浓硫酸共煮,进行消化分解,并加入硫酸钾,提高沸点,以促进分解过程,使有机物转化成 CO_2 或 H_2O,所含的氮在硫酸铜或汞盐催化下成为 NH_4^+,即:

$$C_mH_nN \xrightarrow[\text{CuSO}_4]{\text{H}_2\text{SO}_4、\text{K}_2\text{SO}_4} CO_2\uparrow + H_2O + NH_4^+$$

溶液以过量的 NaOH 碱化后,再以蒸馏法测定 NH_4^+。

克氏定氮法是酸碱滴定在有机物分析中的重要应用,尽管该法在定氮过程中,消化与蒸馏操作较为费时,而且已有更快的测定蛋白质的方法,也有氨基酸自动分析仪商品出售,但是在《中华人民共和国药典》和国际标准方法中,仍确认克氏法为标准检验方法。

2. 酸碱滴定法结果计算示例

【例6-7】 吸取食醋试样 3.00 mL,加适量的水稀释后,以酚酞为指示剂,用 0.115 0 mol·L⁻¹ NaOH 标准溶液滴定至终点,用去 20.22 mL,求食醋中总酸量(以 HAc 表示)。

解:食醋试样中总酸量(HAc)为:

$$\frac{c_{NaOH} V_{NaOH} M_{HAc}}{1\,000 V_s/100} = \frac{0.115\,0 \times 20.22 \times 60.05 \times 100}{1\,000 \times 3.00} = 4.69 \text{ g/100 mL}$$

食醋中总酸量为 4.69 g/100 mL。

【例6-8】 称取含有惰性杂质的混合碱试样 0.301 0 g,以酚酞为指示剂,用 0.106 0 mol·L⁻¹ HCl 溶液滴定至终点,用去 20.10 mL,继续用甲基橙为指示剂,滴定至终点时又用去 HCl 溶液 27.60 mL,问试样由何种成分组成(除惰性杂质外),各成分含量为多少?

解:本题进行的是双指示剂法的测定,其中 HCl 用量 $V_1 = 20.10$ mL,$V_2 = 27.60$ mL,根据滴定的体积关系($V_2 > V_1 > 0$),此混合碱试样是由 Na_2CO_3 和 $NaHCO_3$ 所组成。

$$Na_2CO_3 \text{ 的质量分数} = \frac{1}{2} \times \frac{c_{HCl} \cdot 2V_1 M_{Na_2CO_3}}{1\,000 m_s}$$

$$= \frac{0.106\,0 \times 2 \times 20.10 \times 105.99}{2 \times 1\,000 \times 0.301\,0} = 0.750\,2 = 75.02\%$$

$$NaHCO_3 \text{ 的质量分数} = \frac{1}{1} \times \frac{c_{HCl}(V_2 - V_1) M_{NaHCO_3}}{1\,000 m_s}$$

$$= \frac{0.106\,0 \times (27.60 - 20.10) \times 84.01}{1\,000 \times 0.301\,0} = 0.221\,9 = 22.19\%$$

试样中含 Na_2CO_3 和 $NaHCO_3$ 的质量分数分别为 75.02% 和 22.19%。

【例6-9】 准确称取硼酸试样 0.503 4 g 于烧杯中,加沸水使其溶解,加入甘露醇,然后用酚酞为指示剂,用 0.251 mol·L⁻¹ NaOH 标准溶液滴定至终点,用去 32.16 mL,计算试样中 H_3BO_3 以及以 B_2O_3 表示的含量。

解:$$H_3BO_3 \text{ 的质量分数} = \frac{1}{1} \times \frac{c_{NaOH} V_{NaOH} M_{H_3BO_3}}{1\,000 m_s}$$

$$= \frac{0.251\,0 \times 32.16 \times 61.83}{1\,000 \times 0.503\,4} = 0.991\,5 = 99.15\%$$

$$B_2O_3 \text{ 的质量分数} = \frac{1}{2} \times \frac{c_{NaOH} V_{NaOH} M_{B_2O_3}}{1\,000 m_s}$$

$$= \frac{0.251\,0 \times 32.16 \times 69.62}{2 \times 1\,000 \times 0.503\,4} = 0.558\,2 = 55.82\%$$

试样中 H_3BO_3 质量分数分别为 99.15%,以 B_2O_3 表示的含量为 55.82%。

【例6-10】 称取粗铵盐 1.203 4 g,加过量 NaOH 溶液,产生的氨经蒸馏吸收在

100.00 mL 的 0.214 5 mol·L^{-1} 的 HCl 溶液中,过量的 HCl 用 0.221 4 mol·L^{-1} 的 NaOH 标准溶液反滴定,用去 3.04 mL,计算试样中 NH_3 的含量。

解:NH_3 的质量分数 $= \frac{1}{1} \times \frac{(c_{HCl}V_{HCl} - c_{NaOH}V_{NaOH})M_{NH_3}}{1\ 000 \times 1.203\ 4}$

$$= \frac{(0.214\ 5 \times 100.00 - 0.221\ 4 \times 3.04) \times 17.03}{1\ 000 \times 1.203\ 4}$$

$$= 0.294\ 0 = 29.40\%$$

NH_3 质量分数为 29.40%。

【例 6 - 11】 称取纯 $CaCO_3$0.500 0 g,溶于 50.00 mL HCl 溶液中,多余的酸用 NaOH 溶液回滴,消耗 6.20 mL NaOH 溶液。1 mL NaOH 溶液相当于 1.010 mL HCl 溶液。求两种溶液的浓度。

解:6.20 mL NaOH 溶液相当于 $6.20 \times 1.010 = 6.26$ mL HCl 溶液,因此与 $CaCO_3$ 反应的 HCl 溶液的体积实际为 $50.00 - 6.26 = 43.74$ mL。

设 HCl 溶液和 NaOH 溶液的浓度分别为 c_1 和 c_2,已知 $M_{CaCO_3} = 100.1$ g·mol^{-1},根据反应式:

$$CaCO_3 + 2HCl = Ca^{2+} + 2Cl^- + CO_2 + H_2O$$

$CaCO_3$ 与 HCl 的化学计量关系为:

$$2n_{CaCO_3} = n_{HCl}$$

$$c_1 \times 43.74 \times 10^{-3} = 2 \times \frac{0.500\ 0}{100.1}$$

$$c_1 = 0.228\ 4\ mol·L^{-1}$$

$$c_2 \times 1.0 \times 10^{-3} = 0.228\ 4 \times 1.010 \times 10^{-3}$$

$$c_2 = 0.230\ 7\ mol·L^{-1}$$

因此,HCl 溶液浓度为 0.228 4 mol·L^{-1},NaOH 溶液浓度为 0.230 7 mol·L^{-1}。

【例 6 - 12】 称取混合碱(Na_2CO_3 和 NaOH 或 Na_2CO_3 和 $NaHCO_3$ 的混合物)试样 1.200 g,溶于水,用 0.500 0 mol·L^{-1}HCl 溶液滴定至酚酞褪色,用去 30.00 mL。然后加入甲基橙,继续滴加 HCl 溶液至呈现橙色,又用去 5.00 mL。试样中含有何种组分? 其百分含量各为多少?

解:当滴定到酚酞变色时,NaOH 已完全中和,Na_2CO_3 只作用到 $NaHCO_3$,仅获得 1 个质子:

$$Na_2CO_3 + HCl = NaHCO_3 + NaCl \tag{1}$$

在用甲基橙作指示剂继续滴定到变橙色时,$NaHCO_3$ 又获得一个质子,成为 H_2CO_3:

$$NaHCO_3 + HCl = NaCl + H_2CO_3 \tag{2}$$

如果试样中仅含有 Na_2CO_3 一种组分,则滴定到酚酞褪色时所消耗的酸与继续滴定到甲基橙变色时所消耗的酸应该相等。如今滴定到酚酞褪色时消耗的酸较多,可见试样中除 Na_2CO_3 以外还含有 NaOH。$30.00 - 5.00 = 25.00$ mL 为滴定 NaOH 所耗用的酸。

设 NaOH 的含量为 $x\%$，则：

$$0.500\,00 \times 25.00 \times 10^{-3} = \frac{1.200 \times \dfrac{x}{100}}{40.01}$$

$$x = 41.68$$

与 Na_2CO_3 作用所消耗的酸为 $5.00 \times 2 = 10.00$ mL，设 Na_2CO_3 的含量为 $y\%$。根据反应式(1)、(2)，总反应式为：

$$Na_2CO_3 + 2HCl \Longrightarrow 2Na^+ + 2Cl^- + CO_2 + H_2O$$

$$0.500\,00 \times 10.00 \times 10^{-3} = 2 \times \frac{1.200 \times \dfrac{y}{100}}{106.0}$$

$$y = 22.08$$

试样中含 NaOH 41.68%，含 Na_2CO_3 22.08%。

【例6-13】 分别以 $NaCO_3$ 和硼砂($NaB_4O_7 \cdot 10H_2O$)标定 HCl 溶液(大约浓度为0.2 mol·L^{-1})，希望用去的 HCl 溶液为 25 mL 左右。已知天平本身的称量误差为 ± 0.1 mg(绝对误差 0.2 mg)，从减少称量误差所占的百分比考虑，选择哪种基准物较好？

解：欲使 HCl 耗量为 25 mL，需称取 2 种基准物质量 m_1 和 m_2 可分别计算如下：

Na_2CO_3 $\qquad Na_2CO_3 + 2HCl \Longrightarrow 2Na^+ + 2Cl^- + CO_2 + H_2O$

$$0.2 \times 25 \times 10^{-3} = 2 \times \frac{m_1}{106.0}$$

$$m_1 = 0.265\,0 \text{ g} \approx 0.26 \text{ g}$$

硼砂 $\qquad NaB_4O_7 \cdot 10H_2O + 2HCl \Longrightarrow 4H_3BO_3 + 2Na^+ + 2Cl^- + 5H_2O$

$$0.2 \times 25 \times 10^{-3} = 2 \times \frac{m_2}{381.4}$$

$$m_2 = 0.953\,5 \text{ g} \approx 1 \text{ g}$$

可见以 Na_2CO_3 标定 HCl 溶液，需称 0.26 g 左右，由于天平本身的称量误差为 0.2 mg，称量误差为 $0.2 \times 10^{-3}/0.26 = 7.7 \times 10^{-4} \approx 0.08\%$。同理，对于硼砂，称量误差约为 0.02%。可见 Na_2CO_3 的称量误差约为硼砂的 4 倍，所以选用硼砂作为标定 HCl 溶液的基准物更为理想。

3. 标准溶液的配制和标定

1)酸标准溶液

酸标准溶液可用盐酸、硫酸来配制，由于盐酸不显氧化性(不会破坏指示剂)，同时稀盐酸的稳定性也很好，因此盐酸是常用的酸标准溶液。酸标准溶液一般用 HCl 溶液配制，常用的浓度为 0.10 mol·L^{-1}，但有时需用到浓度高达 1 mol·L^{-1} 或低到 0.01 mol·L^{-1} 的标准溶液。HCl 标准溶液相当稳定，因此妥善保存的 HCl 标准溶液,其浓度可以保持经久不变。

常用无水 Na_2CO_3 和硼砂作为标定盐酸标准溶液的基准物。

(1)无水 Na_2CO_3。其优点是容易获得纯品,一般可用市售的"基准物"级试剂 Na_2CO_3 作基准物,但由于 Na_2CO_3 易吸收空气中的水分,因此用前应在 270 ℃左右干燥,然后密封于瓶内,保存在干燥器中备用。称量时动作要快,以免吸收空气中的水分而引入误差。

用 Na_2CO_3 标定 HCl 溶液,利用下述反应,用甲基橙指示终点:

$$Na_2CO_3 + 2HCl \Longrightarrow 2NaCl + H_2CO_3$$

$$\longrightarrow CO_2 \uparrow + H_2O$$

Na_2CO_3 基准物的缺点是容易吸水,由于称量而造成的误差也稍大,此外终点时变色也不够敏锐。

(2)硼砂($Na_2B_4O_7 \cdot 10H_2O$)。其优点是容易制得纯品,不易吸水,由于称量而造成的误差较小。但当空气中相对湿度小于 39% 时,容易失去结晶水,因此应把它保存在相对湿度为 60% 的恒湿器中。

硼砂基准物的标定反应为:

$$Na_2B_4O_7 + 2HCl + 5H_2O \Longrightarrow 4H_3BO_3 + 2NaCl$$

以甲基橙指示终点,变色明显。

2)碱标准溶液

氢氧化钠是常用的碱溶液,它具有较强的吸湿性,也易吸收空气中的 CO_2,以致常含有 Na_2CO_3,而且 NaOH 还可能含有硫酸盐、硅酸盐、氯化物等杂质。因此应采用间接法配制其标准溶液,即配成近似浓度的碱溶液,然后加以标定。

含有 Na_2CO_3 的标准碱溶液在用甲基橙作指示剂滴定强酸时,不会因 Na_2CO_3 的存在而引入误差。如用来滴定弱酸,用酚酞作指示剂,滴到酚酞出现浅红色时,Na_2CO_3 仅交换 1 个质子,即作用到生成的 $NaHCO_3$,于是就会引起一定的误差。因此应配制和使用不含 CO_3^{2-} 的标准碱溶液。

配制不含 CO_3^{2-} 的标准碱溶液最常用的方法是取一份纯净的 NaOH 加入一份水,搅拌,使之溶解,配成 50% 的浓溶液。在这种浓溶液中 Na_2CO_3 的溶解度很小,待 Na_2CO_3 沉降后,吸取上层澄清液,稀释至所需浓度。

由于 NaOH 固体一般只在其表面形成一薄层 Na_2CO_3,因此亦可称取较多的 NaOH 固体于烧杯中,以蒸馏水洗涤二三次,每次用水少许,以洗去表面的少许 Na_2CO_3,倾去洗涤液,留下固体 NaOH,配成所需浓度的碱溶液。为了配制不含 CO_3^{2-} 的碱溶液,所用蒸馏水亦应不含 CO_3^{2-}。

为了标定 NaOH 溶液,可用各种基准物,如 $H_2C_2O_4 \cdot 2H_2O$、KHC_2O_4、苯甲酸等。但最常用的是邻苯二甲酸氢钾。这种基准物容易用重结晶法制得纯品,不含结晶水,不吸潮,容易保存,标定时,由于称量而造成的误差也较小,因而是一种良好的基准物。

标定反应为:

由于邻苯二甲酸的 $pK_a = 5.54$,因此采用酚酞指示终点时,变色相当敏锐。

思考与练习 6-5

1. 有一浓度为 $0.1000 \text{ mol} \cdot \text{L}^{-1}$ 的三元酸,其 $pK_{a1} = 2$,$pK_{a2} = 6$,$pK_{a3} = 12$,能否用 NaOH 标准溶液分步滴定?如能,能滴至第几级,并计算计量点时的 pH 值,选择合适的指示剂。

2. 用因保存不当失去部分结晶水的草酸($H_2C_2O_4 \cdot 2H_2O$)作基准物质来标定 NaOH 的浓度,标定结果是偏高、偏低还是无影响?

3. 某标准 NaOH 溶液因保存不当吸收了空气中的 CO_2,用此溶液来滴定 HCl,分别以甲基橙和酚酞作指示剂,测得的结果是否一致?

4. 有工业硼砂 1.000 g,用 $0.1988 \text{ mol} \cdot \text{L}^{-1}$HCl 24.52 mL 恰好滴至终点,计算试样中 $Na_2B_4O_7 \cdot 10H_2O$、$Na_2B_4O_7$ 和 B 的质量分数。($B_4O_7^{2-} + 2H^+ + 5H_2O \Longrightarrow 4H_3BO_3$)

5. 称取纯碱试样(含 $NaHCO_3$ 及惰性杂质)1.000 g 溶于水后,以酚酞为指示剂滴至终点,需 $0.2500 \text{ mol} \cdot \text{L}^{-1}$HCl 20.40 mL;再以甲基橙作指示剂继续以 HCl 滴定,到终点时消耗同浓度 HCl 28.46 mL,求试样中 Na_2CO_3 和 $NaHCO_3$ 的质量分数。

6. 取含惰性杂质的混合碱(含 NaOH、$NaCO_3$、$NaHCO_3$ 或它们的混合物)试样一份,溶解后,以酚酞为指示剂,滴至终点消耗标准酸液 V_1;另取相同质量的试样一份,溶解后以甲基橙为指示剂,用相同的标准溶液滴至终点,消耗酸液 V_2,问:(1)如果滴定中发现 $2V_1 = V_2$,则试样组成如何?(2)如果试样仅含等摩尔 NaOH 和 Na_2CO_3,则 V_1 与 V_2 有何数量关系?

7. 称取含 NaH_2PO_4 和 Na_2HPO_4 及其他惰性杂质的试样 1.000 g,溶于适量水后,以百里酚酞作指示剂,用 $0.1000 \text{ mol} \cdot \text{L}^{-1}$NaOH 标准溶液滴至溶液刚好变蓝,消耗 NaOH 标准溶液 20.00 mL,而后加入溴甲酚绿指示剂,改用 $0.1000 \text{ mol} \cdot \text{L}^{-1}$HCl 标准溶液滴至终点时,消耗 HCl 溶液 30.00 mL,试计算:(1)NaH_2PO_4 的质量分数;(2)Na_2HPO_4 的质量分数;(3)该 NaOH 标准溶液在甲醛法中对氮的滴定度。

8. 称取粗铵盐 1.000 g,加过量 NaOH 溶液,加热逸出的氨吸收于 56.00 mL

$0.250\ 0\ mol \cdot L^{-1} H_2SO_4$ 中,过量的酸用 $0.500\ 0\ mol \cdot L^{-1}$ NaOH 回滴,用去碱 21.56 mL,计算试样中 NH_3 的质量分数。

9. 蛋白质试样 0.232 0 g 经克氏法处理后,加浓碱蒸馏,用过量硼酸吸收蒸出的氨,然后用 $0.120\ 0\ mol \cdot L^{-1}$ HCl 21.00 mL 滴至终点,计算试样中氮的质量分数。

10. 含有 H_3PO_4 和 H_2SO_4 的混合液 50.00 mL 2 份,用 $0.100\ 0\ mol \cdot L^{-1}$ NaOH 滴定。第 1 份用甲基橙作指示剂,需 26.15 mL NaOH 到达终点;第 2 份用酚酞作指示剂需 36.03 mL NaOH 到达终点,计算试样中两种酸的浓度。

11. 已知试样可能含有 Na_3PO_4、Na_2HPO_4、Na_2PO_4 或它们的混合物,以及其他不与酸作用的物质。今称取试样 2.000 g,溶解后用甲基橙指示终点,以 $0.5000\ mol \cdot L^{-1}$ HCl 溶液滴定时需用 32.00 mL。同样质量的试样,当用酚酞指示终点,需用 HCl 标准溶液 12.00 mL,求试样中各组分的含量。

阅读材料　分析化学的发展现状及前景

分析化学处于迅速发展的变化之中,它的发展同现代科学技术的发展总是分不开的。一方面,现代科学技术对分析化学的要求越来越高。另一方面,又不断地向分析化学输送新的理论、方法和手段,使分析化学迅速发展。特别是近年来电子计算机与各类化学分析仪器的结合,更使分析化学的发展如虎添翼,不仅使仪器的自动控制和操作实现了高速、准确、自动化,而且在数据处理的软件系统和计算机终端设备方面也大大前进了一步。作为分析化学两大支柱之一的仪器分析发挥着越来越重要的作用,但对于常量组分的精确分析仍然主要依靠化学分析,即经典分析。化学分析和仪器分析两部分内容互相补充,化学分析仍是分析化学的一大支柱。美国 Analytical Chemistry 杂志 1991 年和 1994 年两次刊登同一作者的长文"经典分析的过去、现在和未来",强调重视经典分析的重要性。

现代分析化学已发展成为获取形形色色物质尽可能全面的信息、进一步认识自然、改造自然的科学。现代分析化学的任务已不只限于测定物质的组成及含量,而是要对物质的形态(氧化－还原态、络合态、结晶态)、结构(空间分布)、微区、薄层及化学和生物活性等作出瞬时追踪、无损和在线监测等分析及过程控制。随着计算机科学及仪器自动化的飞速发展,分析化学家也不能只满足于分析数据的提供,而是要和其它学科的科学家相结合,逐步成为生产和科学研究中实际问题的解决者。近些年来,在全世界科学界和分析化学界开展了"化学正走出分析化学"、"分析物理"、"分析科学"等热烈议论,反映了这次变革的深刻程度。

分析化学已经发展成为一门多学科为基础的综合性学科。诸多学科的理论和实际问题的解决越来越需要分析化学的参与。分析化学家的主导作用在生命科学、食品安全、环境科学材料科学等许多涉及人类健康和生命安全领域得到了充分发挥。

现代分析化学的发展主要是仪器分析。在电分析化学方面有极谱分析法、库仑分析法;在热化学分析法方面有热重量分析法、差热分析法;在光谱分析法方面有红外光谱法、紫外光谱法、分光光度法等。此外,还有 X 射线分析法、层析法、核磁共振法、阳极电子分析法等。这些都是 20 世纪以后发展起来的分析法,目前它们在分析化学领域中各领风骚。

技能训练一　HCl 和 NaOH 标准溶液的配制与标定

一、实验目的
(1)学习常用溶液的配制方法。
(2)掌握容量瓶和移液管的使用方法。
(3)掌握酸碱溶液浓度的标定方法。
(4)练习滴定操作,初步掌握准确确定终点的方法。
(5)熟悉甲基橙和酚酞指示剂的使用和终点的变化情况。

二、实验仪器与药品
实验仪器:酸式滴定管、碱式滴定管、锥形瓶、量筒、分析天平。
实验药品:浓盐酸($12\ mol\cdot L^{-1}$)、0.1% 酚酞指示剂、0.1% 甲基橙指示剂、固体氢氧化钠、$0.1\ mol\cdot L^{-1}$ HCl 标准溶液和 $0.1\ mol\cdot L^{-1}$ NaOH 标准溶液、邻苯二甲酸氢钾(AR)、无水碳酸钠(基准试剂)。

三、实验内容
1. $0.1\ mol\cdot L^{-1}$ HCl 标准溶液的配制

通过计算求出配制 1 L 0.1 $mol\cdot L^{-1}$ HCl 溶液所需浓盐酸的体积。用量筒量取浓盐酸,倾入洁净的烧杯中加少量蒸馏水稀释,转入 1 000 mL 容量瓶,再加蒸馏水至 1 L,充分摇匀,贮于具玻璃塞的试剂瓶中,贴上标签。

2. $0.1\ mol\cdot L^{-1}$ NaOH 标准溶液的配制

通过计算求出配制 1 L 0.1 $mol\cdot L^{-1}$ NaOH 溶液所需固体 NaOH 的质量。用小烧杯在天平上称取 NaOH 固体,加蒸馏水溶解,转入 1 000 mL 容量瓶,加蒸馏水至 1 L,充分摇匀,贮于具橡皮塞的试剂瓶中,贴上标签。

3. $0.1\ mol\cdot L^{-1}$ NaOH 标准溶液浓度的标定

在分析天平上准确称取 3 份分析纯邻苯二甲酸氢钾,每份为 0.5~0.6 g(精确至 0.000 1 g),放入 250 mL 锥形瓶中,加蒸馏水 50 mL,温热之,使之溶解。加酚酞指示剂 1~2 滴,用欲标定的 NaOH 溶液滴定,滴定至呈微红色 30 s 不褪色为终点。记下 NaOH 溶液的用量。3 份测定的相对平均偏差不大于 0.2%。

4. $0.1\ mol\cdot L^{-1}$ HCl 标准溶液的标定

用分析天平准确称取 0.13~0.15 g 无水 Na_2CO_3 3 份(精确至 0.000 1 g)。置于

250 mL 锥形瓶中,加蒸馏水 30 mL,充分摇动使 Na_2CO_3 完全溶解。加 1~2 滴甲基橙指示剂,用欲标定的 HCl 溶液滴定至溶液由黄色转变为橙色,记下 HCl 溶液的用量。

5. 数据记录与处理

(1)按下列公式计算 NaOH 的浓度:

$$c_{NaOH} = \frac{m \times 1\ 000}{V_{NaOH} \cdot M}$$

式中:m ——邻苯二甲酸氢钾的质量,g;

　　　M ——邻苯二甲酸氢钾的摩尔质量,g·mol^{-1};

　　　V_{NaOH} ——滴定消耗的 NaOH 体积,mL。

(2)按下列公式计算 HCl 的浓度:

$$c_{HCl} = \frac{2m \times 1\ 000}{V_{HCl} \cdot M}$$

式中:m ——无水碳酸钠的质量,g;

　　　M ——碳酸钠的摩尔质量,g·mol^{-1};

　　　V_{HCl} ——滴定消耗的 HCl 体积,mL。

四、实验思考题

(1)用邻苯二甲酸氢钾为基准物质标定 0.1 mol·L^{-1} NaOH 溶液时,基准物质称取量如何计算?

(2)用碳酸钠为基准物质标定 HCl 溶液时,为什么不用酚酞作指示剂?

(3)用于标定的锥形瓶,其内壁是否要预先干燥,为什么?

五、技能考核评分标准

序号	评分点	配分	评分标准		扣分	得分	考评员
1	浓盐酸的量取	4	量筒的读数正确	(4分)			
2	稀盐酸的配制	8	稀盐酸的转移操作正确	(2分)			
			加蒸馏水至容量瓶的正确位置	(3分)			
			容量瓶摇匀	(3分)			
3	稀盐酸的贮存	4	稀盐酸转移至试剂瓶操作正确	(2分)			
			试剂瓶贴标签	(2分)			
4	电子天平称量操作	10	称量瓶放置正确	(2分)			
			倾出试样操作符合要求	(4分)			
			开关天平门操作正确	(2分)			
			读数及记录正确	(2分)			

序号	评分点	配分	评 分 标 准		扣分	得分	考评员
5	滴定前的准备	16	洗涤符合要求	(2分)			
			检查滴定管是否漏液	(3分)			
			用待滴定溶液润洗	(4分)			
			装液正确	(2分)			
			排空气	(3分)			
			调刻度	(2分)			
6	样品的滴定操作	30	加指示剂操作正确	(2分)			
			滴定姿势正确	(4分)			
			滴定速度恰当	(3分)			
			摇瓶操作正确	(3分)			
			淋洗锥形瓶内壁	(3分)			
			滴定后补充溶液操作正确	(2分)			
			半滴溶液的加入恰当	(4分)			
			终点判断准确	(3分)			
			滴定管的读数正确	(3分)			
			平行操作的重复性好	(3分)			
7	滴定后的结束工作	4	洗涤仪器	(2分)			
			台面清洁	(2分)			
8	分析结果	14	记录准确	(7分)			
			结果与参照值比较误差不大	(7分)			
9	考核时间	10	考核时间为90 min。超过时间5 min扣2分,超过10 min扣4分,以此类推,直至本题分数扣完为止				

技能训练二　酸碱滴定分析

一、实验目的

(1)练习滴定操作,学习判断滴定终点。

(2)练习滴定管等仪器的洗涤。

二、实验仪器与药品

实验仪器:锥形瓶、酸式滴定管、碱式滴定管。

实验药品:$0.1\ mol \cdot L^{-1}$ HCl 溶液、$0.1\ mol \cdot L^{-1}$ NaOH 溶液、0.1%甲基橙指示剂、0.1%酚酞指示剂。

三、实验内容

1. 操作步骤

(1)按要求洗涤酸式和碱式滴定管各一支。

(2)将已配制的 $0.1\ mol \cdot L^{-1}$ NaOH 溶液装入碱式滴定管中,调节至0.00刻度。再将已配制的 $0.1\ mol \cdot L^{-1}$ HCl 溶液装入酸式滴定管中,调节好零点。

(3)以 10 mL·min^{-1}的速度放出 20.00 mL NaOH 溶液至 250 mL 锥形瓶中。加入 2 滴甲基橙指示剂,用 0.1 mol·L^{-1}HCl 溶液滴定至溶液由黄变橙,记下读数。再自碱式滴定管中放出 2.00 mLNaOH 溶液(此时碱式滴定管读数为 22.00 mL),继续用 HCl 溶液滴定至橙色,记下读数。如此继续,每次加入 2.00 mL 碱溶液,得到一系列(滴定 3 次以上)HCl 滴定数据(累计体积),求各次滴定的体积比 V_{HCl}/V_{NaOH}。

(4)以 10 mL·min^{-1}的速度放出 20.00 mL 0.1 mol·L^{-1}HCl 溶液于锥形瓶中,加入 2 滴酚酞指示剂,用 0.1 mol·L^{-1}NaOH 溶液滴定至微红色且在 30 s 不褪,记下读数。再向锥形瓶中放入 2.00 mL 0.1 mol·L^{-1}HCl 溶液(酸式滴定管读数为 22.00 mL);继续用 NaOH 溶液滴定至终点。重复滴定 3 次以上,求出 V_{HCl}/V_{NaOH} 的值,要求测定结果的相对平均偏差在 0.2% 以内。

2. 数据记录

(1)以甲基橙为指示剂

测定次数	1	2	3
$V_{HCl(终)}$/mL			
$V_{HCl(初)}$/mL	0.00	0.00	0.00
V_{HCl}/mL			
$V_{NaOH(终)}$/mL			
$V_{NaOH(初)}$/mL	0.00	0.00	0.00
V_{NaOH}/mL			
V_{HCl}/V_{NaOH}			
V_{HCl}/V_{NaOH}			
绝对偏差			
平均偏差			
相对平均偏差			

(2)以酚酞为指示剂

测定次数	1	2	3
$V_{HCl(终)}$/mL			
$V_{HCl(初)}$/mL	0.00	0.00	0.00
V_{HCl}/mL			
$V_{NaOH(终)}$/mL			
$V_{NaOH(初)}$/mL	0.00	0.00	0.00
V_{NaOH}/mL			
V_{HCl}/V_{NaOH}			
V_{HCl}/V_{NaOH}			
绝对偏差			
平均偏差			
相对平均偏差			

四、实验思考题

(1)锥形瓶是否需用盛放的溶液洗涤？是否要干燥？为什么？

(2)在实验中读取溶液体积时，为什么要读累积体积？

(3)若用酸溶液滴定碱溶液时，能否用酚酞作指示剂？

五、技能考核评分标准

序号	评分点	配分	评 分 标 准		扣分	得分	考评员
1	滴定前的准备	26	洗涤符合要求	（3分）			
			检查滴定管是否漏液	（4分）			
			用待滴定溶液润洗	（6分）			
			装液正确	（4分）			
			排空气	（5分）			
			调刻度	（4分）			
2	样品的滴定操作	40	加指示剂操作正确	（3分）			
			滴定姿势正确	（5分）			
			滴定速度恰当	（4分）			
			摇瓶操作正确	（4分）			
			淋洗锥形瓶内壁	（4分）			
			滴定后补充溶液操作正确	（3分）			
			半滴溶液的加入恰当	（5分）			
			终点判断准确	（4分）			
			滴定管的读数正确	（4分）			
			平行操作的重复性好	（4分）			
3	滴定后的结束工作	10	洗涤仪器	（5分）			
			台面清洁	（5分）			
4	分析结果	14	记录准确	（7分）			
			结果与参照值比较误差不大	（7分）			
5	考核时间	10	考核时间为90 min。超过时间5 min扣2分，超过10 min扣4分，以此类推，直至本题分数扣完为止				

7

沉淀平衡与沉淀滴定法

基本知识与基本技能

1. 了解沉淀－溶解平衡、重量分析法及沉淀滴定法。
2. 理解影响沉淀的类型及影响沉淀溶解度的主要因素。
3. 掌握沉淀的生成、过滤、灼烧等基本操作技能及步骤。

7.1　溶度积规则及应用

7.1.1　溶度积常数

固态溶质在液态溶剂中溶解后便形成均相溶液。严格地说，绝对不溶解的"不溶物"是不存在的，只是溶解的程度不同而已。就水作溶剂而言，习惯上把溶解度小于 0.01 g$/100$ gH_2O 的物质叫做难溶物。例如我们常见的 $AgCl$、$BaSO_4$ 都是难溶的强电解质。将晶态的 $BaSO_4$ 放入水中，表面上的 Ba^{2+} 及 SO_4^{2-} 离子受到水分子偶极矩作用，部分 Ba^{2+} 及 SO_4^{2-} 离子离开晶体表面而进入溶液，这个过程就是溶解。同时，随着溶液中 Ba^{2+} 及 SO_4^{2-} 离子浓度的逐渐增加，它们又受到晶体表面正负离子的吸引，重新返回晶体表面，这就是沉淀。在一定温度下，当沉淀和溶解速率相等时，就达到 $BaSO_4$ 沉淀溶解平衡，所得溶液即为该温度下 $BaSO_4$ 的饱和溶液。$BaSO_4$ 虽然难溶，但溶解的部分却可完全电离。与酸碱平衡不同，难溶电解质与其饱和溶液中的水合离子之间的沉淀溶解平衡属于多相离子平衡。如：

$$BaSO_4(s) \rightleftharpoons BaSO_4(aq) \rightleftharpoons Ba^{2+}(aq) + SO_4^{2-}(aq)$$

这是一个多相离子平衡体系，为了方便通常简写为：

$$BaSO_4(s) \rightleftharpoons Ba^{2+}(aq) + SO_4^{2-}(aq)$$

溶解度是针对饱和溶液而言的，也就是说，到达溶解平衡时的溶液是饱和溶液。沉淀溶解平衡是一个动态平衡，与电离平衡一样，当达到沉淀溶解平衡时，服从化学平衡定律，有平衡常数 $K^{\ominus}$，表示为：

$$K^{\ominus} = \frac{[Ba^{2+}][SO_4^{2-}]}{[BaSO_4]}$$

式中, $[BaSO_4]$ 是未溶解的固体的浓度, 常把它归并入常数的 $K^{\ominus}$ 中, 写作:

$$K_{sp}^{\ominus} = [Ba^{2+}][SO_4^{2-}]$$

式中 $K_{sp}^{\ominus}$ 称为溶度积常数, 和其他平衡常数一样, 它也随温度的变化而变化。例如, $BaSO_4$ 的溶度积在 298 K 时为 $K_{sp}^{\ominus} = 1.08 \times 10^{-10}$, 323 K 时 $K_{sp}^{\ominus} = 1.98 \times 10^{-10}$。可见 $BaSO_4$ 的 $K_{sp}^{\ominus}$ 随温度的升高而增大, 但是变化幅度不大。$K_{sp}^{\ominus}$ 和浓度无关, 只要体系达到沉淀溶解平衡, 有关物质的浓度就必然满足类似于上式所示的关系。

对于一般的沉淀物质 $A_m B_n(s)$ 来说, 在一定温度下, 其饱和溶液的沉淀溶解平衡为:

$$A_m B_n(s) \rightleftharpoons m A^{n+}(aq) + n B^{m-}(aq)$$
$$K_{sp}^{\ominus} = [A^{n+}]^m [B^{m-}]^n$$

根据热力学推导, 严格地说, 难溶电解质饱和溶液中离子活度幂的乘积等于常数。即:

$$a_{A^{n+}}^m \cdot a_{B^{m-}}^n = [A^{n+}]^m [B^{m-}]^n \gamma_{A^{n+}}^m \gamma_{B^{m-}}^n = K_{sp}^{\ominus}$$

只有当难溶电解质溶解度很小时, 离子强度也较小, 一般近似认为离子的活度系数约等于 1 时, 可利用浓度代替活度来进行计算, 离子浓度幂的乘积才近似等于 $K_{sp}^{\ominus}$。一般溶度积表中所列的 $K_{sp}^{\ominus}$ 是在很稀的溶液中没有其他离子存在时的数值。实际上溶解度是随其他离子存在的情况不同而变化的。因此, 溶度积 $K_{sp}^{\ominus}$ 只在一定条件下才是一个常数。在我们经常接触的计算中, 溶液的浓度一般很低, 离子强度也较小, 可以用浓度代替活度进行计算。所以溶度积 $K_{sp}^{\ominus}$ 可定义为, 在一定温度下, 难溶电解质的饱和溶液中各离子浓度的幂次方乘积为一常数。

$K_{sp}^{\ominus}$ 与其他平衡常数一样, 与温度和物质本性有关, 而与离子浓度无关, 在实际应用中常采用 25 ℃时溶度积数值。

7.1.2 溶解度与溶度积

溶解度表示物质的溶解能力, 以 s 表示, 它随其他离子存在的情况不同而改变, (溶解度以物质的量浓度表示, 单位为 $mol \cdot L^{-1}$)。溶度积反映了难溶电解质的固体和溶解离子间的浓度关系, 也就是说, 只在一定条件下才是常数, 但如果溶液中的离子浓度变化不太大, 溶度积数值在数量级上一般不发生改变, 所以它也表示了物质的溶解能力。我们来看一下两者在表达不同类型难溶物溶解程度时的换算。

【例 7-1】 15 mg CaF_2 溶解于 1 L 的水中形成饱和溶液, 求 CaF_2 的溶度积常数 $K_{sp}^{\ominus}$。(已知 CaF_2 的相对分子质量为 78.1)

解:先把溶解度转变成浓度, 溶解度 s 为:

$$s = \frac{m}{MV} = \frac{0.015}{78.1 \times 1} = 1.9 \times 10^{-4} \ mol \cdot L^{-1}$$

$$CaF_2(aq) \rightleftharpoons Ca^{2+} + 2F^-$$

$$K_{sp}^{\ominus} = [\mathrm{Ca}^{2+}][\mathrm{F}^-]^2 = s(2s)^2 = 4s^3 = 2.7 \times 10^{-11}$$

【例 7 - 2】 已知 25 ℃时, $\mathrm{Fe(OH)}_3$ 的 $K_{sp}^{\ominus} = 2.64 \times 10^{-39}$, 求 $\mathrm{Fe(OH)}_3$ 的溶解度。

解:平衡时,得到:

$$\mathrm{Fe(OH)}_3 \Longrightarrow \mathrm{Fe}^{3+} + 3\mathrm{OH}^-$$

$$s \qquad s \qquad 3s$$

饱和溶液中 $[\mathrm{Fe}^{3+}]$ 与 $\mathrm{Fe(OH)}_3$ 的溶解度 s 一致,则:

$$K_{sp}^{\ominus} = [\mathrm{Fe}^{3+}][\mathrm{OH}^-]^3 = s(3s)^3 = 27s^4 = 2.64 \times 10^{-39}$$

$$s = 9.94 \times 10^{-11} \mathrm{mol \cdot L}^{-1}$$

从上面例子可以总结出如下几点结论。

(1) AB 型难溶电解质(1:1 型,如 AgX、CaCO_3 等)。溶解度为 s,则:

$$\mathrm{AB(s)} \Longrightarrow \mathrm{A}^+(\mathrm{aq}) + \mathrm{B}^-(\mathrm{aq})$$

$$s \qquad s \qquad s$$

$$K_{sp}^{\ominus} = [\mathrm{A}^+][\mathrm{B}^-] = s^2$$

$$s = \sqrt{K_{sp}^{\ominus}}$$

(2) $\mathrm{A}_2\mathrm{B}(\mathrm{AB}_2)$ 型难溶电解质(2:1、1:2 型,如 $\mathrm{Ag}_2\mathrm{CrO}_4$、$\mathrm{Cu}_2\mathrm{S}$ 等)。溶解度为 s,则:

$$\mathrm{A}_2\mathrm{B(s)} \Longrightarrow 2\mathrm{A}^+(\mathrm{aq}) + \mathrm{B}^{2-}(\mathrm{aq})$$

$$s \qquad 2s \qquad s$$

$$K_{sp}^{\ominus} = [\mathrm{A}^+]^2[\mathrm{B}^-] = s(2s)^2 = 4s^3$$

$$s = \sqrt[3]{K_{sp}^{\ominus}/4}$$

(3) $\mathrm{A}_3\mathrm{B}(\mathrm{AB}_3)$ 型难溶电解质(3:1、1:3 型,如 $\mathrm{Fe(OH)}_3$、$\mathrm{A(OH)}_3$ 等)。溶解度为 s,

同理可得 $s = \sqrt[4]{K_{sp}^{\ominus}/27}$。

此种溶解度算法不适用于发生显著水解的难溶电解质(如 $\mathrm{Al}_2\mathrm{S}_3$ 等),也不适用于难溶的弱电解质以及某些易于在溶液中以离子对 $\mathrm{A}^+\mathrm{B}^-$ 形式存在的难溶电解质。

对于同类型的难溶电解质($\mathrm{Ag}_2\mathrm{S}$、$\mathrm{Ag}_2\mathrm{CrO}_4$、$\mathrm{Cu}_2\mathrm{S}$ 等),在相同温度下,$K_{sp}^{\ominus}$ 越大,溶解度也越大,反之,则越小。对于不同类型的难溶电解质(AgCl、$\mathrm{Ag}_2\mathrm{CrO}_4$ 等),则不能用 $K_{sp}^{\ominus}$ 来比较其溶解度的大小,参见表 7.1。

表 7.1 不同类型的难溶电解质的 $K_{sp}^{\ominus}$ 与 s 的比较

物质	$K_{sp}^{\ominus}$	$s/(\mathrm{mol \cdot L}^{-1})$
AgCl	1.8×10^{-10}	1.3×10^{-5}
$\mathrm{Ag}_2\mathrm{CrO}_4$	1.1×10^{-12}	6.5×10^{-5}
AgBr	5.4×10^{-13}	7.3×10^{-7}
AgI	8.5×10^{-17}	9.2×10^{-9}

思考与练习 7 – 1

1. 何谓溶解度? 何谓溶度积? 两者有何关系?

2. 已知下列各难溶电解质的溶解度或每升溶液中所含难溶电解质的质量,计算它们的溶度积。

(1)CaC_2O_4 的溶解度为 5.07×10^{-5} mol·L^{-1}。

(2)Ag_2CrO_4 的溶解度为 3.68×10^{-3} mol·L^{-1}。

(3)碳酸银饱和溶液中,每升含 Ag_2CO_3 0.035 g。

3. 已知 $Mg(OH)_2$ 的 $K_{sp}^{\ominus} = 1.8 \times 10^{-11}$,计算以下各题。

(1)$Mg(OH)_2$ 在水中的溶解度。

(2)在饱和溶液中的 $[OH^-]$ 和 $[Mg^{2+}]$。

(3)在饱和溶液中加入 $MgCl_2$ 溶液,其浓度为 0.01 mol·L^{-1}时的 $Mg(OH)_2$ 的溶解度。

(4)在饱和溶液中加入 NaOH 溶液,NaOH 浓度为 0.01 mol·L^{-1},求$[Mg^{2+}]$。

4. 用 2.0×10^{-3} mol·L^{-1} $MnCl_2$ 溶液和 0.1 mol·L^{-1} $NH_3·H_2O$ 溶液各 100 mL 相互混合,问在氨水中应含有多少克 NH_4Cl 才不致于生成 $Mn(OH)_2$ 沉淀? 已知 $K_{sp,Mn(OH)_2}^{\ominus} = 1.9 \times 10^{-13}$。

5. 往含有浓度为 0.1 mol·L^{-1} $NH_3·H_2O$ 的 $MnSO_4$ 溶液中滴加 Na_2S 溶液,试问是先生成 MnS 沉淀,还是先生成 $Mn(OH)_2$ 沉淀?

阅读材料　果汁乳酸菌饮料产生沉淀的原因

乳酸菌饮料和调酸乳饮料是 2 个不同的品种。调酸乳饮料是通过往牛乳中添加酸味剂,使其 pH 值达到人们所喜爱的酸度(一般在 3.8 ~ 4.2)的一种饮料,通常使用的酸味剂为柠檬酸、苹果酸等有机酸;而乳酸菌饮料则是发酵乳稀释而成的酸性饮料,其酸味主要来源于发酵剂所产生的乳酸,相对于前者其酸味更柔和,更符合人们的口味。当乳酸菌饮料酸度不够时还可选择性添加少量的有机酸。

果汁乳酸菌饮料是当前乳酸菌饮料中的重要产品,它是在乳酸菌饮料中添加果汁制成的,其蛋白质含量在 0.7% ~ 1.0% 之间,而原果汁量一般在 5% ~ 20% 之间。果汁乳酸菌饮料不仅具有乳酸菌类产品的营养及功能,还具有因加入果汁而带来的各种水果的营养及功能。果汁乳酸菌饮料不但为人体提供蛋白质、脂肪等必需的营养物质,而且乳酸菌发酵所产生的乳酸、醋酸等有机酸及细菌素,具有抑制病原菌微生物繁殖,促进胃肠蠕动,调节肠道功能,减少致癌物质与上皮细胞的接触,形成不利于粪便酶作用的环境从而降低血液毒素水平及血清中胆固醇等多种功能,对常见的消化道疾病有预防和治疗作用。

目前,对如何保持果汁乳酸菌饮料的稳定性还没有一个完美的解决方案。导致果汁乳酸菌饮料质量不够稳定的原因如下。

1. 牛乳中80%的蛋白质是酪蛋白,其等电点的pH值在4.6左右。牛乳本身是一种稳定的胶体体系,各胶粒间主要的作用力是范德华力和静电斥力,当胶粒斥力位能大于引力的绝对值时,胶体溶液是稳定的;反之,蛋白质就会彼此接近,发生凝聚而出现絮状物或沉淀。因此,当果汁乳酸菌饮料的pH值调整到酪蛋白等电点附近时,酪蛋白就会因失去同性的电荷斥力,凝聚形成大分子,产生沉淀。另外,酪蛋白微粒表面具有疏水集团,这使得微粒团彼此易聚合成串,形成凝胶。该凝胶在进行均质处理时,又被转化成悬浮微粒,而后续的加热处理会使微粒聚合成团,并失去水分而变硬,导致饮品口感粗糙或发生沉淀。

2. 酪蛋白的溶解分散性受盐类浓度的影响很大,一般在低浓度的中性盐溶液中容易溶解,但当盐类的浓度提高时,其溶解度也随之下降,容易发生凝聚而产生沉淀。

3. 牛乳中含有较多的Ca^{2+},当调整果汁乳酸菌饮料的pH值至酪蛋白等电点以下时,酪蛋白的结构会发生变化并产生凝絮,机械搅拌会破坏凝胶结构而形成凝絮悬浮液。此时,Ca^{2+}是以游离状态存在的,易与酪蛋白之间发生凝聚,经长时间放置后会发生分层现象。当果汁乳酸菌饮料被加热时,蛋白质颗粒会因水膜破坏而相互接触,形成一种沙质结构沉淀。又因为生产发酵乳时,牛乳需经加热处理,菌种作用等,这使酪蛋白与Ca^{2+}发生聚合,生成许多细小的颗粒,而这些颗粒很容易失去平衡而发生沉淀。

4. 果汁本身也是一类水和细小微粒组成的混合物,在一定的条件下,也容易出现沉淀。

5. 果汁添加到乳酸菌饮料中,乳中的蛋白质很容易与各类果汁中的果酸、果胶、单宁等物质发生凝聚而发生沉淀。

7.2　沉淀－溶解平衡

7.2.1　沉淀的生成与溶解

1. 沉淀的生成

根据溶度积原理,当$Q > K_{sp}^{\ominus}$时,沉淀从溶液中析出。

【例7-3】　向$0.10\ mol \cdot L^{-1}$ $ZnCl_2$溶液中通入H_2S气体到饱和($0.10\ mol \cdot L^{-1}$)时,溶液中刚好有ZnS沉淀生成,求此时溶液的$[H^+]$。

分析:此题涉及沉淀－溶解平衡和弱酸的电离平衡,S^{2-}会与Zn^{2+}处于沉淀－溶解平衡,而S^{2-}的浓度受$[H^+]$对H_2S的电离影响,因而应先求$[S^{2-}]$,再求$[H^+]$。

解:(1)
$$ZnS \rightleftharpoons S^{2-} + Zn^{2+}$$
$$K_{sp}^{\ominus} = [Zn^{2+}] \cdot [S^{2-}]$$

故
$$[S^{2-}] = K_{sp}^{\ominus} / [Zn^{2+}] = 2.0 \times 10^{-21} \text{ mol} \cdot L^{-1}$$

(2)
$$H_2S \rightleftharpoons 2H^+ + S^{2-}$$
$$K_1 K_2 = [H^+]^2 \cdot [S^{2-}] / [H_2S]$$

故
$$[H^+] = (K_1 \cdot K_2 \cdot [H_2S] / [S^{2-}])^{1/2} = 0.21 \text{ mol} \cdot L^{-1}$$

2. 沉淀的溶解

根据溶度积原理,当 $Q < K_{sp}^{\ominus}$ 时,沉淀将要发生溶解,可通过氧化还原或生成配合物减小 Q,或使有关离子生成弱电解质等都可使 $Q > K_{sp}^{\ominus}$,这里着重讨论酸碱电离平衡对沉淀溶解平衡的影响。

【例 7-4】 以硫化物为例,要使 0.01 mol 的 SnS 溶于 1 L 盐酸中,则需盐酸的初始浓度是多少?

解:设盐酸的初始浓度为 x mol·L^{-1}。

$$SnS + 2H^+ \qquad\qquad Sn^{2+} + H_2S$$

初始浓度/(mol·L^{-1}) $\qquad\qquad x$

平衡浓度/(mol·L^{-1}) $\qquad\quad x - 0.02 \quad 0.01 \quad 0.01$

则
$$K = \frac{[H_2S][Sn^{2+}]}{[H^+]^2} = \frac{[H_2S][Sn^{2+}][S^{2-}]}{[H^+]^2[S^{2-}]} = \frac{K_{sp,SnS}^{\ominus}}{K_1 \cdot K_2} = 1.08 \times 10^{-4}$$

所以
$$[H^+] - 0.02 = \sqrt{\frac{[H_2S][Sn^{2+}]}{K}} = 0.96$$

把有关数据带入解得 $[H^+] = 0.98$ mol·L^{-1}。

3. 分步沉淀

在溶液中存在不同离子,若它们与加入的另一种离子都会产生沉淀,则先后产生沉淀的现象称分步沉淀。而沉淀的产生先后取决于它们各自的 $K_{sp}^{\ominus}$,$K_{sp}^{\ominus}$ 越小的越先产生沉淀。分步沉淀常应用于离子的分离。

【例 7-5】 溶液中 Cl^-、I^- 浓度都为 0.010 mol·L^{-1},慢慢滴入 $AgNO_3$ 能否把它们分离。(已知 $K_{sp,AgCl}^{\ominus} = 1.8 \times 10^{-10}$,$K_{sp,AgI}^{\ominus} = 9.3 \times 10^{-17}$)

解:因为 $K_{sp,AgCl}^{\ominus} > K_{sp,AgI}^{\ominus}$,所以 AgI 沉淀先产生。

当 AgI 完全沉淀时,Ag^+ 的浓度为:
$$[Ag^+] = K_{sp,AgI}^{\ominus} / [I^-] = 9.3 \times 10^{-15}$$

而此时 AgCl 的反应熵 Q 为:
$$Q_{AgCl} = [Ag^+][Cl^-] = 9.3 \times 10^{-15} \times 0.01 = 9.3 \times 10^{-13}$$

所以,$Q_{AgCl} < K_{sp,AgCl}^{\ominus}$,还没有 AgCl 沉淀产生,因此可以把 Cl^-、I^- 分离。

而当 AgCl 开始析出时,$[Ag^+]$ 和 $[I^-]$ 的浓度分别为:
$$[Ag^+] = K_{sp,AgCl}^{\ominus} / [Cl^-] = 1.8 \times 10^{-8}$$

$$[I^-] = K_{sp,AgI}^{\ominus}/[Ag^+] = 5.2 \times 10^{-9}$$

4. 沉淀的转化

由一种沉淀转化为另外一种沉淀的过程称为沉淀转化,一般有以下两种转化情况。

(1) $K_{sp}^{\ominus}$ 大的向 $K_{sp}^{\ominus}$ 小的转化,比较容易。例如,$BaCO_3$ 的 $K_{sp}^{\ominus} = 5.1 \times 10^{-9}$,$BaCrO_4$ 的 $K_{sp}^{\ominus} = 1.2 \times 10^{-10}$,向 $BaCO_3$ 的饱和溶液加入 K_2CrO_4,各自电离反应为:

$$BaCO_3 \rightleftharpoons Ba^{2+} + CO_3^{2-}$$

$$K_2CrO_4 \rightleftharpoons 2K^+ + CrO_4^{2-}$$

由于的 $K_{sp,BaCO_3}^{\ominus} > K_{sp,BaCrO_4}^{\ominus}$,故有如下反应:

$$Ba^{2+} + CrO_4^{2-} \rightleftharpoons BaCrO_4$$

因而,只要加入的 K_2CrO_4 足量,就可以把 $BaCO_3$ 全部转化为 $BaCrO_4$。

(2) $K_{sp}^{\ominus}$ 小的向 $K_{sp}^{\ominus}$ 大的转化比较困难。例如,$BaCO_3$ 和 $BaCrO_4$ 同时存在,要 $BaCrO_4$ 全部转化为 $BaCO_3$ 的条件是:

$$K_{sp,BaCrO_4}^{\ominus} = [Ba^{2+}][CrO_4^{2-}] = 1.2 \times 10^{-10}$$

$$K_{sp,BaCO_3}^{\ominus} = [Ba^{2+}][CO_3^{2-}] = 5.1 \times 10^{-9}$$

两式相除　　　　　　$$[CrO_4^{2-}]/[CO_3^{2-}] = 0.02$$

所以,只有保持 $[CrO_4^{2-}] < 50[CO_3^{2-}]$,才能使 $BaCrO_4$ 全部转化为 $BaCO_3$。

7.2.2 影响沉淀溶解度的因素

影响沉淀溶解度的因素很多,如同离子效应、盐效应、酸效应及配位效应。此外,温度、溶剂、沉淀的颗粒大小和结构,也对溶解度有影响,下面分别讨论。

1. 同离子效应

若要沉淀完全,溶解损失应尽可能小。对重量分析法来说,沉淀溶解损失的量不超过一般称量的精确度(0.2 mg),即处于允许的误差范围之内。但一般沉淀很少能达到此要求。例如,用 $BaCl_2$ 将 SO_4^{2-} 沉淀成 $BaSO_4$,$K_{sp,BaSO_4} = 8.7 \times 10^{-11}$,当加入 $BaCl_2$ 的量与 SO_4^{2-} 的量符合化学计量关系时,在 200 mL 溶液中溶解的 $BaSO_4$ 质量为:

$$\sqrt{8.7 \times 10^{-11}} \times 233 \times \frac{200}{1\ 000} = 0.000\ 4 \text{ g} = 0.4 \text{ mg}$$

显然,这已远小于允许溶解损失的质量,可以认为已经沉淀完全。因此,在进行重量分析确定沉淀剂用量时,常加入过量沉淀剂,利用同离子效应来降低沉淀的溶解度,以使沉淀完全。沉淀剂过量的程度应根据沉淀剂的性质来确定,若沉淀剂不易挥发,应过量少些,如过量 20% ~ 50%;若沉淀剂容易挥发除去,则可过量多些,甚至过量 100%。

必须指出,沉淀剂决不能加得太多,否则可能发生其他影响(如盐效应、配位效应等),反而使沉淀的溶解度增大。

2. 盐效应

在难溶电解质的饱和溶液中,加入其他强电解质,会使难溶电解质的溶解度比同温度时在纯水中的溶解度增大,这种现象称为盐效应。例如,在 KNO_3 强电解质存在的情况下,$AgCl$、$BaSO_4$ 的溶解度比在纯水中的大,而且溶解度随强电解质的浓度增大而增大,当溶液中 KNO_3 的浓度由 0 增大到 $0.01 \, mol \cdot L^{-1}$ 时,$AgCl$ 的溶解度则由 $1.28 \times 10^{-5} \, mol \cdot L^{-1}$ 增大到 $1.43 \times 10^{-5} \, mol \cdot L^{-1}$。

发生盐效应的原因是由于离子的活度系数与溶液中加入的强电解质的种类和浓度有关。当强电解质的浓度增大到一定程度时,离子强度增大而使离子活度系数明显减小。但在一定温度下 K_{sp} 是常数,因而 $[M^+][A^-]$ 必然要增大,使沉淀的溶解度增大。因此在利用同离子效应降低沉淀溶解度时,还应考虑到盐效应的影响,即沉淀剂不能过量太多。

应该指出,如果沉淀本身的溶解度很小,一般来讲,盐效应的影响很小,可以不予考虑。只有当沉淀的溶解度比较大,而且溶液的离子强度很高时,才考虑盐效应的影响。

3. 酸效应

溶液的酸度对沉淀溶解度的影响称为酸效应。酸效应的发生主要是由于溶液中 H^+ 浓度的大小对弱酸、多元酸或难溶酸离解平衡有影响。若沉淀是强酸盐,如 $BaSO_4$、$AgCl$ 等,其溶解度受酸度影响不大;若沉淀是弱酸或多元酸盐,如 CaC_2O_4、$Ca_3(PO_4)_2$,或难溶酸(如硅酸、钨酸)以及许多与有机沉淀剂形成的沉淀,则酸效应就很显著。

4. 配位效应

若溶液中存在配位剂,它能与生成沉淀的离子形成配合物,则它会使沉淀溶解度增大,甚至不产生沉淀,这种现象称为配位效应。例如用 Cl^- 沉淀 Ag^+ 时:

$$Ag^+ + Cl^- \Longrightarrow AgCl \downarrow$$

若溶液中有氨水,NH_3 能与 Ag^+ 配位,形成 $[Ag(NH_3)_2]^+$ 配离子,因而在 $0.01 \, mol \cdot L^{-1}$ 氨水中 $AgCl$ 的溶解度比在纯水中的溶解度大 40 倍。如果氨水的浓度足够大,则不能生成 $AgCl$ 沉淀。又如 Ag^+ 溶液中加入 Cl^-,最初生成 $AgCl$ 沉淀,但若继续加入过量的 Cl^-,则 Cl^- 能与 $AgCl$ 配位形成 $AgCl_2^-$ 和 $AgCl_3^{2-}$ 等配位离子,而使 $AgCl$ 沉淀逐渐溶解。$AgCl$ 在 $0.01 \, mol \cdot L^{-1}$ HCl 溶液中的溶解度比在纯水中的溶解度小,这时同离子效应是主要的;若 $[Cl^-]$ 增到 $0.5 \, mol \cdot L^{-1}$,则 $AgCl$ 的溶解度超过纯水中的溶解度,此时配位效应的影响已超过同离子效应;若 $[Cl^-]$ 更大,由于配位效应起主要作用,$AgCl$ 沉淀就可能不出现。因此用 Cl^- 沉淀 Ag^+ 时,必须严格控制 Cl^- 浓度。应该指出,配位效应使沉淀溶解度增大的程度与沉淀的溶度积和形成配合物的稳定常数的相对大小有关。可以得出结论,形成的配合物越稳定,配位效应越显著,沉淀的溶解度越大。

依据以上讨论的共同离子效应、盐效应、酸效应和配位效应对沉淀溶解度的影响程度,在进行沉淀反应时,对无配位反应的强酸盐沉淀,应主要考虑共同离子效应和盐效应;对弱酸盐或难溶酸盐,应主要考虑酸效应;在有配位反应,尤其在能形成较稳定的配合物而沉淀的溶解度又不太小时,则应主要考虑配位效应。

思考与练习 7-2

1. 如何使沉淀溶解或转化?
2. 何谓分步沉淀?影响沉淀顺序的因素有哪些?为什么?
3. 下面说法对不对,为什么?
(1)两难溶电解质作比较时,溶度积小的,溶解度一定小。
(2)欲使溶液中某离子沉淀完全,加入的沉淀剂应该是越多越好。
(3)所谓沉淀完全就是用沉淀将溶液中某一离子除净。
4. 影响沉淀溶解度的因素有哪些?它们是如何影响沉淀溶解度的?对重量分析有何不良影响?

阅读材料　氯化钙——聚合氯化铝处理高含氟废水

氟是一种微量元素,饮用适量含氟水对人体有益,长期饮用高氟水,则会导致慢、急性氟中毒,如骨硬化,瘫痪甚至死亡。1988 年国家颁布的《污水综合排放标准》(GB8978-88)中规定,新扩改企业对外排放含氟废水,氟化物不得超过 10 mg/L。为解决某铝加工工厂含氟废水达标排放的问题,利用同离子效应理论,并将其应用于该含氟废水的处理,提出了污水厂处理的工艺。

同离子效应理论认为,在难溶电解质的饱和溶液中,加入含有同离子的另一电解质时,原有的电解质浓度降低。溶液能否有沉淀析出,是根据溶度积规则来判断。

CaF_2 的溶度积公式为:$Sp = [Ca^{2+}][2F^-]^2$

式中:Sp-溶度积常数;$[Ca^{2+}]$-溶液中 Ca^{2+} 浓度(mol);$[2F^-]$-溶液中 F^- 浓度(mol)。因分子为 AB_2 型,固为 $2F^-$。

溶度积常数 Sp 只是随温度变化。当温度一定时,Sp 为一定值。从(2)式可以看出,提高溶液中 Ca^{2+} 的浓度,F^- 浓度就会降低,从而使 CaF_2 的溶解度下降。

在实际中发现,用 $CaCl_2$ 处理含氟废水,当加入定量的 $CaCl_2$ 搅拌一段时间时,并未观察到废水中有沉淀生成,这是因为 CaF_2 是一种细微的结晶(粒径小于 3 μm 的颗粒占 60% 左右),根据斯托克斯公式,细小微粒的沉降速度与颗粒粒径的平方成正比,所以 CaF_2 的自然沉降速度很慢,如不经过凝聚难以沉降。当向溶液中加入 NaOH,再搅拌时发现水溶液变浊,成牛奶状液体。当 pH 控制在 12~13 时,除氟效果较好。这应该是 NaOH 的加入,生成部分 $Ca(OH)_2$,CaF_2 沉淀包裹在 $Ca(OH)_2$ 颗粒表面加速了 CaF_2 沉淀的生成,且加大了 CaF_2 沉淀的体积,使其沉降速度加快。

随着沉淀时间的增加,上清液中 F–浓度逐渐减少,但当沉淀时间超过 90 min 时,F–的浓度改变已不再明显,说明此时已达到沉淀最佳时间。再向溶液中加入聚合氯化铝搅拌时,白色奶状液体变成淀,能看到废水中大量沉淀下降,上层水液逐渐变清,这可能是氯化铝水解过程中,生成 $Al(OH)_4^{3-}$,$Al(OH)_4^{3-}$ 可通过静电作用吸附 F^-,形成铝氟络合物,还可以吸附出水中未沉淀的细小 CaF_2,从而使出水中的氟浓度进一步降低,可达到国标排放标准。聚合氯化铝的用量为 3 kg 左右。

7.3 沉淀的形成与沉淀条件

7.3.1 沉淀的形成

根据沉淀的物理性质可将沉淀分为两类,一类是晶态沉淀如 $BaSO_4$ 等,另一类是非晶态沉淀如 $Fe_2O_3 \cdot xH_2O$ 等。沉淀的形成一般要经过晶核形成和晶核长大两个过程。将沉淀剂加入试液中,当形成沉淀离子浓度的乘积超过该条件下沉淀的溶度积时,离子通过相互碰撞聚集成微小的晶核,溶液中的构晶离子向晶核表面扩散,并沉积在晶核上,晶核就逐渐长大成沉淀微粒。这种由离子形成晶核,再进一步聚集成沉淀微粒的速度称为聚集速度。在聚集的同时,构晶离子在一定晶格中定向排列的速度称为定向速度。如果聚集速度大,而定向速度小,即离子很快地聚集生成沉淀微粒,却来不及进行晶格排列,则得到非晶态沉淀;反之,如果定向速度大,而聚集速度小,即离子较缓慢地聚集成沉淀,有足够时间进行晶格排列,则得晶态沉淀。

沉淀的形成一般要经过晶核形成和晶核长大两个过程,可大致表示为构晶离子(沉淀剂) $\xrightarrow{\text{成核作用}}$ 晶核 $\xrightarrow{\text{长大过程}}$ 沉淀颗粒,通过凝聚、成长、定向排列形成非晶态沉淀(成核大于成长)或晶态沉淀(成核小于成长)。

聚集速度(或称为"形成沉淀的初始速度")主要由沉淀时的条件所决定,其中最重要的是溶液中生成沉淀物质的过饱和度。聚集速度与溶液的相对过饱和度成正比,这可用如下经验公式表示:

$$v = \frac{K(Q-s)}{s}$$

式中:v——形成沉淀的初始速度(聚集速度);

Q——加入沉淀剂瞬间生成沉淀物质的浓度;

s——沉淀的溶解度;

$Q-s$——沉淀物质的过饱和度;

$(Q-s)/s$——相对过饱和度;

K——比例常数,它与沉淀的性质、温度、溶液中存在的其他物质等因素有关。

从上式中可清楚地看出,聚集速度与相对过饱和度成正比。若要聚集速度小,必须减小相对过饱和度。沉淀的溶解度 s 越大,加入沉淀剂瞬间生成沉淀物质的浓度

Q 越小,越有利于获得晶态沉淀。反之,若沉淀的溶解度越小,瞬间生成沉淀物质的浓度越大,越有利于形成非晶态沉淀,甚至形成胶体。

定向速度主要取决于沉淀物质的本性。一般极性强的盐类具有较大的定向速度,易生成晶态沉淀。而氢氧化物只有较小的定向速度,因此其沉淀一般为非晶态的,特别是高价金属离子的氢氧化物,定向排列困难,定向速度小。这类沉淀的溶解度极小,聚集速度很大,加入沉淀剂瞬间形成大量晶核,使水合离子来不及脱水便带着水分子进入晶核。晶核又进一步聚集起来,因而一般形成质地疏松、体积庞大、含有大量水分的非晶态沉淀或胶状沉淀。如果条件适合,二价的金属离子可能形成晶态沉淀。金属离子的硫化物一般都比其氢氧化物溶解度小,因此硫化物聚集速度很大,定向速度很小,即使二价金属离子的硫化物,大多数也是非晶态或胶状沉淀。

如上所述,从很浓的溶液中析出 $BaSO_4$ 时,可以得到非晶态沉淀;而从很稀的热溶液中析出 Ca^{2+}、Mg^{2+} 等二价金属离子的氢氧化物并经过放置后,也可得到晶态沉淀。因此,沉淀的类型不仅取决于沉淀的本质,也取决于沉淀时的条件。若适当改变沉淀条件,则可能改变沉淀的类型。

7.3.2 沉淀条件的选择

聚集速度和定向速度的相对大小直接影响沉淀的类型,其中聚集速度主要由沉淀时的条件所决定的。为了得到纯净而易于分离洗涤的晶态沉淀应选择下列条件。

(1)在适当的稀溶液中进行沉淀,以降低相对过饱和度。

(2)在不断搅拌下慢慢地滴加稀的沉淀剂,以免局部相对过饱和度太大,产生大量晶核。

(3)在热溶液中进行沉淀,使溶解度略有增加,相对过饱和度降低(生成少而大的沉淀颗粒)。同时,温度升高可减少杂质的吸附。为防止因溶解度增大而造成溶解损失,沉淀须经冷却才可过滤。

(4)沉淀须经陈化,陈化就是在沉淀定量完全后,让沉淀和母液一起放置一段时间,然后进行过滤。陈化作用还可以使沉淀变得纯净。加热和搅拌可以增加沉淀的溶解速度和离子在溶液中的扩散速度,因此可以缩短陈化时间。

在进行反应时,尽管沉淀剂是在搅拌下缓慢加入的,但仍然难避免沉淀剂在溶液中局部过浓现象。为此,提出了均相沉淀法。这个方法的特点是通过缓慢的化学反应过程,逐步均匀地在溶液中产生沉淀剂,使沉淀在整个溶液中均匀缓慢地形成,因而生成的沉淀颗粒较大,结构紧密,纯净而易过滤。例如沉淀草酸钙时,在酸性含 Ca^{2+} 试液中加入过量的草酸,利用尿素水解产生的 NH_3 逐渐提高溶液的 pH,使 CaC_2O_4 均匀缓慢地形成。尿素水解的速度随温度升高而加快,因此通过控制温度可以控制溶液 pH 提高的速度。也可以利用氧化还原反应进行均相沉淀。

均相沉淀法虽是重量分析的一种改进方法,但也有以下不足。

(1)繁琐费时。

（2）均相沉淀法得到的沉淀纯度不一定都好。

（3）它对生成混晶及后沉淀没有多大改善，有时反而加重。

（4）长时间的煮沸溶液容易在容器壁上沉积一层致密的沉淀，不易取下，往往需要用溶剂溶解后再沉淀。

7.3.3 沉淀的过滤、洗涤、烘干或灼烧

如何使沉淀完全和纯净、易于分离，固然是重量分析中的首要问题，但是沉淀以后的过滤、洗涤、烘干或灼烧操作完成得好坏，同样影响分析结果的精确度。

1. 沉淀的过滤

沉淀常用滤纸或玻璃砂芯滤器过滤。对于需要灼烧的沉淀，应根据沉淀的性状选用紧密程度不同的滤纸。一般非晶态沉淀选用疏松的快速滤纸过滤；粗粒的晶态沉淀可用较紧密的中速滤纸；较细粒的沉淀，应选用最紧密的慢速滤纸，以防沉淀穿过滤纸。

近年来逐渐用烘干法代替灼烧沉淀的方法，尤其是用有机沉淀剂时，一般用玻璃砂芯坩埚和玻璃砂芯漏斗过滤需烘干的沉淀。

2. 沉淀的洗涤

洗涤沉淀是为了洗去沉淀表面吸附的杂质和混杂在沉淀中的母液。洗涤时要尽量减少沉淀的溶解损失和避免形成胶体，因此须选择合适的洗液。洗涤的原则是：对于溶解度很小而又不易成胶体的沉淀，可用蒸馏水洗涤；对于溶解度较大的晶态沉淀，可用沉淀剂稀溶液洗涤，但沉淀剂必须在烘干或灼烧时容易挥发或易分解除去。

用热洗涤液洗涤，则过滤较快，且能防止形成胶体，但溶解度随温度升高而增大较快的沉淀不能用热洗涤液洗涤。

洗涤必须连续进行，一次完成，不能将沉淀放置太久，尤其是一些非晶态沉淀，放置凝聚后不易洗涤。洗涤沉淀时，既要将沉淀洗净，又不能增加沉淀的溶解损失。用适当少的洗液，分多次洗涤，每次加入洗液前，使前一次洗液尽量流尽，可以提高洗涤效果。在沉淀的过滤和洗涤中，为缩短分析时间和提高洗涤效率，都应采用倾泻法。

3. 沉淀的烘干或灼烧

烘干或灼烧是为了除去沉淀中的水分和可挥发物质，使沉淀形式转化为组成固定的称量形式。烘干或灼烧所需的温度和时间，因沉淀不同而异。灼烧温度一般在800 ℃以上，常用瓷坩埚盛放沉淀。若需用氢氟酸处理沉淀，则应用铂坩埚。灼烧用的瓷坩埚和盖，应预先在灼烧沉淀的高温下灼烧、冷却、称量，直至恒重。然后用滤纸包好沉淀，放入已灼烧至恒重的坩埚中，再加热烘干、焦化、灼烧至恒重。

沉淀经烘干或灼烧至恒重后，即可由其质量计算测定结果。

7.3.4 影响沉淀纯度的因素

在重量分析中，要求获得纯净的沉淀。但当沉淀从溶液中析出时，会或多或少地夹杂溶液中的其他组分，使沉淀被污染。因此，必须了解影响沉淀纯度的各种因素，

找出减少杂质的方法,以获得合乎重量分析要求的沉淀。

1. 共沉淀

当一种难溶物质从溶液中沉淀析出时,溶液中的某些可溶性杂质会被沉淀带下来而混杂于沉淀中,这种现象称为共沉淀。例如,用沉淀剂 $BaCl_2$ 沉淀 SO_4^{2-} 时,如试液中有 Fe^{3+} ,由于共沉淀,在得到的 $BaSO_4$ 沉淀中常含有 $Fe_2(SO_4)_3$ 沉淀,因而沉淀经过过滤、洗涤、干燥、灼烧后不呈 $BaSO_4$ 的纯白色,而略带灼烧后的 Fe_2O_3 的棕色。因共沉淀而使沉淀玷污,这是重量分析中最重要的误差来源之一。产生共沉淀的原因有表面吸附、形成混晶、收留和包藏等,其中主要的是表面吸附。

1)表面吸附的内容

在沉淀的晶格中,构晶离子按照同电荷相互排斥、异电荷相互吸引的原则进行排列,晶体内部处于静电平衡状态,而在晶体表面的离子都处于电荷不平衡状态。由于静电力作用,晶体表面就具有吸附相反电荷的能力,于是溶液中带相反电荷的离子被吸引到沉淀表面上,因而使沉淀玷污,这种由于沉淀的表面吸附所引起的杂质共沉淀现象就叫做吸附共沉淀。例如,在 Na_2SO_4 溶液中加入过量 $BaCl_2$ 溶液,生成 $BaSO_4$ 沉淀后,溶液中存在 Ba^{2+} 、 Na^+ 离子和 Cl^- 等,在 $BaSO_4$ 晶格表面的 SO_4^{2-} 就吸附 Ba^{2+} 形成第一吸附层,使晶体表面带正电荷,然后带正电荷的表面,又吸引溶液中带负电荷的离子 Cl^- ,构成双电层。如图 7.1 所示。

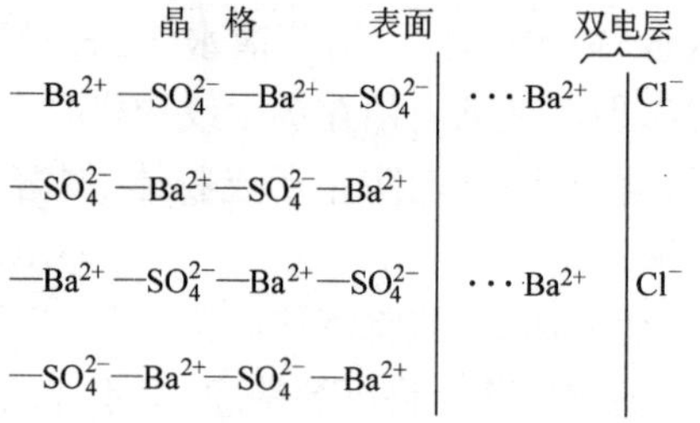

图 7.1　$BaSO_4$ 晶体表面吸附示意图

从静电引力的作用来看,在溶液中任何带相反电荷的离子都同样有被吸附的可能。但是,实际上表面吸附是有选择性的,选择吸附应遵循以下吸附规则。

(1)如果各种离子的浓度相同,则优先吸附那些与构晶离子形成溶解度最小或离解度最小的化合物的离子。因此,通常首先吸附与构晶离子相同的离子。如 $BaSO_4$ 沉淀易吸附 Ba^{2+} 和 SO_4^{2-} ,其次,与构晶离子大小相近、电荷相同的离子易被吸附,如 $BaSO_4$ 沉淀易吸附 Pb^{2+} 。另外,若溶液中存在 NO_3^- ,由于 $Ba(NO_3)_2$ 溶解度比 $BaCl_2$ 的溶解度小,所以第二吸附层优先吸附 NO_3^- 而不吸附 Cl^- 。

(2)被吸附的离子所带的电荷越高、浓度越大越易被吸附,如 Fe^{3+} 比 Fe^{2+} 易被吸附。

影响吸附杂质量的因素有以下几种。

(1)对于同样质量的沉淀来说,沉淀颗粒越小,总表面积越大,吸附杂质量越多。

因此,应创造条件使晶形沉淀的颗粒增大或使非晶形沉淀的结构适当紧密些,以减小总表面积,从而减少吸附杂质的量。

(2)溶液中杂质的浓度越大,被吸附量越多。

(3)温度升高,被吸附量会减少。因为吸附是放热过程,升高温度可以减少或阻止吸附作用。

对于因表面吸附引起的共沉淀现象,可以通过充分洗涤的方法避免。

2)混晶

如果试液中的杂质与沉淀具有相同的晶格,或杂质离子与构晶离子具有相同的电荷和相近的离子半径,杂质将进入晶格排列中形成混晶,而污染沉淀。例如 $MgNH_4PO_4 \cdot 6H_2O$ 和 $MgNH_4AsO_4 \cdot 6H_2O$,$CaCO_3$ 和 $NaNO_3$,$BaSO_4$ 和 $PbSO_4$ 等。只要有符合上述条件的杂质离子存在,它们就会在沉淀过程中取代形成沉淀的构晶离子而进入到沉淀内部,这时用洗涤或陈化的方法净化沉淀,效果不显著。为减免混晶的生成,最好事先将这类杂质分离除去。

3)吸留和包藏

吸留是被吸附的杂质机械地嵌入沉淀中;包藏常指母液机械地包藏在沉淀中。这些现象的发生是由于沉淀剂加入太快,使沉淀急速生长,沉淀表面吸附的杂质来不及离开就被随后生成的沉淀所覆盖,使杂质或母液被吸留或包藏在沉淀内部。这类共沉淀不能用洗涤的方法将杂质除去,可以借改变沉淀条件、陈化或重结晶的方法来避免。

从带入杂质方面来看共沉淀现象对分析测定是不利的,但可利用这一现象富集分离溶液中的某些微量成分。

2. 后沉淀

后沉淀是由于沉淀速度的差异,而在已形成的沉淀上形成第二种不溶物质,这种情况大多发生在特定组分形成的稳定的过饱和溶液中。例如,在 Mg^{2+} 存在下沉淀 CaC_2O_4 时,镁由于形成稳定的草酸盐过饱和溶液而不会立即析出。如果把草酸钙沉淀立即过滤,则沉淀表面上只吸附有少量镁;若把含有 Mg^{2+} 的母液与草酸钙沉淀一起放置一段时间,则草酸镁的后沉淀量将会增多。

后沉淀所引入的杂质量比共沉淀要多,且随着沉淀放置时间的延长而增多。因此为防止后沉淀现象的发生,某些沉淀的陈化时间不宜过久。

阅读材料　丁达尔效应

当一束光线透过胶体,从入射光的垂直方向可以观察到胶体里出现的一条光亮的"通路",这种现象叫丁达尔现象,也叫丁达尔效应(Tyndall effect)、丁泽尔现象、丁泽尔效应。

在光的传播过程中,光线照射到粒子时,如果粒子大于入射光波长很多倍,则发生光的反射;如果粒子小于入射光波长,则发生光的散射,这时观察到的是光波环绕微粒而向其四周放射的光,称为散射光或乳光。丁达尔效应就是光的散射现象或称乳光现象。由于溶液粒子大小一般不超过 1 nm,胶体粒子介于溶液中溶质粒子和浊液粒子之间,其大小在 40~90nm。小于可见光波长(400 nm~750 nm),因此,当可见光透过胶体时会产生明显的散射作用。而对于真溶液,虽然分子或离子更小,但因散射光的强度随散射粒子体积的减小而明显减弱,因此,真溶液对光的散射作用很微弱。此外,散射光的强度还随分散体系中粒子浓度增大而增强。

所以说,胶体能有丁达尔现象,而溶液几乎没有,可以采用丁达尔现象来区分胶体和溶液,注意:当有光线通过悬浊液时有时也会出现光路,但是由于悬浊液中的颗粒对光线的阻碍过大,使得产生的光路很短。

1869 年,丁达尔发现,若令一束汇聚的光通过溶胶,则从侧面(即与光束垂直的方向)可以看到一个发光的圆锥体,这就是丁达尔效应。

其他分散体系产生的这种现象远不如胶体显著,因此,丁达尔效应实际上成为判别胶体与真溶液的最简便的方法。如图所示为 $Fe(OH)_3$ 溶胶与 $CuSO_4$ 溶液的区别。

可见光的波长约在 400~700nm 之间,当光线射入分散体系时,一部分自由地通过,一部分被吸收、反射或散射,可能发生以下三种情况:

(1)当光束通过粗分散体系,由于分散质的粒子大于入射光的波长,主要发生反射或折射现象,使体系呈现混浊。

(2)当光线通过胶体溶液,由于分散质粒子的半径一般在 1~100nm 之间,小于入射光的波长,主要发生散射,可以看见乳白色的光柱,出现丁达尔现象。

(3)当光束通过分子溶液,由于溶液十分均匀,散射光因相互干涉而完全抵消,看不见散射光。

清晨,在茂密的树林中,常常可以看到从枝叶间透过的一道道光柱,类似于这种自然界现象,也是丁达尔现象。这是因为云、雾、烟尘也是胶体,只是这些胶体的分散剂是空气,分散质是微小的尘埃或液滴。

7.4　重量分析法

重量分析法(或称重量分析)是用适当方法先将试样中的待测组分与其他组分分离,然后用称量的方法测定该组分的含量。重量分析法直接通过称量得到分析结果,不用与基准物质(或标准试样)进行比较,其精确度较高,相对误差一般为 0.1%~0.2%。缺点是程序多,费时长,已逐渐被滴定法所取代。但是目前硅、硫、磷、镍以及几种稀有元素的精确测定仍采用重量分析法。

7.4.1　沉淀法

在重量分析法中以沉淀法应用较多,我们主要讨论沉淀法。沉淀法的一般过程

为:试样溶解——→沉淀——→陈化——→过滤和洗涤——→烘干——→炭化——→灰化——→灼烧
至恒重——→计算结果。

在沉淀法各步骤中,最重要的一步是进行沉淀反应。其中如沉淀剂的选择和用量、沉淀反应的条件、如何减少沉淀中杂质等都会影响分析结果的精确度。在重量分析中,沉淀是经过烘干或灼烧后再称量的,在烘干或灼烧过程中可能发生化学变化,因而称量的物质可能不是原来的沉淀,而是从沉淀转化而来的另一种物质。也就是说,在重量分析中"沉淀形式"和"称量形式"可能是相同的,也可能是不相同的。对沉淀形式和称量形式以及沉淀剂的选择与用量,分别有以下要求。

1. 对沉淀形式的要求

(1)沉淀要完全,沉淀的溶解度要小。

(2)沉淀要纯净,尽量避免混进杂质,并应易于过滤和洗涤。

(3)沉淀易转化为称量形式。

2. 对称量形式的要求

(1)沉淀组成必须与化学式完全符合,这是对称量形式的最重要的要求。

(2)称量形式要稳定,不易吸收空气中的水分和二氧化碳,在干燥、灼烧时不易分解,否则就不适于用作称量形式。

(3)称量形式的摩尔质量尽可能地大,则少量的待测组分可以得到较大量的称量物质,可以提高分析灵敏度,减少称量误差。

3. 沉淀剂的选择

应根据上述对沉淀的要求来考虑沉淀剂的选择。此外,还要求沉淀剂应具有较好的选择性,即要求沉淀剂只能和待测组分生成沉淀,而与试液中的其他组分不起作用。此外,还应尽可能选用易挥发或易灼烧除去的沉淀剂。这样,沉淀中带有的沉淀剂即使未经洗净,也可以借烘干或灼烧而除去。一些铵盐和有机沉淀剂都能满足这项要求。许多有机沉淀剂的选择性较好,而且组分固定,易于分离和洗涤,简化了操作,加快了速度,称量形式的摩尔质量也较大,因此在沉淀分离中,有机沉淀剂的应用日益广泛。

从溶度积原理可见,沉淀剂的用量影响沉淀的完全程度。为了使沉淀达到完全,根据同离子效应,必须加入过量的沉淀剂以降低沉淀的溶解度。但若沉淀剂过多,由于盐效应、酸效应或生成配合物等反应使溶解度增大,因此必须避免使用大量过量的沉淀剂。一般而言,一般挥发性沉淀剂以过量50% ~100%为宜;非挥发性沉淀剂则以过量20% ~30%为宜。

7.4.2 重量分析结果的计算

重量分析是根据称量形式的质量来计算待测组分的含量。在计算时,一般将待测组分的摩尔质量与称量形式摩尔质量之比值称为化学因素或换算因子,因此计算待测组分的质量可写成下列通式:

$$待测组分的质量 = 称量形式的质量 \times 化学因素$$

在计算化学因素时,必须在待测组分的摩尔质量和称量形式的摩尔质量上乘以适当系数使分子分母中待测元素的原子数目相等。

【例7－6】　测定某试样中的硫含量时,使之沉淀为 $BaSO_4$,灼烧后称量 $BaSO_4$ 沉淀,其质量为 0.556 2 g,计算试样中的硫含量。

解:233.4 g $BaSO_4$ 中含 S 为 32.06 g,0.556 2 g $BaSO_4$ 中含 S 为 x g,

$$233.4 : 32.06 = 0.556 2 : x$$

$$x = m_{BaSO_4} \times \frac{M_S}{M_{BaSO_4}} = 0.556 2 \times \frac{32.06}{233.4} = 0.076 40 \text{ g}$$

【例7－7】　在镁的测定中,先将 Mg^{2+} 沉淀为 $MgNH_4PO_4$,再灼烧成 $Mg_2P_2O_7$ 称量。若 $Mg_2P_2O_7$ 质量为 0.351 5 g,则镁的质量为多少?

解:每一个 $Mg_2P_2O_7$ 分子含有两个 Mg 原子,故得:

$$镁的质量 = 0.351 5 \times \frac{2 \times M_{Mg}}{M_{Mg_2P_2O_7}} = 0.351 5 \times \frac{2 \times 24.32}{222.6} = 0.076 81 \text{ g}$$

【例7－8】　测定磁铁矿(不纯的 Fe_3O_4)中 Fe_3O_4 含量时,将试样溶解后,将 Fe^{3+} 沉淀为 $Fe(OH)_3$,然后灼烧为 Fe_2O_3,称得 Fe_2O_3 的质量为 0.150 1 g,求 Fe_3O_4 的质量。

解:每 1 个 Fe_3O_4 分子含有 3 个 Fe 原子。而每一个 Fe_2O_3 分子只含 2 个 Fe 原子,所以每 2 个 Fe_3O_4 分子可以转化为 3 个 Fe_2O_3 分子。因此:

$$Fe_3O_4 的质量 = 0.150 1 \times \frac{2 \times M_{Fe_3O_4}}{3 \times M_{Fe_2O_3}} = 0.150 1 \times \frac{2 \times 231.6}{3 \times 159.7} = 0.145 1 \text{ g}$$

若需计算待测组分在试样中的百分含量,则:

$$w_{待测组分} = \frac{待测组分含量}{试样质量} \times 100 = \frac{称量形式质量 \times 化学因数}{试样质量} \times 100$$

7.4.3　重量分析法应用示例

重量分析是一种准确、精密的分析方法,在此列举一些常用的重量分析实例。

1. 硫酸根的测定

测定硫酸根时一般都用 $BaCl_2$ 将 SO_4^{2-} 沉淀成 $BaSO_4$,再灼烧称量,但此方法较费时。多年来,对于重量法测定 SO_4^{2-} 曾作过不少改进,力图克服其繁琐费时的缺点。

由于 $BaSO_4$ 沉淀颗粒较细,浓溶液中沉淀时可能形成胶体;$BaSO_4$ 不易被一般溶剂溶解,不能进行二次沉淀,因此沉淀作用应在稀盐酸溶液中进行。溶液中不允许有酸不溶物和易被吸附的离子(如 Fe^{3+}、NO_3^- 等)存在。对于存在的 Fe^{3+} 常采用 EDTA 配位掩蔽。采用玻璃砂芯坩埚抽滤 $BaSO_4$,烘干,称量,虽然其准确度比灼烧法稍差,但可缩短分析时间。

硫酸钡重量法测定 SO_4^{2-} 的方法应用广泛,如磷肥、萃取磷酸、水泥中的硫酸根和许多其他可溶硫酸盐都可用此法测定。

2. 硅酸盐中二氧化硅的测定

硅酸盐在自然界分布很广,绝大多数硅酸盐不溶于酸,因此试样一般需用碱性物质熔融后,再加酸处理。此时金属元素成为离子溶于酸中,而硅酸根则大部分成胶状硅酸 $SiO_2 \cdot xH_2O$ 析出,少部分仍分散在溶液中,需经脱水才能沉淀。经典方法是用盐酸反复蒸干脱水,准确度虽高,但方法麻烦,费时较久。后来多采用动物胶凝聚法,即利用动物胶吸附 H^+ 而带正电荷(蛋白质中氨苯酸的氨基吸附 H^+),与带负电荷的硅酸胶粒发生胶凝而析出,但必须蒸干才能完全沉淀。近来,有的用长碳链季铵盐,如十六烷基三甲基溴化铵(简称 CTMAB)作沉淀剂,它在溶液中呈带正电荷胶粒,可以不再加盐酸蒸干,而将硅酸定量沉淀,所得沉淀疏松而易洗涤。这种方法比动物胶法更好,可以缩短分析时间。

得到的硅酸沉淀,需经高温灼烧才能完全脱水和除去带入的沉淀剂。但即使经过灼烧,一般还可能带有不挥发的杂质(如铁、铝等的化合物)。在要求较高的分析中,于灼烧、称量后,还需加氢氟酸及 H_2SO_4,再加热灼烧,使 SiO_2 变成 SiF_4 挥发逸去,最后称量,从两次质量的差可得纯 SiO_2 的质量。

3. 磷的测定

如测定磷酸一铵、磷酸二铵中的有效磷,采用磷钼酸喹啉重量分析法,磷酸盐用酸分解后,可能以偏磷酸 HPO_3 或次磷酸 HPO_2 等形式存在,故在沉淀前要用硝酸处理,使之全部变成正磷酸 H_3PO_4。

磷酸在酸性溶液中($7\% \sim 10\%\ HNO_3$)与铝酸钠和喹啉作用形成磷铝酸喹啉沉淀:

$$H_3PO_4 + 3C_9H_7N + 12Na_2MoO_4 + 24HNO_3 =$$
$$(C_9H_7N)3H_3[PO_4 \cdot 12MoO_3] \cdot H_2O \downarrow + 11H_2O +$$
$$24NaNO_3$$

沉淀经过滤、烘干、除去水分后称量。

沉淀剂用喹钼柠酮试剂(含有喹啉、钼酸钠、柠檬酸、丙酮)。柠檬酸的作用是在溶液中与钼酸配位,以降低钼酸浓度,避免沉淀出硅钼酸喹啉(它对测定有干扰),同时防止钼酸钠水解析出 MoO_3。丙酮的作用是使沉淀颗粒增大而疏松,便于洗涤,同时可增加喹啉的溶解度,避免其沉淀析出而干扰测定。

也可以将磷转化为磷钼酸铵沉淀,分离后,用 NaOH 溶解,后以 HNO_3 回滴过量的 NaOH,锰、铁中的磷含量即以此法测定。重量法精密度高,易获得准确结果。磷钼酸喹啉沉淀颗粒比磷钼酸铵沉淀颗粒粗些,较易过滤,但喹啉具有特殊气味,因此要求实验室通风良好。

4. 其他

例如用四苯硼酸钠沉淀 K^+:

$$K^+ + B(C_6H_5)_4^- \Longleftrightarrow KB(C_6H_5)_4 \downarrow$$

此沉淀组成恒定,可于烘干后直接称量。

阅读材料　野外饮用水的净化

由于水在自然界的广泛分布和流动,特别是地表水流经地域很广,一般情况下很难保证水源不受污染。在原始森林中,许多小溪、河流表面看起来清澈干净,实际上却含有大量致病的有机物及细菌,如血吸虫、肝蛭、腐烂的植物茎叶,昆虫、飞禽、动物的尸体及粪便,人一旦喝下去就很有可能会染上像痢疾、疟疾这样严重的疾病。有的水中还可能会带有重金属盐或有毒矿物质等。所以当你在极度干渴之际找到水源后,最好不要急于狂饮,应就当时的环境条件,对水源进行必要的净化和消毒处理,以避免因饮水而中毒或染上疾病。

一般来说雨水、瀑布水、泉水、井水、山间流动性较大的溪水,或者从植物中收集的水是可直接饮用的。但是静止的或流动缓慢的水中含有大量有机物及细菌,需要净化处理后方可饮用。净化就是消除水中的有机物、杂物,及去掉异味。通常净化的方法就是渗透法、过滤法和沉淀法。

当你找到的水源里有漂浮的异物或水质混浊不清时,可以用渗透法,即在离水源几米处向下挖一个大约半米深的坑,让水从砂、石、土的缝隙中自然渗出,然后,取水的动作要轻,不要搅起坑底的泥沙,以保持水的清洁干净。如果你找到的水源泥沙混浊,有异物漂浮且有微生物或蠕虫及水蛭幼虫等,但水源周围的环境又不适宜挖坑由于水在自然界的广泛分布和流动,特别是地表水流经地域很广,一般情况下很难保证水源不受污染。在原始森林中,许多小溪、河流表面看起来清澈干净,实际上却含有大量致病的有机物及细菌,如血吸虫、肝蛭、腐烂的植物茎叶,昆虫、飞禽、动物的尸体及粪便,人一旦喝下去就很有可能会染上像痢疾、疟疾这样严重的疾病。有的水中还可能会带有重金属盐或有毒矿物质等。所以当你在极度干渴之际找到水源后,最好不要急于狂饮,应就当时的环境条件,对水源进行必要的净化和消毒处理,以避免因饮水而中毒或染上疾病。时,找一个容器,如帆布袋、塑料袋、衣袖、大铁罐、可乐瓶等,扎好一端并刺些小眼儿,然后对着这些小眼,自下向上依次填入无土质干净的一层细砾石,然后一层沙子,一层炭粉,如此重复铺多次,层数越多越好,压紧按实,每层约2厘米厚。将不清洁的水慢慢倒入自制的简易过滤器中,等过滤器下面有水溢出时,即可将过滤后的干净水收集起来。如果对过滤后的水质不满意,可再制一个简易过滤器将过滤后的水再次进行过滤。

此外,我们还可以用一些含有粘液质的野生植物来净化混浊的饮用水,如榆树的皮、叶、根,木棉的枝和皮,仙人掌和霸王鞭的全株。将所找到的水收集到容器中,放入少量捣烂的植物糊,在水中搅匀后沉淀30分钟,期间植物产生的絮状物会吸附水中的悬浮物质而沉底,从而起到净化浑水的作用,这就是沉淀法。用野生植物净水,最好挑选新鲜的植物。

在海边,可以用锅煮海水来收集蒸馏水的方法淡化海水。煮海水时,在锅盖内侧贴上毛巾,将蒸馏水的水珠吸附在毛巾上,然后再拧在大贝壳或其他容器内。这样反复制作,就可得到所需的淡水。冬季,可将海水放在一个容器中冻结,当海水冻冰时,大部分溶解在水中的盐分就会结晶而离水,因此,冰块基本上是淡化的。

7.5 沉淀滴定法

7.5.1 摩尔法——铬酸钾指示剂法

以测定 Cl^- 为例,在含有 Cl^- 的中性溶液中,加入 K_2CrO_4 指示剂,用硝酸银标准溶液滴定。由于 AgCl 的溶解度比 Ag_2CrO_4 小,在用 $AgNO_3$ 溶液滴定过程中,AgCl 首先沉淀,待 AgCl 定量沉淀后,过量一滴 $AgNO_3$,溶液即与 K_2CrO_4 反应,形成砖红色的 Ag_2CrO_4 沉淀指示终点的到达。

显然,指示剂 Ag_2CrO_4 的用量对于指示终点有较大影响。CrO_4^{2-} 浓度过高或过低,沉淀的析出就会过早或过迟,因而产生一定的终点误差。因此要求 Ag_2CrO_4 沉淀应该恰好在滴定反应化学计量点时产生,根据溶度积原理可以求出化学计量点时 $[Ag^+] = 1.25 \times 10^{-5}$ mol·L^{-1},而产生 Ag_2CrO_4 沉淀所需的 CrO_4^{2-} 浓度为 5.8×10^{-2} mol·L^{-1}。在滴定时,由于 K_2CrO_4 呈黄色,其浓度较高时颜色较深,不易判断砖红色沉淀的出现,因此指示剂的浓度以略低一些为好。一般滴定溶液中 CrO_4^{2-} 浓度宜控制在 5×10^{-3} mol·L^{-1}。

K_2CrO_4 浓度降低后,要使 Ag_2CrO_4 析出沉淀,必须多加一些 $AgNO_3$ 溶液。这样,滴定剂就过量了。终点将在化学计量点后出现,但由此产生的终点误差一般都小于 0.1%,可以认为不影响分析结果的准确度。但是如果溶液较稀,例如用 0.010 00 mol·L^{-1} $AgNO_3$ 溶液滴定 0.010 00 mol·L^{-1}KCl 溶液,则终点误差可达 0.6% 左右,就会影响分析结果的准确度。在这种情况下,通常需要以指示剂的空白值对测定结果进行校正,从而减小测定误差。

Ag_2CrO_4 易溶于酸,因为在酸性溶液中 CrO_4^{2-} 与 H^+ 发生如下反应:

$$2H^+ + 2CrO_4^{2-} \rightleftharpoons 2HCrO_4^- \rightleftharpoons Cr_2O_7^{2-} + H_2O$$

降低了 CrO_4^{2-} 的浓度,因而影响 Ag_2CrO_4 沉淀的生成。

$AgNO_3$ 在强碱性溶液中则沉淀为 Ag_2O。因此摩尔法只能在中性或弱碱性(pH =6.5~10.5)溶液中进行。如果试液为酸性或强碱性,可用酚酞作指示剂,以稀 NaOH 溶液或稀 H_2SO_4 溶液调节至酚酞的红色刚好褪去,也可用 $NaHCO_3$、$CaCO_3$ 或 $Na_2B_4O_7$ 等预先中和,然后再滴定。

由于生成的 AgCl 沉淀容易吸附溶液中过量的 Cl^-,使溶液中 Cl^- 浓度降低,与之平衡的 Ag^+ 浓度增加,以致 Ag_2CrO_4 沉淀过早产生,引入误差,故滴定时必须剧烈摇动,使被吸附的 Cl^- 释出。AgBr 吸附 Br^- 比 AgCl 吸附 Cl^- 严重,滴定时更要注意剧烈摇动,否则会引入较大误差。AgI 和 AgSCN 沉淀更强烈地吸附 I^- 和 SCN^-,所以莫

尔法不适于测定 I^- 和 SCN^-。

能与 Ag^+ 生成沉淀的 PO_4^{3-}、AsO_3^-、CO_3^{2-}、S^{2-} 和 $C_2O_4^{2-}$ 等阴离子,能与 CrO_4^{2-} 生成沉淀的 Ba^{2+}、Pb^{2+} 等阳离子,以及在中性或弱碱性溶液中发生水解的 Fe^{3+}、Al^{3+}、Bi^{3+} 和 Sn^{4+} 等离子,对测定都有干扰,应预先将其分离。

由于以上原因,莫尔法的应用受到一定限制。此外,它只能用来测定卤素,却不能用 NaCl 标准溶液直接滴定 Ag^+。这是因为在 Ag^+ 试液中加入 K_2CrO_4 指示剂,将立即生成大量的 Ag_2CrO_4 沉淀,而且 Ag_2CrO_4 沉淀转变为 AgCl 沉淀的速率甚慢,使测定无法进行。

7.5.2　佛尔哈德法——铁铵矾指示剂法

含 Ag^+ 的酸性溶液中,加入铁铵矾 $[NH_4Fe(SO_4)_2 \cdot 2H_2O]$ 作指示剂,用 NH_4SCN 标准溶液直接进行滴定。滴定过程中首先生成白色的 AgSCN 沉淀,滴定到达化学计量点附近,Ag^+ 浓度迅速降低,SCN^- 浓度迅速增加,待过量的 SCN^- 与铁铵矾中的 Fe^{3+} 反应生成红色 $FeSCN^{2+}$ 配合物,即指示终点的到达。

在上述滴定过程中生成的 AgSCN 沉淀要吸附溶液中的 Ag^+,使 Ag^+ 浓度降低,SCN^- 浓度增加,以致红色的最初出现会略早于化学计量点。因此滴定过程中也需剧烈摇动,使被吸附的 Ag^+ 释出。

此法的优点在于它可以用来直接测定 Ag^+,并可以在酸性溶液中进行滴定。

用佛尔哈德法测定卤素时采用间接法,即先加入已知过量的 $AgNO_3$ 标准溶液。再以铁铵矾作指示剂,用硫氰酸铵标准溶液回滴剩余的 Ag^+。

由于 AgSCN 的溶解度小于 AgCl 的溶解度,所以用 NH_4SCN 溶液回滴剩余的 Ag^+ 达到化学计量点后,稍微过量的 SCN^- 可能与 AgCl 作用,使 AgCl 转化为 AgSCN:

$$AgCl + SCN^- \rightleftharpoons AgSCN \downarrow + Cl^-$$

如果剧烈摇动溶液,反应将不断向右进行,直至达到平衡。显然,到达终点时,已多消耗了一部分 NH_4SCN 标准溶液。为了避免上述误差,通常可采用以下 2 种措施。

(1)试液中加入一定量过量的 $AgNO_3$ 标准溶液之后,将溶液煮沸,使 AgCl 凝聚,以减少 AgCl 沉淀对 Ag^+ 的吸附,滤去沉淀,并用稀 HNO_3 充分洗涤沉淀,然后用 NH_4SCN 标准溶液回滴滤液中的过量 Ag^+。

(2)在滴入 NH_4SCN 标准溶液前加入硝基苯 $1 \sim 2$ mL,在摇动后,AgCl 沉淀进入硝基苯层中,使它不再与滴定溶液接触,即可避免发生上述 AgCl 沉淀与 SCN^- 的沉淀转化反应。

比较溶度积的数值可知,用本法定量 Br^- 和 I^- 时,不会发生上述沉淀转化反应。但在测定 I^- 时,应先加 $AgNO_3$,再加指示剂,以避免 I^- 对 Fe^{3+} 的还原作用。由于指示剂中的 Fe^{3+} 在中性或碱性溶液中将水解,故佛尔哈德法应该在酸度大于 0.3 mol $\cdot L^{-1}$ 的溶液中进行。

7.5.3　法扬斯法——吸附指示剂法

吸附指示剂是一类有色的有机化合物,它被吸附在胶体微粒表面后,发生分子结构的变化,从而引起颜色的变化。

例如用 $AgNO_3$ 作标准溶液测定 Cl^- 含量时,可用荧光黄作指示剂。荧光黄是一种有机弱酸,可用 HFIn 表示,在溶液中它可离解为荧光阴离子 FIn^-,呈黄绿色。在化学计量点之前,溶液中存在过量 Cl^-,AgCl 沉淀胶体微粒吸附 Cl^- 面带有负电荷,不吸附指示剂阴离子 FIn^-,溶液仍呈黄绿色;而在化学计量点后,稍过量的 $AgNO_3$ 标准溶液即可使 AgCl 沉淀胶体微粒吸附 Ag^+ 而带正电荷,形成 $AgCl \cdot Ag^+$,这时,带正电荷的胶体微粒吸附 FIn^-,并发生分子结构的变化,出现由黄绿变成淡红的颜色变化,指示终点的到达,如下所示:

$$AgCl \cdot Ag^+ + FIn^- \xrightarrow{吸附} AgCl \cdot Ag^+ \mid FIn^-$$

$$\text{(黄绿色)} \qquad\qquad \text{(淡红色)}$$

为了使终点变色明显,使用吸附指示剂时需要注意以下问题。

(1)由于吸附指示剂的颜色变化发生在沉淀微粒表面上,因此,应尽可能使卤化银沉淀呈胶体状态,具有较大的表面积。为此,在滴定前应将溶液稀释,并加入糊精、淀粉等高分子化合物作为保护胶体,以防止 AgCl 沉淀凝聚。

(2)常用的吸附指示剂大多是有机弱酸,而起指示作用的是它们的阴离子。例如荧光黄,当溶液 pH 值低时,荧光黄大部分以 HFIn 形式存在,不会被卤化银沉淀吸附,不能指示终点。所以用荧光黄作指示剂时,溶液的 pH 应为 7~10。

(3)卤化银沉淀对光敏感,遇光易分解析出金属银,使沉淀很快转变为灰黑色,影响终点观察,因此在滴定过程中应避免强光照射。

(4)胶体微粒对指示剂离子的吸附能力应略小于对待测离子的吸附能力,否则指示剂将在化学计量点前变色,但如果吸附能力太差,终点时变色也不敏锐。

(5)溶液中被滴定离子的浓度不能太低,因为浓度太低,沉淀很少,观察终点比较困难,如用荧光黄作指示剂,用 $AgNO_3$ 溶液滴定 Cl^- 时,Cl^- 浓度要求在 0.005 mol/L^{-1} 以上。但 Br^-、I^-、SCN^- 等的灵敏度稍高,浓度低至 $0.001 \text{ mol} \cdot L^{-1}$ 仍可准确滴定。

吸附指示剂除用于银量法以外,还可用于测定 Ba^{2+} 及 SO_4^{2-} 等。

吸附指示剂种类很多,现将常用的列于表 7.2 中。

表7.2 常用吸附指示剂

指示剂名称	待测离子	滴定剂	适用的 pH 值范围
荧光黄	Cl^-,Br^-,I^-,SCN^-	Ag^+	7~10
二氯荧光黄	Cl^-,Br^-,I^-,SCN^-	Ag^+	4~6
曙红	Br^-,I^-,SCN^-	Ag^+	2~10
甲基紫	SO_4^{2-},Ag^+	Ba^{2+},Cl^-	酸性溶液
溴酚蓝	Cl^-,Ag^+	Ag^+	2~3
罗丹明6G	Ag^+	Br^-	稀 HNO_3

思考与练习 7 – 5

1. 计算 AgCl 在纯水和 0.01 mol·L^{-1}HNO$_3$ 溶液中的溶解度。

（$K_{sp,AgCl} = 1.8 \times 10^{-10}$，忽略离子强度的影响）

2. 计算 PbSO$_4$ 在 pH = 2.0 的溶液中的溶解度。

（$K_{sp}^{\ominus} = 1.6 \times 10^{-8}$，H$_2SO_4$ 的离解常数 $K_{a2} = 1.0 \times 10^{-2}$）

3. 在 100 mL pH = 10.0、[PO$_4^{3+}$] = 0.001 0 mol·L^{-1} 的磷酸盐溶液中能溶解多少克 Ca$_3$(PO$_4$)$_2$。（Ca$_3$(PO$_4$)$_2$ 的溶度积 $K_{sp} = 2.0 \times 10^{-29}$）

4. 计算 CaC$_2$O$_4$ 沉淀在 pH = 3.0，[C$_2$O$_4^{2-}$] = 0.010 mol·L^{-1} 的溶液中的溶解度。

（$K_{sp}^{\ominus} = 2.0 \times 10^{-9}$，H$_2C_2O_4$ 的离解常数为 $K_{a1} = 5.9 \times 10^{-2}$，$K_{a2} = 6.4 \times 10^{-5}$）

5. 往 0.010 mol·L^{-1} 的 ZnCl$_2$ 溶液中通 H$_2$S 至饱和，欲使溶液中不产生 ZnS 沉淀，溶液中的 H$^+$ 浓度不应低于多少？（H$_2$S 饱和溶液中，[H$^+$]^2·[S^{2-}] = 6.8 × 10^{-24}，$K_{sp,ZnS} = 2 \times 10^{-22}$）

技能训练一　电离平衡和沉淀反应

一、实验目的

(1)掌握并验证同离子效应对弱电解质解离平衡的影响。

(2)学习缓冲溶液的配制，并验证其缓冲作用。

(3)掌握并验证浓度、温度对盐类水解平衡的影响。

(4)了解沉淀的生成和溶解条件以及沉淀的转化。

二、实验原理

弱电解质溶液中加入含有相同离子的另一强电解质时，使弱电解质的解离程度降低，这种效应称为同离子效应。

弱酸及其盐或弱碱及其盐的混合溶液，当将其稀释或在其中加入少量酸或碱时，溶液的 pH 值变化不大，这种溶液称作缓冲溶液。缓冲溶液的 pH 值（以 HAc 和 NaAc 为例）可用下式计算：

$$pH = pK_a^{\ominus} - \lg \frac{c_{酸}}{c_{盐}} pK_a^{\ominus} - \lg \frac{c_{HAc}}{c_{Ac^-}}$$

在难溶电解质的饱和溶液中，未溶解的难溶电解质和溶液中相应离子之间建立了多相离子平衡。例如，在 PbI$_2$ 饱和溶液中，建立了如下平衡：

$$PbI_2(固) \Longrightarrow Pb^{2+} + 2I^-$$

其平衡常数的表达式为 $K_{sp}^{\ominus} = c_{Pb^{2+}} \cdot c_{I^-}^2$，称为溶度积。

根据溶度积规则可判断沉淀的生成和溶解,当将 Pb(Ac)$_2$ 和 KI 两种溶液混合时,有以下结果。

(1)如果 $c_{Pb^{2+}} \cdot c_{I^-}^2 > K_{sp}^{\ominus}$,则溶液过饱和,有沉淀析出。

(2)如果 $c_{Pb^{2+}} \cdot c_{I^-}^2 = K_{sp}^{\ominus}$,则溶液饱和。

(3)如果 $c_{Pb^{2+}} \cdot c_{I^-}^2 < K_{sp}^{\ominus}$,则溶液未饱和,无沉淀析出。

使一种难溶电解质转化为另一种难溶电解质,即把一种沉淀转化为另一种沉淀的过程称为沉淀的转化。对于同一种类型的沉淀,溶度积大的难溶电解质易转化为溶度积小的难溶电解质;对于不同类型的沉淀,能否进行转化,要具体计算溶解度再进行判断。

三、实验仪器和药品

实验仪器:试管、角匙、100 mL 小烧杯、量筒。

实验药品:HAc (0.1 mol·L^{-1}),HCl (0.1 mol·L^{-1}、2 mol·L^{-1}),NH$_3$·H$_2$O (0.1 mol·L^{-1}、2 mol·L^{-1}),NaOH(0.1 mol·L^{-1}),NH$_4$Ac(s),NaAc (1 mol·L^{-1}、0.1 mol·L^{-1}),NH$_4$Cl (1 mol·L^{-1}),BiCl$_3$ (0.1 mol·L^{-1}),MgSO$_4$ (0.1 mol·L^{-1}),ZnCl$_2$(0.1 mol·L^{-1}),Pb(Ac)$_2$ (0.01 mol·L^{-1}),Na$_2$S (0.1 mol·L^{-1}),KI (0.02 mol·L^{-1}),酚酞,甲基橙,pH 试纸。

四、实验内容

1. 同离子效应和缓冲溶液

(1)在试管中加入 2 mL 0.1 mol·L^{-1}的氨水,再加入一滴酚酞溶液,观察溶液呈什么颜色;再加入少量 NH$_4$Ac 固体,摇动试管使其溶解,观察溶液颜色有何变化,说明原因。

(2)在试管中加入 2 mL 0.1 mol·L^{-1}的 HAc,再加入一滴甲基橙,观察溶液呈什么颜色;再加入少量 NH$_4$Ac 固体,摇动试管使其溶解,观察溶液颜色有何变化,说明原因。

(3)在烧杯中加入 10 mL 0.1 mol·L^{-1}的 HAc 和 10 ml 0.1 mol·L^{-1}的 NaAc,搅匀,用 pH 试纸测定其 pH 值;然后将溶液分成两份,一份加入 10 滴 0.1 mol·L^{-1} HCl,测其 pH 值;另一份加入 10 滴 0.1 mol·L^{-1} NaOH,测其 pH 值。

(4)于另一烧杯中加入 10 mL 去离子水,重复上述实验。说明缓冲溶液的作用是什么。

2. 盐类的水解和影响水解的因素

(1)酸度对水解平衡的影响。在试管中加入 2 滴 0.1 mol·L^{-1}BiCl$_3$ 溶液,加入 1 mL 水,观察沉淀的产生,往沉淀中滴加 2 mol·L^{-1}HCl 溶液,至沉淀刚好消失。实验反应式为:

$$BiCl_3 + H_2O \rightleftharpoons BiOCl\downarrow + 2HCl$$

(2)温度对水解平衡的影响。取绿豆大小的 Fe(NO$_3$)$_3$·9H$_2$O 晶体,用少量蒸馏水溶解后,将溶液分成两份,第一份留作比较,第二份用小火加热煮沸。观察溶液发生什么变化,说明加热对水解的影响。

3. 沉淀的生成和溶解

(1)在试管中加入 1 mL 0.1 mol·L⁻¹MgSO₄溶液,加入 2 mol·L⁻¹氨水数滴,此时生成的沉淀是什么? 再向此溶液中加入 1 mol·L⁻¹ NH₄Cl 溶液,观察沉淀是否溶解。解释观察到的现象,写出相关反应式。

(2)取 2 滴 0.1 mol·L⁻¹ZnCl₂溶液加入试管中,加入 2 滴 0.1 mol·L⁻¹ Na₂S 溶液,观察沉淀的生成和颜色,再在试管中加入数滴 2 mol·L⁻¹HCl,观察沉淀是否溶解? 写出相关反应式。

4. 沉淀的转化

取 10 滴 0.01 mol·L⁻¹ Pb(Ac)₂溶液加入试管中,加入 2 滴 0.02 mol·L⁻¹KI 溶液,振荡,观察沉淀的颜色,再在其中加入 0.1 mol·L⁻¹ Na₂S 溶液,边加边振荡,直到黄色消失,黑色沉淀生成为止,解释观察到的现象,写出相关反应式。

五、实验思考题

(1)同离子效应与缓冲溶液的原理有何异同?

(2)如何抑制或促进水解? 举例说明。

(3)是否一定要在碱性条件下,才能生成氢氧化物沉淀? 不同浓度的金属离子溶液,开始生成氢氧化物沉淀时,溶液的 pH 值是否相同?

六、技能考核评分标准

序号	评分点	配分	评分标准		扣分	得分	考评员
1	玻璃仪器的清洗	5	清洗干净,不挂水珠	(3分)			
			质量记录准确	(2分)			
2	同离子效应和缓冲溶液	20	准确移取所需各种溶液	(4分)			
			实验现象正确	(6分)			
			正确使用 pH 试纸	(4分)			
			及时记录实验现象	(6分)			
3	盐类的水解及影响因素	20	准确配制所需各种溶液	(4分)			
			实验现象正确	(4分)			
			正确使用 pH 试纸	(6分)			
			及时记录实验现象	(6分)			
4	沉淀的转化	20	准确移取所需各种溶液	(6分)			
			实验现象正确	(4分)			
			正确使用 pH 试纸	(4分)			
			及时记录实验现象	(6分)			

序号	评分点	配分	评分标准		扣分	得分	考评员
5	实验后的结束工作	10	仪器洗涤 台面清洁	(5分) (5分)			
6	现象分析	10	记录准确 实验结果正确	(5分) (5分)			
7	考核时间	5	考核时间为120 min。超过时间10 min扣1分,超过20 min扣2分,以此类推,直至本题分数扣完为止				
8	其他	10	穿实验服,爱护实验仪器,遵守课堂纪律				

技能训练二 沉淀的过滤和洗涤

一、坩埚的恒重

用坩埚进行沉淀的烘干、灼烧和称量时,应预先将空坩埚灼烧至恒重。空坩埚灼烧的温度和时间、冷却的时间、干燥剂的种类以及称量的时间等条件,应与装有沉淀时相同。

将洗净并经干燥的空坩埚放入已恒温的马弗炉中进行第一次灼烧,约30 min取出(注意,为了防止灼烧坩埚骤冷炸裂,夹坩埚时,应先将坩埚钳的头部预热)。取出后,待其红热状态消失后,约等待1 min,将坩埚放入干燥器内冷却。由于各种沉淀的灼烧温度、坩埚大小和坩埚壁厚薄等不同,坩埚的冷却时间应由具体实验确定,一般约需30 min。坩埚冷却后称量,然后再在同样条件下灼烧、冷却和称量,第二次灼烧时间可短些,约15~20 min。两次称量结果相差不超过0.2~0.3 mg,可认为坩埚已达到恒重。如果两次称量结果相差超过0.2~0.3 mg,应再灼烧,冷却,称量,直至恒重。

二、沉淀的过滤与洗涤

准备好干净的烧杯,杯的底部和内壁不应有纹痕,配上合适的玻璃棒和表面皿,三者一套,在整个操作过程中,每套之间不得互换。

根据所形成的沉淀的性状(晶型或非晶型)选择适当的沉淀条件。

沉淀所需试剂应事先准备好。加入液体试剂时应沿烧杯壁或沿搅拌棒加入,勿使溶液溅出。沉淀剂一般用滴管逐滴加入,并同时搅拌,以减少局部过饱和现象,搅拌时不要用搅拌棒敲打和刻划杯壁。若需要在热溶液中进行沉淀,最好在水浴上加热。

1. 滤纸和漏斗的选择

若沉淀需经灼烧称重则应选无灰定量滤纸过滤。过滤前应根据沉淀的性状选择大小和致密程度合适的滤纸,如 $BaSO_4$、CaC_2O_4 等细晶型沉淀应选直径较小(7~9

cm)致密的慢速滤纸;$Fe_2O_3 \cdot xH_2O$ 等疏松的无定形沉淀,沉淀体积较大,难于洗涤,需选用直径较大的(9~11 cm)疏松的快速滤纸。表 7.3 中列出了国产定量滤纸的类型。

表 7.3　国产定量滤纸的类型

类型	滤纸盒上色带标志	滤速(s/100 mL)	适用范围
快速	白	60~100	粗结晶及无定形沉淀,如氢氧化铁、氢氧化铝
中速	蓝	100~160	中等粒度沉淀,如大部分硫化物、磷酸铵镁
慢速	红	160~200	细粒状沉淀,如硫酸钡

重量分析使用的漏斗是长颈漏斗。漏斗锥体角度 60°,颈的直径通常为 3~5 mm,颈长为 15~20 cm。滤纸放入漏斗后,其边缘应比漏斗低 0.5~1 cm。将沉淀转移至滤纸中后,沉淀高度不得超过滤纸的 1/3。

2. 滤纸的折叠和安放

漏斗洗净后,用洁净的手取 1 张滤纸整齐地对折,使其边缘重合,再对折叠 1 次(注意第 2 次对折时不要折死)。滤纸在漏斗中展开后如果漏斗正好是 60°,滤纸叠成 90° 恰好与漏斗的圆锥形内壁密合(此时再压死第 2 次折线)即可。但漏斗的圆锥角常常不合规格,不恰好是 60°,这就要改变第 2 次折叠时的角度,使滤纸和漏斗紧密贴合。为了将滤纸的双折部分紧密贴在漏斗上而不留空隙,把贴着漏斗壁的外层滤纸折角撕下一点(保留撕下的部分,擦烧杯时用)。展开滤纸成圆锥状,放在尽可能干燥的漏斗上,以少量蒸馏水润湿。用洁净的手指紧压滤纸,把留在滤纸和漏斗间隙中的气泡赶走,使滤纸紧贴在漏斗上。如果滤纸不紧贴漏斗或有皱痕,则表示滤纸折叠得不合适,应重新折叠,否则过滤速度较慢,在过滤中易冲破滤纸,沉淀颗粒也易透过滤纸。

滤纸放好后,在漏斗中灌满蒸馏水,任水流出,并用手指紧压滤纸边缘,不让空气"钻入"缝隙,待漏斗中全部水流出后,漏斗颈部仍充满水,形成"水柱"。由于"水柱"重力产生的抽滤作用,能加快过滤速度。把有水柱的漏斗放在漏斗架上,用一洁净的烧杯接滤液。漏斗下口紧贴烧杯壁,以免滤液飞溅。漏斗架的高低以过滤过程中漏斗颈的出口不接触滤液为准。漏斗应放正,使其边缘在同一水平上,否则洗涤沉淀时,较高的地方不易洗涤到,影响洗涤效果。

3. 沉淀的过滤和洗涤

沉淀的过滤一般分为以下 3 个步骤。

(1)用倾注法过滤上层清液,并洗涤沉淀数次,为加速过滤和提高洗涤效率,过滤时尽可能不搅起沉淀。

(2)把沉淀转移到漏斗上。

(3)洗净玻璃棒和烧杯内壁。

过滤前,把有沉淀的烧杯倾斜静置,但玻璃棒不要靠在烧杯嘴处,因为烧杯嘴处可能粘有少量沉淀。待沉淀下降后,轻轻拿起烧杯,勿搅动沉淀,进行过滤。

过滤时,左手拿起烧杯到漏斗正上方,右手轻轻从烧杯中拿出玻璃棒,将玻璃棒下端碰一下烧杯内壁,使悬在玻璃棒下端的液体流回烧杯,然后将烧杯嘴紧贴着玻璃棒并使玻璃棒垂直向下,玻璃棒的下端对着滤纸三层处但不接触滤纸(不要将玻璃棒对着滤纸锥体的中心或一层处,以免液流将滤纸冲破)。慢慢地沿玻璃棒将溶液倾注于漏斗上,每次最多加到滤纸边缘以下约 5 mm 处。滤液再多,沉淀就可能"爬出"滤纸到漏斗上部。应控制倾注的速度,使沉淀上层清液的倾注过程最好一次完成,当停止倾注时,应先把烧杯扶正,扶正时要保持玻璃棒垂直且与烧杯嘴紧贴,使烧杯嘴沿玻璃棒向上提起后,才可与玻璃棒分开,这样才能使最后一滴液体顺着玻璃棒流下,不至沿着烧杯嘴流到烧杯外面去。

过滤开始,就要注意观察滤液是否透明,如果滤液浑浊,可能有沉淀透过滤纸,应检查原因,采取措施,必要时应弃去重做。

沉淀先用倾注法洗涤,在沉淀上每次沿玻璃棒加 20 ~ 30 mL 蒸馏水或洗涤液,充分搅拌,放置,待沉淀下降后,用倾注法过滤。此阶段洗涤的次数根据沉淀的性质而定,晶形沉淀洗 3 ~ 4 次,无定形沉淀洗 5 ~ 6 次。

最后将沉淀定量地转移到滤纸上,这是工作的关键。如果失去一滴悬浊液,就会使整个分析失败。转移沉淀时,在沉淀上加入 10 ~ 15 mL 洗涤液(加入量应不超过漏斗一次能容纳的量),搅起沉淀,小心地使悬浊液顺着玻璃棒倒在滤纸上,这样重复 4 ~ 5 次,即可将沉淀转移到滤纸上。烧杯中留下的极少量沉淀,把烧杯倾斜并将玻璃棒架在烧杯口上,玻璃棒下端对着滤纸的三层处,用洗瓶压出洗液,冲洗烧杯内壁,将残余的沉淀完全转移到滤纸上。然后,用洗瓶压出洗涤液自上而下螺旋式地洗涤滤纸上的沉淀,使沉淀集中到滤纸的底部,便于以后滤纸的折卷。洗涤前,应将洗瓶中玻璃管内的气体压出,使洗瓶的出口管充满液体以免冲洗时气体和液流同时压出,冲在沉淀上溅起沉淀。

如果烧杯壁和玻璃棒上还附着少许沉淀不易洗下,把折叠滤纸时撕下来的滤纸角用水湿润后,先擦玻璃棒上的沉淀,再用玻璃棒按住滤纸角将烧杯壁上的沉淀擦下,将滤纸角放在漏斗中。对着光线检查烧杯壁上是否还有沉淀颗粒残留,用洗瓶吹洗 1 次。

洗涤沉淀时,为了提高效率,应在前一份洗涤液流尽后,再加入一份新的洗涤液。还应注意,同样量的洗涤液分多次洗涤效果较好,这通常称为"少量多次"的洗涤原则,这可通过下列计算说明。

设过滤以后,沉淀上残留的溶液体积为 V_0 mL,其中杂质含量为 a mg。如果每次洗涤时加入洗液 V mL ,洗涤后残留溶液的体积仍为 V_0 mL,则每次洗涤后杂质含量为:

第一次洗涤:

$$杂质含量 = \frac{V_0}{V + V_0} \times a$$

第二次洗涤：

$$杂质含量 = \frac{V_0}{V + V_0} \times \frac{V_0}{V + V_0} \times a = \left(\frac{V_0}{V + V_0} \right)^2 \times a$$

第 n 次洗涤：

$$杂质含量 = \left(\frac{V_0}{V + V_0} \right)^n \times a$$

从上式可以看到,沉淀上残留溶液的体积 V_0 越小,洗涤液的体积 V 越大,洗涤次数 n 越多则洗涤效果越好。但洗涤液体积 V 不能过大,否则沉淀溶解损失较多,而且洗涤时间过长。

"少量多次"的洗涤原则不仅适用于沉淀的洗涤,也适用于用蒸馏水或标准溶液洗涤定量分析用的玻璃仪器。沉淀一般至少洗涤 8 ~ 10 次,无定形沉淀洗涤次数还要多些。当洗涤 7 ~ 8 次以后,可以检查沉淀是否洗净。如果滤液中的成份也要分析时,检查过早会损失一部分滤液而引入误差。

检查时用一洁净的试管接 1 ~ 2 滴滤液,根据不同实验的要求,选择杂质中最易检验的离子,用灵敏、快速的定性反应来检查,例如用 $AgNO_3$ 检验 Cl^- 等。

四、沉淀的包裹和烘干

用顶端细而圆的玻璃棒,从滤纸的三层处,小心地将滤纸与漏斗壁拨开。用洗净的手从滤纸三层处的外层把滤纸和沉淀取出。若是晶形沉淀,包裹沉淀,沉淀包好后,放入已恒重的坩埚内,滤纸层数较多的一边向上。若是无定形沉淀,因沉淀量较多,把滤纸的边缘向内折,把圆锥体的敞口封上,然后小心取出,倒转过来,尖头向上,放入已恒重的坩埚中。然后将沉淀和滤纸进行烘干。烘干时应在煤气灯(或电炉)上进行。在煤气灯上烘干时,将放有沉淀的坩埚斜放在泥三角上(注意滤纸的三层部分向上),坩埚底部枕在泥三角的一边上,坩埚口朝泥三角的顶角,调好煤气灯。为使滤纸和沉淀迅速干燥,应该用反射焰,即用小火加热坩埚盖中部,这时热空气流便进入坩埚内部,而水蒸气则从坩埚上面逸出。

五、滤纸的炭化和灰化

滤纸和沉淀干燥后(这时滤纸只是被干燥,而不变黑),将煤气灯逐渐移至坩埚底部,使火焰逐渐加大,炭化滤纸。如温度升高太快,滤纸会生成整块的炭,需要较长时间才能将其灰化,故不要使火焰加得太大。炭化时如遇滤纸着火,可立即用坩埚盖盖住,使坩埚内的火焰熄灭(切不可用嘴吹灭)。着火时,不能置之不理让其燃尽,这样易使沉淀随大气流飞散损失。待火熄灭后,将坩埚盖移至原位置,继续加热到全部炭化(滤纸变黑)。炭化后可加大火焰,使滤纸灰化,滤纸灰化后,应呈灰白色而不是黑色。此时,可将坩埚直立。

为使炭化较快地进行,应该随时用坩埚钳夹住坩埚使之转动,但不要使坩埚中的沉淀翻动,以免沉淀飞扬损失。坩埚钳放置时注意使嘴向上,不要向下。

沉淀的烘干、炭化和灰化也可在电炉上进行,应注意温度不能太高。这时坩埚是直立的,坩埚盖不能盖严,其他操作和注意事项同前。

六、沉淀的灼烧

沉淀和滤纸灰化后,将坩埚移至高温炉中(根据沉淀性质调节适当温度),盖上坩埚盖,但留有空隙。与灼烧空坩埚时相同温度下灼烧 40~50 min,与空坩埚灼烧操作相同,取出,冷至室温称重。然后进行第 2 次、第 3 次灼烧,直至坩埚和沉淀恒重为止。一般第 2 次以后灼烧 20 min 即可。

从高温炉中取出坩埚时,将坩埚移至炉口,至红热稍退后,再将坩埚从炉中取出放在洁净瓷板上,在夹取坩埚时,坩埚钳应预热。待坩埚冷至红热退去后,再将坩埚转至干燥器中。放入干燥器后,盖好盖子,随后须启动干燥器盖 1~2 次。

在干燥器中冷却至室温,一般须 30 min 以上。但要注意,每次灼烧、称重和放置的时间都要保持一致。此外,某些沉淀在烘干就可得到一定组成时就无须再灼烧,而热稳定性差的沉淀也不宜灼烧,这时可用微孔玻璃坩埚烘干至恒重即可。

微孔玻璃坩埚放入烘箱中烘干时,应将它放在表面皿上进行。根据沉淀性质确定干燥温度。一般第 1 次烘干约 2 h,第 2 次约 45 min 到 1 h。如此,重复烘干,称重,直至恒重为止。

七、干燥器及其使用注意事项

干燥器配有磨口的玻璃盖子,为了使干燥器密闭,在盖子磨口处均匀地涂上一层凡士林。干燥器中带孔的圆板将干燥器分为上下二室,上室放被干燥的物体,下室装干燥剂。干燥剂不宜过多,约占下室的一半即可,否则可能沾污被干燥的物体,影响分析结果。因不同的干燥剂具有不同的蒸气压,常根据被干燥物的要求加以选择。最常用的干燥剂有硅胶、CaO、无水 $CaCl_2$、$Mg(ClO_4)_2$、浓 H_2SO_4 等。硅胶是硅酸凝胶(组成可用通式 $xSiO_2 \cdot yH_2O$ 表示),烘干除去大部分水后,得到白色多孔的固体,具有高度的吸附能力。为了便于观察,将硅胶放在钴盐溶液中浸泡,使之呈粉红色,烘干后变为蓝色。蓝色的硅胶具有吸湿能力,当硅胶变为粉红色时,表示已经失效,应重新烘干至蓝色。

启盖时,左手扶住干燥器,右手握住盖上的圆球,向前推开干燥器盖,不可向上提起。经高温灼烧后的坩埚,必须放在干燥器中冷却至与天平室温度一致后才能称量。若直接放在空气中冷却,则会吸收空气中的水汽而影响称量结果。当高温坩埚放入干燥器后,不能立即盖紧盖子。一方面因为干燥器中的空气因高温而剧烈膨胀,推动干燥器盖,有时甚至会将器盖推落打碎;另一方面,当干燥器中的空气从高温降到室温后,压力大大降低,器盖很难打开,即使打开了,也可能由于空气流的冲入将坩埚中的被测物冲散使分析失败。

八、技能考核评分标准

序号	评分点	配分	评分标准		扣分	得分	考评员
1	坩埚的恒重	10	第一次灼烧操作正确	（5分）			
			第二次灼烧操作正确	（5分）			
2	沉淀的过滤和洗涤	40	滤纸和漏斗选择正确	（10分）			
			滤纸的折叠和安放正确	（10分）			
			沉淀的过滤操作正确	（10分）			
			沉淀的洗涤操作正确	（10分）			
3	其他操作	50	沉淀的包裹操作正确	（10分）			
			沉淀的烘干操作正确	（10分）			
			滤纸的炭化操作正确	（10分）			
			沉淀的灼烧操作正确	（10分）			
			干燥器的使用方法正确	（10分）			

8

氧化还原平衡与氧化还原滴定法

基本知识与基本技能

1. 了解氧化还原反应的基本概念及其规律,理解氧化数、氧化剂和还原剂的概念,熟练掌握氧化还原反应方程式的配平方法。

2. 了解原电池的概念和原电池的组成,掌握原电池符号的书写,理解氢电极和标准氢电极的概念,掌握影响电极电势的因素。

3. 熟练掌握利用电极电势和平衡常数判断氧化还原反应进行的方向和程度。

4. 了解氧化还原滴定曲线和氧化还原指示剂,掌握氧化还原滴定法及其应用,掌握氧化还原滴定分析结果的计算。

氧化还原反应是一类参加反应的物质之间有电子转移(或偏移)的反应。此类反应涉及面广,和电化学有密切联系,对于制备新物质、获取化学热能和电能都有重要的意义。本章首先讨论有关氧化还原反应的基本知识,在此基础上引入电极电势这一重要概念,作为比较氧化剂和还原剂相对强弱、判断氧化还原反应进行的方向与程度的依据,并应用于滴定分析测定各种物质。

8.1 氧化还原反应的基本概念

8.1.1 氧化值

在氧化还原反应中,由于电子转移(或共用电子对偏移)引起某些电子的价层电子结构发生变化,改变了这些原子的带电状态。为了便于表示化合物中各原子所带的电荷(或形式电荷),引入了元素的氧化值(又称氧化数)的概念。1970 年国际纯粹和应用化学联合会(IUPAC)严格地定义了氧化值的概念,即氧化值是某一元素一个原子的荷电数,这个荷电数(即原子所带的净电荷数)的确定,是假设把每个键中的电子获得一个电子指定给电负性更大的原子而求得。例如在 NaCl 中,氯元素的电负性比钠元素大,所以氯原子获得一个电子而氧化值为 -1,钠的氧化值为 $+1$。在共价化合物如 HCl 中,H 原子与 Cl 原子成键时虽然没有电子得失,但有电子对的偏移,由于这一对共用电子偏向电负性大的氯原子,故指定 Cl 原子带一个单位负电荷,H 原子带一个单位正电荷,实际是形式电荷,它们的氧化值分别为 -1 和 $+1$。确定氧化值一般有如下规则。

(1)在单质中,元素的氧化值为零,如 N_2、Fe 等单质中,N、Fe 的氧化数都为零。

(2)在二元离子型化合物中,某元素原子的氧化值就等于该元素原子的离子电荷数。

(3)在共价化合物中,共用电子对偏向于电负性大的元素的原子,原子的形式电荷数即为它们的氧化值,如 HCl 中 H 的氧化值为 $+1$,Cl 的氧化值为 -1。

(4)氧在化合物中的氧化值一般为 -2;在过氧化物(如 H_2O_2、Na_2O_2 等)中为 -1;在超氧化合物(如 K_2O)中为 $-1/2$;在 OF_2 中为 $+2$。氢在化合物中的氧化值一般为 $+1$,仅在与活泼金属生成的离子型氢化物(如 NaH、CaH_2)中为 -1。

(5)在中性分子中各元素的正负氧化值代数和为零;在多原子离子中各元素原子正负氧化值代数和等于离子电荷数。

根据氧化值的定义及有关规则可以看出,氧化值是一个有一定人为性的、经验性的概念,用以表示元素在化合状态时的形式电荷数。

【例 8 – 1】　计算下列物质中硫的氧化值。
$$H_2S \quad S_4O_6^{2-} \quad S_2O_3^{2-} \quad H_2SO_3 \quad H_2SO_4$$

解:根据分子或离子的总电荷数等于各元素氧化值的代数和,设硫的氧化值为 x,则:

H_2S	$2 \times (+1) + x = 0$	$x = -2$
$S_4O_6^{2-}$	$4x + 6 \times (-2) = -2$	$x = +2.5$
$S_2O_3^{2-}$	$2x + 3 \times (-2) = -2$	$x = +2$
H_2SO_3	$2 \times (+1) + x + 3 \times (-2) = 0$	$x = +4$
H_2SO_4	$2 \times (+1) + x + 4 \times (-2) = 0$	$x = +6$

【例 8 – 2】　求 Fe_3O_4 中 Fe 的氧化值。

解:已知 O 的氧化值为 -2,设 Fe 的氧化值为 x,则:
$$3x + 4 \times (-2) = 0$$
$$x = +\frac{8}{3} = +2\frac{2}{3}$$

所以 Fe 的氧化值为 $+2\frac{2}{3}$。

由此可知,氧化值可以是整数,也可以是分数或小数。必须指出,在共价化合物中,判断元素原子的氧化值时,不要与共价数(某元素原子形成的共价键的数目)相混淆。例如,在 CH_4、CH_3Cl、CH_2Cl_2、$CHCl_3$ 和 CCl_4 中,碳的共价数为 4,但其氧化值则分别为 -4、-2、0、$+2$ 和 $+4$。

8.1.2 氧化还原电对

在氧化还原反应中,失电子的过程称为氧化,失电子物质为还原剂,还原剂失电子后即为其氧化产物;得到电子的过程称为还原,得电子物质为氧化剂,氧化剂得电子后即为其还原产物。氧化与还原必然同时发生。例如:

$$Zn + Cu^{2+} \longrightarrow Zn^{2+} + Cu$$

此反应可表示为两部分:

$$Zn \longrightarrow Zn^{2+} + 2e^- \qquad ①$$
$$Cu^{2+} + 2e^- \longrightarrow Cu \qquad ②$$

反应式①、②都称为半反应。式①中 Zn 失去 2 个电子,氧化值由 0 升至 +2,此过程称为氧化,Zn 为还原剂,Zn^{2+} 为其氧化产物;式②中 Cu^{2+} 得到 2 个电子,氧化值由 +2 降至 0,此过程称为还原,Cu^{2+} 为氧化剂,Cu 为其还原产物。氧化还原反应则是两个半反应之和。

由上例可看出,每个半反应中包括着同一种元素的两种不同氧化态物质,这种由同一种元素的氧化态物质和其对应的还原态物质所构成的整体,称为氧化还原电对。书写电对时,氧化型物质在左侧,还原型物质在右侧,中间用斜线"/"隔开,如 Cu 和 Cu^{2+}、Zn 和 Zn^{2+} 所组成的氧化还原电对可分别写成 Cu^{2+}/Cu,Zn^{2+}/Zn,非金属单质及其相应的离子也可以构成氧化还原电对,例如 H^+/H_2 和 O_2/OH^-。

氧化态物质和还原态物质在一定条件下,可以互相转化,如下式所示:

$$氧化态 + ne^- \Longleftrightarrow 还原态$$

式中 n 表示互相转化时得失电子数。这种表示氧化态物质和还原态物质之间相互转化的关系式,称为半电池反应或电极反应。如:

Cu^{2+}/Cu	$Cu^{2+} + 2e^- \Longleftrightarrow Cu$
S/S^{2-}	$S + 2e^- \Longleftrightarrow S^{2-}$
H_2O_2/OH^-	$H_2O_2 + 2e^- \Longleftrightarrow 2OH^-$
MnO_4^-/Mn^{2+}	$MnO_4^- + 8H^+ + 5e^- \Longleftrightarrow Mn^{2+} + 4H_2O$

同一物质在不同的电对中可以表现出不同的性质。如 Fe^{2+} 在 Fe^{3+}/Fe^{2+} 电对中为还原型,反应中作还原剂;在 Fe^{2+}/Fe 电对中为氧化型,反应中作氧化剂。再如 Cl_2 在 Cl_2/Cl^- 电对中是氧化型,在 ClO^-/Cl_2 电对中是还原型。这说明物质的氧化能力的大小是相对的。有些物质与强氧化剂作用时,表现出还原性;与强还原剂作用时,表现出氧化性。如 H_2O_2 与 $KMnO_4$ 作用时表现出还原性,在水溶液中的反应如下:

$$2MnO_4^- + 5H_2O_2 + 6H^+ \Longrightarrow 2Mn^{2+} + 5O_2 + 8H_2O$$

当 H_2O_2 与 KI 作用时,表现出氧化性,其反应为:

$$2H^+ + H_2O_2 + 2I^- \Longrightarrow 2H_2O + I_2$$

任一氧化还原反应至少包含 2 个电对,有时多于 2 个。

8.1.3　常见的氧化剂和还原剂

在无机分析反应中常见的氧化剂一般是活泼的非金属单质和一些高氧化值的化合物。常见的还原剂一般是活泼的金属和低氧化值的化合物,处于中间氧化值的物质常既具有氧化性又具有还原性。表8.1列出一些常见的氧化剂、还原剂及其酸性条件下的反应产物。

表8.1　常见的氧化剂、还原剂及其产物

氧化剂	还原产物	还原剂	氧化产物
活泼非金属单质		活泼金属单质	
X_2(卤素)	X^-(卤离子)	$M(Na、Mg、Al)$	M^{n+}(Na^+、Mg^{2+}、Al^{3+})
O_2	H_2O 或氧化物		
氧化物、过氧化物		某些非金属单质	
MnO_2	Mn^{2+}	H_2	H^+
PbO_2	Pb^{2+}	C(高温)	CO_2
H_2O_2	H_2O	氧化物、过氧化物	
含氧酸、含氧酸盐		CO	CO_2
浓 H_2SO_4	SO_2	SO_2	SO_3(或 SO_4^{2-})
浓 HNO_3	NO_2	H_2O_2	O_2
稀 HNO_3	NO	氢化物	
H_2SO_3	S	H_2S(或 S^{2-})	S(或 SO_4^{2-})
$NaNO_2$	NO	HX(或 X^-)	X_2(卤素)
$(NH_4)_2S_2O_8$	SO_4^{2-}	含氧酸、含氧酸盐	
$NaClO$	Cl^-	H_2SO_3	SO_4^{2-}
$KMnO_4$	Mn^{2+}	$NaNO_2$	NO_3^-
$K_2Cr_2O_7$	Cr^{3+}	低氧化态金属离子	
$NaBiO_3$	Bi^{3+}	Fe^{2+}	Fe^{3+}
高氧化态金属离子		Sn^{2+}	Sn^{4+}
Fe^{3+}	Fe^{2+}		
Ce^{4+}	Ce^{3+}		

思考与练习 8–1

1. 什么是氧化值？如何计算分子或离子中元素的氧化值？
2. 举例说明下列概念的区别与联系。
(1)氧化与氧化值;(2)还原与还原产物。
3. 指出下列分子、化学式或离子中画线元素的氧化值。

$\underline{As}_2O_3$ $\quad$ $K_2\underline{O}_2$ $\quad$ $\underline{N}H_4^+$ $\quad$ $\underline{Cr}_2O_7^{2-}$ $\quad$ $\underline{Mn}O_4^-$ $\quad$ $Na_2\underline{S}_4O_6$

$H_2\underline{Pt}Cl_6$ $\quad$ $Na\underline{S}_2$ $\quad$ $K_2\underline{Xe}F_6$ $\quad$ $\underline{N}_2H_4$

4. 指出下列反应中何者为氧化剂,它的还原产物是什么? 何者为还原剂,它的氧化产物是什么?

(1) $3Cu + 8HNO_{3(稀)} =\!=\!= 3Cu(NO_3)_2 + 2NO\uparrow + 4H_2O$

(2) $2FeS + 6H_2SO_{4(浓)} =\!=\!= Fe_2(SO_4)_3 + 2S\downarrow + 3SO_2\uparrow + 6H_2O$

阅读材料　生活中的氧化还原反应

氧化还原反应是一类重要的化学反应,它在工农业生产、科学技术以及日常生活中有着广泛的应用。

我们日常所接触的各种各样的金属,绝大多数都是通过氧化还原反应从矿石中提炼而得到的。制造活泼的金属通常用电解的方法,如制单质铝,是将铝土矿(主要成分是 Al_2O_3)经过除去其他杂质(如 SiO_2、Fe_2O_3)后,再将其熔融电解制得,反应式为 $2Al_2O_3 =\!=\!= 4Al + 3O_2\uparrow$。制造其他黑色金属(如铁)常采用高温还原的方法,如 $Fe_2O_3 + 3CO =\!=\!= 2Fe + 3CO_2$,制造贵重的金属(如金)常用湿法还原等。

很多重要化工产品的制造,如合成氨、接触法制硫酸和氨催化法制硝酸等,主要反应也是氧化还原反应。石油化工里的催化去氢、催化加氢、链烃氧化制羧酸以及环氧树脂的合成等也都是氧化还原反应。

在农业生产中,植物的光合作用、呼吸作用是复杂的氧化还原反应。施入土壤里的肥料的变化,如铵态氮肥转化为硝态氮,SO_4^{2-} 转变为 H_2S 等,虽然需要有细菌作用,但其实质仍是氧化还原反应。土壤里的铁或锰的氧化态的变化直接影响作物的营养,晒田和灌田主要是为了控制土壤里的氧化还原反应的进行。

我们日常生活用到的干电池、汽车上用的蓄电池及空间技术上用的高能电池在工作时都发生氧化还原反应,否则就不能将化学能转变为电能,或将电能转变为化学能。

人和动物的呼吸把葡萄糖转变为 CO_2 和 H_2O,通过呼吸把储存在食物分子内的能量转化为存于三磷酸腺苷(ATP)的高能磷酸键的化学能,这种化学能再供给人和动物进行活动、维持体温、合成代谢、细胞的主动运输等。煤、石油、天然气等化石燃料的燃烧为人们生产和生活提供必需的大量能量,这些都离不开氧化还原反应。

当然,并不是所有的氧化还原反应都能用来造福人类,有些氧化还原反应会给人类带来危害,如食品的腐败变质、森林火灾、橡胶的老化、易燃物的自燃、钢铁的锈蚀等。我们应该利用化学知识来防止这类氧化还原反应的发生或减慢其进程,如橡胶的硫化、将钢铁变成合金或在其表面镀上一层耐腐蚀的金属或喷漆等。

8.2 氧化还原反应方程式的配平

氧化还原反应的实质是电子的转移,这种实质表现在化学反应中就是元素化合价的升降,这是氧化还原反应区别于其他反应的特征,因此,也成为氧化还原反应配平的重要依据和途径。但由于氧化还原反应往往比较复杂,参加反应的物质也比较多,配平这类反应方程式不像其他反应那样容易,所以有必要介绍一下氧化还原反应方程式的配平方法,最常用的有氧化值法、离子－电子法等。

8.2.1 氧化值法

氧化值法是根据氧化还原反应中元素氧化值的改变情况,按照氧化值增加数与氧化值降低数必须相等的原则来确定氧化剂和还原剂分子式前面的系数,然后再根据质量守恒定律配平非氧化还原部分的原子数目。

现以铜与稀硝酸的反应为例加以说明。

(1)先写出反应物和生成物的化学式,并列出发生氧化和还原反应的元素的正负化合价。

$$\overset{0}{Cu} + \overset{+5}{HNO_3} \longrightarrow \overset{+2}{Cu}(NO_3)_2 + \overset{+2}{NO} + H_2O$$

(2)列出元素的化合价的变化。如:

化合价升高2

$$\overset{0}{Cu} + \overset{+5}{HNO_3} \longrightarrow \overset{+2}{Cu}(NO_3)_2 + \overset{+2}{NO} + H_2O$$

化合价降低3

(3)使化合价升高和降低的总数相等。如:

化合价升高2×3

$$\overset{0}{3Cu} + \overset{+5}{2HNO_3} \longrightarrow \overset{+2}{3Cu}(NO_3)_2 + \overset{+2}{2NO} + H_2O$$

化合价降低3×2

(4)应用质量守恒(原子守恒)观察配平其它物质的化学计量数,在上述反应里,有6个NO_3^-没有参与氧化还原反应,所以HNO_3的化学计量数应是8,H_2O的化学计量数应是4,因为有2个NO_3^-还原成NO,其中4个氧原子跟HNO_3中氢原子结合成水,配平后,把单线改成等号。

$$3Cu + 8HNO_3(稀) = 3Cu(NO_3)_2 + 2NO\uparrow + 4H_2O$$

对于被氧化、被还原的元素分别在不同物质中的氧化还原反应,一般从左边反应物着手配平。例如硫化亚铜和硝酸的反应:

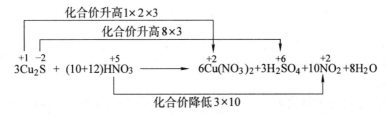

反应物中某一物质部分被氧化,部分被还原的自身氧化还原反应(包括分解、歧化反应),一般从右边生成物着手配平(即从逆向配平)。例如磷和硫酸铜的反应,此反应既有 $CuSO_4$ 氧化 P 的氧化还原反应,又有 P 的自身氧化还原反应,采用逆向配平法,较为简单。

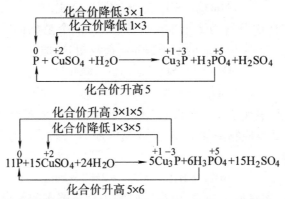

最后结果为:$11P + 15CuSO_4 + H_2O = 5Cu_3P + 5H_3PO_4 + H_2SO_4$

对于元素化合价难以确定的氧化还原反应方程式的配平可以采用零价法。配平的依据是化合物分子中,各组成元素的氧化值(化合价)代数和等于零。具体做法是:先令无法用常规方法确定化合价的物质中各元素化合价均为零价,然后计算出各元素化合价的升降值,并使元素化合价升降值相等,最后用观察法配平其他物质的计量数。例如碳化铁和硝酸的反应:

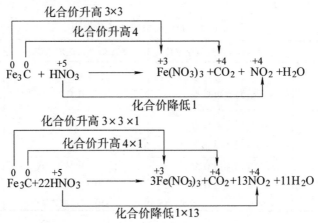

最后结果为：$Fe_3C + 22HNO_3 = 3Fe(NO_3)_3 + CO_2 + 13NO_2\uparrow + 11H_2O$

8.2.2　离子－电子法

离子－电子法是根据对应的氧化剂或还原剂的半反应方程式，再按以下配平原则进行配平。

(1)反应过程中氧化剂所夺得的电子数必须等于还原剂失去的电子数。

(2)根据质量守恒定律，反应前后各元素的原子总数相等。

此法配平步骤如下。

(1)先将反应物和生成物写成一个没有配平的离子反应方程式。例如：

$$K_2SO_3 + KMnO_4 + H_2SO_4 =\!=\!= K_2SO_4 + MnSO_4$$

$$MnO_4^- + SO_3^{2-} \longrightarrow Mn^{2+} + SO_4^{2-}$$

(2)再将上述反应分解为2个半反应方程式(一个是氧化反应，一个是还原反应)，并分别配平，使每一半反应的原子数和电荷数相等(加一定数目的电子)。

$$SO_3^{2-} \longrightarrow SO_4^{2-} \qquad 氧化反应$$

$$MnO_4^- \longrightarrow Mn^{2+} \qquad\qquad\qquad 还原反应$$

值得注意的是，氧化反应中产物的氧原子较反应物中的多，反应又在酸性介质中进行，所以可在上式反应物中加 H_2O，生成物中加 H^+，然后进行多元素原子数及电荷数的配平，可得：

$$SO_3^{2-} + H_2O = SO_4^{2-} + 2H^+ + 2e^- \qquad\qquad ①$$

还原反应中产物氧原子减少，应在反应物中加足够多的氢离子(氧原子减少数的2倍)，生成物中加 H_2O，配平后可得：

$$MnO_4^- + 8H^+ + 5e^- = Mn^{2+} + 4H_2O \qquad\qquad ②$$

推而广之，在半反应方程式中，如果反应物和生成物内所含氧原子数目不同，可以根据介质的酸碱性，分别在半反应方程式中加 H^+、OH^- 或 H_2O，并利用水的电离平衡使反应式两边的氧原子数目相等。不同介质条件下配平氧原子的经验规则见表8.2。

表8.2　配平氧原子的经验规则

介质条件	比较方程式两边氧原子数	配平时左边应加入物质	生成物
酸性	(1)左边 O 多	H^+	H_2O
	(2)左边 O 少	H_2O	H^+
碱性	(1)左边 O 多	H_2O	OH^-
	(2)左边 O 少	OH^-	H_2O
中性(或弱碱性)	(1)左边 O 多	H_2O	OH^-
	(2)左边 O 少	H_2O(中性)	H^+
		OH^-(弱碱性)	H_2O

（3）根据氧化剂和还原剂得失电子数相等的原则，在 2 个半反应式中各乘以适当的系数，即以①×5，②×2，然后相加得到一个配平的离子方程式。

①×5：$\quad 5SO_3^{2-}+5H_2O=5SO_4^{2-}+10H^++10e^-$

②×2：$\quad 2MnO_4^-+16H^++10e^-=2Mn^{2+}+8H_2O$

$$5SO_3^{2-}+2MnO_4^-+6H^+=5SO_4^{2-}+2Mn^{2+}+3H_2O$$

（4）写出完全的化学方程式：

$$5K_2SO_3+2KMnO_4+3H_2SO_4=6K_2SO_4+2MnSO_4+3H_2O$$

由此可见，用离子–电子法配平，可直接写出离子方程式。

需要强调，在考虑产物时，酸性介质中进行的反应，产物中不能出 OH^- 项，碱性介质中进行反应，产物中则不应有 H^+ 出现。

上面介绍的两种配平方法各有优缺点。对于一般简单的氧化还原反应来说，用氧化值法配平迅速，而且应用范围较广，并且不限于水溶液中的反应。离子–电子法虽仅适用于溶液中的离子方程式的配平，但它避免了化合价的计算，对于配平水溶液中有介质参加的复杂反应比较方便，这个方法反映了水溶液中的反应实质，并且对于学习书写半反应方程式有帮助，但此法仅适用于配平水溶液中的反应，对于气相或固相反应式的配平则无能为力。这两种配平方法可以相互补充。

思考与练习 8－2

1. 用氧化数法配平下列各反应方程式。

（1）$MnO_4^-+H^++C_2O_4^{2-}\longrightarrow Mn^{2+}+CO_2+H_2O$

（2）$Cl_2+I_2+H_2O\longrightarrow IO_3^-+Cl^-+H^+$

（3）$PbO_2+Mn^{2+}+H^+\longrightarrow MnO_4^-+Pb^{2+}+H_2O$

（4）$MnO_4^-+H_2O_2+H^+\longrightarrow Mn^{2+}+O_2+H_2O$

（5）$NO_2^-+H^++I^-\longrightarrow NO+I_2+H_2O$

（6）$BrO_3^-+H^++I^-\longrightarrow Br^-+I_2+H_2O$

（7）$MnO_4^-+Mn^{2+}+H_2O\longrightarrow MnO_2+H^+$

（8）$CrO_2^-+H_2O_2+OH^-\longrightarrow CrO_4^{2-}+H_2O$

（9）$MnO_4^-+SO_3^{2-}+OH^-\longrightarrow MnO_4^{2-}+SO_4^{2-}+H_2O$

2. 用离子电子法配平下列各反应式。

（1）$NaBiO_3+Mn^{2+}+H^+\longrightarrow Na^++Bi^{3+}+MnO_4^-+H_2O$

（2）$S_2O_8^{2-}+Mn^{2+}+H_2O\longrightarrow MnO_4^-+SO_3^{2-}+H^+$

（3）$MnO_4^-+H_2S+H^+\longrightarrow Mn^{2+}+S+H_2O$

（4）$S_2O_3^{2-}+I_2\longrightarrow S_4O_6^{2-}+I^-$

(5) $Cr^{3+} + MnO_4^- + H_2O \longrightarrow Cr_2O_7^{2-} + Mn^{2+} + H^+$

(6) $H_2O_2 + H^+ + I^- \longrightarrow I_2 + H_2O$

(7) $Mn^{3+} + H_2O \longrightarrow MnO_2 + Mn^{2+} + H^+$

(8) $MnO_4^{2-} + H_2O \longrightarrow MnO_4^- + MnO_2 + OH^-$

(9) $I_2 + OH^- \longrightarrow I^- + IO_3^- + H_2O$

(10) $HCOO^- + MnO_4^- + OH^- \longrightarrow CO_3^{2-} + MnO_4^{2-} + H_2O$

阅读材料　自测化妆品抗氧化能力,靠谱吗?

在美容网站和杂志上,我们经常会看到各种化妆品评测,比如说抗氧化能力测试。最常见的方法是使用苹果或者碘酒。苹果测试则是这样的:苹果对半切开,把待评测产品涂在切面上,苹果变黄慢则说明产品抗氧化性好。碘酒则是显得更专业的升级版本:碘酒加入水中,配成淡棕色的碘酒水溶液,然后将一小勺产品加入碘酒水溶液中,很快碘酒水溶液淡棕色褪去。褪色越快,产品抗氧化能力越好。

这类评测可信吗? 在回答这个问题前,我们还是先来了解一下抗氧化是怎么回事,与皮肤又有什么关系。

化妆品行业中最早所指的"抗氧化"是指通过抗氧化剂来保持料体的稳定性。例如,很多植物油含有不饱和的双键,会被氧气氧化而酸败变质;很多活性成分,如维A醇等,在有氧气的条件下不稳定,也需要抗氧化剂来稳定活性。常用的抗氧化剂包括亚硫酸钠,BHT(Butylated hydroxytoluene,2,6-二叔丁基-4-甲基苯酚)等等。

随着化妆品行业的发展,"皮肤需要抗氧化"的概念被引入了。人们将食品及医药行业中的抗氧化剂加入到化妆品中通过外用来增强皮肤的抗氧化能力,希望达到更好的美白,抗老化能力。这源于与衰老相关的自由基理论。自由基学说的创始人哈曼(Harman)认为衰老与体内氧自由基过多和(或)清除能力下降密切相关,自由基直接决定人体的健康及衰老。人体清除自由基的能力也就是抗氧化能力。同时,年龄越大,人体抗氧化能力就越低。

自由基是指游离存在的,带有不成对电子的分子、原子或离子。自由基的种类是相当多的,与人体衰老有关的氧自由基主要包括以下5类:超氧化物自由基、过氧化氢、羟基自由基、单线态氧、过氧化脂质。

超氧化物自由基	过氧化氢	羟基自由基	单线态氧	过氧化脂质
人体中最先产生也是最多的一种自由基,会诱发其他类型的自由基	活性比其他的自由基都低,但会通过细胞膜到达身体的各部位	破坏力最强的自由基,会造成细胞的死亡、饱和脂肪酸油脂的过氧化	活性比氧气高	自由基破坏脂质后的产物,对细胞有毒性

鉴于过量自由基对人体的危害,如何清除这些自由基就很重要了。这些清除自由基的物质就称之为抗氧化剂。人体抗氧化剂有多种,比如维生素 E. 维生素 C、酚类化合物(黄酮、单宁等),辅酶 Q10,硫辛酸等等。随着老龄化社会的到来,可以说,化妆品中行业中对抗氧化性也来越重视。

那么能用苹果能测量的抗氧化能力吗? 苹果中含有重要的抗氧化剂－－多酚。多酚被氧化后会变色,所以如果切开的苹果变黑变得越慢,就说明化妆品中的抗氧化剂越强。真的是这样吗?

首先,并不是所有的抗氧化剂都能让多酚不变色。产品中的抗氧化剂以及苹果中的多酚这两种抗氧化剂它们两个,哪一个的还原性更强,哪一个就先跟氧气反应。并且,活性比苹果多酚的弱或强,并不能表现它在人体皮肤上真正的抗氧化能力的强弱。一种没能阻止多酚变色的抗氧化剂,仍然有可能在皮肤上发挥作用。

其次,实验中测试的是多酚与氧气结合的能力,而不是自由基。前文提到过,对皮肤有伤害的自由基有多种,氧气只能算它们的起源。真正需要直接对抗避免氧气的,是化妆品料体中那些保护易被氧化的成分,比如植物油等成分的物质。而人体需要的抗氧化性能,更多的是要考虑到如何清除对人体有害的自由基。

其实,使用产品后,苹果还是能变色更慢,主要原因是产品限制了苹果与氧气的接触使多酚与氧气的反应减少,或者更另加良好的保湿能力使苹果果肉细胞饱满,维持原来的鲜活状态。因此,苹果所谓测试的抗氧化能力实际上测试的是保湿和隔绝空气的能力。下面的小实验更直观些:一个切开后的苹果没有涂任何东西,另外两个切开后的苹果分别涂上一些甘油和矿油,用以代表最基础的保湿剂和油脂类。七个小时后,空白组(没有添加任何成分)的苹果,已经变黑。另外两个半边苹果,由于添加了保湿剂或隔绝空气的矿油,变黑不明显。

不属于抗氧化成分的甘油和矿油也能延缓苹果的变黑,这使"用苹果检测化妆品抗氧化能力"的不靠谱实验不攻自破。

再回到"用碘酒评测抗氧化力"上来。将几滴棕红色的碘酒滴于水中,溶液为淡棕色,这是碘(I_2)的颜色。然后,将少量化妆品料体加入到水中,可以看到碘酒溶液的淡棕色很快褪去,因为料体中的还原剂将碘单质还原成了无色的碘离子。在这个氧化还原反应中,料体中只需提供还原剂就可以了。确实,一些抗氧化剂可以作为还原剂参与反应,比如笔者曾在实验室中用过非常少量抗坏血酸磷酸酯钠(水溶性 VC 衍生物,用于抗氧化和美白)就将碘酒水溶液轻易还原为无色透明溶液。那这个实验能表明有科学道理能证明皮肤的抗氧化能力吗? 回答却是否定的。这个实验至少存在如下三个错误(不严谨之处)不靠谱之处:

不靠谱之一:氧化还原反应不能代表自由基清除的抗氧化能力

化妆品中抗氧化剂应该起着自由基接受体的作用,因此要模拟抗氧化能力,理所当然的需要提供自由基,但在碘酒实验中,没有一种物质能够提供前文所说的五种自由基中的任何一种。用碘充当自由基,这是偷换概念。

不靠谱之二:只考虑水溶性成分,没有考虑油溶性成分

很多抗氧化剂是油溶性的,比如大家比较熟悉的维 E 醋酸酯。在碘酒实验的环境下,油溶性成分并没有机会与水进行充分发生反应。因此,即使此实验能用于检测抗氧化剂(虽然不靠谱之一错误 1 这一条就足以说明其不科学性),也无法显示众多油溶性抗氧化剂的作用。

不靠谱之三:没有考虑其它成分能影响颜色

除了还原剂外,另外一些成分比如三乙醇胺、一些乳化剂等,也会慢慢使碘酒变色。而更有意思的是,化妆品中添加的变性淀粉(用于增稠或肤感调节),还能使碘酒溶液变为淡蓝色。所以变色来评价众多成分组成的化妆品体系是有问题的。

碘酒实验中被还原的不是自由基、忽略了油溶性抗氧化成分,且有可能被其他成分干扰,因此用它测试产品的抗氧化能力,是极度不靠谱的。

实际上,化妆品行业测定抗氧化能力中常用的方法有很多,如使用邻苯三酚自氧化法测定清除超氧阴离子能力、水杨酸法测定清除羟基自由基能力、DPPH 法测定清除 DPPH 自由基能力等等。除了化学分析方法外,还有一些基于细胞的抗氧化测试方法,通过使用皮肤相关细胞或红细胞的抗氧化性能来检测抗氧化效果。在人的活体上测试的方法更可靠,因此有使用提取角质层细胞来测定使用产品前后皮肤进行对比来进行抗氧化能力的方法。最靠谱的还是临床测试,用各种手段评估使用抗氧化产品的最终效果。

8.3　原电池及电极电势

8.3.1　原电池

我们知道,如果把一块锌放入 $CuSO_4$ 溶液中,则锌开始溶解,而铜从溶液中析出。反应的离子方程式:

$$Zn(s) + Cu^{2+} \longrightarrow Zn^{2+}(aq) + Cu(s)$$

这是一个可自发进行的氧化还原反应,如果在两个烧杯中分别放入 $ZnSO_4$ 和 $CuSO_4$ 溶液,在盛有 $ZnSO_4$ 溶液的烧杯中放入锌片,在盛有 $CuSO_4$ 溶液的烧杯中放入铜片,将两个烧杯的溶液用一个充满电解质溶液(一般用饱和 KCl 溶液,为使溶液不致流出,常用琼脂与 KCl 饱和溶液制成胶冻。胶冻的组成大部分是水,离子可在其中自由移动)的倒置 U 形管作桥梁(称为盐桥)以联通两杯溶液,如图 8.1 所示。这时如果用一个灵敏电流计将两金属片联接起来,我们可以观察到以下现象。

(1)电流表指针发生偏移,说明有电流产生。

(2)在铜片上有金属铜沉积上去,而锌片被溶解。

(3)取出盐桥,电流表指针回至零点;放入盐桥时,电流表指针又发生偏移。说

明盐桥起了使整个装置构成通路、使反应顺利进行的作用。盐桥中的负离子向 Zn-SO_4 溶液中扩散,正离子向 $CuSO_4$ 溶液中扩散,以保持溶液的电中性,使氧化还原反应继续进行到 Cu^{2+} 几乎全部被还原为止。

上述装置所以能产生电流,是由于 Zn 比 Cu 活泼,Zn 易放出电子成为 Zn^{2+} 离子进入溶液中:

$$Zn(s) - 2e^- \longrightarrow Zn^{2+}(aq)$$

电子沿导线移向 Cu,溶液中的 Cu^{2+} 离子在 Cu 片上接受电子而变成金属铜:

$$Cu^{2+}(aq) + 2e^- \longrightarrow Cu(s)$$

电子定向地由 Zn 流向 Cu,形成电子流(电子流方向和电流方向正好相反)。这种能使氧化还原反应中电子的转移直接转变为电能的装置,称为原电池。

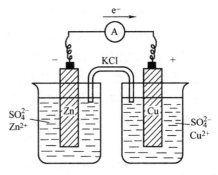

图 8.1　铜锌原电池

在上述反应进行的瞬间,$ZnSO_4$ 溶液由于 Zn^{2+} 增多而带正电荷;相反,$CuSO_4$ 溶液由于 Cu^{2+} 的不断沉积,SO_4^{2-} 过剩而带负电荷,这样就会阻碍电子继续从锌片流向铜片。盐桥的作用就是使阳离子(主要是盐桥中的 K^+)通过盐桥向 $CuSO_4$ 溶液迁移;阴离子(主要是盐桥中的 Cl^-)通过盐桥向 $ZnSO_4$ 溶液迁移,使锌盐溶液和铜盐溶液一直保持着电中性,使锌的溶解和铜的析出过程可以连续进行。

在原电池中,组成原电池的导体(如铜片和锌片)称为电极,同时规定电子流出的电极称为负极,负极上发生氧化反应;电子进入的电极称为正极,正极上发生还原反应。例如,在 Cu – Zn 原电池中:

负极(Zn)　　$Zn(s) - 2e^- \longrightarrow Zn^{2+}(aq)$　　发生氧化反应

正极(Cu)　　$Cu^{2+}(aq) + 2e^- \longrightarrow Cu(s)$　　发生还原反应

Cu – Zn 原电池的电池反应为:

$$Zn(s) + Cu_{(aq)}^{2+} = Zn^{2+}(aq) + Cu(s)$$

在 Cu – Zn 原电池中所进行的电池反应和 Zn 置换 Cu^{2+} 的化学反应是一样的。只是原电池装置中,氧化剂和还原剂不直接接触,氧化、还原反应同时分别在两个不同的区域内进行,电子不是直接从还原剂转移给氧化剂,而是经导线进行传递,这正是原电池利用氧化还原反应产生电流的原因所在。

上述原电池可以用下列电池符号表示:

$$(-)Zn \,|\, ZnSO_4(c_1) \,\|\, CuSO_4(c_2) \,|\, Cu(+)$$

习惯上把负极(-)写在左边,正极(+)写在右边。其中"$|$"表示金属和溶液两相之间的接触界面,"$\|$"表示盐桥,c 表示溶液的浓度。电池符号中的物质要注明聚集状态,固体有同素异形体的要注明晶型,气体要注明分压,溶液要注明浓度,溶液中有两种或两种以上物质用逗号分开;若参加电极反应的物质中有纯气

体、液体或固体,则应写在惰性导体的一边;还要注明温度,当温度为 298.15 K, 溶液的浓度为标准浓度,当固体无同素异形体时,可不注明;当溶液浓度为 1 mol · L^{-1} 时,也可不注明。

每个原电池都是由两个"半电池"组成。例如,Cu – Zn 原电池就是由锌和锌盐溶液、铜和铜盐溶液所构成的两个"半电池"所组成,而每一个"半电池"又都是由同一种元素不同氧化值的两种物质所构成。一种是处于低氧化值的可作为还原剂的物质(还原态物质),例如锌半电池中的 Zn,铜半电池中的 Cu;另一种是处于高氧化值的可作氧化剂的物质(氧化态物质),例如锌半电池中的 Zn^{2+},铜半电池中的 Cu^{2+}。

【例 8 – 3】 将下列氧化还原反应设计成原电池,并写出它的原电池符号。

$$2Fe^{2+}(1.0 \text{ mol} \cdot L^{-1}) + Cl_2(101.325 \text{ kPa})$$

$$\longrightarrow 2Fe^{3+}(aq)(0.10 \text{ mol} \cdot L^{-1}) + 2Cl^-(aq)(2.0 \text{ mol} \cdot L^{-1})$$

解:正极　$Cl_2(g) + 2e^- \longrightarrow 2Cl^-(aq)$

　　负极　$Fe^{2+}(aq) - e^- \longrightarrow Fe^{3+}(aq)$

原电池符号为:

$$(-)Pt \mid Fe^{2+}(1.0 \text{ mol} \cdot L^{-1}), Fe^{3+}(0.10 \text{ mol} \cdot L^{-1}) \parallel Cl^-(2.0 \text{ mol} \cdot L^{-1}),$$

$$Cl_2(101.325 \text{ kPa}) \mid Pt(+)$$

8.3.2　电极电势

在 Cu – Zn 原电池中,把两个电极用导线连接后就有电流产生,可见两个电极之间存在一定的电势差。换句话说,构成原电池的两个电极的电势是不相等的。那么电极的电势是怎样产生的呢?

如果把金属放入其盐溶液中,则金属和其盐溶液之间产生了电势差,它可以衡量作为金属在溶液中失去电子能力的大小,也可衡量表示金属的正离子获得电子能力的大小。早在 1889 年,德国化学家能斯特(H. W. Nernst)提出了双电层理论,这可以用来说明金属和其盐溶液之间的电势差以及原电池产生电流的机理。

按照能斯特的理论,由于金属晶体是由金属原子、金属离子和自由电子所组成,因此,如果把金属放在其盐溶液中,与电解质在水中的溶解过程相似。在金属与其盐溶液的接触界面上就会发生两个不同的过程,一个是金属表面的阳离子受极性水分子的吸引而进入溶液的过程;另一个是溶液中的水合金属离子在金属表面受到自由电子的吸引而重新沉积在金属表面的过程。当这两种方向相反的过程进行的速率相等时,即达到动态平衡:

$$M(s) \rightleftharpoons M^{n+}(aq) + ne^-$$

不难理解,如果金属越活泼或溶液中金属离子浓度越小,金属溶解的趋势就越大于溶液中金属离子沉积到金属表面的趋势,达平衡时金属表面因聚集了金属溶解时留下的自由电子而带负电荷,溶液则因金属离子进入溶液而带正电荷。这样,由正、负电荷相互吸引的结果,在金属与其盐溶液的接触界面处就建立起由带负电荷的电子和带正电荷的金属离子所构成的双电层(图8.2(a))。相反,如果金属越不活泼或溶液中金属离子浓度越大,金属溶解趋势越小于金属离子沉淀的趋势,达到平衡时金属表面因聚集了金属离子而带正电荷,而溶液则由于金属离子减少而带负电荷,这样,也构成了相应的双电层(图8.2(b))。这种双电层之间就存在一定的电势差。

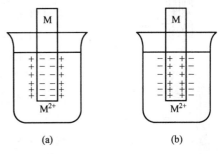

金属与其盐溶液接触界面之间的电势差,实际上就是该金属与其溶液中相应金属离子所组成的氧化还原电对的平衡电势,简称为该金属的平衡电势。可以预料,氧化还原电对不同,对应的电解质溶液的浓度不同,它们的平衡电势也就不同。因此,若将两种不同平衡电势的氧化还原电对以原电池的方式联接起来,则在两极之间就有一定的电势差,因而产生电流。

图 8.2   金属的电极电势
(a)活泼金属的电极电势;(b)不活泼金属的电极电势

必须指出,无论从金属进入溶液的离子或从溶液沉积到金属上的离子的量都非常少,用化学和物理方法还不能测定。

8.3.3   标准电极电势

1. 常见电极

1)标准氢电极

到目前为止,金属平衡电势的绝对值还无法测定,只能选定某一电对的平衡电势作为参比标准,将其他电对的平衡电势与它比较而求出各电对平衡电势的相对值,犹如海拔高度是把海平面的高度作为比较标准一样,通常选作标准的是标准氢电极如图8.3。

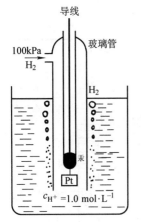

图 8.3   标准氢电极

标准氢电极(SHE)是将铂片镀上一层蓬松的铂(称铂黑),并把它浸入 H^+ 离子浓度为 $1\ mol \cdot L^{-1}$ 的稀硫酸溶液中,在 298.15 K 时不断通入压力为 101.325 kPa 纯氢气流,这时氢被铂黑所吸收,此时被氢饱和了的铂片就像由氢气构成的电极一样。铂片在标准氢电极中只是作为电子的导体和氢气的载体,并未参加反应。氢电极与溶液中的 H^+ 离子建立了如下平衡:

$$H_2(g) \Longrightarrow 2H^+(aq) + 2e^-$$

这样,在标准氢电极和具有上述浓度的 H^+ 离子之间的平衡电势称为标准氢电极的电极电势,人们规定它为零,即 $E_{H^+/H_2} = 0.000\ 0\ V$。某电极的平衡电势的相对值,可以将该电对与标准氢电极组成原电池,测得该原电池的电动势就等于所要测量的相对电势差值。在化学上称此相对电势差值为某电对的电极电势。

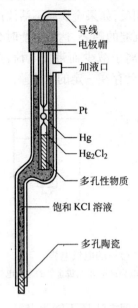

图 8.4 甘汞电极的结构

虽然标准氢电极用作其他电极的电极电势比较标准,但是标准氢电极要求氢气纯度很高,压力稳定,并且铂在溶液中易吸附其他组分而中毒,失去活性。因此,实际上常用易于制备、使用方便而且电极电势稳定的甘汞电极等作为电极电势的对比参考,称为参比电极。

2)甘汞电极

甘汞电极是金属汞和 Hg_2Cl_2 及 KCl 溶液组成的电极,其构造如图 8.4 所示。内玻璃管中封接一根铂丝,铂丝插入纯汞中(厚度为 $0.5 \sim 1$ cm),下置一层甘汞(Hg_2Cl_2)和汞的糊状物,外玻璃管中装入 KCl 溶液,即构成甘汞电极。电极下端与待测溶液接触部分是熔结陶瓷芯或玻璃砂芯等多孔物质或是一毛细管通道。

甘汞电极可以写成:

$$Hg, Hg_2Cl_2(s) \mid KCl$$

电极反应为:

$$Hg_2Cl_2(s) + 2e^- \rightleftharpoons 2Hg(l) + 2Cl^-(aq)$$

当温度一定时,不同浓度的 KCl 溶液使甘汞电极的电势具有不同的恒定值,如表8.3 所示。

表8.3 甘汞电极的电极电势

KCl 浓度	饱和	1 mol·L^{-1}	0.1 mol·L^{-1}
电极电势 E/V	+0.244 5	+0.283 0	+0.335 6

3)Ag – AgCl 电极

银丝镀上一层 AgCl,浸在一定浓度的 KCl 溶液中,即构成 Ag – AgCl 电极,如图 8.5 所示。

电极可以写成:

$$Ag, AgCl(s) \mid KCl$$

电极反应为:

$$AgCl(s) + e^- \rightleftharpoons Ag(s) + Cl^-(aq)$$

与甘汞电极相似,它的电极电势取决于内参比溶液 KCl 的浓度,25 ℃时 Ag – AgCl 电极的电极电势如表 8.4 所示。

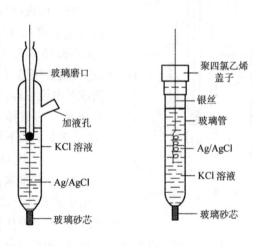

图 8.5 Ag – AgCl 化银电极结构

表 8.4　Ag – AgCl 化银电极的电极电势

KCl 浓度	饱和	1 mol · L^{-1}	0.1 mol · L^{-1}
电极电势 E/V	+0.200 0	+0.222 3	+0.288 0

2. 标准电极电势的测定

电极电势的大小主要取决于物质的本性,但同时又与体系的温度、浓度等外界条件有关。当测定温度为 298.15 K,溶液中组成电极的离子浓度为 1 mol · L^{-1}(严格地说,应为离子活度为 1 mol · L^{-1});若为气体其分压为 101.325 kPa,若为液体或固体均应是纯净物质时,所测得的电对的电极电势,称为该电对的标准电极电势,以符号 $E^{\ominus}$ 表示。

例如,欲测定锌电极的标准电极电势,则应组成下列原电池:

$(-)$Zn｜Zn^{2+}(1 mol · L^{-1})‖ H^{+}(1 mol · L^{-1})｜H$_2$(101.325 kPa)｜Pt$(+)$

测定时,根据电位计指针偏转方向,可知电流是由氢电极通过导线向锌电极(电子由锌电极流向氢电极),所以锌电极为负极,氢电极为正极。测得此电池电动势 $E^{\ominus}$ 为 0.763 V,它等于正极的标准电极电势与负极的标准电极电势之差,即:

$$E^{\ominus} = E^{\ominus}_{\mathrm{H^+/H_2}} - E^{\ominus}_{\mathrm{Zn^{2+}/Zn}}$$

因为　　　　　　　　　$E^{\ominus}_{\mathrm{H^+/H_2}} = 0.000\ 0\ \mathrm{V}$

所以　　　　　　　　　$0.763 = 0 - E^{\ominus}_{\mathrm{Zn^{2+}/Zn}}$

$$E^{\ominus}_{\mathrm{Zn^{2+}/Zn}} = -0.763\ \mathrm{V}$$

"–"号表示与标准氢电极组成原电池时,该电极为负极。

又如欲测定铜电极的标准电极电势,则应组成下列原电池:

$(-)$Pt｜H$_2$(101.33 kPa)｜H^{+}(1 mol · L^{-1})‖ Cu^{2+}(1 mol · L^{-1})｜Cu$(+)$

根据电流方向,知铜电极为正极,氢电极为负极。298.15 K 时测得此原电池的标准电动势为 0.337 V,即

$$E^{\ominus} = E^{\ominus}_{\mathrm{Cu^{2+}/Cu}} - E^{\ominus}_{\mathrm{H^+/H_2}}$$

因为　　　　　　　　　$E^{\ominus}_{\mathrm{H^+/H_2}} = 0.000\ 0\ \mathrm{V}$

所以　　　　　　　　　$0.337 = E^{\ominus}_{\mathrm{Cu^{2+}/Cu}} - 0$

$$E^{\ominus}_{\mathrm{Cu^{2+}/Cu}} = 0.337\ \mathrm{V}$$

"+"号表示与标准氢电极组成原电池时,该电极为正极。

用类似的方法可以测得一系列电对的标准电极电势,书后附录 4 列出的是 298.15 K 时一些氧化还原电对的标准电极电势数据。它们是按电极电势的代数值递增顺序排列的,该表称为标准电极电势表。

根据物质的氧化还原能力,对照标准电极电势表,可以看出,电极电势代数值越小,电对所对应的还原态物质还原能力越强,氧化态物质氧化能力越弱;电极电势代数值越大,电对所对应的还原态物质还原能力越弱,氧化态物质氧化能力越强。因此,电极电势是表示氧化还原电对所对应的氧化态物质或还原态物质得失电子能力

（即氧化还原能力）相对大小的一个物理量。

使用标准电极电势表时应注意以下几点。

（1）本书采用 1953 年国际纯粹和应用化学联合会（IUPAC）所规定的还原电势，即认为 Zn 比 H_2 更容易失去电子，$E^{\ominus}_{Zn^{2+}/Zn}$ 为负值。

（2）电极电势没有加合性，即不论半电池反应式的系数乘以或除以任何实数，$E^{\ominus}$ 值仍然不改变。

（3）$E^{\ominus}$ 是水溶液体系的标准电极电势，对于非标准态和非水溶液体系，不能用 $E^{\ominus}$ 来比较物质的氧化还原能力。

8.3.4　电极电势的理论计算

由前面所述热力学理论可知，在恒温恒压条件下，反应体系吉布斯函变的降低值等于体系所能作的最大有用功，即 $-\Delta G = W_{max}$。而一个能自发进行的氧化还原反应，可以设计成一个原电池，在恒温、恒压条件下，电池所作的最大有用功即为电功。电功 $W_{电}$ 等于电动势 E 与通过的电量 Q 的乘积，即：

$$W_{电} = EQ = nEF$$
$$\Delta G = -EQ = -nEF \tag{8-1}$$

式中：F——法拉第常数，96 485 $C \cdot mol^{-1}$；

n——电池反应中转移电子数。

在标准态下 $\qquad \Delta G^{\ominus} = -nE^{\ominus}F = -nF[E^{\ominus}_{(+)} - E^{\ominus}_{(-)}]$

则

$$E^{\ominus}_{(+)} = E^{\ominus}_{(-)} - \frac{\Delta G^{\ominus}}{nF}$$

我们采用的是还原电势，即与标准氢电极组成原电池，该电对作正极。所以

$$E^{\ominus}_{(-)} = E^{\ominus}_{H^+/H_2} = 0$$
$$E^{\ominus}_{(+)} = \frac{\Delta G^{\ominus}}{nF} \tag{8-2}$$

由上式可以看出，如果知道了参加电极反应物质的 $\Delta G^{\ominus}$，即可计算出该电极的标准电极电势，这就为理论上确定电极电势提供了依据。

8.3.5　影响电极电势的因素——能斯特方程式

电极电势的大小不仅取决于电对本性，还与反应温度、氧化态物质和还原态物质的浓度、压力等有关。

离子浓度对电极电势的影响也可从热力学推导得出如下结论，对于一个任意给定的电极，其电极反应的通式为：

$$\alpha_{氧化态} + ne^- \rightleftharpoons b_{还原态}$$

在 298.15 K 时其相应的浓度对电极电势影响的通式为：

$$E = E^{\ominus} + \frac{0.059\,2}{n}\lg\frac{(c_{氧化态}/c^{\ominus})^{\alpha}}{(c_{还原态}/c^{\ominus})^{b}} \tag{8-3}$$

由于 $c^\ominus = 1 \text{ mol} \cdot \text{L}^{-1}$, 若不考虑对数项中的单位时, 则上式可简单写成:

$$E = E^\ominus + \frac{0.059\,2}{n}\lg\frac{(c'_{氧化态})^\alpha}{(c'_{还原态})^b} \tag{8-4}$$

方程式(8-3)称为电极电势的能斯特方程式, 简称能斯特方程式。

应用能斯特方程式时, 应注意以下两个问题。

(1) 如果组成电对的物质为固体或纯液体时, 则它们的浓度不列入方程式中。如果是气体则气体物质用相对压力 $p/p^\ominus$ 表示。

例如:

$$Zn^{2+}(aq) + 2e^- \Longrightarrow Zn(s)$$

$$E_{Zn^{2+}/Zn} = E^\ominus_{Zn^{2+}/Zn} + \frac{0.059\,2}{2}\lg c'_{Zn^{2+}}$$

$$Br_2(l) + 2e^- \Longrightarrow 2Br^-(aq)$$

$$E_{Br_2/Br^-} = E^\ominus_{Br_2/Br^-} + \frac{0.059\,2}{2}\lg\frac{1}{(c'_{Br^-})^2}$$

$$2H^+(aq) + 2e^- \Longrightarrow H_2(g)$$

$$E_{H^+/H_2} = E^\ominus_{H^+/H_2} + \frac{0.059\,2}{2}\lg\frac{(c'_{H^+})^2}{p_{H_2}/p^\ominus}$$

【例8-4】 298.15 K 时, 已知氧化还原的半电池反应式为:

$$Cu^{2+} + 2e^- \Longrightarrow Cu \qquad E^\ominus_{Cu^{2+}/Cu} = +0.341\,9 \text{ V}$$

求 $c_{Cu^{2+}} = 0.001\,0 \text{ mol} \cdot \text{L}^{-1}$ 时的电极电势。

解:根据能斯特方程式

$$E = E^\ominus + \frac{0.059\,2}{n}\lg\frac{(c'_{氧化态})^\alpha}{(c'_{还原态})^b}$$

$$E_{Cu^{2+}/Cu} = E^\ominus_{Cu^{2+}/Cu} + \frac{0.059\,2}{n}\lg\frac{c'_{Cu^{2+}}}{1}$$

$$E_{Cu^{2+}/Cu} = 0.341\,9 + \frac{0.059\,2}{2}\lg\frac{0.001\,0}{1} = 0.248 \text{ V}$$

(2) 如果在电极反应中, 除氧化态、还原态物质外, 还有参加电极反应的其他物质如 H^+、OH^- 存在, 则应把这些物质的浓度也表示在能斯特方程式中。

【例8-5】 已知 MnO_4^- 和 Mn^{2+} 的浓度都为 $1.00 \text{ mol} \cdot \text{L}^{-1}$, 计算 MnO_4^-/Mn^{2+} 电对在 H^+ 浓度分别等于 $1.00 \text{ mol} \cdot \text{L}^{-1}$ 和 $1.00 \times 10^{-3} \text{ mol} \cdot \text{L}^{-1}$ 时的电极电势。

解:电极反应为:

$$MnO_4^- + 8H^+ + 5e^- \Longrightarrow Mn^{2+} + 4H_2O$$

查附录4, 298.15 K 时, $E^\ominus_{MnO_4^-/Mn^{2+}} = 1.51 \text{ V}$

$$E_{MnO_4^-/Mn^{2+}} = E^\ominus_{MnO_4^-/Mn^{2+}} + \frac{0.059\,2}{5}\lg\frac{c'_{MnO_4^-} \cdot (c'_{H^+})^8}{c'_{Mn^{2+}}}$$

$$= 1.51 + \frac{0.0592}{5} \lg \frac{c'_{MnO_4^-} \cdot (c'_{H^+})^8}{c'_{Mn^{2+}}}$$

当 $c_{H^+} = 1.00 \ mol \cdot L^{-1}$ 时,

$$E_{MnO_4^-/Mn^{2+}} = 1.51 + \frac{0.0592}{5} \lg \frac{1.00^8}{1} = 1.51 \ V$$

当 $c_{H^+} = 1.00 \times 10^{-3} \ mol \cdot L^{-1}$ 时,

$$E_{MnO_4^-/Mn^{2+}} = 1.51 + \frac{0.0592}{5} \lg \frac{(1.00 \times 10^{-3})^8}{1} = 1.23 \ V$$

上例说明了溶液中离子浓度的变化对电极电势的影响,特别是有 H^+ 参加的反应。由于 H^+ 浓度的指数往往比较大,故对电极电势的影响也较大。此外,有些金属离子由于生成难溶的沉淀或很稳定的配离子,也会极大地降低溶液中金属离子的浓度,并显著地改变原来电对的电极电势。

【例 8 - 6】 在 298 K 时,在 Fe^{3+}、Fe^{2+} 的混合溶液中加入 NaOH,有 $Fe(OH)_3$、$Fe(OH)_2$ 沉淀生成(假设无其他反应发生)。当沉淀反应达到平衡时,保持 $c_{OH^-} = 1.00 \ mol \cdot L^{-1}$,求 $E_{Fe^{3+}/Fe^{2+}}$ 的值。

解:

$$Fe^{3+}(aq) + e^- \Longrightarrow Fe^{2+}(aq)$$

加 NaOH,发生如下发应:

$$Fe^{3+}(aq) + 3OH^-(aq) \Longrightarrow Fe(OH)_3(s)$$

$$K_1 = \frac{1}{K_{sp,Fe(OH)_3}^{\ominus}} = \frac{1}{c'_{Fe^{3+}} \cdot (c'_{OH^-})^3}$$

$$Fe^{2+}(aq) + 2OH^-(aq) \Longrightarrow Fe(OH)_2(s)$$

$$K_1 = \frac{1}{K_{sp,Fe(OH)_2}^{\ominus}} = \frac{1}{c'_{Fe^{2+}} \cdot (c'_{OH^-})^2}$$

平衡时

$$c_{OH^-} = 1.00 \ mol \cdot L^{-1}$$

则

$$c'_{Fe^{3+}} = \frac{K_{sp,Fe(OH)_3}^{\ominus}}{(c'_{OH^-})^3}$$

$$c'_{Fe^{2+}} = \frac{K_{sp,Fe(OH)_2}^{\ominus}}{(c'_{OH^-})^2}$$

所以

$$E_{Fe^{3+}/Fe^{2+}} = E_{Fe^{3+}/Fe^{2+}}^{\ominus} + \frac{0.0592}{n} \lg \frac{c'_{Fe^{3+}}}{c'_{Fe^{2+}}}$$

$$= E_{Fe^{3+}/Fe^{2+}}^{\ominus} + 0.0592 \lg \frac{K_{sp,Fe(OH)_3}^{\ominus}}{K_{sp,Fe(OH)_2}^{\ominus} \cdot c'_{OH^-}}$$

$$= 0.771 + 0.0592 \lg \frac{2.6 \times 10^{-39}}{4.9 \times 10^{-17}} = -0.54 \ V$$

根据标准电极电势的定义,$c_{OH^-} = 1.00 \ mol \cdot L^{-1}$ 时,$E_{Fe^{3+}/Fe^{2+}}$ 就是电极反应的标

准电极电势 $E^{\ominus}_{Fe(OH)_3/Fe(OH)_2}$。

$$E^{\ominus}_{Fe(OH)_3/Fe(OH)_2} = E^{\ominus}_{Fe^{3+}/Fe^{2+}} + 0.059\ 2\ lg\frac{K^{\ominus}_{sp,Fe(OH)_3}}{K^{\ominus}_{sp,Fe(OH)_2}}$$

从以上举例可看出,氧化态或还原态物质离子浓度的改变对电极电势有影响,但在通常情况下影响不大。如果电对的氧化态生成沉淀,则电极电势变小,如果还原态生成沉淀,则电极电势变大。若二者同时生成沉淀时,$K^{\ominus}_{sp,氧化态} < K^{\ominus}_{sp,还原态}$,则电极电势变小;反之,则变大。另外介质的酸碱性对含氧酸盐氧化性的影响较大,一般来说,含氧酸盐在酸性介质中表现出较强的氧化性。

思考与练习 8 –3

1. 下列关于原电池的叙述正确的是(　　)。
   A. 构成原电池的正极和负极必须是两种不同的金属
   B. 原电池是化学能转变为电能的装置
   C. 在原电池中,电子流出的一极是负极,该电极被还原
   D. 原电池放电时,电流的方向是从负极到正极

2. 在用锌片、铜片和稀 H_2SO_4 组成的原电池装置中,经过一段时间工作后,下列说法中正确的是(　　)。
   A. 锌片是正极,铜片上有气泡产生
   B. 电流方向是从锌片流向铜片
   C. 溶液中 H_2SO_4 的物质的量减少
   D. 电解液的 pH 保持不变

3. 钢铁发生电化学腐蚀时,负极发生的反应是(　　)。
   A. $2H^+ + 2e^- \longrightarrow H_2$
   B. $2H_2O + O_2 + 4e^- \longrightarrow 4OH^-$
   C. $Fe - 2e^- \longrightarrow Fe^{2+}$
   D. $4OH^- + 4e^- \longrightarrow 2H_2O + O_2$

4. 原电池正负极的判断。
   (1)由组成原电池的两极材料判断。一般是_____的金属为负极,活泼性_____的金属或能_____的非金属为正极。
   (2)根据电流方向或电子流动方向判断,电流是由_____流向_____;电子流动方向是由_____极流向_____极。
   (3)根据原电池里电解质溶液内离子的定向流动方向,在原电池的电解质溶液内,阳离子移向的极是_____极,阴离子移向的极为_____极。
   (4)根据原电池两极发生的变化来判断,原电池的负极总是_____电子发生氧化反应,其正极总是_____电子发生_____反应。

5. 如下图所示,烧杯中都盛有稀硫酸。
   (1)图(a)中反应的离子方程式为_____。

(2)图(b)中的电极反应:Fe _____;Sn _____,Sn 极附近溶液的 pH(填增大、减小或不变)_____。

(3)图(c)中被腐蚀的金属是_____,其电极反应式为_____。

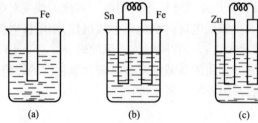

(a)　　　　　　(b)　　　　　　(c)

6. 银锌电池广泛用作各种电子仪器的电源,它的电池反应是:$Zn + Ag_2O + H_2O = 2Ag + Zn(OH)_2$,则负极上发生反应的物质是(　　)。

A. Ag 　　　　B. $Zn(OH)_2$ 　　　　C. Ag_2O 　　　　D. Zn

7. 计算下列半反应的电极电势。

(1)$Sn^{2+}(0.010\ mol \cdot L^{-1}) + 2e^- \longrightarrow Sn$

(2)$Ag^+(0.25\ mol \cdot L^{-1}) + e^- \longrightarrow Ag$

(3)$O_2(1.00\ kPa) + 4H^+(1.0\ mol \cdot L^{-1}) + 4e^- \longrightarrow 2H_2O(l)$

(4)$PbO_2(s) + 4H^+(1.0\ mol \cdot L^{-1}) + 2e^- \longrightarrow Pb^{2+}(0.10\ mol \cdot L^{-1}) + 2H_2O$

8. 计算在 H_2SO_4 介质中,H^+ 浓度分别为 $1\ mol \cdot L^{-1}$ 和 $0.1\ mol \cdot L^{-1}$ 的溶液中 VO_2^+/VO^{2+} 电对的条件电极电势。(忽略离子强度的影响,已知 $E^{\ominus} = 1.00\ V$)

9. 根据 $E^{\ominus}_{Hg_2^{2+}/Hg}$ 和 Hg_2Cl_2 的溶度积计算 $E^{\ominus}_{Hg_2Cl_2/Hg}$。如果溶液中 Cl^- 浓度为 $0.010\ mol \cdot L^{-1}$,Hg_2Cl_2/Hg 电对的电势为多少?

10. 溶液的 pH 增加,对下列电对的电极电势有何影响? 使各物种的氧化还原能力如何变化?

(1)MnO_2/Mn^{2+} 　　　　(2)MnO_4^-/MnO_4^{2-} 　　　　(3)NO_3^-/HNO_2

11. 计算在 $1\ mol \cdot L^{-1}$ HCl 溶液中,当 $c_{Cl^-} = 1.0\ mol \cdot L^{-1}$ 时,Ag^+/Ag 电对的条件电势。

12. 计算在 $1.5\ mol \cdot L^{-1}$ HCl 介质中,$c_{Cr_2O_7^{2-}} = 0.10\ mol \cdot L^{-1}$,$c_{Cr^{3+}} = 0.020\ mol \cdot L^{-1}$ 时 $Cr_2O_7^{2-}/Cr^{3+}$ 电对的电极电势。

13. 次氯酸在酸性溶液中的氧化性比在中性溶液中强,计算溶液在 pH = 1.00 和 pH = 7.00 时,电对 $HClO/Cl^-$ 的电极电势,假设 c_{HClO} 和 c_{Cl^-} 都等于 $1.0\ mol \cdot L^{-1}$。

阅读材料　土豆发电

新能源技术可说是日新月异。比如,耶路撒冷大学的研究机构最近发明了一种利用常见的食品——土豆进行发电的技术。这种绿色高效能的电池仅使用了煮熟的土豆片和锌、铜电极,方法简单,操作方便。

这项成本低廉的土豆电池技术,应用前景十分广泛,一旦推广,可以为许多欠发达地区解决供电和照明问题,十分令人期待。

土豆电池的工作原理主要是两个电极一边是铜,一边是锌(铝、铁都行)土豆提供化学反应需要的酸液,金属锌的化学性质比铜活泼,当这两种金属同时处在酸液中时,锌就会失去电子,这些失去的电子沿着导线传到铜片上,形成电流。土豆提供反应所需要的酸,这使得电子从铜到锌的运动能够进行,作为电池两极的铜和锌分别来自铜钉和镀锌钉。每个土豆能产生大约0.5伏特的电压,电流0.2毫安左右。别看能量小,适当的串联并联也能做出一番事情来。

离子方程式:

Zn 失去电子变成 Zn^{2+},故在锌片上发生的反应为:

$$Zn - 2e^- —Zn^{2+}(氧化反应)$$

溶液中的 H^+ 在铜片上得到电子变成 H_2,故在铜片上发生的反应为:

$$2H^+ + 2e^- —H_2(还原反应)$$

马铃薯在煮熟后会在表面产生一个涂层,这个涂层是土豆电池的关键,因为研究人员发现,提高土豆块涂层就增强了盐桥能力,因此有马铃薯涂层的电池产生的电能是无马铃薯涂层电池的十倍。也就是说,土豆煮熟后发电能力比煮熟前提高10倍左右,从而延长供电时间至数日甚至数周。

利用土豆产生的电能可支持照明、通信和信息传输的使用。而且价格低廉、简易使用,可以改善近16亿欠缺基础电力设施的人民生活。成本分析显示,新的电池比现有的商业电池如 1.5 Volt D 电池和 Energizer E91 电池便宜 5 到 50 倍。

8.4 电极电势的应用

电极电势数值是电化学中很重要的数据,除了用以计算原电池的电动势和相应的氧化还原反应的摩尔吉布斯函变外,还可以比较氧化剂和还原剂的相对强弱,判断氧化还原反应进行的方向和程度等。

8.4.1 氧化剂和还原剂相对强弱的比较

标准电极电势值的符号和大小反映了该电极与氢电极相比较的氧化还原能力的强弱。电极电势的代数值大,表示电对氧化型物质得电子的倾向增加,即其氧化性强,为强氧化剂;与其相对应的还原型物质失电子倾向减弱,还原性弱,为弱还原剂。相反,电极电势的代数值越小,表示电对还原态物质失去电子能力大,还原性强,为强还原剂;与其相对应的氧化型物质得电子能力小,氧化性弱,为弱氧化剂。

【例8-7】 根据标准电极电势,在下列电对中找出最强的氧化剂和最强的还原剂,并列出各氧化型物质的氧化能力和各还原型物质还原能力强弱的次序。

$$Cl_2/Cl^- \qquad\qquad Br_2/Br^- \qquad\qquad I_2/I^-$$

解:从附录 4 中查出各电对的标准电极电势为:

$$I_2(s) + 2e^- \longrightarrow 2I^-(aq) \qquad E_{I_2/I^-}^{\ominus} = 0.535\ 5\ V$$

$$Br_2(s) + 2e^- \longrightarrow 2Br^-(aq) \qquad E_{Br_2/Br^-}^{\ominus} = 1.066\ V$$

$$Cl_2(s) + 2e^- \longrightarrow 2Cl^-(aq) \qquad E_{Cl_2/Cl^-}^{\ominus} = 1.358\ V$$

因为 $E^{\ominus}$ 代数值越小,其还原态越易失去电子,还原性越强;代数值越大,其氧化态越易得到电子,氧化性越强。

各氧化型物质氧化能力的顺序为:$Cl_2 > Br_2 > I_2$;

各还原型物质还原能力的顺序为:$I^- > Br^- > Cl^-$。

在实验室或生产上使用的氧化剂,其电对的 $E^{\ominus}$ 值一般较大,如 $K_2Cr_2O_7$、$KMnO_4$、O_2、HNO_3 等;使用的还原剂,其电对的 $E^{\ominus}$ 值较小,如活泼金属 Mg、Zn、Fe 等及 Sn^{2+}、I^- 离子等,选用时应视具体情况而定。

8.4.2　判断原电池的正、负极和计算原电池的电动势

在组成电池的两个半电池中,电极电势代数值较大的一个半电池是原电池的正极,代数值较小的一个半电池是原电池的负极。原电池的电动势等于正极的电极电势减去负极的负极电势,即:

$$E = E_{(+)} - E_{(-)}$$

【例 8-8】　计算下列原电池的电动势,并指出正、负极。

$$Zn \mid Zn^{2+}(0.100\ mol \cdot L^{-1}) \parallel Cu^{2+}(2.00\ mol \cdot L^{-1}) \mid Cu$$

解:先计算两极的电极电势:

$$E_{Zn^{2+}/Zn} = E_{Zn^{2+}/Zn}^{\ominus} + \frac{0.059\ 2}{2} \lg c'_{Zn^{2+}}$$

$$= -0.763 + \frac{0.059\ 2}{2} \lg(0.100) = -0.793\ V(\text{作负极})$$

$$E_{Cu^{2+}/Cu} = E_{Cu^{2+}/Cu}^{\ominus} + \frac{0.059\ 2}{2} \lg c'_{Cu^{2+}}$$

$$= 0.341\ 9 + \frac{0.059\ 2}{2} \lg(2.00) = 0.351\ V(\text{作正极})$$

故　　　　　　$E = E_{(+)} - E_{(-)} = 0.351 - (-0.793) = 1.14\ V$

8.4.3　判断氧化还原反应进行的方向

根据电极电势代数值的相对大小,可以比较氧化剂和还原剂的相对强弱,而知道了氧化剂和还原剂的相对强弱,就可以预测氧化还原反应进行的方向。例如:

$$2Fe^{3+}(aq) + Sn^{2+}(aq) \Longrightarrow 2Fe^{2+}(aq) + Sn^{4+}(aq)$$

在标准状态下,反应是从左向右进行还是从右向左进行?可查标准电势数据:

$$E^{\ominus}_{Sn^{4+}/Sn^{2+}} = 0.151 \text{ V}, E^{\ominus}_{Fe^{3+}/Fe^{2+}} = 0.771 \text{ V}$$

两者相比，$E^{\ominus}_{Fe^{3+}/Fe^{2+}} > E^{\ominus}_{Sn^{4+}/Sn^{2+}}$，这说明 Fe^{3+} 是比 Sn^{2+} 更强的氧化剂，即 Fe^{3+} 结合电子的倾向较大；而 Sn^{2+} 则是比 Fe^{2+} 更强的还原剂，即 Sn^{2+} 给出电子的倾向较大。显然，在反应中应该是 Sn^{2+} 给出电子，而 Fe^{3+} 接受电子，所以反应自发地由左向右进行。

由上述事实可以得出一个规律：氧化还原反应总是自发地由较强氧化剂与较强还原剂相互作用，向着生成较弱还原剂和较弱氧化剂的方向进行。

由于电极电势 E 的大小不仅与 $E^{\ominus}$ 有关，还与参加反应的物质的浓度、酸度有关，因此，如果有关物质的浓度不是 1 mol·L^{-1} 时，则须按能斯特方程分别算出氧化剂和还原剂的电势，然后再根据计算出的电势，判断反应进行的方向。但大多数情况下，可以直接用数值来判断，因为一般情况下，$E^{\ominus}$ 值在 E 中占主要部分，当 $E^{\ominus} > 0.5$ V 时，一般不会因浓度变化而使 $E^{\ominus}$ 值改变符号。而 $E^{\ominus} < 0.2$ V 时，离子浓度改变时，氧化还原反应的方向常因参加反应物质的浓度和酸度的变化而有可能产生逆转。

【例 8-9】 在中性溶液中，反应 $I_2 + H_3AsO_3 + H_2O \rightleftharpoons H_3AsO_4 + 2I^- + 2H^+$ 能否自发进行？

解：查附录 4 可知：

$$I_2 + 2e^- \rightleftharpoons 2I^- \qquad\qquad E^{\ominus} = +0.535 \text{ V}$$

$$H_3AsO_4 + 2H^+ + 2e^- \rightleftharpoons H_3AsO_3 + H_2O \qquad E^{\ominus} = +0.559 \text{ V}$$

从 $E^{\ominus}$ 值可知，H_3AsO_4 的氧化能力比 I_2 强，而 I^- 的还原能力比 H_3AsO_3 强。所以应该发生 H_3AsO_4 氧化 I^- 的反应，即：

$$H_3AsO_4 + 2I^- + 2H^+ \rightleftharpoons H_3AsO_3 + I_2 + H_2O$$

但这是指在标准状况下，即 $c_{H^+} = 1$ mol·L^{-1} 的条件下进行的。在中性溶液中，$[H^+] = 10^{-7}$，I_2/I^- 电对的电极电势不受影响，仍为 +0.535 V，而 H_3AsO_4/H_3AsO_3 电对的电极电势受到影响：

$$E_{H_3AsO_4/H_3AsO_3} = E^{\ominus}_{H_3AsO_4/H_3AsO_3} + \frac{0.0592}{2}\lg\frac{c'_{H_3AsO_4}(c'_{H^+})^2}{c'_{H_3AsO_3}}$$

H_3AsO_4 和 H_3AsO_3 仍按 1 mol·L^{-1} 计算，则：

$$\begin{aligned}
E_{H_3AsO_4/H_3AsO_3} &= 0.559 + \frac{0.0592}{2}\lg(10^{-7})^2 \\
&= 0.559 + 0.0295 \times (-14) \\
&= +0.146 \text{ V}
\end{aligned}$$

由此可知，在中性溶液中，H_3AsO_3 的还原能力比在酸性溶液中增强了很多，而 I_2/I^- 的电位不变，仍为 +0.535 V。显然，I_2 作为氧化剂，反应可按下列方向进行：

$$H_3AsO_3 + I_2 + H_2O \rightleftharpoons H_3AsO_4 + 2I^- + 2H^+$$

如果在弱碱性溶液中，则更利于正反应的进行。

【例 8 - 10】 判断下列反应能否自发进行:

$$Pb^{2+}(aq)(0.10 \ mol \cdot L^{-1}) + Sn(s) \Longrightarrow Pb(s) + Sn^{2+}(aq)(1.0 \ mol \cdot L^{-1})$$

解:先计算 $E^{\ominus}$。

由附录 4 查得:

$$Pb^{2+} + 2e^- \Longrightarrow Pb \qquad E^{\ominus}_{Pb^{2+}/Pb} = -0.126 \ 2 \ V$$

$$Sn^{2+} + 2e^- \Longrightarrow Sn \qquad E^{\ominus}_{Sn^{2+}/Sn} = -0.137 \ 5 \ V$$

在标准状态下反应式中,Pb^{2+} 为较强氧化剂,Sn 为较强还原剂,因此

$$E^{\ominus} = E^{\ominus}_{氧} - E^{\ominus}_{还} = -0.126 \ 2 - (-0.137 \ 5) = 0.011 \ 3 \ V$$

从标准电动势 $E^{\ominus}$ 来看,虽大于零,但数值很小($E^{\ominus} < 0.2 \ V$),所以浓度改变很可能改变 E 值符号,在这种情况下,必须计算 E 值,才能判别反应进行的方向。

$$E_{Pb^{2+}/Pb} = E^{\ominus}_{Pb^{2+}/Pb} + \frac{0.059 \ 2}{2} \lg c'_{Pb^{2+}}$$

$$E_{Sn^{2+}/Sn} = E^{\ominus}_{Sn^{2+}/Sn} + \frac{0.059 \ 2}{2} \lg c'_{Sn^{2+}}$$

$$E = E^{\ominus} + \frac{0.059 \ 2}{2} \lg \frac{c'_{Pb^{2+}}}{c'_{Sn^{2+}}}$$

$$= 0.011 \ 3 + \frac{0.059 \ 2}{2} \lg \frac{0.10}{1.0}$$

$$= 0.011 \ 3 - 0.030 = -0.019$$

因此上述反应不能按正方向自发进行,即反应自发向逆方向进行。

不少氧化还原反应有 H^+ 和 OH^- 参加,因此溶液的酸度对氧化还原电对的电极电势有影响,从而有可能影响反应的方向。例如碘离子与砷酸的反应为:

$$H_3AsO_3 + 2I^- + 2H^+ \Longrightarrow HAsO_2 + I_2 + 2H_2O$$

其氧化还原半反应为:

$$H_3AsO_4 + 2H^+ + 2e^- \Longrightarrow HAsO_2 + 2H_2O \qquad E^{\ominus}_{H_3AsO_4/HAsO_2} = +0.56 \ V$$

$$I_2 + 2e^- \Longrightarrow 2I^- \qquad E^{\ominus}_{I_2/I^-} = +0.535 \ 5 \ V$$

从标准电极电势来看,I_2 不能氧化 $HAsO_2$(亚砷酸),相反,H_3AsO_4 能氧化 I^-。但 $H_3AsO_4/HAsO_2$ 电对的半反应中有 H^+ 参加,故溶液的酸度对电极电势的影响很大。如果在溶液中加入 $NaHCO_3$ 使 $pH \approx 8$,即 $[H^+]$ 由标准状态的 $1 \ mol \cdot L^{-1}$ 降至 $10^{-8} \ mol \cdot L^{-1}$,而其他物质的浓度仍为 $1 \ mol \cdot L^{-1}$,忽略离子强度的影响,则:

$$E_{H_3AsO_4/HAsO_2} = E^{\ominus}_{H_3AsO_4/HAsO_2} + \frac{0.059 \ 2}{2} \lg \frac{c'_{H_3AsO_4}(c'_{H^+})^2}{c'_{HAsO_2}}$$

$$= 0.56 + \frac{0.059 \ 2}{2} \lg (10^{-8})^2 = 0.088 \ V$$

而电对 I_2/I^- 不受 $[H^+]$ 的影响。这时 $E_{I_2/I^-} > E_{H_3AsO_4/HAsO_2}$,反应自右向左进行,$I_2$ 能氧化 $HAsO_2$。应注意到,由于此反应的两个电极的标准电极电势相差不大,又有 H^+ 参加反应,所以只要适当改变酸度,就能改变反应的方向。

生产实践中,有时对一个复杂反应体系中的某一(或某些)组分要进行选择性的氧化或还原处理,而要求体系中其他组分不发生氧化还原反应。这就要对各组分有关电对的电极电势进行考查和比较,从而选择合适的氧化剂或还原剂。

【例 8 – 11】　现有含 Cl^-、Br^-、I^- 3 种离子的混合溶液。现欲使 I^- 氧化为 I_2,而不使 Br^-、Cl^- 氧化,在常用的氧化剂 $Fe_2(SO_4)_3$ 和 $KMnO_4$ 中,选择哪一种能符合上述要求?

解:由附录 4 查得:

$$E^{\ominus}_{I_2/I^-} = 0.535\ 5\ V \qquad E^{\ominus}_{Br_2/Br^-} = 1.087\ V \qquad E^{\ominus}_{Cl_2/Cl^-} = 1.358\ V$$

$$E^{\ominus}_{Fe^{3+}/Fe^{2+}} = 0.771\ V \qquad E^{\ominus}_{MnO_4^-/Mn^{2+}} = 1.507\ V$$

从上述各电对的值可以看出:

$$E^{\ominus}_{I_2/I^-} < E^{\ominus}_{Fe^{3+}/Fe^{2+}} < E^{\ominus}_{Br_2/Br^-} < E^{\ominus}_{Cl_2/Cl^-} < E^{\ominus}_{MnO_4^-/Mn^{2+}}$$

如果选择 $KMnO_4$ 作氧化剂,由于 $E^{\ominus}_{MnO_4^-/Mn^{2+}}$ 最大,在酸性介质中 $KMnO_4$ 能将 I^-、Br^-、Cl^- 氧化成 I_2、Br_2、Cl_2,而选用 $Fe_2(SO_4)_3$ 作氧化剂则能符合上述要求。

8.4.4　确定氧化还原反应的限度

从原则上讲,任何氧化还原反应都可以用来构成原电池,在一定条件下,当电池的电动势或者说两电极电势的差等于零时,电池反应达到平衡,即:

$$E = E_{(+)} - E_{(-)} = 0$$

也就是组成该电池的氧化还原反应达到平衡。

现以 Cu – Zn 原电池的电池反应来说明。

Cu – Zn 原电池的电池反应为:

$$Zn(s) + Cu^{2+}(aq) =\!=\!= Cu(s) + Zn^{2+}(aq)$$

平衡常数
$$K = \frac{c'_{Zn^{2+}}}{c'_{Cu^{2+}}}$$

这个反应能自发进行。随着反应的进行,Cu^{2+} 浓度不断地减小,而 Zn^{2+} 浓度不断地增大。因而 $E_{Cu^{2+}/Cu}$ 的代数值不断减小,$E_{Zn^{2+}/Zn}$ 的代数值不断增大。当两个电对的电极电势相等时,反应进行到了极限,建立了动态平衡。

根据能斯特方程式:

$$E_{Zn^{2+}/Zn} = E^{\ominus}_{Zn^{2+}/Zn} + \frac{0.059\ 2}{2} lg c'_{Zn^{2+}}$$

$$E_{Cu^{2+}/Cu} = E^{\ominus}_{Cu^{2+}/Cu} + \frac{0.059\ 2}{2} lg c'_{Cu^{2+}}$$

平衡时,$E_{Zn^{2+}/Zn} = E_{Cu^{2+}/Cu}$,即:

$$E^{\ominus}_{Zn^{2+}/Zn} + \frac{0.059\ 2}{2} lg c'_{Zn^{2+}} = E^{\ominus}_{Cu^{2+}/Cu} + \frac{0.059\ 2}{2} lg c'_{Cu^{2+}}$$

$$\frac{0.059\ 2}{2} lg \frac{c'_{Zn^{2+}}}{c'_{Cu^{2+}}} = E^{\ominus}_{Cu^{2+}/Cu} - E^{\ominus}_{Zn^{2+}/Zn}$$

$$\lg \frac{c'_{Zn^{2+}/Zn}}{c'_{Cu^{2+}/Cu}} = \frac{2}{0.059\,2}(E^{\ominus}_{Cu^{2+}/Cu} - E^{\ominus}_{Zn^{2+}/Zn})$$

$$\lg K = \frac{2}{0.059\,2}(E^{\ominus}_{Cu^{2+}/Cu} - E^{\ominus}_{Zn^{2+}/Zn})$$

$$= \frac{2}{0.059\,2}(0.342 - (-0.763)) = 37.3$$

$$K = 2.0 \times 10^{37}$$

平衡常数 2.9×10^{37} 很大,说明这个反应进行得非常完全。

推广到一般反应,氧化还原反应的平衡常数 $K^{\ominus}$ 和对应电对的 $E^{\ominus}$ 差值之间的关系为:

$$\lg K^{\ominus} = \frac{n(E^{\ominus}_{正} - E^{\ominus}_{负})}{0.059\,2}$$

式中:$E^{\ominus}_{正}$——氧化剂电对的标准电极电势,即电池正极的标准电极电势;

$E^{\ominus}_{负}$——还原剂电对的标准电极电势,即电池负极的标准电极电势;

n——氧化还原反应中转移的电子数。

可见氧化还原反应平衡常数的对数与该反应的两个电对的标准电极电势的差值成正比,电极电势差值越大,平衡常数越大,反应进行得越彻底。

以上讨论说明,由电极电势可以判断氧化还原反应进行的方向和程度。但须指出,不能由电极电势判断反应速率的大小、快慢。例如:

$$2MnO_4^- + 5Zn + 16H^+ =\!=\!= 2Mn^{2+} + 5Zn^{2+} + H_2O$$

$E^{\ominus}_{MnO_4^-/Mn^{2+}}(1.51\ V) > E^{\ominus}_{Zn^{2+}/Zn}(-0.763\ V)$,两值相差很大,说明反应进行得很彻底。但实际上将 Zn 放入酸性 $KMnO_4$ 溶液中,几乎观察不到反应的发生,这是由于该反应的速率非常小,只有在 Fe^{3+} 的催化作用下,反应才能迅速进行。工业生产中选择氧化剂或还原剂时,不但要考虑反应能否发生,还要考虑是否能快速进行。

8.4.5　元素电极电势图及其应用

1. 元素电势图

许多元素具有多种氧化态,因此就有一系列的氧化还原电对和一系列的标准电极电势值,如元素碘仅在酸性介质中就有:

$$E^{\ominus}_{H_5IO_6/IO_3^-} = 1.644\ V \qquad E^{\ominus}_{IO_3^-/HIO} = 1.13\ V$$

$$E^{\ominus}_{HIO/I_2} = 1.45\ V \qquad E^{\ominus}_{I_2/I^-} = 0.54\ V$$

$$E^{\ominus}_{IO_3^-/I_2} = 1.19\ V \qquad E^{\ominus}_{HIO/I^-} = 0.99\ V$$

从这些标准电极电势值看不出这一系列氧化还原电对间有什么关系,使用起来也相当不方便。

1952 年,拉蒂默建议把同一元素的不同氧化态物质,按照其氧化态由高到低从左到右的顺序排列成图式,并在两种氧化态物质之间标出相应电对的标准电极电势的数值。这种表示一种元素各种氧化态物质之间标准电极电势变化的关系图,叫做元素标准电极电势图,简称元素电势图,又称拉蒂默图。这种图以十分简洁和特别清晰的方式给出了元素各种氧化态之间关系许多信息,使用起来十分方便。如将上述碘在酸性溶液中的一系列标准电极电势值列成电势图为:

$$H_5IO_6 \xrightarrow{1.644} IO_3^- \xrightarrow{1.13} HIO \xrightarrow{1.45} I_2 \xrightarrow{0.54} I^-$$

（其中 IO_3^- 上方 1.19 连 I_2；HIO 下方 0.99 连 I^-）

连线上(下)的数字表示连线两边化学物质所组成的电对的标准电极电势,因此这个数字既能说明左边物质的氧化能力,又能说明右边物质的还原能力。

图中相连的两氧化态物质及其连线上的数字,代表了一个还原半反应及其标准电势,元素电势图省去了介质及其产物的化学式,若将对应的两氧化态物质(电对)写成半反应式时,酸性溶液(pH =0)应将 H^+ 和 H_2O 写进方程式,同时还要指出由高氧化态到低氧化态所得到的电子数。同理,如在碱性溶液(pH = 14)中则应包括 OH^- 和 H_2O。如:

$$H_5IO_6 \xrightarrow{1.644} IO_3^-$$

代表的还原半反应及其标准电势为:

$$H_5IO_6 + H^+ + 2e^- = IO_3^- + 3H_2O \qquad E^\ominus = 1.644 \text{ V}$$

2. 元素电势图的主要用途

1)判断一种元素在不同氧化值时的氧化还原性质

例如利用它可以判断一种物质能否发生歧化反应。歧化反应是一种自身氧化还原反应。例如:

$$2Cu^+ \rightleftharpoons Cu + Cu^{2+}$$

在这一反应中,一部分 Cu^+ 被氧化为 Cu^{2+},另一部分 Cu^+ 被还原为金属 Cu。当一种元素处于中间氧化态时,它一部分向高氧化态变化(即被氧化),另一部分向低氧化态变化(即被还原),这类反应称为歧化反应。

铜的元素电势图为:

$$Cu^{2+} \xrightarrow{0.153} Cu^+ \xrightarrow{0.52} Cu$$

（下方 0.3419 连 Cu^{2+} 与 Cu）

因为 $E^\ominus_{Cu^+/Cu} > E^\ominus_{Cu^{2+}/Cu^+}$,即:

$$E^\ominus = E^\ominus_{Cu^+/Cu} - E^\ominus_{Cu^{2+}/Cu^+} = 0.521 - 0.153 = 0.368 \text{ V} > 0,$$

所以 Cu^+ 在水溶液中仍自发歧化为 Cu^{2+} 和 Cu。

由个别到一般,歧化反应发生的规律如下,对电势图:

$$M^{2+} \xrightarrow{E^\ominus_左} M^+ \xrightarrow{E^\ominus_右} M$$

当 $E_{右}^{\ominus} > E_{左}^{\ominus}$ 时，M^+ 容易发生如下歧化反应：

$$2M^+ \Longleftarrow M^{2+} + M$$

反之，当 $E_{左}^{\ominus} > E_{右}^{\ominus}$ 时，M^+ 虽处于中间氧化值，也不能发生歧化反应，而逆向反应则是可以进行的，即发生如下反应：

$$M^{2+} + M \Longleftarrow 2M^+$$

2）根据几个相邻电对的已知标准电极电势求算任一未知电对的标准电极电势

假如有下列元素电势图：

从理论上可以导出下列公式：

$$nE^{\ominus} = n_1 E_1^{\ominus} + n_2 E_2^{\ominus} + n_3 E_3^{\ominus}$$

$$E^{\ominus} = \frac{n_1 E_1^{\ominus} + n_2 E_2^{\ominus} + n_3 E_3^{\ominus}}{n}$$

式中的 n_1、n_2、n_3、n 分别代表各电对内转移的电子数，其中 $n = n_1 + n_2 + n_3$。

【例 8 - 12】 根据下面列出的碱性介质中溴的电势图。求 $E_{BrO_3^-/Br^-}^{\ominus}$ 和 $E_{BrO_3^-/BrO^-}^{\ominus}$。

解：根据公式：

$$nE^{\ominus} = n_1 E_1^{\ominus} + n_2 E_2^{\ominus} + n_3 E_3^{\ominus}$$

$$E_{BrO_3^-/Br^-}^{\ominus} = \frac{5 \times E_{BrO_3^-/Br_2}^{\ominus} + 1 \times E_{Br_2/Br^-}^{\ominus}}{6}$$

$$= \frac{5 \times 0.52 + 1 \times 1.09}{6} = 0.62 \text{ V}$$

$$5 \times E_{BrO_3^-/Br_2}^{\ominus} = 4 \times E_{BrO_3^-/BrO^-}^{\ominus} + 1 \times E_{BrO^-/Br_2}^{\ominus}$$

$$E_{BrO_3^-/BrO^-}^{\ominus} = \frac{5 \times E_{BrO_3^-/Br_2}^{\ominus} - E_{BrO^-/Br_2}^{\ominus}}{4}$$

$$= \frac{5 \times 0.52 - 0.45}{4}$$

$$= 0.54 \text{ V}$$

3）了解元素的氧化还原特性

根据元素电势图，不仅可以阐明某元素的中间氧化态物质能否发生歧化反应，还可以全面地描绘出某一元素的一些氧化还原特性。例如，金属铁在酸性介质中的元素电势图为

$$Fe^{3+} \xrightarrow{\ 0.771\ } Fe^{2+} \xrightarrow{\ -0.447\ } Fe$$

利用此电势图，可以预测金属铁在酸性介质中的一些氧化还原特性。因为 $E^{\ominus}_{Fe^{2+}/Fe}$ 为负值，而 $E^{\ominus}_{Fe^{3+}/Fe^{2+}}$ 为正值，故在稀盐酸或稀硫酸等非氧化性稀酸中 Fe 主要被氧化为 Fe^{2+} 而非 Fe^{3+}，即：

$$Fe + 2H^+ =\!=\!= Fe^{2+} + H_2 \uparrow$$

但是在酸性介质中 Fe^{2+} 是不稳定的，易被空气中的氧所氧化。

因为

$$Fe^{3+} + e^- \rightleftharpoons Fe^{2+} \qquad E^{\ominus}_{Fe^{3+}/Fe^{2+}} = 0.771 \text{ V}$$

$$O_2 + 4H^+ + 4e^- \rightleftharpoons 2H_2O \qquad E^{\ominus}_{O_2/H_2O} = 1.229 \text{ V}$$

所以

$$4Fe^{2+} + O_2 + 4H^+ =\!=\!= 4Fe^{3+} + 2H_2O$$

由于 $E^{\ominus}_{Fe^{2+}/Fe} < E^{\ominus}_{Fe^{3+}/Fe^{2+}}$，故 Fe^{2+} 不会发生歧化反应，却可以发生逆歧化反应：

$$Fe + 2Fe^{3+} =\!=\!= 3Fe^{2+}$$

因此，在 Fe^{2+} 盐溶液中，加入少量金属铁，能避免 Fe^{2+} 被空气中的氧气氧化为 Fe^{3+}。由此可见，在酸性介质中铁最稳定的离子是 Fe^{3+} 而非 Fe^{2+}。

4）计算歧化反应和歧化反应的限度

歧化反应或歧化反应进行的限度可以由反应的平衡常数来判断。如根据碱性介质中氯元素的电势图：

$$ClO_3^- \underline{\quad 0.50 \quad} ClO^- \underline{\quad 0.40 \quad} Cl_2 \underline{\quad 1.358 \quad} Cl^-$$
$$\underline{\qquad\qquad\qquad 0.48 \qquad\qquad\qquad}$$

可知 Cl_2 可发生歧化反应，歧化产物既可能是 ClO^- 和 Cl^- 也可能是 ClO_3^- 和 Cl^-。对于反应：

$$Cl_2 + 2OH^- =\!=\!= ClO^- + Cl^- + H_2O$$

$$E^{\ominus} = E^{\ominus}_{Cl_2/Cl^-} - E^{\ominus}_{ClO^-/Cl_2} = 1.358 - 0.40 = 0.958 \text{ V}$$

根据 $\lg K^{\ominus} = nE^{\ominus}/0.0592$，可算出反应的平衡常数 $K^{\ominus} = 1.7 \times 10^{16}$，而对于 Cl_2 的另一个歧化反应：

$$Cl_2 + 6OH^- =\!=\!= ClO_3^- + 5Cl^- + 3H_2O$$

$$E^{\ominus} = E^{\ominus}_{Cl_2/Cl^-} - E^{\ominus}_{ClO_3^-/Cl_2} = 1.358 - 0.48 = 0.878 \text{ V}$$

$$K^{\ominus} = 2.6 \times 10^{74}$$

说明后一个歧化反应的趋势更大。

思考与练习 8 - 4

1. 标准状态下,下列各组物质内,哪种是较强的氧化剂? 并说明理由。

(1)Cl_2 和 Br_2 (2)I_2 和 Ag^+ (3)PbO_2 和 Sn^{4+} (4)HNO_2 和 H_2SO_3

2. 标准状态下,下列各组物质内,哪种是较强的还原剂? 并说明理由。

(1)Cu 和 F^- (2)I^- 和 H_2 (3)Ni 和 Fe^{2+} (4)I^- 和 H_2

3. 298.15 K 及标准状态下,利用 $E^{\ominus}$ 值判断下列反应能否自发进行。

(1)$Ag + Cu^{2+} \longrightarrow Cu + Ag^+$ (2)$Sn^{4+} + I^- \longrightarrow Sn^{2+} + I_2$

(3)$Fe^{2+} + H^+ + O_2 \longrightarrow Fe^{3+} + H_2O$ (4)$S + OH^- \longrightarrow S^{2-} + SO_3^{2-} + H_2O$

(5)$H_2SO_3 + 2H_2S \longrightarrow 3S + 3H_2O$ (6)$2K_2SO_4 + Cl_2 \longrightarrow K_2S_2O_8 + 2KCl$

4. 根据标准电极电势,指出下列各组物质,哪些可以共存,哪些不能共存,并说明理由。

(1)MnO_4^-,Sn (2)Ag^+,Fe^{2+} (3)Fe^{2+},Sn^{4+}

(4)Fe^{3+},I^- (5)HNO_3,H_2S (6)BrO_3^-,Br^-

5. 计算在 298.15 K 时,下列反应的平衡常数。

(1)$Ag^+ + Fe^{2+} \longrightarrow Ag + Fe^{3+}$

(2)$5Br^- + BrO_3^- + 6H^+ \longrightarrow 3Br_2 + 3H_2O$

6. 选择题

(1)根据下列反应:

$$2FeCl_3 + Cu \longrightarrow 2FeCl_2 + CuCl_2$$
$$2Fe^{3+} + Fe \longrightarrow 3Fe^{2+}$$
$$2KMnO_4 + 10FeSO_4 \longrightarrow 2MnSO_4 + 5Fe_2(SO_4)_3 + K_2SO_4 + 8H_2O$$

电极电势最大的电对为(   )。

　　A. Fe^{3+}/Fe^{2+} B. Cu^{2+}/Cu C. MnO_4^-/Mn^{2+} D. Fe^{2+}/Fe

(2)在酸性溶液中和标准状态下,下列各组离子共存的是(   )。

　　A. NO_3^-/Fe^{2+} B. I^-/Sn^{4+} C. MnO_4^-/Cl^- D. Fe^{3+}/Sn^{2+}

(3)利用标准电极电势表判断氧化还原反应进行的方向,正确的说法是(   )。

　　A. 氧化型物质与还原型物质起反应

　　B. $E^{\ominus}$ 较大电对的氧化型物质与 $E^{\ominus}$ 较小电对的还原型物质起反应

　　C. 氧化性强的物质与氧化性弱的物质起反应

　　D. 还原性强的物质与还原性弱的物质起反应

7. 利用电极电势简单回答下列问题。

(1)HNO_2 的氧化性比 KNO_3 强。

(2)配制 $SnCl_2$ 溶液时,除加盐酸外,通常还要加入 Sn 粒。

(3)Ag 不能从 HBr 或 HCl 溶液中置换出 H_2,但它能从 HI 溶液中置换出 H_2。

（4）$Fe(OH)_2$ 比 Fe^{2+} 更易被空气中的氧气氧化。

（5）标准状态下，MnO_2 与 HCl 不能反应产生 Cl_2，但 MnO_2 可与**浓** HCl（10 $mol \cdot L^{-1}$）作用制取 Cl_2。

8. 已知锰在酸性介质中的元素电势图：

$$E/V \quad MnO_4^- \xrightarrow{0.564} MnO_4^{2-} \xrightarrow{2.26} MnO_2 \xrightarrow{0.95} Mn^{3+} \xrightarrow{1.51} Mn^{2+} \xrightarrow{-1.18} Mn$$

（上方跨度：MnO_4^{2-} 到 Mn^{2+} 为 1.23；MnO_4^- 到 MnO_2 下方为 1.695）

（1）试判断哪些物质可以发生歧化，写出歧化反应式。

（2）估计在酸性介质中，哪些是较稳定的物质。

9. 硫在酸性溶液中的元素电势图如下：

$$E/V \quad S_2O_8^{2-} \xrightarrow{2.05} SO_4^{2-} \xrightarrow{0.17} H_2SO_3 \xrightarrow{0.40} S_2O_3^{2-} \xrightarrow{0.50} S \xrightarrow{0.14} H_2S$$

（H_2SO_3 到 S 下方为 0.45）

（1）氧化性最强的物质是什么？还原性最强的物质是什么？

（2）比较稀 H_2SO_4 和 H_2SO_3 的氧化能力，举例说明。

（3）$H_2S_2O_3$ 能否发生歧化，估计歧化产物是什么？

10. 计算反应 $Fe + Cu^{2+} \rightleftharpoons Cu + Fe^{2+}$ 的平衡常数。若反应结束后溶液中 Fe^{2+} 浓度为 0.10 $mol \cdot L^{-1}$，问此时溶液中 Cu^{2+} 的浓度为多少？

11. 铊的元素电势图如下：

$$E/V \quad Tl^{3+} \xrightarrow{1.24} Tl^+ \xrightarrow{-0.34} Tl$$

（Tl^{3+} 到 Tl 下方为 0.72）

（1）写出由电对 Tl^{3+}/Tl 和 Tl^+/Tl 组成的原电池的电池符号及电池反应。

（2）计算该原电池的标准电动势。

（3）求此电池反应的平衡常数。

12. 铬元素电极电势图如下：

$$E/V \quad Cr_2O_7^{2-} \xrightarrow{1.33} Cr^{3+} \xrightarrow{-0.40} Cr^{2+} \xrightarrow{-0.89} Cr$$

（1）计算 $E^{\ominus}_{Cr_2O_7^{2-}/Cr^{2+}}$ 和 $E^{\ominus}_{Cr^{3+}/Cr}$。

（2）判断在酸性介质，$Cr_2O_7^{2-}$ 还原产物是 Cr^{3+} 还是 Cr^{2+}？

13. 已知在 1 $mol \cdot L^{-1} HCl$ 介质中，Fe^{3+}/Fe^{2+} 电对的 $E^{\ominus} = 0.70$ V，Sn^{4+}/Sn^{2+} 电对的 $E^{\ominus} = 0.14$ V。求在此条件下，反应 $2Fe^{3+} + Sn^{2+} \rightleftharpoons Sn^{4+} + 2Fe^{2+}$ 的条件平衡常数。

14. 对于氧化还原反应: $BrO_3^- + 5Br^- + 6H^+ \rightleftharpoons 3Br_2 + 3H_2O$

(1)求此反应的平衡常数。

(2)计算当溶液的 pH = 7.0、$c_{BrO_3^-}$ = 0.10 mol·L^{-1}、c_{Br^-} = 0.70 mol·L^{-1}时,游离溴的平衡浓度。

阅读材料　氧化还原环保催化剂

地球环境问题的内容有多种,目前迫切希望解决的问题有:温室效应、臭氧层破坏、酸雨范围的扩大化、重金属等环境污染物质的排放、热带雨林的减少和土壤沙漠化等。其中前三个问题,是由排放到大气中的化学物质引起的。例如,二氧化碳(CO_2)、甲烷(CH_4)和亚氧化氮(N_2O)都与温室效应有关,氟利昂及 N_2O 破坏臭氧层,二氧化硫(SO_2)和 NOX 是形成酸雨和光化学烟雾的主要因素,除掉或减少这些污染物质,主要是通过化学方法来解决。由于上述污染物质在排放过程中所涉及的反应物的量偏低,反应温度不是太高就是太低,反应物和催化剂接触时间特别短等特点,因此,环保催化剂与其他化学反应用的催化剂相比,对催化剂的活性、选择性和耐久性等要求更高,制作更难。

目前用在环境保护方面的环保催化剂,从催化化学上可以分为还原性环保催化剂和氧化性环保催化剂两种。这些环保催化剂主要用于 SO_2、NOX、CO_2 及 N_2O 等物质的除去或使其浓度降低。

SO_2 几乎全部由煤和石油燃烧时产生。传统的除去方法大都采用石灰石泥浆吸收法及其他一些修正方法将硫转化成石膏,但费用较高,这是一般经济实力不强的国家负担不起的,因此,有人提出了以 V_2O_5 为催化剂,将 SO_2 氧化制成硫酸,或者以 $CeO_2/ nMgO·MgAl_2O_3$ 为催化剂先将 SO_2 氧化成 SO_3,再和固相 MgO 反应生成 $MgSO_4$,以控制 SOX 的排放量,最后再将其还原回收 H_2S。由于将 H_2S 转化为工业上有用的硫磺,在工艺上比较麻烦,为此,近年来,有人又提出了用钙钛矿型稀土复合氧化物和萤石型复(混)合氧化物作催化剂,将 SO_2 直接还原成工业上有用的单质硫的方法,所用的还原剂主要集中在 CO、CH_4 和 H_2 上。另外,还有人以焦炭为催化剂,采用炭还原的方法;以 NiO/MgO 为催化剂,以氨为还原剂;$FeO/r2Al_2O_3$ 为催化剂,CO 为还原剂等,将 SO_2 还原为单质硫,SO_2 的转化率均在 80% 以上,所以,这种催化还原法可以从根本上控制 SO_2 所带来的污染。

脱 NOX 是环境保护中防止形成酸雨的最重要的问题,也是环保催化剂研究中最活跃的课题。大部分是高温燃烧时空气中 N_2 和 O_2 产生的,采取控制的措施有两点:一是燃烧方法的改进;二是对产生的 NOX 作后处理。后处理的方法是催化还原法,即在固体催化剂存在下,利用各种还原性气体(H_2、CO、烃类和 NH3 等),以至碳和 NOX 反应使之转化为 N2 的方法。工业排放尾气的脱 NOX 所用催化剂为 $V_2O_5 - TiO_2$,这种催化剂既可用在燃烧时产生的尾气,又可用在重油燃烧时产生的尾气。美国和德国最近开发的一种价廉的分子筛催化剂,这种分子筛催化剂可用于已经脱 SOX 的尾气,但这种催化方法用的 NH_3 价格相当贵,而且在未完全反应的情况下, NH_3 也是一种危险品,且车载很困难。为了取代 NH3,日本开发了一种以 Cu^{2+} 交换 的分子筛为催化剂,碳氢化合物(HC)为还原剂,将 NOX 分解为 N_2。

对于城市大气污染的另一来源,即机动车尾气排放。机动车排放尾气中的 HC、 CO_2 及 NOX 的除去用的催化剂,在 1975 年就达到了实际应用的目的。现在减少汽 车排放尾气中的有害气体的有效方法都是采用将烃类、CO 及 NOX 同时进行氧化和 还原的所谓三元催化法,催化剂为铂(Pt)、钯(Pd)、铑(Rh)等贵金属或 Pt/Rh、Pd/ Rh 等的组合。目前净化汽车尾气的催化剂是在粒状或蜂窝状载体上涂覆有活性组 分的氧化铝而成,活性组分大都由 Pt、Pd、Rh 组合并添加作为贮存氧组分的氧化铈所 组成。

由于 CO_2 问题和能源问题等价,所以,在除去 CO_2 的过程中,若能实现 CO_2 的人 工再循环、再资源化,不仅能解决地球的温室效应问题,还能更有效地利用和节约能 源。从催化化学的观点,对减少 CO_2 的方案有多种多样,如氢化、光还原、作为碳资 源利用等,但不管利用何种方法,都要借助催化剂,例如,用 $Ni_2La_2O_32Ru$ 催化剂、Cu、 Zn、Pt、Pd 催化剂,或者是这些催化剂与分子筛组合成的催化剂等,在 H_2 存在下,将 CO_2 转化为甲醇(CH_3OH),进一步转化为 HC;通过有机金属配合物催化剂的作用, 可将 CO_2 合成为尿素、芳烃羟酸等。目前,CO_2 的光催化固定是最吸引人的课题,这 是对自然界绿色植物光合作用的人工模拟过程,所用的催化剂主要有 TiO_2、ZnO 等 金属氧化物和 CdS、ZnS 等金属硫化物半导体等。

8.5 氧化还原滴定法

氧化还原滴定法是以氧化还原反应为基础的滴定分析法。它的应用很广泛,可 以用来直接测定氧化剂和还原剂,也可用来间接测定一些能和氧化剂或还原剂定量 反应的物质。

可以用来进行氧化还原滴定的反应很多。根据所要用的氧化剂或还原剂的不 同,可以将氧化还原滴定法分为多种。这些方法常以氧化剂来命名,主要有高锰酸钾 法、重铬酸钾法、碘量法、溴酸盐法及铈量法等。

8.5.1 氧化还原滴定曲线

氧化还原滴定和其他滴定方法一样,随着标准溶液的不断加入,溶液中氧化还原 电对的电极电势数值不断发生变化。当滴定到达化学计量点附近时,再滴入极少量 的标准溶液就会引起电极电势的急剧变化。若用曲线形式表示标准溶液用量和电位 变化的关系,即得到氧化还原滴定曲线。氧化还原滴定曲线可以通过实验数据绘出, 对于有些反应也可以用能斯特公式计算出各滴定点的电位值。

现以在 1 mol·L^{-1}H$_2$SO$_4$ 溶液中,用 0.100 0 mol·L^{-1}Ce(SO$_4$)$_2$ 标准溶液滴定 20.00 mL0.100 0 mol·L^{-1}FeSO$_4$ 为例,讨论滴定过程中标准溶液用量和电极电势之间的变化情况。

滴定反应式:
$$Ce^{4+} + Fe^{2+} = Ce^{3+} + Fe^{3+}$$

两个电对的条件电极电势:

$$Fe^{3+} + e^- \rightleftharpoons Fe^{2+} \qquad E^\ominus_{Fe^{3+}/Fe^{2+}} = 0.68 \text{ V}$$

$$Ce^{4+} + e^- \rightleftharpoons Ce^{3+} \qquad E^\ominus_{Ce^{4+}/Ce^{3+}} = 1.44 \text{ V}$$

1. 滴定开始至化学计量点前

在化学计量点前,溶液中存在过量的 Fe^{2+},故滴定过程中电极电势可用 Fe^{3+}/Fe^{2+} 电对来计算 E 值:

$$E_{Fe^{3+}/Fe^{2+}} = E^\ominus_{Fe^{3+}/Fe^{2+}} + 0.059\ 2\lg \frac{c'_{Fe^{3+}}}{c'_{Fe^{2+}}}$$

此时 $E_{Fe^{3+}/Fe^{2+}}$ 值随溶液中 $c_{Fe^{3+}}$ 和 $c_{Fe^{2+}}$ 的改变而变化。例如,当加入 Ce(SO$_4$)$_2$ 标准溶液 99.9%,Fe^{2+} 剩余 0.1% 时,溶液电位是:

$$E_{Fe^{3+}/Fe^{2+}} = E^\ominus_{Fe^{3+}/Fe^{2+}} + 0.059\ 2\lg \frac{c'_{Fe^{3+}}}{c'_{Fe^{2+}}} = 0.68 + 0.059\ 2\lg \frac{99.9}{0.1} = 0.86 \text{ V}$$

在化学计量点前各滴定点的电位值可按同法计算。

2. 化学计量点

化学计量点时,由于反应达到平衡,Fe^{3+}/Fe^{2+} 和 Ce^{4+}/Ce^{3+} 两电对的电势相等,故可将两电对的能斯特方程式联立起来计算。化学计量点时的电位分别表示成:

$$E_{sp,Fe^{3+}/Fe^{2+}} = 0.68 + 0.059\ 2\lg \frac{c'_{Fe^{3+}}}{c'_{Fe^{2+}}} \qquad E_{sp,Ce^{4+}/Ce^{3+}} = 1.44 + 0.059\ 2\lg \frac{c'_{Ce^{4+}}}{c'_{Ce^{3+}}}$$

两式相加得:
$$2E_{sp} = 0.68 + 1.44 + 0.059\ 2\lg \frac{c'_{Fe^{3+}}c'_{Ce^{4+}}}{c'_{Fe^{2+}}c'_{Ce^{3+}}}$$

计量点时:
$$c_{Fe^{3+}} = c_{Ce^{3+}}, c_{Ce^{4+}} = c_{Fe^{2+}}$$

$$\lg \frac{c'_{Fe^{3+}}c'_{Ce^{4+}}}{c'_{Fe^{2+}}c'_{Ce^{3+}}} = 0$$

$$E_{Fe^{3+}/Fe^{2+}} = 1.06 \text{ V}$$

3. 化学计量点后

化学计量点后,加入了过量的 Ce^{4+},可利用 Ce^{4+}/Ce^{3+} 电对计算 E 值。

$$E_{Ce^{4+}/Ce^{3+}} = E^\ominus_{Ce^{4+}/Ce^{3+}} + 0.059\ 2\lg \frac{c'_{Ce^{4+}}}{c'_{Ce^{3+}}}$$

例如当加入过量 0.1% Ce^{4+} 时,溶液电位是:

$$E_{Ce^{4+}/Ce^{3+}} = E^\ominus_{Ce^{4+}/Ce^{3+}} + 0.059\ 2\lg \frac{0.1}{100} = 1.26 \text{ V}$$

化学计量点后各滴定点的电位值,可按同法计算。

将滴定过程中不同滴定点的电位计算结果列于表 8.5,由此绘制的曲线如图 8.6 所示,条件为在 1 mol·L^{-1}H$_2$SO$_4$ 溶液中,用 0.100 0 mol·L^{-1}Ce(SO$_4$)$_2$ 滴定 20.00 mL 0.100 0 mol·L^{-1}FeSO$_4$ 溶液。

表 8.5　不同滴定点的电位值

加入 Ce^{4+} 溶液		电位/V
V/mL	α/%	
1.00	5.0	0.60
2.00	10.0	0.62
4.00	20.0	0.64
8.00	40.0	0.67
10.00	50.0	0.68
12.00	60.0	0.69
18.00	90.0	0.74
19.80	99.0	0.80
19.98	99.9	0.86
20.00	100.0	1.06　滴定突跃
20.02	100.1	12.6
22.00	110.0	1.38
30.00	150.0	1.42
40.00	200.0	1.44

从图 8.6 可见,当 Ce^{4+} 标准溶液滴入 50% 时的电位等于还原剂电对的条件电极电势;当 Ce^{4+} 标准溶液滴入 200% 时的电位等于氧化剂电对的条件电极电势;滴定由 99.9% ~ 100.1% 时电极电势变化范围为 1.26 - 0.86 = 0.4 V,即滴定曲线的电位突跃是 0.4 V,这为判断氧化还原反应滴定的可能性和选择指示剂提供了依据。由于在 Ce^{4+} 滴定 Fe^{2+} 的反应中,两电对电子转移数都是 1,化学计量点的电位(1.06 V)正好处于滴定突跃中间(0.86 ~ 1.26 V),整个滴定曲线基本对称。氧化还原滴定曲线突跃的长短和氧化剂还原剂两电对的条件电极电势的差值大小有关。两电对的条件电极电势相差较大,滴定突跃就较长,反之,其滴定突跃就较短。

8.5.2　氧化还原滴定终点的检测

在氧化还原滴定中,可利用指示剂在化学计量点附近时颜色的改变来指示终点。

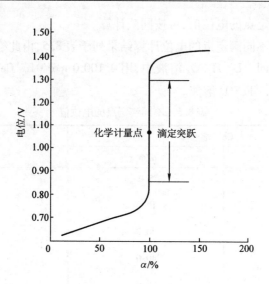

图 8.6　$0.100\,0\ \mathrm{mol}\cdot L^{-1}Ce^{4+}$ 滴定 $20.00\ mL\ 0.100\,0\ \mathrm{mol}\cdot L^{-1}Fe^{2+}$ 溶液滴定曲线

常用的指示剂有以下几种。

1. 氧化还原指示剂

氧化还原指示剂本身是具有氧化还原性质的有机化合物,它的氧化态和还原态具有不同颜色,能因氧化还原作用而发生颜色变化。例如常用的氧化还原指示剂二苯胺磺酸钠,它的氧化态呈红紫色,还原态是无色的。当用 $K_2Cr_2O_7$ 溶液滴定 Fe^{2+} 到化学计量点时,稍过量的 $K_2Cr_2O_7$ 即将二苯胺磺酸钠由无色的还原态氧化为红紫色的氧化态,指示终点的到达。

如果用 $In_{氧}$ 和 $In_{还}$ 分别表示指示剂的氧化态和还原态,则:

$$In_{氧} + ne^- \rightleftharpoons In_{还}$$

$$E = E_{In}^{\ominus} + \frac{0.059\,2}{n}\lg\frac{c'_{In_{氧}}}{c'_{In_{还}}}$$

式中 $E_{In}^{\ominus}$ 为指示剂的标准电极电势。当溶液中氧化还原电对的电势改变时,指示剂的氧化态和还原态的浓度比也会发生改变,因而使溶液的颜色发生变化。

与酸碱指示剂的变化情况相似,当 $c'_{In_{氧}}/c'_{In_{还}} \geqslant 10$ 时,溶液呈现氧化态的颜色,此时:

$$E \geqslant E_{In}^{\ominus} + \frac{0.059\,2}{n}\lg 10 = E_{In}^{\ominus} + \frac{0.059\,2}{n}$$

当 $c'_{In_{氧}}/c'_{In_{还}} \leqslant 1/10$ 时,溶液呈现还原态的颜色,此时:

$$E \leqslant E_{In}^{\ominus} + \frac{0.059\,2}{n}\lg\frac{1}{10} = E_{In}^{\ominus} - \frac{0.059\,2}{n}$$

故指示剂变色的电势范围为 $E_{In}^{\ominus} \pm \dfrac{0.059\,2}{n}$。

实际工作中,采用条件电极电势比较合适,得到指示剂变色的电势范围为 $E_{In}^{\ominus\,\prime} \pm \dfrac{0.059\,2}{n}$。

当 $n=1$ 时,指示剂变色的电势范围为 $E_{In}^{\ominus} \pm 0.059\,2$;$n=2$ 时,为 $E_{In}^{\ominus} \pm 0.030$。由于此范围甚小,一般就可用指示剂的条件电极电势来估计指示剂变色的电势范围。

表 8.6 列出了一些重要的氧化还原指示剂的条件电极电势及颜色变化。

表 8.6　一些氧化还原指示剂的条件电极电势及颜色变化

指示剂	$E_{In}^{\ominus}$	颜色变化	
	($c_{H^+} = 1\ mol \cdot L^{-1}$)	氧化态	还原态
次甲基蓝	0.36	蓝	无色
二苯胺	0.76	紫	无色
二苯胺磺酸钠	0.84	红紫	无色
邻苯氨基苯甲酸	0.89	红紫	无色
邻二氮杂菲亚铁	1.06	浅蓝	红

2. 自身指示剂

有些标准溶液或被滴定物质本身有颜色,而滴定产物无色或颜色很浅,则滴定时就不需要另加指示剂,本身的颜色变化起着指示剂的作用,叫做自身指示剂。例如 MnO_4^- 本身显紫红色,而被还原的产物 Mn^{2+} 则几乎无色,所以用 $KMnO_4$ 来滴定无色或浅色还原剂时,一般不必另加指示剂。化学计量点后 MnO_4^- 过量 $2 \times 10^{-6}\ mol \cdot L^{-1}$,即使溶液呈粉红色。

3. 专属指示剂

有些物质本身并不具有氧化还原性,但它能与滴定剂或被测物产生特殊的颜色,因而可指示滴定终点。例如可溶性淀粉与 I_3^- 生成深蓝色吸附配合物,反应特效而灵敏,蓝色的出现与消失可指示终点。又如以 Fe^{3+} 滴定 Sn^{2+} 时,可用 KSCN 为指示剂,Fe^{3+} 可与 SCN^- 生成红色配合物,红色的出现可指示终点。

8.5.3　氧化还原滴定前的预处理

在氧化还原滴定中,如果被滴定的某一物质同时存在不同氧化态,必须在滴定前进行预处理。使不同氧化态组分转变为可被滴定的同一氧化态组分,才能进行测定和定量计算。

1. 预处理氧化剂或预还原剂的选择

所选择的预处理剂必须符合以下条件。

（1）氧化还原滴定中反应速度快。

（2）必须将欲测组分定量地氧化或还原。

（3）反应应具有一定的选择性。例如用金属锌为预还原剂，由于 $E_{Zn^{2+}/Zn}$ 较低，电势比它高的金属离子都可被还原，所以金属锌的选择性较差。而 $SnCl_2$ 的选择性就较高，因 $E_{Sn^{2+}/Sn} = +0.1375\ V$。

（4）过量的预处理剂易于除去。

除去预处理剂的方法有如下几种。

（1）加热分解。如 $(NH_4)_2S_2O_8$、H_2O_2 可借加热煮沸分解除去。

（2）过滤。如 $NaBiO_3$ 不溶于水，可借过滤除去。

（3）利用化学反应。如用 $HgCl_2$ 可除去过量的 $SnCl_2$，其反应为：

$$SnCl_2 + 2HgCl_2 \longrightarrow SnCl_4 + Hg_2Cl_2 \downarrow$$

Hg_2Cl_2 沉淀不被一般滴定剂氧化，不必过滤除去。

2. 常用的预氧化剂及预还原剂

常用的预氧化剂和预还原剂列于表 8.7 及表 8.8 中。

表 8.7　预氧化时常用的预氧化剂

氧化剂	反应条件	主要应用	除去方法
$(NH_4)_2S_2O_8$	酸性	$Mn^{2+} \rightarrow MnO_4^-$ $Cr^{3+} \rightarrow Cr_2O_7^{2-}$ $VO^{2+} \rightarrow VO_2^+$	煮沸分解
H_2O_2	碱性	$Cr^{3+} \rightarrow CrO_4^{2-}$	煮沸分解
Cl_2、Br_2	酸性或中性	$I_2 \rightarrow IO_3^-$	煮沸或通空气
$KMnO_4$	酸性 碱性	$VO^{2+} \rightarrow VO_3^-$ $Cr^{3+} \rightarrow CrO_4^{2-}$	加 NO_2^- 除去
$HClO_4$	酸性	$Cr^{3+} \rightarrow Cr_2O_7^{2-}$ $VO^{2+} \rightarrow VO_3^-$	稀释
KIO_4	酸性	$Mn^{2+} \rightarrow MnO_4^-$	不必除去

表 8.8　预还原时常用的预还原剂

还原剂	反应条件	主要应用	除去方法
SO_2	中性或弱酸性	$Fe^{3+} \rightarrow Fe^{2+}$	煮沸或通 CO_2
$SnCl_2$	酸性加热	$Fe^{3+} \rightarrow Fe^{2+}$ $As(V) \rightarrow As(III)$ $Mo(VI) \rightarrow Mo(V)$	加 $HgCl_2$ 氧化
$TiCl_3$	酸性	$Fe^{3+} \rightarrow Fe^{2+}$	水稀释,Cu 催化空气氧化
Zn、Al	酸性	$Fe^{3+} \rightarrow Fe^{2+}$ $Ti(IV) \rightarrow Ti(III)$	过滤或加酸溶解
Jones 还原剂(锌汞齐)	酸性	$Fe^{3+} \rightarrow Fe^{2+}$ $Ti(IV) \rightarrow Ti(III)$ $VO^{2-} \rightarrow V^{2+}, Cr^{3+} \rightarrow Cr^{2+}$	
银还原剂	HCl	$Fe^{3+} \rightarrow Fe^{2+}$	$Cr^{3+}, Ti(IV)$ 不被还原

3. 有机物的除去

试样中存在的有机物常常干扰氧化还原滴定,应在滴定前先除去。常用方法有干法灰化和湿法灰化等。干法灰化是在高温下使有机物氧化破坏;湿法灰化是加入氧化性酸如 HNO_3、H_2SO_4 或 $HClO_4$ 等把有机物分解除去。

8.5.4　氧化还原滴定方法——高锰酸钾法

常用的氧化还原测定方法主要有高锰酸钾法、重铬酸钾法、碘量法等。现介绍高锰酸钾法。

1. 概述

本法以 $KMnO_4$ 作滴定剂。$KMnO_4$ 是一种强氧化剂,它的氧化能力和还原能力都与溶液的酸度有关。在强酸性溶液中,$KMnO_4$ 还原为 Mn^{2+}:

$$MnO_4^- + 8H^+ + 5e^- \Longrightarrow Mn^{2+} + 4H_2O \quad E^{\ominus} = 1.51 \text{ V}$$

在弱酸性、中性或弱碱性溶液中,$KMnO_4$ 被还原为 MnO_2:

$$MnO_4^- + 2H_2O + 3e^- \Longrightarrow MnO_2 + 4HO^- \quad E^{\ominus} = 0.59 \text{ V}$$

在强碱性溶液中,$KMnO_4$ 被还原成 MnO_4^{2-}:

$$MnO_4^- + e^- \Longrightarrow MnO_4^{2-} \quad E^{\ominus} = 0.56 \text{ V}$$

可见,高锰酸钾法既可在酸性条件下使用,也可在中性或碱性条件下使用,但由于 $KMnO_4$ 在强酸溶液中具有更强的氧化能力,同时生成无色的 Mn^{2+},便于滴定终点的观察,因此一般都在强酸条件下使用。但是,在碱性条件下 $KMnO_4$ 氧化有机物的反应速度比在酸性条件下更快,所以用高锰酸钾法测定有机物时,一般都在碱性溶液中进行。

利用 $KMnO_4$ 作氧化剂,可直接滴定许多还原性物质,如 Fe(Ⅱ)、H_2O_2、草酸盐等。有些氧化性物质如 MnO_2、PbO_2、Pb_3O_4、$K_2Cr_2O_7$、$KClO_3$、H_3VO_4 等,可用间接法测定。测定 MnO_2,可在其 H_2SO_4 溶液中加入一定量过量的 $Na_2C_2O_4$,等 MnO_2 与 $C_2O_4^{2-}$ 作用完毕后,用 $KMnO_4$ 标准溶液滴定过量的 $C_2O_4^{2-}$。

某些物质(如 Ca^{2+})虽不具氧化还原性,但能与另一还原剂或氧化剂定量反应,也可以用间接法测定。例如将 Ca^{2+} 沉淀为 CaC_2O_4,然后用稀 H_2SO_4 将所得沉淀溶解,用 $KMnO_4$ 标准溶液滴定溶液中的 $C_2O_4^{2-}$,间接求得 Ca^{2+} 含量。显然,凡是能与 $C_2O_4^{2-}$ 定量地沉淀为草酸盐的金属离子(如 Sr^{2+}、Ba^{2+}、Ni^{2+}、Cd^{2+}、Zn^{2+}、Cu^{2+}、Pb^{2+}、Hg^{2+}、Ag^+、Bi^{3+}、Ce^{3+}、La^{3+} 等)都能用该法测定。

高锰酸钾法可利用化学计量点后微过量的 MnO_4^- 本身的粉红色来指示终点的到达。高锰酸钾法的优点是 $KMnO_4$ 氧化能力强,应用广泛。但也因此而可以和很多还原性物质发生作用,故干扰比较严重,且 $KMnO_4$ 试剂常含少量杂质,其标准溶液不够稳定。

2. $KMnO_4$ 标准溶液的配制和标定

1)配制

因为高锰酸钾试剂中常含有少量的 MnO_2 和其他杂质,$KMnO_4$ 与还原性物质会发生缓慢的反应,生成 $MnO(OH)_2$ 沉淀,MnO_2 和 $MnO(OH)_2$ 又能进一步促进 $KMnO_4$ 分解。所以 $KMnO_4$ 标准溶液不能直接配制,通常先配制成近似浓度的溶液后再进行标定。配制时,首先要称取稍多于理论用量的 $KMnO_4$,溶于一定体积的蒸馏水中,加热至沸并保持微沸约 1 h(蒸馏水中也含有微量还原性物质),放置 2~3 d,使溶液中存在的还原性物质完全氧化。将过滤后的 $KMnO_4$ 溶液贮于棕色试剂瓶中。

2)标定

标定 $KMnO_4$ 溶液的基准物质有 $Na_2C_2O_4$、$H_2C_2O_4 \cdot 2H_2O$、$(NH_4)_2Fe(SO_4)_2 \cdot 6H_2O$ 和纯铁丝等。其中最常用的是 $Na_2C_2O_4$,它易于提纯,性质稳定,不含结晶水。$Na_2C_2O_4$ 在 105~110 ℃烘干约 2 h,冷却后就可以使用。在 H_2SO_4 溶液中,MnO_4^- 与 $C_2O_4^{2-}$ 的反应为:

$$2MnO_4^- + 5C_2O_4^{2-} + 16H^+ \Longrightarrow 2Mn^{2+} + 10CO_2\uparrow + 8H_2O$$

为了使反应定量进行,必须在酸度约为 0.5~1 mol·L^{-1}、溶液温度 75~85 ℃下进行滴定。滴定开始时速度不宜太快,否则滴入的 $KMnO_4$ 来不及和 $C_2O_4^{2-}$ 反应就在热的酸溶液中分解:

$$4MnO_4^- + 12H^+ \Longrightarrow 4Mn^{2+} + 5O_2 + 6H_2O$$

影响标定结果的准确度。

标定后的 $KMnO_4$ 溶液贮放时应注意避光避热,若发现有 $MnO(OH)_2$ 沉淀析出,应过滤和重新标定。

3. 高锰酸钾法应用实例

1）H_2O_2 的测定

在酸性溶液中,H_2O_2 定量地被 MnO_4^- 氧化,其反应为:

$$2MnO_4^- + 5H_2O_2 + 6H^+ = 2Mn^{2+} + 5O_2 + 8H_2O$$

反应在室温下酸性溶液中进行。反应开始速度较慢,但因 H_2O_2 不稳定,不能加热,随着反应进行,由于生成的 Mn^{2+} 催化了反应,使反应速度加快。

H_2O_2 不稳定,工业用 H_2O_2 中常加入某些有机化合物（如乙酰苯胺等）作为稳定剂,这些有机化合物大多能与 MnO_4^- 反应而干扰测定,此时最好采用碘量法测定 H_2O_2。

2）Ca^{2+} 的测定

一些金属离子能与 $C_2O_4^{2-}$ 生成难溶草酸盐沉淀,如果将生成的草酸盐沉淀溶于酸中,再用 $KMnO_4$ 标准溶液来滴定 $H_2C_2O_4$,就可间接测定这些金属离子。钙离子就用此法测定。其反应如下:

$$Ca^{2+} + C_2O_4^{2-} = CaC_2O_4 \downarrow$$

$$CaC_2O_4 + 2H^+ = Ca^{2+} + H_2C_2O_4$$

$$5H_2C_2O_4 + 2MnO_4^- + 6H^+ = 2Mn^{2+} + 10CO_2 \uparrow + 8H_2O$$

在沉淀 Ca^{2+} 时,如果将沉淀剂 $(NH_4)_2C_2O_4$ 加到中性或碱性的 Ca^{2+} 溶液中,此时生成的 CaC_2O_4 沉淀颗粒很小,难于过滤,而且含有碱式草酸钙和氢氧化钙,所以,必须适当地选择沉淀 Ca^{2+} 的条件。

正确沉淀 CaC_2O_4 的方法是在 Ca^{2+} 的试液中先以盐酸酸化,然后加入 $(NH_4)_2C_2O_4$。由于 $C_2O_4^{2-}$ 在酸性溶液中大部分以 $HC_2O_4^-$ 存在,$C_2O_4^{2-}$ 的浓度很小,此时即使 Ca^{2+} 浓度相当大,也不会生成 CaC_2O_4 沉淀。如果在加入 $(NH_4)_2C_2O_4$ 后把溶液加热至 70～80 ℃,滴入稀氨水,由于 H^+ 逐渐被中和,$C_2O_4^{2-}$ 浓度缓缓增加,结果可以生成粗颗粒结晶的 CaC_2O_4 沉淀。最后应控制溶液的 pH 值在 3.5～4.5 之间（甲基橙呈黄色）,并继续保温约 30 min 使沉淀陈化。这样不仅可避免其他不溶性钙盐的生成,而且所得 CaC_2O_4 沉淀又便于过滤和洗涤。放置冷却后,过滤,洗涤,将 CaC_2O_4 溶于稀硫酸中,即可用 $KMnO_4$ 标准溶液滴定热溶液中与 Ca^{2+} 定量结合的 $H_2C_2O_4$。

3）铁的测定

将试样溶解后（通常使用盐酸作为溶剂）,生成的 Fe^{3+}（实际上是 $FeCl_4^-$、$FeCl_6^{3-}$ 等配离子）应先用还原剂还原为 Fe^{2+},然后用 $KMnO_4$ 标准溶液滴定之。常用的还原

剂是 $SnCl_2$(亦有用 Zn、Al、H_2S、SO_4 及汞齐等作还原剂的):

$$2Fe^{3+} + Sn^{2+} =\!=\!= 2Fe^{2+} + Sn^{4+}$$

多余的 $SnCl_2$ 可以借加入 $HgCl_2$ 而除去:

$$SnCl_2 + 2HgCl_2 =\!=\!= SnCl_4 + Hg_2Cl_2 \downarrow$$

但是 $HgCl_2$ 有毒,为了避免污染环境,近年来采用了各种不用汞盐的测定铁的方法。在滴定前还应加入硫酸锰、硫酸及磷酸的混合液,其作用如下。

(1)避免 Cl^- 存在下所发生的诱导反应。

(2)由于滴定过程中生成黄色的 Fe^{3+},达到终点时,微过量的 $KMnO_4$ 所呈现的粉红色将不易分辨,以致影响终点的正确判断。在溶液中加入磷酸,使之与 Fe^{3+} 生成无色的 $Fe(PO_4)_2^{3-}$ 配离子,就可使终点易于观察。

4)测定某些有机化合物

在强碱性溶液中,MnO_4^- 与有机化合物反应,生成绿色的 MnO_4^{2-},利用这一反应可以用高锰酸钾法测定某些有机化合物。例如测定甘油,在试液中加入一定量过量的 $KMnO_4$ 标准溶液,并加入氢氧化钠至溶液呈碱性,待反应完成后,将溶液酸化,用还原剂标准溶液(Fe^{2+} 标准溶液)滴定溶液中所有的高价锰离子,使之还原为 $Mn(\text{Ⅱ})$,计算出消耗还原剂标准溶液的物质的量。用同样的方法,测出在碱性溶液中反应前一定量的 $KMnO_4$ 标准溶液相当于还原剂标准溶液的用量。根据两者之差,计算出该有机物物质的含量。此法可用于测定甲酸、甲醇、柠檬酸、酒石酸等。

8.5.5　氧化还原滴定方法——重铬酸钾法

1. 概述

本法以 $K_2Cr_2O_7$ 作滴定剂,$K_2Cr_2O_7$ 是一种强氧化剂,它只能在酸性条件下与还原剂作用,CrO_7^{2-} 被还原成 Cr^{3+}:

$$Cr_2O_7^{2-} + 14H^+ + 6e^- \rightleftharpoons 2Cr_3 + 7H_2O \qquad E^\ominus = 1.33 \text{ V}$$

可见 $K_2Cr_2O_7$ 的氧化能力比 $KMnO_4$ 稍弱些,但它仍是一种较强的氧化剂,能测定许多无机物和有机物。此法虽只能在酸性条件下使用,且应用范围不如高锰酸钾法广泛,但它具有下列优点。

(1)$K_2Cr_2O_7$ 易于提纯,可以直接称取一定重量干燥纯净的 $K_2Cr_2O_7$ 准确配制成一定浓度的标准溶液。

(2)$K_2Cr_2O_7$ 溶液相当稳定,只要保存在密闭容器中,浓度可长期保持不变。

(3)不受 Cl^- 还原作用的影响,可在盐溶液中进行滴定。

重铬酸钾法有直接法和间接法之分。一些有机试样在硫酸溶液中常加入过量重铬酸钾标准溶液,加热至一定温度,冷后稀释,再用 Fe^{2+}(一般用硫酸亚铁铵)标准溶液返滴定。这种间接方法还可以用于腐植酸肥料中腐植酸的分析、电镀液中有机物的测定。

应用 $K_2Cr_2O_7$ 标准溶液进行滴定时,常用氧化还原指示剂,例如二苯胺硝酸钠或邻苯氨基苯甲酸等。应该指出的是使用 $K_2Cr_2O_7$ 时应注意废液处理,以免污染环境。

2. 重铬酸钾法应用示例

1)铁的测定

重铬酸钾法测定铁利用下列反应:

$$6Fe^{2+} + Cr_2O_7^{2-} + 14H^+ \rule{2em}{0.4pt}\hspace{-2em}= 6Fe^{3+} + 2Cr^{3+} + 7H_2O$$

试样(铁矿石等)一般用 HCl 溶液加热分解后,将铁还原为亚铁,然后用 $K_2Cr_2O_7$ 标准溶液滴定。铁的还原方法与高锰酸钾法测定铁相同,但在测定步骤上有以下不同之处。

(1)重铬酸钾的电极电势与氯的电极电势相近,因此在盐酸溶液中滴定时,不会因氧化 Cl^- 而发生误差,因而滴定时不需加入 $MnSO_4$。

(2)滴定时需要采用氧化还原指示剂,如二苯胺磺酸钠作指示剂。终点时溶液由绿色(Cr^{3+} 颜色)突变为紫色或紫蓝色。

2)Ba^{2+} 和 Pb^{2+} 的测定

Ba^{2+} 和 Pb^{2+} 与 CrO_4^{2-} 反应,定量地沉淀为 $BaCrO_4$ 和 $PbCrO_4$。沉淀经过滤、洗涤、溶解后,用标准 Fe^{2+} 溶液滴定试液中的 CrO_7^{2-},由滴定所消耗的 Fe^{2+} 的量计算 Ba^{2+} 和 Pb^{2+} 的量。

3)化学需氧量(COD)的测定

在一定条件下,用强氧化剂氧化废水试样(有机物)所消耗氧化剂的氧的质量,称为化学需氧量,它是衡量水体被还原性物质污染的主要指标之一,目前已成为环境监测分析的重要项目。

化学需氧量测定的方法是在酸性溶液中以硫酸银为催化剂,加入过量 $K_2Cr_2O_7$ 标准溶液,当加热煮沸时 $K_2Cr_2O_7$ 能完全氧化废水中有机物质和其它还原性物质。过量的 $K_2Cr_2O_7$ 以邻二氮杂菲 – Fe(Ⅱ)(试亚铁灵指示剂)为指示剂,用硫酸亚铁铵标准溶液回滴,从而计算出废水试样中还原性物质所消耗的 $K_2Cr_2O_7$ 量,即可换算出水试样的化学需氧量,以 $mg \cdot L^{-1}$ 表示。

8.5.6　氧化还原滴定方法——碘量法

1. 概述

碘量法是利用 I_2 的氧化性和 I^- 的还原性来进行滴定的分析方法。由于固体 I_2 在水中的溶解度很小($0.001\ 33\ mol \cdot L^{-1}$),故实际应用时通常将 I_2 溶解在 KI 溶液中,此时 I_2 在溶液中以 I_3^- 形式存在:

$$I_2 + I^- \Longleftrightarrow I_3^-$$

半反应为:

$$I_3^- + 2e^- \Longleftrightarrow 3I^- \qquad E_{I_2/I^-}^{\ominus} = 0.533\ 8\ \text{V}$$

由 I_2/I^- 电对的条件电极电势可见, I_2 是较弱的氧化剂,能与较强的还原剂(如 $Sn(II)$、$Sb(III)$、As_2O_3、S^{2-}、SO_3^{2-})等作用,例如:

$$I_2 + SO_2 + 2H_2O = 2I^- + SO_4^{2-} + 4H^+$$

因此可用 I_2 标准溶液直接滴定这类还原性物质,这种方法称为直接碘法。另一方面, I^- 为中等强度的还原剂,能被氧化剂(如 $K_2Cr_2O_7$、$KMnO_4$、H_2O_2、KIO_3 等)定量氧化而析出 I_2,例如:

$$2MnO_4^- + 10I^- + 16H^+ = 2Mn^{2+} + 5I_2 + 8H_2O$$

析出的 I_2 用还原剂 $Na_2S_2O_3$ 标准溶液滴定:

$$I_2 + 2S_2O_3^{2-} = 2I^- + S_4O_6^{2-}$$

因而可间接测定氧化性物质,这种方法称为间接碘法。

直接碘法的基本反应是:

$$I_2 + 2e^- \Longleftrightarrow 2I^-$$

由于 I_2 的氧化能力不强,所以能被 I_2 氧化的物质有限。而且直接碘法的应用受溶液中 H^+ 浓度的影响较大,例如在较强的碱性溶液中就不能用 I_2 溶液滴定,因为当 pH 较高时,发生如下的副反应:

$$3I_2 + 6OH^- = IO_3^- + 5I^- + 3H_2O$$

这样就会给测定带来误差。在酸性溶液中,只有少数还原能力强、不受 H^+ 浓度影响的物质才能发生定量反应。所以直接碘法的应用受到一定的限制。

但是,凡能与 KI 作用定量析出 I_2 的氧化性物质及能与过量 I_2 在碱性介质中作用的有机物质都可用间接碘法测定。间接碘法的基本反应为:

$$2I^- - 2e^- \Longleftrightarrow I_2$$

$$I_2 + 2S_2O_3^{2-} = 2I^- + S_4O_6^{2-}$$

I_2 与硫代硫酸钠定量反应生成连四硫酸钠($Na_2S_4O_6$)。

应该注意, I_2 和 $Na_2S_2O_3$ 的反应须在中性或弱酸性溶液中进行,因为在碱性溶液中,会同时发生如下反应:

$$Na_2S_2O_3 + 4I_2 + 10NaOH = 2Na_2SO_4 + 8NaI + 5H_2O$$

而使氧化还原过程复杂化。因此在用 $Na_2S_2O_3$ 溶液滴定 I_2 之前,溶液应先中和成中性或弱酸性。如果需要在弱碱性溶液中滴定 I_2,应用 $NaAsO_2$ 代替 $Na_2S_2O_3$。

碘量法可能产生误差的来源有 2 个方面。

(1) I_2 具有挥发性,容易挥发损失。

（2）I^- 在酸性溶液中易为空气中氧所氧化，反应式为：

$$4I^- + 4H^+ + O_2 \Longrightarrow 2I_2 + 2H_2O$$

此反应在中性溶液中进行极慢，但随溶液中 H^+ 浓度增加而加快，若受阳光直接照射，反应速率增加更快。所以碘量法一般在中性或弱酸性溶液中及低温（$<25\ ℃$）下进行滴定。I_2 溶液应保存于棕色密闭的试剂瓶中。在间接碘法中，氧化所析出之 I_2 必须在反应完毕后立即进行滴定，滴定最好在碘量瓶中进行。为了减少 I^- 与空气的接触，滴定时不应过度摇荡。

碘量法的终点常用淀粉指示剂来确定。在有少量 I^- 存在下，I_2 与淀粉反应形成蓝色吸附配合物，根据蓝色的出现或消失来指示终点。在室温及少量 I^- 存在下，该反应的灵敏度为 $[I_2] = 1 \sim 2 \times 10^{-5}\ mol \cdot L^{-1}$，无 I^- 时，反应的灵敏度降低；I^- 浓度太大，终点变色不灵敏。反应的灵敏度还随溶液温度升高而降低。乙醇及甲醇的存在均降低其灵敏度。此外，碘量法也可利用 I_2 溶液的黄色作自身指示剂，但灵敏度较差。

淀粉溶液应新鲜配制，若放置过久，则与 I_2 形成的配合物不呈蓝色而呈紫或红色。这种红紫色吸附配合物在用 $Na_2S_2O_3$ 滴定时褪色慢，终点变色不敏锐。

标定 $Na_2S_2O_3$ 溶液的基准物质有纯碘、KIO_3、$KBrO_3$、$K_2Cr_2O_7$、$K_3[Fe(CN)_6]$、纯铜等。这些物质除纯碘外，都能与 KI 反应析出 I_2，析出的 I_2 用 $Na_2S_2O_3$ 标准溶液滴定。

标定时称取一定量的基准物，在酸性溶液中，与过量 KI 作用，析出的 I_2 以淀粉为指示剂，用 $Na_2S_2O_3$ 溶液滴定。滴定时应注意如下几点。

（1）基准物（如 $K_2Cr_2O_7$）与 KI 反应时，溶液的酸度愈大，反应速率愈快，但酸度太大时，I^- 容易被空气中的 O_2 所氧化，所以在开始滴定时，酸度一般以 $0.8 \sim 1.0\ mol \cdot L^{-1}$ 为宜。

（2）$K_2Cr_2O_7$ 与 KI 的反应速率较慢，应将溶液在暗处放置一定时间（5 min），待反应完全后再以 $Na_2S_2O_3$ 溶液滴定。KIO_3 与 KI 的反应快，不需要放置。

（3）在以淀粉作指示剂时，应先以 $Na_2S_2O_3$ 溶液滴定至溶液呈浅黄色（大部分 I_2 已作用），然后加入淀粉溶液，用 $Na_2S_2O_3$ 溶液继续滴定至蓝色恰好消失，即为终点。淀粉指示剂若加入太早，则大量的 I_2 与淀粉结合成蓝色物质，这一部分碘就不容易与 $Na_2S_2O_3$ 反应，因而使滴定发生误差。滴定至终点后，再经过几分钟，溶液又会出现蓝色，这是由于空气氧化 I^- 所引起。

2. 应用示例

1）硫酸铜中铜的测定

二价铜盐与 I^- 的反应如下：

$$2Cu^{2+} + 4I^- \Longrightarrow 2CuI \downarrow + I_2$$

碘再用 $Na_2S_2O_3$ 标准溶液滴定,就可计算出铜的含量。

上述反应是可逆的,为了促使反应实际上趋于完全,必须加入过量的 KI,但 KI 浓度太大会妨碍终点的观察。同时由于 CuI 沉淀强烈地吸附 I_2,使测定结果偏低。如果加入 KSCN,使 CuI 转化为溶解度更小的 CuSCN 溶液,反应式如下:

$$CuI + KSCN \Longrightarrow CuSCN \downarrow + KI$$

这样不仅可以释放出被吸附的 I_2,而且反应时再生出来的 I^- 可再与未作用的 Cu^{2+} 反应。在这种情况下,可以使用较少的 KI 而能使反应进行得更完全。但是 KSCN 只能在接近终点时加入,否则 SCN^- 可直接还原 Cu^{2+} 而使结果偏低,反应为:

$$6Cu^{2+} + 7SCN^- + 4H_2O \Longrightarrow 6CuSCN \downarrow + SO_4^{2-} + HCN + 7H^+$$

为了防止铜盐水解,反应必须在酸性溶液中进行(一般控制 pH 值在 3~4 之间)。酸度过低,反应速度慢,终点拖长;酸度过高,则 I^- 被空气氧化为 I_2 的反应被 Cu^{2+} 催化而加速,使结果偏高。又因大量 Cl^- 与 Cu^{2+} 配位,因此应用 H_2SO_4 而不用 HCl(少量 HCl 不干扰)。

测定矿石(铜矿等)、合金、炉渣或电镀液中的铜也可应用碘量法。这时对于固体试样可选用适当的溶剂将矿石等溶解后,再用上述方法测定。但应注意防止其他共存离子的干扰,例如试样常含有的 Fe^{3+} 能氧化 I^-:

$$2Fe^{3+} + 2I^- \Longrightarrow 2Fe^{2+} + I_2$$

故干扰铜的测定。若加入 NH_4HF_2,可使 Fe^{3+} 生成稳定的 FeF_6^{3-} 配离子,降低了 Fe^{3+}/Fe^{2+} 电对的电势,从而防止了氧化 I^- 的反应。NH_4HF_2 还可控制溶液的酸度,使 pH 约为 3~4。

2)S^{2-} 或 H_2S 的测定

在酸性溶液中 I_2 能氧化 S^{2-},其反应为:

$$S^{2-} + I_2 \Longrightarrow S + 2I^-$$

测定不能在碱性溶液中进行,因为在碱性溶液中,会发生如下反应:

$$S^{2-} + 4I_2 + 8H_2O \Longrightarrow SO_4^{2-} + 8I^- + 4H_2O$$

同时,I_2 也会发生歧化反应。

测定硫化物时,可以用标准 I_2 溶液直接测定,也可以加入过量标准碘溶液,再用 $Na_2S_2O_3$ 标准溶液滴定过量的 I_2。

思考与练习 8 - 5

1. 是否平衡常数大的氧化还原反应就能应用于氧化还原滴定中?为什么?

2. 影响氧化还原反应速率的主要因素有哪些？

3. 常用氧化还原滴定法有哪几类？这些方法的基本反应是什么？

4. 应用于氧化还原滴定法的反应应具备什么条件？

5. 化学计量点在滴定曲线上的位置与氧化剂和还原剂的电子转移数有什么关系？

6. 试比较酸碱滴定、络合滴定和氧化还原滴定的滴定曲线，说明它们的共性和特性。

7. 氧化还原滴定中的指示剂分为几类？各自如何指示滴定终点？

8. 氧化还原指示剂的变色原理和选择与酸碱指示剂有何异同？

9. 在进行氧化还原滴定之前，为什么要进行预氧化或预还原的处理？预处理时对所用的预氧化剂或还原剂有哪些要求？

10. 碘量法的主要误差来源有哪些？为什么碘量法不适宜在高酸度或高碱度介质中进行？

11. 比较用 $KMnO_4$、$K_2Cr_2O_7$ 和 $Ce(SO_4)_2$ 作滴定剂的优缺点。

12. 在 $0.5\ mol \cdot L^{-1}\ H_2SO_4$ 介质中，等体积的 $0.60\ mol \cdot L^{-1}\ Fe^{2+}$ 溶液与 $0.20\ mol \cdot L^{-1}\ Ce^{4+}$ 溶液混合。反应达到平衡后，Ce^{4+} 的浓度为多少？

13. 在 $1\ mol \cdot L^{-1}\ HClO_4$ 介质中，用 $0.020\ 00\ mol \cdot L^{-1}\ KMnO_4$ 滴定 $0.10\ mol \cdot L^{-1}\ Fe^{2+}$，试计算滴定分数分别为 0.50、1.00、2.00 时体系的电位。已知在此条件下，MnO_4^-/Mn^{2+} 电对的 $E^\ominus = 1.45\ V$，Fe^{3+}/Fe^{2+} 电对的 $E^\ominus = 0.73\ V$。

14. 在 $0.10\ mol \cdot L^{-1}\ HCl$ 介质中，用 $0.200\ 0\ mol \cdot L^{-1}\ Fe^{3+}$ 滴定 $0.10\ mol \cdot L^{-1}\ Sn^{2+}$，试计算在化学计量点时的电位及其突跃范围。在此条件中选用什么指示剂？滴定终点与化学计量点是否一致？已知在此条件下，Fe^{3+}/Fe^{2+} 电对的 $E^\ominus = 0.73\ V$，Sn^{4+}/Sn^{2+} 电对的 $E^\ominus = 0.07\ V$。

15. 准确称取铁矿石试样 $0.500\ 0\ g$，用酸溶解后加入 $SnCl_2$，使 Fe^{3+} 还原为 Fe^{2+}，然后用 $24.50\ mL\ KMnO_4$ 标准溶液滴定。已知 $1\ mL\ KMnO_4$ 相当于 $0.012\ 60\ g\ H_2C_2O_4 \cdot 2H_2O$。试问：(1)矿样中 Fe 及 Fe_2O_3 的质量分数各为多少？(2)取市售双氧水 $3.00\ mL$ 稀释定容至 $250.0\ mL$，从中取出 $20.00\ mL$ 试液，需用上述溶液 $KMnO_4\ 21.18\ mL$ 滴定至终点。计算每 $100.0\ mL$ 市售双氧水所含 H_2O_2 的质量。

16. 仅含有惰性杂质的铅丹(Pb_3O_4)试样重 $3.500\ g$，加一移液管 Fe^{2+} 标准溶液和足量的稀 H_2SO_4 于此试样中。溶解作用停止以后，过量的 Fe^{2+} 需 $3.05\ mL\ 0.040\ 00\ mol \cdot L^{-1}\ KMnO_4$ 溶液滴定。同样一移液管的上述 Fe^{2+} 标准溶液，在酸性介质中用 $0.040\ 00\ mol \cdot L^{-1}\ KMnO_4$ 标准溶液滴定时，需用去 $48.05\ mL$。计算铅丹中 Pb_3O_4 的质量分数。

17. 用一定体积的 $KMnO_4$ 溶液恰能氧化一定质量的 $KHC_2O_4 \cdot H_2C_2O_4 \cdot 2H_2O$，如用 $0.200\ 0\ mol \cdot L^{-1}NaOH$ 中和同样质量的 $KHC_2O_4 \cdot H_2C_2O_4 \cdot 2H_2O$，所需 NaOH 的体积恰为 $KMnO_4$ 的一半。试计算 $KMnO_4$ 溶液的浓度。

18. 准确称取软锰矿试样 0.526 1 g，在酸性介质中加入 0.704 9 g 纯 $Na_2C_2O_4$，待反应完全后，过量的 $Na_2C_2O_4$ 用 $0.021\ 60\ mol \cdot L^{-1}KMnO_4$ 标准溶液滴定，用去 30.47 mL。计算软锰矿中 MnO_2 的质量分数？

19. 为分析硅酸岩中铁、铝、钛含量，称取试样 0.605 0 g。除去 SiO_2 后，用氨水沉淀铁、铝、钛为氢氧化物沉淀。沉淀灼烧为氧化物后重 0.412 0 g；再将沉淀用 $K_2S_2O_7$ 熔融，浸取液定容于 100 mL 容量瓶，移取 25.00 mL 试液通过锌汞还原器，此时 Fe^{3+} 转化为 Fe^{2+}，Ti^{4+} 转化为 Ti^{3+}，还原液流入 Fe^{3+} 溶液中。滴定时消耗了 0.013 88 $mol \cdot L^{-1}$ $K_2Cr_2O_7$ 10.05 mL；另移取 25.00 mL 试液用 $SnCl_2$ 还原 Fe^{3+} 后，再用上述 $K_2Cr_2O_7$ 溶液滴定，消耗了 8.02 mL。计算试样中 Fe_2O_3、Al_2O_3、TiO_2 的质量分数。

20. 移取乙二醇试液 25.00 mL，加入 0.026 10 $mol \cdot L^{-1}KMnO_4$ 的碱性溶液 30.00 mL(反应式：$HO—CH_2CH_2—OH + 10MnO_4^- + 14OH^- \Longrightarrow 10MnO_4^{2-} + 2CO_3^{2-} + 10H_2O$)；反应完全后，酸化溶液，加入 0.054 21 $mol \cdot L^{-1}Na_2C_2O_4$ 溶液 10.00 mL。此时所有的高价锰均还原至 Mn^{2+}，以 0.026 10 $mol \cdot L^{-1}$ $KMnO_4$ 溶液滴定过量 $Na_2C_2O_4$，消耗2.30 mL。计算试液中乙二醇的浓度。

21. 称取含 $NaIO_3$ 和 $NaIO_4$ 的混合试样 1.000 g，溶解后定容于 250 mL 容量瓶中；准确移取试液 50.00 mL，调至弱碱性，加入过量 KI，此时 IO_4^- 被还原为 IO_3^-(IO_3^- 不氧化 I^-)；释放出的 I_2 用 0.040 00 $mol \cdot L^{-1}Na_2S_2O_3$ 溶液滴定至终点时，消耗 10.00 mL。另移取试液 20.00 mL，用 HCl 调节溶液至酸性，加入过量的 KI；释放出的 I_2 用0.040 00 $mol \cdot L^{-1}$ $Na_2S_2O_3$ 溶液滴定，消耗 30.00 mL。计算混合试样中 w_{NaIO_3} 和 w_{NaIO_4}。

技能训练一　高锰酸钾的标定及过氧化氢含量的测定

一、实验目的

(1)了解高锰酸钾标准溶液的配制和标定方法。

(2)掌握以草酸钠为基准物标定高锰酸钾溶液浓度的方法原理及滴定条件。

(3)掌握高锰酸钾法测定过氧化氢含量的原理和方法。

二、实验原理

在稀硫酸溶液中，过氧化氢在室温条件下能定量地被 $KMnO_4$ 氧化，因此，可用高锰酸钾法测定过氧化氢含量,利用 MnO_4^- 离子自身的颜色(可被察觉的最低浓度约为 2×10^{-6} mol·L^{-1})指示终点,其反应式为:

$$2MnO_4^- + 5H_2O_2 + 6H^+ =\!=\!= 2Mn^{2+} + 5O_2 \uparrow + 8H_2O$$

开始反应时速度慢,滴入第一滴溶液不易褪色,待 Mn^{2+} 生成之后,由于 Mn^{2+} 的自动催化作用,加快了反应速度,能顺利地滴定到终点。

市售的 $KMnO_4$ 常含有少量杂质,需用间接法配制准确浓度的溶液,且应定期进行标定。本实验以 $Na_2C_2O_4$ 基准试剂标定(75~80 ℃,自身指示剂):

$$2MnO_4^- + 5C_2O_4^{2-} + 16H^+ =\!=\!= 2Mn^{2+} + 10CO_2 \uparrow + 8H_2O$$

三、实验仪器和药品

实验仪器:玻璃砂芯漏斗、电炉、容量瓶(250 mL)、吸量管(1 mL)、移液管(20 mL)、酸式滴定管(50 mL)、锥形瓶等。

实验药品:$KMnO_4$(AR)、$Na_2C_2O_4$(基准试剂)、H_2SO_4(3 mol·L^{-1})、$MnSO_4$(1 mol·L^{-1})、双氧水样品(约 30% H_2O_2 水溶液)等。

四、实验内容

1. $KMnO_4$ 标准溶液的配制与浓度标定

1)$KMnO_4$ 标准溶液的配制(0.02 mol·L^{-1})

称取 0.8 g $KMnO_4$ 溶于 250 mL 蒸馏水中,盖上表面皿,加热至沸并保持微沸状态 1 h,冷却后,用玻璃砂芯漏斗过滤,滤液贮于清洁带塞的棕色瓶中备用。

2)$KMnO_4$ 溶液浓度的标定

准确称取 0.13~0.15 g $Na_2C_2O_4$ 基准试剂 3 份,分别置于 250 mL 锥形瓶中,加 40 mL 水使其溶解。加入 10 mL 3 mol·L^{-1} H_2SO_4 溶液,加热到 75~85 ℃(开始冒蒸气时的温度),趁热用待标定的 $KMnO_4$ 溶液进行滴定。开始滴定反应速度很慢,待第一滴红色消失再继续滴定。随后可稍快,但仍须逐滴加入(以红色能及时消退为准),滴定至溶液呈微红色,半分钟内不褪即为终点。滴定结束时溶液的温度一般不应低于 60 ℃。

$$c_{KMnO_4} = \frac{m_{Na_2C_2O_4}}{134.00\ V_{KMnO_4}} \times \frac{2}{5}$$

上式为高锰酸钾标准溶液浓度的计算,取 3 次测定的平均值。

2. 双氧水中 H_2O_2 含量的测定

用吸量管移取双氧水样品 1.00 mL,置于 250 mL 容量瓶中,加水稀释至刻度。充分摇匀后,用移液管移取 20.00 mL 置于 250 mL 锥形瓶中,加 5 mL 3 mol·L^{-1}

H_2SO_4 及 $1\ mol \cdot L^{-1} MnSO_4$ 溶液 $2 \sim 3$ 滴,用 $KMnO_4$ 标准溶液滴定至呈微红色,半分钟内不褪即为终点。平行测定 3 次。

$$\rho_{H_2O_2}(g/100\ mL) = \frac{(cV)_{KMnO_4} \times 5 \times 34.02 \times 100}{1\ 000 \times 2 \times 1.00 \times 20.00/250.00}$$

上式为过氧化氢含量计算,取 3 次测定的平均值。

五、实验思考题

(1)配制 $KMnO_4$ 溶液时,为什么要煮沸并过滤?过滤时能否用滤纸?配制好的 $KMnO_4$ 溶液为什么要保存在棕色瓶中?

(2)能否用碱式滴定管盛装 $KMnO_4$ 标准溶液?为什么?

(3)滴定管中盛装 $KMnO_4$ 等颜色很深的溶液时,怎样读数?

(4)$KMnO_4$ 法中,能否用 HNO_3 或 HCl 来控制溶液的酸度?

(5)用 $Na_2C_2O_4$ 标定 $KMnO_4$ 时,若温度过高,会对结果产生什么影响?

六、技能考核评分标准

序号	评分点	配分	评分标准		扣分	得分	考评员
1	粗称	2	操作正确	(2分)			
2	分析天平称量前的准备	2	检查天平水平、休止、砝码、清洁等	(1分)			
			调零	(1分)			
3	分析天平称量操作	10	称量瓶放置恰当	(3分)			
			倾出试样符合要求	(2分)			
			开关天平门操作正确	(2分)			
			读数及记录正确	(3分)			
4	称量后结束工作	2	砝码回位	(1分)			
			关门	(1分)			
5	滴定前的准备	6	洗涤符合要求	(1分)			
			试漏	(1分)			
			用滴定溶液润洗	(1分)			
			装液正确	(1分)			
			排空气	(1分)			
			调刻度	(1分)			

序号	评分点	配分	评分标准		扣分	得分	考评员
6	标准溶液的标定	20	吸溶液操作正确	（4分）			
			加热沸腾正确	（8分）			
			滴定操作正确	（8分）			
7	样品的滴定操作	30	加指示剂操作正确	（2分）			
			滴定姿势正确	（4分）			
			滴定速度把握恰当	（3分）			
			摇瓶操作正确	（3分）			
			淋洗锥形瓶内壁	（3分）			
			滴定后补充溶液操作正确	（3分）			
			半滴溶液的加入正确	（3分）			
			终点判断准确	（3分）			
			滴定管的读数正确	（3分）			
			平行操作的重复性好	（3分）			
8	滴定后的结束工作	4	洗涤仪器	（2分）			
			台面清洁	（2分）			
9	分析结果	14	记录准确	（7分）			
			结果与参照值误差不大	（7分）			
10	考核时间	10	考核时间为 120 min。超过时间 5 min 扣 2 分，超过 10 min 扣 4 分，以此类推，直至本题分数扣完为止				

技能训练二　铁矿中全铁含量的测定

一、实验目的

(1)掌握 $K_2Cr_2O_7$ 标准溶液的配制及使用。

(2)学习矿石试样的酸溶法。

(3)学习 $K_2Cr_2O_7$ 法测定铁的原理及方法。

(4)对无汞定铁有所了解,增强环保意识。

(5)了解二苯胺磺酸钠指示剂的作用原理。

二、实验原理

用 HCl 溶液分解铁矿石后,在热 HCl 溶液中,以甲基橙为指示剂,用 $SnCl_2$ 将 Fe^{3+} 还原至 Fe^{2+},并过量 1~2 滴。经典方法是用 $HgCl_2$ 氧化过量的 $SnCl_2$,除去 Sn^{2+} 的干扰,但 $HgCl_2$ 造成环境污染,本实验采用无汞定铁法。还原反应为:

$$2FeCl_4^- + SnCl_4^{2-} + 2Cl^- \Longrightarrow 2FeCl_4^{2-} + SnCl_6^{2-}$$

使用甲基橙指示 $SnCl_2$ 还原 Fe^{3+} 的原理是：Sn^{2+} 将 Fe^{3+} 还原完后，过量的 Sn^{2+} 可将甲基橙还原为氢化甲基橙而褪色，不仅指示了还原的终点，Sn^{2+} 还能继续使氢化甲基橙还原成 N,N – 二甲基对苯二胺和对氨基苯磺酸，过量的 Sn^{2+} 则可以消除。反应为：

$$(CH_3)_2NC_6H_4N \Longrightarrow NC_6H_4SO_3Na \xrightarrow{2H^+} (CH_3)_2NC_6H_4NH\text{—}NHC_6H_4SO_3Na \xrightarrow{2H^+}$$
$$(CH_3)_2NC_6H_4H_2N + NH_2C_6H_4SO_3Na$$

以上反应为不可逆反应，因而甲基橙的还原产物不消耗 $K_2Cr_2O_7$。

HCl 溶液浓度应控制在 $4\ mol \cdot L^{-1}$，若大于 $6\ mol \cdot L^{-1}$，Sn^{2+} 会先将甲基橙还原为无色，无法指示 Fe^{3+} 的还原反应。HCl 溶液浓度低于 $2\ mol \cdot L^{-1}$，则甲基橙褪色缓慢。

滴定反应为：

$$6Fe^{2+} + Cr_2O_7^{2-} + 14H^+ \Longrightarrow 6Fe^{3+} + 2Cr^{3+} + 7H_2O$$

滴定突跃范围为 $0.93 \sim 1.34\ V$，使用二苯胺磺酸钠为指示剂时，由于它的条件电位为 $0.85\ V$，因而需加入 H_3PO_4 使滴定生成的 Fe^{3+} 生成 $Fe(HPO_4)_2^-$ 而降低 Fe^{3+}/Fe^{2+} 电对的电位，使突跃范围变成 $0.71 \sim 1.34\ V$，指示剂可以在此范围内变色，同时也消除了 $FeCl_4^-$ 黄色对终点观察的干扰，$Sb(V)$，$Sb(III)$ 干扰本实验，应当除去。

三、实验试剂及配制方法

(1) $SnCl_2(100\ g \cdot L^{-1})$。10 g $SnCl_2 \cdot 2H_2O$ 溶于 40 mL 浓热 HCl 溶液中，加水稀释至 100 mL。

(2) $H_2SO_4 – H_3PO_4$ 混酸。将 15 mL 浓 H_2SO_4 缓慢加至 70 mL 水中，冷却后加入 15 mL 浓 H_3PO_4 混匀。

(3) $K_2Cr_2O_7$ 标准溶液 $c_{K_2Cr_2O_7} = 0.050\ 00\ mol \cdot L^{-1}$。将 $K_2Cr_2O_7$ 在 $150 \sim 180\ ℃$ 干燥 2 h，至于干燥器中冷却至室温。用指定质量称量法准确称取 0.612 7 g $K_2Cr_2O_7$ 于小烧杯中，加水溶解，定量转移至 250 mL 容量瓶中，加水稀释至刻度，摇匀。

(4) 其它试剂。$SnCl_2(5\ g \cdot L^{-1})$、甲基橙 $(1\ g \cdot L^{-1})$、二苯胺磺酸钠 $(2\ g \cdot L^{-1})$。

四、实验内容

准确称取铁矿石粉 $1.0 \sim 1.5\ g$ 于 250 mL 烧杯中，用少量水润湿，加入 20 mL 浓 HCl 溶液，盖上表面皿，在通风橱中低温加热分解试样，若有带色不溶残渣，可滴加 $20 \sim 30$ 滴 $100\ g \cdot L^{-1}SnCl_2$ 助溶。试样分解完全时，残渣应接近白色 SiO_2，用少量水吹洗表面皿及烧杯壁，冷却后转移至 250 mL 容量瓶中，稀释至刻度并摇匀。

移取试样溶液 25.00 mL 于锥形瓶中，加 8 mL 浓 HCl 溶液，加热近沸，加入 6 滴甲基橙，趁热边摇动锥形瓶边逐滴加入 $100\ g \cdot L^{-1}$ $SnCl_2$ 溶液还原 Fe^{3+}。溶液由橙变红，再慢慢滴加 $5\ g \cdot L^{-1}SnCl_2$ 至溶液变为淡粉色，再摇几下直至粉色褪去。立即用流水冷却,加50 mL 蒸馏水、20 mL 硫磷混酸、4 滴二苯胺磺酸钠,立即用 $K_2Cr_2O_7$ 标准溶液滴定到稳定的紫红色为终点,平行测定 3 次,计算矿石中铁的含量(质量分数)。

五、实验思考题

(1)$K_2Cr_2O_7$ 为什么可以直接称量配制准确浓度的溶液?

(2)分解铁矿石时,为什么要在低温下进行? 如果加热至沸腾会对结果产生什么影响?

(3)$SnCl_2$ 还原 Fe^{3+} 的条件是什么? 怎样控制 $SnCl_2$ 不过量?

(4)以 $K_2Cr_2O_7$ 溶液滴定 Fe^{2+} 时,加入 H_3PO_4 的作用是什么?

六、技能考核评分标准

序号	评分点	配分	评分标准		扣分	得分	考评员
1	粗称	2	操作正确	(2分)			
2	分析天平称量前的准备	2	检查天平水平、休止、砝码、清洁等	(1分)			
			调零	(1分)			
3	分析天平称量操作	10	称量瓶放置恰当	(3分)			
			倾出试样符合要求	(3分)			
			开关天平门操作正确	(1分)			
			读数及记录正确	(3分)			
4	称量后结束工作	2	砝码回位	(1分)			
			关门	(1分)			
5	滴定前的准备	6	洗涤符合要求	(1分)			
			试漏	(1分)			
			用滴定溶液润洗	(1分)			
			装液正确	(1分)			
			排空气	(1分)			
			调刻度	(1分)			
6	样品预处理	20	样品消化完全	(8分)			
			消化后处理正确	(8分)			
			样品定容正确	(4分)			
7	样品的滴定操作	30	加指示剂操作正确	(2分)			
			滴定姿势正确	(4分)			
			滴定速度把握	(3分)			
			摇瓶操作正确	(3分)			
			淋洗锥形瓶内壁	(3分)			
			滴定后补充溶液操作正确	(2分)			
			半滴溶液的加入适当	(4分)			
			终点判断准确	(3分)			
			滴定管的读数正确	(3分)			
			平行操作的重复性好	(3分)			

序号	评分点	配分	评分标准		扣分	得分	考评员
8	滴定后的结束工作	4	洗涤仪器 台面清洁	(2分) (2分)			
9	分析结果	14	记录准确 结果与参照值误差不大	(7分) (7分)			
10	考核时间	10	考核时间为 120 min。超过时间 5 min 扣 2 分,超过 10 min 扣 4 分,以此类推,直至本题分数扣完为止				

技能训练三　间接碘量法测定铜合金中的铜含量

一、实验目的

(1)掌握 $Na_2S_2O_3$ 溶液的配制及标定原理。

(2)学习铜合金中铜的溶解方法。

(3)了解间接碘量法测定铜合金中铜的原理及其方法。

二、实验原理

在弱酸性溶液中,Cu^{2+} 可被 KI 还原为 CuI,反应式为 $2Cu^{2+} + 4I^- \rightleftharpoons 2CuI + I_2$,这是一个可逆反应,由于 CuI 溶解度比较小,在有过量的 KI 存在时,反应定量地向右进行,析出的 I_2 用 $Na_2S_2O_3$ 标准溶液滴定。以淀粉为指示剂,间接测得铜的含量。反应式为:

$$I_2 + 2S_2O_3^{2-} \rightleftharpoons 2I^- + S_4O_6^{2-}$$

由于 CuI 沉淀表面会吸附一些 I_2,使滴定终点不明显,并影响准确度,故在接近化学计量点时,加入少量 KSCN,使 CuI 沉淀转变成 CuSCN,因 CuSCN 的溶解度比 CuI 小得多,能使被吸附的 I_2 从沉淀表面置换出来,使终点明显,提高测定结果的准确度。反应式为:

$$CuI + SCN^- \rightleftharpoons CuSCN + I^-$$

且此反应产生的 I^- 离子可继续与 Cu^{2+} 作用,节省了价格较贵的 KI。

三、实验试剂及配制方法

(1)重铬酸钾标准溶液(0.01 mol·L^{-1})。用差减法准确称取干燥的(180 ℃烘 2 h)分析纯 $K_2Cr_2O_7$ 固体 0.7 ~ 0.8 g 于 100 mL 烧杯中,加 50 mL 水使其溶解之,定量转入 250 mL 容量瓶中,用水稀释至刻度,摇匀。

(2)硫代硫酸钠溶液(0.05 mol·L^{-1})。在台秤上称取 6.5 g 硫代硫酸钠溶液,溶于 500 mL 新煮沸并放冷的蒸馏水中,加入 0.5 g Na_2CO_3,转移到 500 mL 试剂瓶中,摇匀后备用。

(3)淀粉溶液(0.5%)。称取 0.5 g 可溶性淀粉,用少量水调成糊状,慢慢加入到沸腾的 100 mL 蒸馏水中,继续煮沸至溶液透明为止。

(4)其他试剂。Na_2SO_4(30%)水溶液、碘化钾(AR)、硫氰酸钾溶液(20%)、盐酸(3 mol·L^{-1})、硝酸(1:3)、氢氧化铵溶液(1:1)、醋酸(6 mol·L^{-1})、HAc – NaAc 缓冲溶液(pH = 3.5)、尿素(AR)。

四、实验内容

1. $Na_2S_2O_3$ 溶液的标定

用移液管移取 25.00 mL $K_2Cr_2O_7$ 溶液置于 250 mL 锥形瓶中,加入 3 mol·L^{-1} HCl 5 mL,1 g 碘化钾,摇匀后暗处放置 5 min。待反应完全后,用蒸馏水稀释至 50 mL。用 $Na_2S_2O_3$ 溶液滴定至草绿色,加入 2 mL 淀粉溶液,继续滴定至溶液自蓝色变为浅绿色即为终点,平行标定 3 份,计算 $Na_2S_2O_3$ 溶液的量浓度。

2. 试液中铜的测定

准确吸取 25.00 mL 试液 3 份,分别置于 250 mL 锥形瓶中,加入 NaAc – HAc 缓冲溶液 5 mL 及 1 g 碘化钾,摇匀。立即用 $Na_2S_2O_3$ 溶液滴定至浅黄色,加入 20% KSCN 溶液 3 mL,再滴定至黄色几乎消失,加入 0.5% 淀粉溶液 3 mL,继续滴定至溶液蓝色刚刚消失即为终点。由消耗的 $Na_2S_2O_3$ 溶液的体积,计算试液中铜的含量。

3. 铜合金中铜的测定

准确称取 3 份 0.12 g 左右的铜合金,分别置于 250 mL 锥形瓶中,加入 HNO_3 (1:3)5 mL,在通风橱中小火加热,至不再有棕色烟产生,继续慢慢加热至合金完全溶解。趁热加入 1 g 尿素蒸发至溶液约有 2 mL 体积,取下,稍冷用少量水吹洗瓶壁,加入 Na_2SO_4 溶液 10 mL,蒸馏水 15 mL,继续加热煮沸使可溶盐溶解,趁热滴加氨水(1:1)至刚有白色沉淀出现,再滴加 HAc,边滴边摇至沉淀完全溶解,加入 pH = 3.5 的 HAc – NaAc 缓冲溶液 5 mL,冷却至室温,加入 1 g 碘化钾,摇匀,立即用 $Na_2S_2O_3$ 溶液滴至浅黄色,加入 20% KSCN 溶液 3 mL,滴至溶液黄色稍微变浅,加入 0.5% 淀粉溶液 3 mL,继续滴至蓝色消失为终点。由消耗滴定剂 $Na_2S_2O_3$ 溶液的体积计算铜合金中铜的百分数含量。

如果试样中含有铁,铁(3 价)也可与碘化钾作用析出碘:

$$2Fe^{3+} + 2I^- =\!=\!= 2Fe^{2+} + I_2$$

使结果偏高。加入氟氢化铵 NH_4HF_2,使铁生成不与碘化钾作用的 $[FeF_6]^{3-}$,以消除干扰。氟氢化铵还可以作为缓冲剂,调节 pH 为 3.3 ~ 4。

4. 实验注意事项

(1)试样溶解完全后,应尽量赶走多余的 HNO_3,但不能出现黑色 CuO 沉淀。

(2)尿素加入后,出现深蓝色不能再滴加氨水,直接用 HAc 调至 Cu^{2+} 的纯蓝色。

(3)淀粉溶液必须在接近终点时加入,否则会吸附 I_2 分子,影响测定。但是试样中 Pb 的存在会影响终点的观察,要在加入 KSCN 后滴定到黄色稍浅一点,就加入指示剂。否则淀粉加进去后没有蓝色出现,已过终点。

五、实验思考题

（1）$Na_2S_2O_3$ 能否作基准物质？如何配制 $Na_2S_2O_3$ 溶液？能否先将 $Na_2S_2O_3$ 溶于水再煮沸之？为什么？

（2）用 $K_2Cr_2O_7$ 标定 $Na_2S_2O_3$ 时为什么加入碘化钾？为什么在暗处放 5 min？滴定时为何要稀释？

（3）碘量法测铜时为何 pH 必须维持在 3～4 之间，过低或过高有什么影响？

六、技能考核评分标准

序号	评分点	配分	评分标准		扣分	得分	考评员
1	粗称	2	操作正确	（2分）			
2	分析天平称量前的准备	2	检查天平水平、休止、砝码、清洁等	（1分）			
			调零	（1分）			
3	分析天平称量操作	10	称量瓶放置恰当	（3分）			
			倾出试样符合要求	（3分）			
			开关天平门操作正确	（3分）			
			读数及记录正确	（1分）			
4	称量后结束工作	2	砝码回位	（1分）			
			关门	（1分）			
5	滴定前的准备	6	洗涤符合要求	（1分）			
			试漏	（1分）			
			用滴定溶液润洗	（1分）			
			装液正确	（1分）			
			排空气	（1分）			
			调刻度	（1分）			
6	标准溶液的标定	20	溶液配制、存放正确	（4分）			
			试剂添加顺序正确	（8分）			
			滴定操作正确	（8分）			
7	样品的滴定操作	30	加指示剂操作正确	（2分）			
			滴定姿势正确	（4分）			
			滴定速度把握恰当	（3分）			
			摇瓶操作正确	（3分）			
			淋洗锥形瓶内壁	（3分）			
			滴定后补充溶液操作正确	（2分）			
			半滴溶液的加入恰当	（4分）			
			终点判断准确	（3分）			
			滴定管的读数正确	（3分）			
			平行操作的重复性好	（3分）			
8	滴定后的结束工作	4	洗涤仪器	（2分）			
			台面清洁	（2分）			

序号	评分点	配分	评分标准	扣分	得分	考评员
9	分析结果	14	记录准确　　　　　　　　（7分） 结果与参照值比较误差不大　（7分）			
10	考核时间	10	考核时间为120 min。超过时间5 min扣2分，超过10 min扣4分，以此类推，直至本题分数扣完为止			

技能训练四　工业污水（或生活废水）化学需氧量的测定

一、实验目的

(1)了解污水或废水化学需氧量的测定原理和方法。

(2)掌握重铬酸钾回流法氧化水中有机物质等的操作技术。

二、实验原理

在水样中加入已知量的重铬酸钾溶液,并在强酸介质下以银盐作催化剂,经沸腾回流后,以试亚铁灵为指示剂,用硫酸亚铁铵滴定水样中未被还原的重铬酸钾,由消耗的硫酸亚铁铵的量换算成消耗氧的质量浓度。

在酸性重铬酸钾条件下,芳烃及吡啶难以被氧化,其氧化率较低。在硫酸银催化作用下,直链脂肪族化合物可有效地被氧化。

三、实验仪器

实验仪器:500 mL全玻璃回流装置、加热装置(电炉)、25 mL或50 mL酸式滴定管、锥形瓶、移液管、容量瓶等。

四、实验试剂及配制方法

(1)重铬酸钾标准溶液($0.250\ 0\ mol \cdot L^{-1}$)。称取预先在120 ℃烘干2 h的基准或优质纯重铬酸钾12.258 g溶于水中,移入1 000 mL容量瓶,稀释至标线,摇匀。

(2)试亚铁灵指示液。称取1.485 g邻菲罗啉($C_{12}H_8N_2 \cdot H_2O$),0.695 g硫酸亚铁($FeSO_4 \cdot 7H_2O$)溶于水中,稀释至100 mL,贮于棕色瓶中。

(3)硫酸亚铁铵标准溶液($0.1\ mol \cdot L^{-1}$)。称取39.5 g硫酸亚铁铵溶于水中,边搅拌边缓慢加入20 mL浓硫酸,冷却后移入1 000 mL容量瓶中,加水稀释至标线,摇匀。临用前,用重铬酸钾标准溶液标定。

(4)硫酸－硫酸银溶液。于500 mL浓硫酸中加入5 g硫酸银,放置1～2 d,不时摇动使其溶解。

（5）硫酸汞。结晶或粉末。

五、实验内容

1. 标定方法

准确吸取 10.00 mL 重铬酸钾标准溶液于 500 mL 锥形瓶中，加水稀释至 110 mL 左右，缓慢加入 30 mL 浓硫酸，摇匀。冷却后，加入 3 滴试亚铁灵指示液（约 0.15 mL），用硫酸亚铁铵溶液滴定，溶液的颜色由黄色经蓝绿色至红褐色即为终点。

$$c = (0.250\ 0 \times 10.00)/V$$

式中：c——硫酸亚铁铵标准溶液的浓度，mol·L^{-1}；

V——硫酸亚铁铵标准溶液的用量，mL。

2. 测定步骤

（1）取 20.00 mL 混合均匀的水样（或适量水样稀释至 20.00 mL）置于 250 mL 磨口的回流锥形瓶中，准确加入 10 mL 重铬酸钾标准溶液及数粒小玻璃珠或沸石，连接磨口回流冷凝管，从冷凝管上口慢慢地加入 30 mL 硫酸－硫酸银溶液，轻轻摇动锥形瓶使溶液混匀，加热回流 2 h（自开始沸腾计时）。

对于化学需氧量高的废水样，可先取上述操作所需体积的 1/10 的废水样和试剂于 15 mm×150 mm 硬质玻璃试管中，摇匀，加热后观察是否呈绿色。如果溶液呈绿色，再适当减少废水取样量，直至溶液不变绿色为止，从而确定废水样分析时应取用的体积。稀释时，所取废水量不得少于 5 mL，如果化学需氧量很高，则废水样应多次稀释。废水中氯离子含量超过 30 mg·L^{-1}时，应先把 0.4 g 硫酸汞加入回流锥形瓶中，再加入 20.00 mL 废水（或适量废水稀释至 20.00 mL），摇匀。

（2）冷却后，用 90.00 mL 水冲洗冷凝管壁，取下锥形瓶。溶液总体积不得少于 140 mL，否则因酸度太大，滴定终点不明显。

（3）溶液再度冷却后，加 3 滴试亚铁灵指示液，用硫酸亚铁铵标准溶液滴定，溶液的颜色由黄色经蓝绿色至红褐色即为终点，记录硫酸亚铁铵标准溶液的用量。

（4）测定水样的同时，取 20.00 mL 重蒸馏水，按同样操作步骤作空白实验。记录滴定空白硫酸亚铁铵标准溶液时的用量。

3. 计算

$$COD_{Cr}(O_2, mg·L^{-1}) = 8 \times 1\ 000(V_0 - V_1)·c/V$$

式中：c——硫酸亚铁铵标准溶液的浓度，mol·L^{-1}；

V_0——滴定空白时硫酸亚铁铵标准溶液用量，mL；

V_1——滴定水样时硫酸亚铁铵标准溶液用量，mL；

V——水样的体积，mL；

8——$\dfrac{1}{4}O_2$ 的摩尔质量，g·mol^{-1}。

4. 注意事项

(1)使用0.4 g硫酸汞络合氯离子的最高量可达40 mg,如取用20.00 mL水样,即最高可络合2 000 mg·L^{-1}氯离子浓度的水样。若氯离子的浓度较低,也可少加硫酸汞,保持硫酸汞：氯离子 =10：1(w/w)。若出现少量氯化汞沉淀,并不影响测定。

(2)水样取用体积可在10.00~50.00 mL范围内,但试剂用量及浓度需按表8.9进行相应调整,也可得到满意的结果。

表8.9 水样取用量和试剂用量表

水样体积 /mL	0.250 00 mol·L^{-1} K$_2$Cr$_2$O$_7$ 溶液 /mL	H$_2$SO$_4$ – Ag$_2$SO$_4$ 溶液 /mL	HgSO$_4$ /g	[(NH$_4$)$_2$Fe(SO$_4$)$_2$] /mol·L^{-1}	滴定前总体积 /mL
10.0	5.0	15	0.2	0.050	70
20.0	10.0	30	0.4	0.100	140
30.0	15.0	45	0.6	0.150	210
40.0	20.0	60	0.8	0.200	280
50.0	25.0	75	1.0	0.250	350

(3)对于化学需氧量小于50 mg·L^{-1}的水样,应改用0.0250 mol·L^{-1}重铬酸钾标准溶液。回滴时用0.01 mol·L^{-1}硫酸亚铁铵标准溶液。

(4)水样加热回流后,溶液中重铬酸钾剩余量应为加入量的1/5~4/5为宜。

(5)用邻苯二甲酸氢钾标准溶液检查试剂的质量和操作技术时,由于每克邻苯二甲酸氢钾的理论COD$_{Cr}$为1.176 g,所以溶解0.425 1 g邻苯二甲酸氢钾于重蒸馏水中,转入1 000 mL容量瓶,用重蒸馏水稀释至标线,使之成为500 mg·L^{-1}的COD$_{cr}$标准溶液。用时新配。

(6)COD$_{Cr}$的测定结果应保留3位有效数字。

(7)每次实验时,应对硫酸亚铁铵标准滴定溶液进行标定,室温较高时尤其注意其浓度的变化。

六、技能考核评分标准

序号	评分点	配分	评分标准		扣分	得分	考评员
1	粗称	2	操作正确	(2分)			
2	分析天平称量前的准备	2	检查天平水平、休止、砝码、清洁等	(1分)			
			调零	(1分)			
3	分析天平称量操作	10	称量瓶放置适当	(3分)			
			倾出试样符合要求	(3分)			
			开关天平门操作正确	(3分)			
			读数及记录正确	(1分)			

序号	评分点	配分	评分标准		扣分	得分	考评员
4	称量后结束工作	2	砝码回位 关门	（1分） （1分）			
5	滴定前的准备	6	洗涤符合要求 试漏 用滴定溶液润洗 装液正确 排空气 调刻度	（1分） （1分） （1分） （1分） （1分） （1分）			
6	样品处理	20	废水取样量选择正确 样品处理方法正确 样品收集方法正确	（4分） （8分） （8分）			
7	样品的滴定操作	30	加指示剂操作正确 滴定姿势正确 滴定速度把握恰当 摇瓶操作正确 淋洗锥形瓶内壁 滴定后补充溶液操作正确 半滴溶液的加入恰当 终点判断准确 滴定管的读数正确 平行操作的重复性好	（2分） （4分） （3分） （3分） （3分） （2分） （4分） （3分） （3分） （3分）			
8	滴定后的结束工作	4	洗涤仪器 台面清洁	（2分） （2分）			
9	分析结果	14	记录准确 结果与参照值误差不大	（7分） （7分）			
10	考核时间	10	考核时间为 120 min。超过时间 5 min 扣 2 分，超过 10 min 扣 4 分，以此类推，直至本题分数扣完为止				

技能训练五　维生素 C 制剂及果蔬中抗坏血酸含量的直接碘量法测定

一、实验目的

（1）掌握碘标准溶液的配制和标定方法。

(2)了解直接碘量法测定抗坏血酸的原理和方法。

二、实验原理

维生素 C(Vc)又称抗坏血酸,分子式为 $C_6H_8O_6$。Vc 具有还原性,可被 I_2 定量氧化,因而可用 I_2 标准溶液直接滴定,其滴定反应式为 $C_6H_8O_6 + I_2 \Longrightarrow C_6H_6O_6 + 2HI$。用直接碘量法可测定药片、注射液、饮料、蔬菜、水果等中的 Vc 含量。

由于 Vc 的还原性很强,较易被溶液和空气中的氧氧化,在碱性介质中这种氧化作用更强,因此滴定宜在酸性介质中进行,以减少副反应的发生。考虑到 I^- 在强酸性溶液中也易被氧化,故一般选在 pH = 3~4 的弱酸性溶液中进行滴定。

三、实验试剂及配制方法

(1)I_2 溶液(0.05 mol·L^{-1})。称取 3.3 g 的 I_2 和 5 g 的 KI,置于研钵中,加少量水,在通风橱中研磨。待 I_2 全部溶解后,将溶液转入棕色试剂瓶中,加水稀释至 250 mL,充分摇匀,放暗处保存。

(2)其他试剂及材料。$Na_2S_2O_3$ 标准溶液(约 0.01 mol·L^{-1})、淀粉溶液(0.2%)、HAc(2 mol·L^{-1})、固体 Vc 样品(维生素 C 片剂)、$K_2Cr_2O_7$ 标准溶液(0.020 mol·L^{-1})、KIO_3 标准溶液(0.002 mol·L^{-1})、果蔬样品(如西红柿、橙子、草莓等)、KI 溶液(25%)。

四、实验内容

1. I_2 溶液的标定

用移液管移取 25.00 mL $Na_2S_2O_3$ 标准溶液于 250 mL 锥形瓶中,加 50 mL 蒸馏水,5 mL 0.2% 淀粉溶液,然后用 I_2 溶液滴定至溶液呈浅蓝色,30 s 内不褪色即为终点。平行标定 3 次,计算 I_2 溶液的浓度。

2. 维生素 C 片剂中 Vc 含量的测定

准确称取约 0.2 g 研碎了的维生素 C 片剂,置于 250 mL 锥形瓶中,加入 100 mL 新煮沸过并冷却的蒸馏水,10 mL 2 mol·L^{-1} HAc 溶液和 5 mL 0.2% 淀粉溶液,立即用 I_2 标准溶液滴定至出现稳定的浅蓝色,且在 30 s 内不褪色即为终点,记下消耗的 I_2 溶液体积。平行滴定 3 次,计算试样中抗坏血酸的质量分数。

3. 果蔬样品中 Vc 含量的测定

用 100 mL 干燥小烧杯准确称取 50 g 左右绞碎了的果蔬样品(如草莓,用绞碎机打成糊状),将其转入 250 mL 锥形瓶中,用水冲洗小烧杯 1~2 次。向锥形瓶中加入 10 mL 2 mol·L^{-1} HAc、20 mL 25% KI 溶液和 5 mL 1% 淀粉溶液,然后用 KIO_3 标准溶液滴定至试液由红色变为蓝紫色即为终点,计算 Vc 的含量(mg/100 g)。

五、实验思考题

(1)溶解 I_2 时,加入过量 KI 的作用是什么?

(2)维生素 C 固体试样溶解时为何要加入新煮沸并冷却的蒸馏水?

(3)碘量法的误差来源有哪些?应采取哪些措施减小误差?

六、技能考核评分标准

序号	评分点	配分	评分标准	扣分	得分	考评员
1	粗称	2	操作正确　　　　　　　　　　　　(2分)			
2	分析天平称量前的准备	2	检查天平水平、休止、砝码、清洁(1分) 调零　　　　　　　　　　　　　　(1分)			
3	分析天平称量操作	10	称量瓶放置　　　　　　　　　　　(3分) 倾出试样符合要求　　　　　　　　(3分) 开关天平门操作　　　　　　　　　(3分) 读数及记录　　　　　　　　　　　(1分)			
4	称量后结束工作	2	砝码回位　　　　　　　　　　　　(1分) 关门　　　　　　　　　　　　　　(1分)			
5	滴定前的准备	6	洗涤要求　　　　　　　　　　　　(1分) 试漏　　　　　　　　　　　　　　(1分) 用滴定溶液润洗　　　　　　　　　(1分) 装液正确　　　　　　　　　　　　(1分) 排空气　　　　　　　　　　　　　(1分) 调刻度　　　　　　　　　　　　　(1分)			
6	样品溶液的滴定	20	吸溶液操作正确　　　　　　　　　(4分) 试剂添加顺序正确　　　　　　　　(8分) 滴定操作正确　　　　　　　　　　(8分)			
7	样品的滴定操作	30	加指示剂操作恰当　　　　　　　　(2分) 滴定姿势正确　　　　　　　　　　(4分) 滴定速度把握恰当　　　　　　　　(3分) 摇瓶操作正确　　　　　　　　　　(3分) 淋洗锥形瓶内壁　　　　　　　　　(3分) 滴定后补充溶液操作正确　　　　　(2分) 半滴溶液的加入恰当　　　　　　　(4分) 终点判断准确　　　　　　　　　　(3分) 滴定管的读数正确　　　　　　　　(3分) 平行操作的重复性好　　　　　　　(3分)			
8	滴定后的结束工作	4	洗涤仪器　　　　　　　　　　　　(2分) 台面清洁　　　　　　　　　　　　(2分)			
9	分析结果	14	记录准确　　　　　　　　　　　　(7分) 结果与参照值比较误差不大　　　　(7分)			
10	考核时间	10	考核时间为 120 min。超过时间 5 min 扣 2分,超过 10 min 扣 4 分,以此类推,直至本题分数扣完为止			

9

配位平衡与配位滴定法

基本要点与基本技能

1. 掌握配合物的组成、结构和系统命名。

2. 了解螯合物的组成和形成螯合物的条件。

3. 理解条件稳定常数概念以及酸效应对稳定常数的影响。

4. 掌握配位滴定法基本原理,掌握指示剂的使用条件及注意事项(封闭现象、僵化现象、氧化变质等)。

5. 掌握单一金属离子的滴定条件,了解多个离子分步滴定的条件。

配位化合物简称配合物,也称络合物,是一类组成复杂、特点多样、应用广泛的化合物。从 18 世纪初期起,化学家们相继制备出许多不能用经典化学键理论来解释的复杂无机化合物,如 $CuSO_4 \cdot 4NH_3$、$4KCN \cdot Fe(CN)_2$ 等。后来发现自然界中绝大多数无机化合物(包括盐的水合晶体如 $CuSO_4 \cdot 5H_2O$ 等)都是以复杂化合物,即配位化合物的形式存在的。配位化合物通常简称为配合物。

配位化合物中以金属有机配位化合物最为重要,生物体内的金属元素多以配合物的形式存在。例如植物中的叶绿素是镁的配合物,植物的光合作用靠它来完成;又如动物血液中的血红蛋白是铁的配合物,在血液中起着输送氧气的作用;动物体内的各种酶几乎都是以金属配合物形式存在的。当今,配合物广泛地渗透到分析化学、生物化学等领域,它们具有多种特性,在分析化学、生物化学、电化学、催化动力学等方面都有广泛应用。在科学研究和生产实践中配位化合物也起着越来越重要的作用,金属的分离和提取、工业分析、催化、电镀、环保、医药工业、印染工业、化学纤维工业以及生命科学、人体健康等,无一不与配位化合物有关。近年来,这一领域的充分发展,已形成了一门独立的分支学科——配位化学。

9.1 配位化合物的基本概念

9.1.1 配位化合物的定义

配位化合物是一类复杂的化合物,含有复杂的配位单元。配位单元是由中心离子(或原子)与一定数目的分子或离子以配合键结合而成的。例如,在硫酸铜溶液中加入氨水,开始时有蓝色 $Cu_2(OH)_2SO_4$ 沉淀生成,当继续加氨水过量时,蓝色沉淀溶解变成深蓝色溶液。总反应为:

$$CuSO_4 + 4NH_3 \rightleftharpoons [Cu(NH_3)_4]SO_4(深蓝色)$$

此时在溶液中,除 SO_4^{2-} 和 $[Cu(NH_3)_4]^{2+}$ 外,几乎检查不出 Cu^{2+} 的存在。再如,在 $HgCl_2$ 溶液中加入 KI,开始形成桔黄色 HgI_2 沉淀,继续加 KI 过量时,沉淀消失,变成无色的溶液。反应式为:

$$HgCl_2 + 2KI \rightleftharpoons HgI_2 \downarrow + 2KCl$$

$$HgI_2 + 2KI \rightleftharpoons K_2[HgI_4]$$

像 $[Cu(NH_3)_4]SO_4$ 和 $K_2[HgI_4]$ 这类较复杂的化合物就是配合物。

配合物的定义可归纳为,由一个中心离子(或原子)和几个配体(阴离子或分子)以配位键相结合形成复杂离子(或分子),通常称这种复杂离子为配离子,由配离子组成的化合物叫配合物。在实际工作中一般把配离子也称配合物。

配合物的形成和结构具有其自身的规律性,不能简单地用经典的价键理论来解释。多数配离子既能存在于晶体中,也能存在于水溶液中。明矾 $[KAl(SO_4)_2 \cdot 12H_2O]$ 是一种分子间化合物,但在其晶体中仅含有 K^+、Al^{3+}、SO_4^{2-} 和 H_2O 等简单离子和分子,将其溶于水,其性质犹如简单的 K_2SO_4 和 $Al_2(SO_4)_3$ 的混合水溶液。人们称明矾为复盐,复盐不是配位化合物。

9.1.2　配位化合物的组成

由配离子形成的配合物如 $[Cu(NH_3)_4]SO_4$ 和 $K_3[Fe(CN)_6]$ 等,由内界和外界两部分组成。内界为配合物的特征部分,由中心离子和配体组成,不在内界的其他离子构成外界。

经研究表明,在 $[Cu(NH_3)_4]SO_4$ 中,Cu^{2+} 占据中心位置,称中心离子(或形成体);中心离子 Cu^{2+} 的周围,以配位键结合着 4 个 NH_3 分子,称为配体;中心离子与配体构成配合物的内界(配离子),通常把内界写在方括号内;SO_4^{2-} 被称为外界,内界与外界之间是离子键,在水中全部离解。

现以 $[Cu(NH_3)_4]SO_4$ 和 $K_3[Fe(CN)_6]$ 为例,以图 9.1 表示配合物的组成。

1. 形成体(中心离子)

配合物的核心一般是阳离子或电中性原子,中心离子绝大多数为金属离子特别是过渡金属离子,如 Cr^{3+}、Fe^{3+}、Cu^{2+} 等,必须具有可以接受配体给予的孤对电子的空轨道。

有少数配合物形成体不是离子而是中性原子,如 $[Ni(CO)_4]$ 中的 Ni 原子。

2. 配体和配位原子

在配合物中提供孤电子对的阴离子或中性分子叫配体,如 OH^-、SCN^-、CN^-、

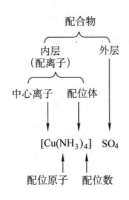
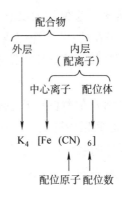

图 9.1　配合物的组成

NH_3、H_2O 等。配体中具有孤对电子并与中心离子形成配位键的原子称为配位原子。通常作配位原子的是电负性较大的非金属元素的原子,如 F、Cl、Br、I、O、S、N、P、C 等。

　　根据一个配体中所含配位原子的数目不同,可将配体分为单基配体和多基配体。只含有一个配位原子的配体称为单基配体,如 NH_3、OH^-、X^-、CN^-、SCN^- 等。含有两个或两个以上配位原子并同时与一个中心离子形成配位键的配体称为多基配体,如 $C_2O_4^{2-}$、乙二胺($NH_2C_2H_4NH_2$,缩写为 en)、氨基乙酸(NH_2CH_2COOH)等。当形成配合物时,这些配位原子可同时与一个中心离子结合,形成的配合物常称为螯合物。

　　3. 配位数

　　配合物中直接同中心离子形成配位键的配位原子的总数目称为该中心离子的配位数。一般的简单配合物的配体是单基配体,中心离子配位数即是内界中配体的总数。例如配合物 $[Co(NH_3)_6]^{3+}$,中心离子 Co^{3+} 与 6 个 NH_3 分子中的 N 原子配位,其配位数为 6。在配合物 $[Zn(en)_2]SO_4$ 中,中心离子 Zn^{2+} 与 2 个乙二胺分子结合,而每个乙二胺分子中有 2 个 N 原子配位,故 Zn^{2+} 的配位数为 4。因此,应注意配位数与配体数的区别,在配合物中中心离子的配位数可以从 1 到 12,但是最常见的配位数是 6 和 4。

　　中心离子配位数的大小取决于中心离子和配体的性质(它们的电荷、半径、中心离子的电子层构型等)以及形成配合物时的外界条件(如浓度、温度等)。增大配体的浓度,降低反应的温度将有利于形成高配位数的配合物。

　　4. 配离子的电荷数

　　配离子的电荷数等于中心离子和配体电荷的代数和。在 $[Cu(en)_2]^{2+}$ 中,配体都是中性分子,所以配离子的电荷等于中心离子的电荷。在 $[Fe(CN)_6]^{3-}$ 中,中心离子 Fe^{3+} 的电荷为 $+3$,6 个 CN^- 的电荷为 -6,所以配离子的电荷为 -3。

9.1.3　配位化合物的命名

　　配位化合物的组成比较复杂,须按统一的命名规则实行命名。根据 1979 年中国化学会无机专业委员会制定的汉语命名原则,若配合物为配离子化合物,则命名时阴离子在前,阳离子在后;若为配阳离子化合物,则叫做某化某或某酸某;若为配阴离子化合物,则在配阴离子与外界阳离子之间用"酸"字连接。配体按照以下原则进行命名。

(1)配体名称列在中心原子之前。在配体中,先列出阴离子,后列出中性分子的名称,不同配体之间以圆点"·"分开,在最后一个配体名称之后缀以"合"字。

(2)同类配体的名称按配位原子元素符号的英文字母顺序排列。

(3)配体个数用词头二、三、四等数字表示,中心原子的氧化值用带括号的罗马数字表示。

下面列举一些配合物命名的实例。

(1)含配阳离子的配合物。

$[Cu(NH_3)_4]SO_4$	硫酸四氨合铜(Ⅱ)
$[Co(NH_3)_5(H_2O)]Cl_3$	三氯化五氨·水合钴(Ⅲ)
$[Co(NH_3)_6]Br_3$	三溴化六氨合钴(Ⅲ)
$[Co(NH_3)_6]Cl_3$	三氯化六氨合钴(Ⅲ)
$[CrCl_2(H_2O)_4]Cl$	一氯化二氯·四水合铬(Ⅲ)

(2)含配阴离子的配合物。

$H_2[SiF_6]$	六氟合硅(Ⅳ)酸
$K_3[Fe(CN)_6]$	六氰合铁(Ⅲ)酸钾
$NH_4[Cr(SCN)_4·(NH_3)_2]$	四硫氰·二氨合铬(Ⅲ)酸铵
$K[PtCl_5(NH_3)]$	五氯·一氨合铂(Ⅳ)酸钾
$H[AuCl_4]$	四氯合金(Ⅲ)酸
$K_4[Fe(CN)_6]$	六氰合铁(Ⅱ)酸钾

(3)非电解质配合物。

$[Ni(CO)_4]$	四羰基合镍
$[Fe(CO)_5]$	五羰基合铁
$[Co(NO_2)_3(NH_3)_3]$	三硝基·三氨合钴(Ⅲ)
$[PtCl_4(NH_3)_2]$	四氯·二氨合铂(Ⅳ)

(4)除系统命名法外,有些配合物至今还沿用习惯命名。

$K_4[Fe(CN)_6]$	黄血盐
$K_3[Fe(CN)_6]$	赤血盐
$[Ag(NH_3)_2]^+$	银氨离子

9.1.4 螯合物

1. 螯合物的概念

螯合物又称内配合物,是一类由中心离子和多基配体结合而成的具有环状结构的配合物。例如多基配体乙二胺中有 2 个 N 原子可以作为配位原子,当其与 Cu^{2+} 配位时,因 Cu^{2+} 的配位数通常为 4,所以需要 2 个乙二胺分子(共有 4 个氮原子作为配位原子)才能满足 Cu^{2+} 的配位数,形成具有环状结构的螯合物 $[Cu(en)_2]^{2+}$,表示为:

在 $[Cu(en)_2]^{2+}$ 中,有 2 个五原子环,每个环皆由 2 个碳原子、2 个氮原子和中心离子构成。大多数螯合物具有五原子环或六原子环。

2. 螯合剂

能和中心离子形成螯合物、含有多基配体的配位剂,称为螯合剂。一般常见的螯合剂是含有 N、O、S、P 等配位原子的有机化合物。

螯合剂有如下特点:螯合剂中必须含有 2 个或 2 个以上能给出孤对电子的配位原子,且配位原子必须处于适当的位置,即配位原子之间一般间隔 2 个或 3 个其他原子,以形成稳定的五原子环或六原子环。

一个螯合剂提供的配位原子可以是相同的,如在乙二胺中为 2 个氮原子,也可以是不同的,如氨基乙酸(NH_2CH_2COOH)中的氮原子和氧原子。

氨羧配位剂是常见的螯合剂。目前研究过的氨羧配位剂中许多是以氨基二乙酸 $[—N(CH_2OOH)_2]$ 为基体的有机化合物。

3. 螯合物的性质

金属螯合物与具有相同配位原子的非螯合型配合物相比,具有特殊的稳定性。这种特殊的稳定性是由于环状结构形成而产生的,通常把这种由于螯合环的形成而使螯合物具有的特殊稳定性称为螯合效应。例如,中心离子、配位原子和配位数都相同的 2 种配离子 $[Cu(NH_3)_4]^{2+}$ 和 $[Cu(en)_2]^{2+}$,其稳定常数分别为 2.08×10^{13} 和 1.0×10^{20}。螯合物的稳定性与环的大小和多少有关,一般来说以五元环、六元环最稳定;一种配体与中心离子形成的螯合物其环数目越多越稳定。如 Ca^{2+} 与 EDTA 形成的螯合物中有 5 个五元环结构,因此很稳定。

思考与练习 9-1

1. 指出下列配合物的中心离子、配位体、配位原子和中心离子的配位数,指出配离子和中心离子的电荷数,并给出命名。

(1) $[Cr(H_2O)_4Cl_2]Cl$
(2) $[Ni(en)_3]Cl_2$
(3) $K_2[Co(NCS)_4]$
(4) $Na_3[AlF_6]$
(5) $[Pt(NH_3)_2Cl_2]$
(6) $[Co(NH_3)_4(H_2O)_2]_2(SO_4)_3$
(7) $[Fe(EDTA)]^-$
(8) $[Co(C_2O_4)_3]^{3-}$

2. 命名下列配合物,并指出下列配离子的中心离子、配体、配位原子和配位数。

配合物	名称	中心离子	配体	配位原子	配位数
$Cu[SiF_4]$					
$K_3[Cr(CN)_6]$					
$[CoCl_2(NH_3)_3(H_2O)]Cl$					
$[Zn(OH)(H_2O)_3]NO_3$					
$[Cu(NH_3)_4][PtCl_4]$					

阅读材料　配位化合物的应用

　　配位化学是研究金属的原子或离子与无机、有机的离子或分子相互反应形成配位化合物的特点以及它们的成键、结构、反应、分类和制备的学科。最早记载的配合物是18世纪初用作颜料的普鲁士蓝。1798年又发现了 $CoCl_3 \cdot 6NH_3$ 是 $CoCl_3$ 与 NH_3 形成的稳定性强的化合物,对其组分和性质的研究开创了配位化学领域。1893年,瑞士化学家维尔纳首先提出这类化合物的正确化学式和配位理论,在配位化合物中引进副价概念,提出元素在主价以外还有副价,从而解释了配位化合物的存在以及它在溶液中的离解。

　　配位化学与有机、分析等化学领域以及生物化学、药物化学、化学工业有密切关系,应用很广,其应用范围主要如下。

　　(1)金属的提取和分离。从矿石中分离金属,进一步提纯,如溶剂萃取、离子交换等都与金属配合物的生成有关。

　　(2)配位催化作用。过渡金属化合物能与烯烃、炔烃和一氧化碳等各种不饱和分子形成配位化合物,使这些分子活化,形成新的化合物,因此,这些配位化合物就是反应的催化剂。

　　(3)化学分析。配位反应在重量分析、容量分析、分光光度分析中都有广泛应用,主要用作显色剂、指示剂、沉淀剂、滴定剂、萃取剂、掩蔽剂,可以增加分析的灵敏度和减少分离步骤。

　　(4)生物化学。生物体中许多金属元素都以配合物的形式存在,例如血红素是铁的配合物;叶绿素是镁的配合物;维生素B12是钴的配合物。

　　(5)医学。可用乙二胺四乙酸二钠盐与汞形成配合物,将人体中有害元素排出体外。顺式二氯·二氨合铂(Ⅱ)已被证明为抗癌药物。

9.2　配位化合物的价键理论

配合物中的化学键是指配合物内中心离子(或原子)与配体之间的化学键。关于这种键的本质,直到在本世纪建立起近代原子和分子结构理论以后,用现代的价键理论、晶体场理论和配位场理论才得到较好的阐明。本节只简单介绍价键理论。

1931 年鲍林首先将分子结构的价键理论应用于配合物,后经他人修正补充,逐步完善形成了近代配合物价键理论。

9.2.1　价键理论的要点

价键理论认为,中心离子(或原子)M 与配体 L 形成配合物时,中心离子(或原子)以空的杂化轨道接受配体提供的孤对电子,形成 σ 配键(一般用 M←L 表示),即中心离子(或原子)空的杂化轨道同配位原子的充满孤对电子的原子轨道相互重叠而形成配位共价键。中心离子杂化轨道类型与配位离子的空间构型和配位键型(内轨或外轨配键)密切相关。

9.2.2　配位化合物的空间构型

由于中心离子的杂化轨道具有一定的方向性,所以配合物具有一定的空间构型,例如 Ni^{2+} 的外电子层结构为:

Ni^{2+}　⊕ ⊕ ⊕ ① ①　　○ ○ ○

　　　　3d　　　　　4s　　　4p

当 Ni^{2+} 与 4 个氨分子结合为 $[Ni(NH_3)_4]^{2+}$ 时,Ni^{2+} 的外层能级相近的一个 4s 和 3 个 4p 空轨道杂化组成 4 个 sp^3 杂化轨道,容纳 4 个氨分子中的 4 个 N 原子提供的 4 对孤对电子,从而形成 4 个配键(虚线内杂化轨道中的共用电子对由氮原子提供)如下:

所以,$[Ni(NH_3)_4]^{2+}$ 的空间构型为正四面体形,Ni^{2+} 位于正四面体的中心,4 个配位原子 N 在正四面体的 4 个顶角上。

当 Ni^{2+} 与 4 个 CN^- 结合为 $[Ni(CN)_4]^{2-}$ 时,Ni^{2+} 在配体 CN^- 的影响下,3d 电子重新分布,原有自旋平行的电子数减小,空出 1 个 3d 轨道与 1 个 4s、2 个 4p 空轨道杂化组成 4 个 dsp^2 杂化轨道,容纳 4 个 CN^- 中的 4 个 C 原子所提供的 4 对孤对电子,从而形成 4 个配键。表示为:

dsp² 杂化

[Ni(CN₄)]²⁻ ⊛ ⊛ ⊛ ⊛ │⊛ ⊛ ⊛ ⊛│ ○

各个 dsp² 杂化轨道位于同一平面上,相互间的夹角为 90°,各杂化轨道的方向是从平面正方形中心指向 4 个顶角,所以[Ni(CN)₄]²⁻ 的空间构型为正方形。Ni^{2+} 在正方形中心,4 个配位原子 C 在 4 个顶角上。

再如 Fe^{3+} 的外电子层结构为:

Fe³⁺ ⇡ ⇡↓ ⇡↓ ⇡↓ ⇡↓ ○ - ○○○ ○○○○○

　　　3d　　　　　4s　　　4p　　　　　4d

当 Fe^{3+} 与 6 个 F^- 形成[FeF_6]³⁻ 时,Fe^{3+} 的 1 个 4s、3 个 4p 和 2 个 4d 空轨道杂化组成 6 个 sp^3d^2 杂化轨道容纳由 6 个 F^- 提供的 6 个孤对电子,从而形成 6 个配键。6 个 sp^3d^2 杂化轨道在空间是对称分布的,指向正八面体的 6 个顶角,轨道夹角为 90°。所以[FeF_6]³⁻ 的空间构型为正八面体形,Fe^{3+} 位于正八面体的中心,6 个配离子在正八面体的 6 个顶角上。

但当 Fe^{3+} 与 CN^- 结合时,Fe^{3+} 在配体 CN^- 的影响下,3d 电子重新分布,发生电子归并,原有未成对电子数减少,空出 2 个 3d 轨道,这 2 个 3d 轨道和 1 个 4s、3 个 4p 轨道杂化组成 6 个 d^2sp^3 杂化轨道(也是正八面体形),容纳 6 个 CN^- 中的 6 个 C 原子所提供的 6 对孤对电子,从而形成 6 个配键。表示为:

d² sp³ 杂化

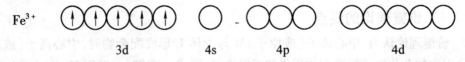

[Fe(CN)₆]³⁻ ⊛ ⊛ ⇡ │⊛ ⊛ ⊛ ⊛ ⊛ ⊛│

常见的轨道杂化类型与配合物空间构型的关系列于表 9.1 中。

由以上讨论可知,中心离子所采用的杂化轨道类型与配合物的空间构型以及中心离子的配位数有明确的对应关系。

9.2.3　外轨配键与内轨配键

中心离子以最外层的轨道(ns、np、nd)组成杂化轨道后和配位原子形成的配键称为外轨配键,其对应的配合物叫做外轨型配合物;若中心离子以部分次外层轨道如$(n-1)d$ 轨道参与组成杂化轨道,则形成内轨配键,其对应的配合物称为内轨型配合物。

在[$Ni(NH_3)_4$]²⁺ 和[FeF_6]³⁻ 中,Ni^{2+} 和 Fe^{3+} 分别以 ns、np 和 ns、np、nd 轨道组成 sp^3 和 sp^3d^2 杂化轨道,与配位原子成键,所以这样的配键皆为外轨配键,所形成的配合物为外轨型配合物。属于外轨型的还有[HgI_4]²⁻、[CdI_4]²⁻、[$Fe(H_2O)_6$]³⁺、

$[Co(H_2O)_6]^{2-}$、$[CoF_6]^{3-}$、$[Co(NH_3)_6]^{2+}$等。在形成外轨型配合物时,中心离子的电子分布不受配体的影响,仍保持自由离子的电子层构型,所以配合物中心离子的未成对电子数和自由离子中未成对的电子数相同,此时具有较多的未成对电子数。

表9.1 轨道杂化类型与配位化合物的空间构型

杂化类型	配位数	空间构型	实 例
sp	2	直线形	$[Cu(NH_3)_2]^+$、$[Ag(NH_3)_2]^+$、$[CuCl_2]^-$、$[Ag(CN)_2]^-$
sp^2	3	平面三角形	$[CuCl_3]^{2-}$、$[HgI_3]^-$
sp^3	4	正四面体形	$[Ni(NH_3)_4]^{2+}$、$[Zn(NH_3)_4]^{2+}$、$[HgI_4]^{2-}$
dsp^2	4	正方形	$[Ni(CN)_4]^{2-}$、$[Cu(NH_3)_4]^{2+}$、$[PtCl_4]^{2-}$、$[Cu(H_2O)_4]^{2+}$
dsp^3	5	三角双锥形	$[Ni(CN)_5]^{3-}$
sp^3d^2	6	正八面体形	$[FeF_6]^{3-}$、$[Fe(H_2O)_6]^{3-}$、$[Co(NH_3)_6]^{2+}$、
d^2sp^3	6		$[Fe(CN)_6]^{3-}$、$[Fe(CN)_6]^{4-}$、$[Co(NH_3)_6]^{3+}$、$[PtCl_6]^{2-}$

另外,一些配离子如$[Ni(CN)_4]^{2-}$和$[Fe(CN)_6]^{3-}$,中心离子Ni^{2+}和Fe^{3+}分别以$(n-1)d$、ns、np轨道组成dsp^2和d^2sp^3杂化轨道与配位原子成键,这样的配键皆为内轨配键,所形成的配合物为内轨型配合物。属于内轨型的还有$[Cu(CN)_4]^{2-}$、$[Fe(CN)_6]^{4-}$、$[Co(NH_3)_6]^{3+}$、$[Co(CN)_6]^{4-}$、$[PtCl_6]^{2-}$等。在形成内轨配合物时,中心离子的电子分布在配体的影响下发生变化,进行电子归并,共用电子对深入到中心离子的内层轨道,配合物中心离子的未成对电子数比自由离子的未成对电子数少,此时具有较少的未成对电子数。

配合物是内轨型还是外轨型,主要取决于中心离子的电子构型、离子所带的电荷和配位体的性质。具有d^{10}构型的离子,只能用外层轨道形成外轨型配合物;具有d^8构型的离子如Ni^{2+}、Pt^{2+}、Pd^{2+}等,大多数情况下形成内轨型配合物;具有其他构型的离子,既可形成内轨型配合物,也可形成外轨型配合物。

中心离子电荷的增多有利于形成内轨型配合物。因为中心离子的电荷较多时,它对配位原子的孤对电子的引力较强,$(n-1)d$轨道中电子数较少,也有利于中心离子空出内层d轨道参与成键。如$[Co(NH_3)_6]^{2+}$为外轨型,而$[Co(NH_3)_6]^{3+}$为内轨型。

通常电负性大的原子如F、O等,与电负性较小的C原子比较,不易提供孤对电子,当形成配合物时,中心离子外层轨道与之成键,因此形成外轨型配合物。C原子作配位原子时(如在CN^-中)常形成内轨型配合物。N原子(如在NH_3中)作配位原子时,随中心离子不同,既有外轨型,也有内轨型配合物。

不同配位体对形成内轨型配合物的影响大体上有如下规律：

$$CO > CN^- > NO_2^- > en > RNH_2 > NH_3 > H_2O > C_2O_4^{2-} > OH^- > F^- > Cl^- > SCN^-$$
$$> S^{2-} > Br^- > I^-。$$

一般情况下在 NH_3 以前的配体容易形成内轨型配合物，在 NH_3 以后的配体容易形成外轨型配合物，NH_3 则要看中心离子的情况而定。也有例外情况，如 $[PtCl_6]^{2-}$ 是内轨型配合物等。

9.2.4　配位化合物的稳定性

对于相同的中心离子，由于 sp^3d^2 杂化轨道能量比 d^2sp^3 杂化轨道能量高，sp^3 杂化轨道能量比 dsp^2 杂化轨道能量高，因此，当形成相同配位数的配离子时，内轨型一般比外轨型稳定。在溶液中内轨型比外轨型较难离解，例如 $[Fe(CN)_6]^{3-}$ 和 $[Ni(CN)_4]^{2-}$ 分别比 $[FeF_6]^{3-}$ 和 $Ni(NH_3)_4]^{2+}$ 难离解。

配合物的键型除了影响配位化合物在溶液中是否离解，也影响配合物的氧化还原稳定性。

9.2.5　配位化合物的磁性

物质的磁性是指在外加磁场影响下，物质所表现出来的顺磁性或反磁性。顺磁性物质可被外磁场所吸引，反磁性物质不被外磁场所吸引。

物质的磁性与组成物质的原子、分子或离子的性质有关，主要是与物质中电子自旋运动有关。如果物质中正、反自旋电子数相等（即电子皆已成对），电子自旋所产生的磁效应相互抵消，就表现为反磁性；而当物质中正、反自旋电子数不等时（即有成单电子）则总磁效应不能相互抵消，多出的一种自旋电子所产生的磁矩就使整个原子或分子具有顺磁性。所以，物质的磁性强弱与物质内部未成对的电子数多少有关。物质磁性强弱可用磁矩 μ 来表示，其规律如下。

（1）$\mu = 0$ 的物质，其中电子皆已成对，具有反磁性。

（2）$\mu > 0$ 的物质，其中有未成对电子，具有顺磁性。

假定配离子中配体内的电子皆已成对，则 d 区过渡元素所形成的配离子的磁矩可用下式近似计算：

$$\mu = \sqrt{n(n+2)} \qquad （单位为 B.M.）$$

根据上式可算出未成对电子数 $n = 1 \sim 5$ 的理论 μ 值（见表9.2）。因此，测定配合物的磁矩，就可以了解中心离子未成对电子数，从而可以确定该配合物是内轨型还是外轨型。

表9.2　磁矩的理论值

未成对电子数	$\mu/(B.M.)$
1	1.73
2	2.83
3	3.87
4	4.90
5	5.92

例如,Fe^{3+} 中有 5 个未成对 d 电子,根据上述公式可算出 Fe^{3+} 磁矩理论值为:

$$\mu = \sqrt{5 \times (5+2)} = 5.92 \ B.M.$$

实验测得 $[FeF_6]^{3-}$ 的磁矩为 5.90 B.M.,由表 9.2 可知,在 $[FeF_6]^{3-}$ 中,Fe^{3+} 仍保留 5 个未成对电子,以 sp^3d^2 杂化轨道与配位原子 F 形成外轨配键。而 $[Fe(CN)_6]^{3-}$ 的磁矩由实验测得为 2.0 B.M.,此数值与具有 1 个未成对电子的磁矩理论值 1.73 B.M. 很接近,表明在成键过程中,中心离子的未成对 d 电子数减少,d 电子重新分布,而以 d^2sp^3 杂化轨道与配位原子 C 形成内轨配键。

价键理论根据配离子所采用的杂化轨道类型成功地说明了配离子的结构,也解释了外轨型与内轨型配合物的稳定性和磁性差别。但是其应用有较大的局限性,例如,对于 $Cu^{2+}(d^9)$ 和 $Cr(d^3)$ 在一些配合物中 d 电子的分布情况,价键理论就不能作出合理的说明,价键理论也不能解释配合物的可见和紫外吸收光谱以及过渡金属配合物普遍具有特征颜色的现象。因此从 50 年代后期以来,价键理论的地位已逐渐被配合物的晶体场和配位场理论所取代。

思考与练习 9-2

1. 已知 $[MnBr_4]^{2-}$ 和 $[Mn(CN)_6]^{3-}$ 的磁距分别为 5.9 B.M. 和 2.8 B.M.,试根据价键理论推测这两种配离子中 d 电子的分布情况、中心离子的杂化类型及它们的空间构型。

2. 实验测得下列配合物的磁距数值(B.M.)如下:

$[CoF_6]^{3-}$ 4.5; $[Ni(NH_3)_4]^{2+}$ 3.2; $[Fe(CN)_6]^{4-}$ 0

试指出它们的杂化类型,判断哪个是内轨型,哪个是外轨型? 并预测它们的空间构型,指出中心离子的配位数。

3. 已知磁距,根据价键理论指出下列配离子中心离子的杂化轨道类型和配离子的空间构型。

(1) $[Cd(NH_3)_4]^{2+}$ $\mu = 0 \ B.M.$ (2) $[PtCl_6]^{2-}$ $\mu = 3.1 \ B.M.$

(3) $[PtCl_4]^{2-}$ $\mu = 0 \ B.M.$ (4) $[Co(NH_3)_6]^{3+}$ $\mu = 0 \ B.M.$

(5) $[CoF_6]^{3-}$ $\mu = 2.0 \ B.M.$ (6) $[BF_4]^{-}$ $\mu = 0 \ B.M.$

阅读材料 缔造配位理论的化学家——维尔纳

维尔纳(Alfred Werner,1866—1919),瑞士化学家,生于法国米卢斯。从小热爱化学,12 岁时就在自己家中的车库内建立了一个小小的化学实验室。

他中学毕业后考入瑞士苏黎世工业学院,1889 年获工业化学学士学位,并在化

学家隆格的指导下从事有机氮立体化学的研究。1890 年以"氮分子中氮原子的立体排列"论文获博士学位。1892 年任苏黎世综合工业学院讲师。1893 年任苏黎世大学副教授,1895 年晋升为教授。1909 年兼任苏黎世化学研究所所长。

维尔纳的主要成就有两大方面,一方面是他创立了划时代的配位学说,这对近代化学键理论做出了重大贡献。他大胆地提出了新的化学键——配位键,并用它来解释配合物的形成,其重要意义在于结束了当时无机化学界对配合物的模糊认识,而且为后来电子理论在化学上的应用以及

维尔纳

配位化学的形成开了先河。另一方面是维尔纳和化学家汉奇共同建立了碳元素以外的立体化学,可以用它来解释无机化学领域中立体效应引起的许多现象,为立体无机化学奠定了扎实的基础。

维尔纳一生发表论文达 170 篇之多,重要著作有《立体化学教程》和《无机化学领域的新观点》。他曾获 1913 年的诺贝尔化学奖。1919 年 10 月 15 日,这位无机化学结构理论的奠基人在苏黎世逝世,享年仅 53 岁。

维尔纳的科学研究生涯并不长,但是,他对自己从事研究工作的体会是很深刻的。他认为:"真正的雄心壮志几乎全是智慧、辛勤、学习、经验的积累,差一分一毫也不可能达到目的。至于那些一鸣惊人的专家学者,只是人们觉得他们一鸣惊人。其实他们下的功夫和潜在的智能,别人事前是领会不到的。"这正是对他取得研究成果最恰当的解释。

9.3 配位平衡

9.3.1 配离子的离解平衡

含有配离子的配合物是一个复杂体系,其内界和外界之间以离子键相结合,这种结合与强电解质类似,在水中几乎完全离解。例如:

$$[Cu(NH_3)_4]SO_4 \rightleftharpoons [Cu(NH_3)_4]^{2+} + SO_4^{2-}$$

当向溶液中加入 $BaCl_2$ 溶液,会产生白色 $BaSO_4$ 沉淀;若加入稀 NaOH 溶液,得不到 $Cu(OH)_2$ 沉淀;但若在 $[Cu(NH_3)_4]^{2+}$ 溶液中加入 Na_2S 溶液,便有黑色的 CuS 沉淀生成,证明 $[Cu(NH_3)_4]^{2+}$ 在水溶液中像弱电解质一样能部分解离出 Cu^{2+} 和 NH_3。这说明 $[Cu(NH_3)_4]^{2+}$ 溶液中存在着如下平衡:

$$Cu^{2+} + 4NH_3 \rightleftharpoons [Cu(NH_3)_4]^{2+}$$

多配体的配离子在水溶液中的离解与多元弱酸(或弱碱)的离解相类似,是分步

进行的。例如上述平衡实际上是按如下进行的：

$$[Cu(NH_3)_4]^{2+} \rightleftharpoons [Cu(NH_3)_3]^{2+} + NH_3$$

$$[Cu(NH_3)_3]^{2+} \rightleftharpoons [Cu(NH_3)_2]^{2+} + NH_3$$

$$[Cu(NH_3)_2]^{2+} \rightleftharpoons [Cu(NH_3)]^{2+} + NH_3$$

$$[Cu(NH_3)]^{2+} \rightleftharpoons Cu^{2+} + NH_3$$

其每一步离解都存在一个离解平衡常数，又叫不稳定常数。

配离子的离解反应的逆反应是配离子的形成反应，其形成反应也是分步进行的。形成反应的平衡常数叫稳定常数。

9.3.2　配离子的稳定常数

1. 配离子的稳定常数

由以上讨论可知，配离子的稳定常数是该配离子形成反应达到平衡时的平衡常数。在溶液中配离子的形成是分步进行的，而且，每一步都有一个稳定常数。通常我们称它为逐级稳定常数（或分步稳定常数）。例如：

$$Cu^{2+} + NH_3 \rightleftharpoons [Cu(NH_3)]^{2+}$$

$$K_{稳1}^{\ominus} = \frac{c_{[Cu(NH_3)]^{2+}}}{c_{Cu^{2+}} \cdot c_{NH_3}} = 10^{4.31}$$

$$[Cu(NH_3)]^{2+} + NH_3 \rightleftharpoons [Cu(NH_3)_2]^{2+}$$

$$K_{稳2}^{\ominus} = \frac{c_{[Cu(NH_3)_2]^{2+}}}{c_{[Cu(NH_3)]^{2+}} \cdot c_{NH_3}} = 10^{3.48}$$

$$[Cu(NH_3)_2]^{2+} + NH_3 \rightleftharpoons [Cu(NH_3)_3]^{2+}$$

$$K_{稳3}^{\ominus} = \frac{c_{[Cu(NH_3)_3]^{2+}}}{c_{[Cu(NH_3)_2]^{2+}} \cdot c_{NH_3}} = 10^{2.87}$$

$$[Cu(NH_3)_3]^{2+} + NH_3 \rightleftharpoons [Cu(NH_3)_4]^{2+}$$

$$K_{稳4}^{\ominus} = \frac{c_{[Cu(NH_3)_4]^{2+}}}{c_{[Cu(NH_3)_3]^{2+}} \cdot c_{NH_3}} = 10^{2.11}$$

逐级稳定常数随着配位数的增加而减小。因配位数增大时，配体之间的斥力增大，同时中心离子对每个配体的吸引力减小，因而其稳定性减弱。另外请注意平衡常数中配离子电荷的表示法。

按多重平衡规则，配离子的累积稳定常数 $K_稳$（或用 β 表示）是逐级稳定常数的乘积，即：

$$K_稳 = K_1 \cdot K_2 \cdot K_3 \cdots K_n$$

$$Cu^{2+} + 4NH_3 \rightleftharpoons [Cu(NH_3)_4]^{2+}$$

$$K_{稳}^{\ominus} = K_{稳1}^{\ominus} \cdot K_{稳2}^{\ominus} \cdot K_{稳3}^{\ominus} \cdot K_{稳4}^{\ominus} = \frac{c_{[Cu(NH_3)_4]^{2+}}}{c_{Cu^{2+}} \cdot (c_{NH_3})^4} = 10^{12.59}$$

$K_{稳}^{\ominus}$ 值越大,表示该配离子在水中越稳定。从 $K_{稳}^{\ominus}$ 的大小可以判断配位反应完成的程度和它是否可以用于滴定分析。一些常见配离子的稳定常数见表9.3。

表9.3 一些常见配离子的稳定常数(25 ℃)

配离子	$K_{稳}^{\ominus}$	配离子	$K_{稳}^{\ominus}$	配离子	$K_{稳}^{\ominus}$
$[Cd(NH_3)_4]^{2+}$	$10^{7.12}$	$[HgCl_4]^{2-}$	$10^{15.07}$	$[Cd(OH)_4]^{2-}$	$10^{12.0}$
$[Co(NH_3)_6]^{2+}$	$10^{5.11}$	$[Cd(CN)_4]^{2-}$	$10^{18.78}$	$[Cu(OH)_4]^{2-}$	$10^{6.0}$
$[Co(NH_3)_6]^{3+}$	$10^{35.2}$	$[Au(CN)_2]^-$	$10^{38.3}$	$[CdI_4]^{2-}$	$10^{5.41}$
$[Cu(NH_3)_2]^+$	$10^{7.61}$	$[Cu(CN)_2]^-$	$10^{24.0}$	$[HgI_4]^{2-}$	$10^{29.83}$
$[Cu(NH_3)_4]^{2+}$	$10^{12.59}$	$[Fe(CN)_6]^{4-}$	$10^{35.4}$	$[Co(NCS)_4]^{2-}$	$10^{3.00}$
$[Ni(NH_3)_4]^{2+}$	$10^{7.79}$	$[Fe(CN)_6]^{3-}$	$10^{43.6}$	$[Fe(NCS)]^{2+}$	$10^{2.95}$
$[Ni(NH_3)_6]^{2+}$	$10^{8.49}$	$[Hg(CN)_4]^{2-}$	$10^{41.4}$	$[Fe(NCS)_2]^+$	$10^{3.36}$
$[Ag(NH_3)_2]^+$	$10^{7.40}$	$[Ni(CN)_4]^{2-}$	$10^{31.3}$	$[Hg(SCN)_4]^{2-}$	$10^{21.23}$
$[Zn(NH_3)_4]^{2+}$	$10^{9.06}$	$[Ag(CN)_2]^-$	$10^{21.8}$	$[Ag(SCN)_2]^-$	$10^{7.57}$
$[CdCl_4]^{2-}$	$10^{2.80}$	$[Zn(CN)_4]^{2-}$	$10^{16.7}$		

若将逐级稳定常数依次相乘,就得到各级累积稳定常数(β_i):

$$\beta_1 = K_{稳1}^{\ominus} = \frac{c_{[Cu(NH_3)_4]^{2+}}}{c_{Cu^{2+}} \cdot c_{NH_3}}$$

$$\beta_2 = K_{稳1}^{\ominus} \cdot K_{稳2}^{\ominus} = \frac{c_{[Cu(NH_3)_2]^{2+}}}{c_{Cu^{2+}} \cdot (c_{NH_3})^2}$$

$$\beta_3 = K_{稳1}^{\ominus} \cdot K_{稳2}^{\ominus} \cdot K_{稳3}^{\ominus} = \frac{c_{[Cu(NH_3)_3]^{2+}}}{c_{Cu^{2+}} \cdot (c_{NH_3})^3}$$

$$\beta_4 = K_{稳1}^{\ominus} \cdot K_{稳2}^{\ominus} \cdot K_{稳3}^{\ominus} \cdot K_{稳4}^{\ominus} = \frac{c_{[Cu(NH_3)_4]^{2+}}}{c_{Cu^{2+}} \cdot (c_{NH_3})^4}$$

配离子或一些中性配合物在水溶液中经水分子的作用会发生逐级离解,这些离解反应是配离子各级形成反应的逆反应,产生了一系列配位数不等的配离子,其各级离解的程度用相应的逐级不稳定常数 $K_{不稳}^{\ominus}$ 表示,例如:

$$[Cu(NH_3)_4]^{2+} \Longrightarrow [Cu(NH_3)_3]^{2+} + NH_3$$

$$K_{不稳1}^{\ominus} = \frac{c_{[Cu(NH_3)_3]^{2+}} \cdot c_{NH_3}}{c_{[Cu(NH_3)_4]^{2+}}} = 10^{-2.11}$$

$$[Cu(NH_3)_3]^{2+} \Longrightarrow [Cu(NH_3)_2]^{2+} + NH_3$$

$$K_{不稳2}^{\ominus} = \frac{c_{[Cu(NH_3)_2]^{2+}} \cdot c_{NH_3}}{c_{[Cu(NH_3)_3]^{2+}}} = 10^{-2.87}$$

$$[Cu(NH_3)_2]^{2+} \Longrightarrow [Cu(NH_3)]^{2+} + NH_3$$

$$K_{\text{不稳}3}^{\ominus} = \frac{c_{[Cu(NH_3)]^{2+}} \cdot c_{NH_3}}{c_{[Cu(NH_3)_2]^{2+}}} = 10^{-3.48}$$

$$[Cu(NH_3)]^{2+} \Longrightarrow Cu^{2+} + NH_3$$

$$K_{\text{不稳}4}^{\ominus} = \frac{c_{Cu^{2+}} \cdot c_{NH_3}}{c_{[Cu(NH_3)]^{2+}}} = 10^{-4.31}$$

显然,逐级不稳定常数分别与相应的逐级稳定常数互为倒数:

$$K_{\text{不稳}1}^{\ominus} = \frac{1}{K_{\text{稳}4}^{\ominus}}, K_{\text{不稳}2}^{\ominus} = \frac{1}{K_{\text{稳}3}^{\ominus}}, K_{\text{不稳}3}^{\ominus} = \frac{1}{K_{\text{稳}2}^{\ominus}}, K_{\text{不稳}4}^{\ominus} = \frac{1}{K_{\text{稳}1}^{\ominus}}$$

同样

$$[Cu(NH_3)_4]^{2+} \Longrightarrow Cu^{2+} + 4NH_3$$

$$K_{\text{不稳}}^{\ominus} = K_{\text{不稳}1}^{\ominus} \cdot K_{\text{不稳}2}^{\ominus} \cdot K_{\text{不稳}3}^{\ominus} \cdot K_{\text{不稳}4}^{\ominus} = \frac{1}{K_{\text{稳}}^{\ominus}} = 10^{-12.59}$$

必须注意,在 $[Cu(NH_3)_4]^{2+}$ 溶液中总存在有各级低配位离子(即 $[Cu(NH_3)_3]^{2+}$、$[Cu(NH_3)_2]^{2+}$、$[Cu(NH_3)_4]^{2+}$ 离子),因此不能认为溶液中 $[Cu^{2+}]$ 与 $[NH_3]$ 之比是 1:4 关系。在使用 $K_{\text{稳}}^{\ominus}$、β_i 和 $K_{\text{不稳}}^{\ominus}$ 时注意不要混淆。

此外还必须指出,用 $K_{\text{稳}}^{\ominus}$ 值的大小比较配离子的稳定性时,只有在相同类型的情况下才行。两种同类型配合物稳定性的不同,决定了配合物形成的先后次序。例如,若在含有 NH_3 和 CN^- 的溶液中加入 Ag^+,则必定首先形成很稳定的 $[Ag(CN)_2]^-$ 配离子,只有在 CN^- 与 Ag^+ 的配位反应进行完全后,才可能形成 $[Ag(NH_3)_2]^+$ 配离子。同样,两种金属离子能与同一配位剂形成两种同类型配合物时,其配位先后次序也是如此。但必须指出,只有当两者的稳定常数相差足够大时,才能完全分步配位。

一般配离子的逐级稳定常数彼此相差不大,因此在计算离子浓度时必须考虑各级配离子的存在。但在实际工作中,一般总是加入过量配位剂,这时金属离子绝大部分处在最高配位数的状态,故其他较低级配离子可忽略不计。如果只求简单金属离子的浓度,只需按总的 $K_{\text{不稳}}^{\ominus}$(或 $K_{\text{稳}}^{\ominus}$)作计算,这样计算就大为简化了。

2. 配离子稳定常数的应用

利用配离子的稳定常数,可以计算配合物溶液中有关离子的浓度,配离子与沉淀间的转化,判断配离子间转化的可能性。此外还可利用 $K_{\text{稳}}^{\ominus}$ 值计算有关电对的电极电势。

1)计算配合物溶液中有关离子的浓度

【例 9 - 1】　计算溶液中与 1.0×10^{-3} mol·L^{-1} $[Cu(NH_3)_4]^{2+}$ 和 1.0 mol·L^{-1} NH_3 处于平衡状态的游离 Cu^{2+} 浓度。

解:　　　　　　　　　$Cu^{2+} + 4NH_3 \Longrightarrow [Cu(NH_3)_4]^{2+}$

平衡浓度/(mol·L^{-1})　　x　　1.0　　　　1.0×10^{-3}

已知[Cu(NH$_3$)$_4$]$^{2+}$ 的 $K_\text{稳}^\ominus = 10^{12.59} = 3.89 \times 10^{12}$，将上述各项代人稳定常数表达式：

$$K_\text{稳}^\ominus = \frac{c_{[Cu(NH_3)_4]^{2+}}}{c_{Cu^{2+}} \cdot (c_{NH_3})^4} = \frac{1.0 \times 10^{-3}}{x \cdot (1.0)^4} = 3.89 \times 10^{12}$$

$$x = \frac{1.0 \times 10^{-3}}{1 \times 3.89 \times 10^{12}} = 2.57 \times 10^{-16} \text{mol} \cdot L^{-1}$$

所以　　　　　　　　　　$c_{Cu^{2+}} = 2.57 \times 10^{-16} \text{mol} \cdot L^{-1}$

2)配离子与沉淀之间的转化

【例9-2】 在 1.0 L 例 9-1 所述的溶液中加入 0.001 0 mol NaOH，有无 Cu(OH)$_2$ 沉淀生成？若加入 0.001 0 mol Na$_2$S，有无 CuS 沉淀生成？

解:(1)当加入 0.001 0 mol NaOH 后,溶液中的[OH$^-$] = 0.001 0 mol·L^{-1}

$$K_{sp,Cu(OH)_2}^\ominus = 2.2 \times 10^{-20}$$

该溶液中有关离子浓度乘积：

$$[Cu^{2+}][OH^-]^2 = 2.57 \times 10^{-16} \times (0.001\ 0)^2 = 2.57 \times 10^{-22}$$

$$2.57 \times 10^{-22} < K_{sp,Cu(OH)_2}^\ominus$$

故加入 0.001 0 mol·L^{-1}NaOH 后无 Cu(OH)$_2$ 沉淀生成。

(2)若加入 0.001 0 mol Na$_2$S 后,溶液中[S^{2-}] = 0.001 0 mol·L^{-1}(未考虑 S^{2-} 的水解)

$$K_{sp,CuS}^\ominus = 1.27 \times 10^{-36}$$

则溶液中有关离子浓度乘积：

$$c_{Cu^{2+}} \cdot c_{S^{2-}} = 2.57 \times 10^{-16} \times 0.001\ 0 = 2.57 \times 10^{-19}$$

$$2.57 \times 10^{-22} > K_{sp,CuS}^\ominus$$

故加入 0.001 0 mol Na$_2$S 后有 CuS 沉淀产生。

3)判断配离子之间转化的可能性

配离子之间的转化与沉淀之间的转化类似。反应向着生成更稳定的配离子的方向进行。两种配离子的稳定常数相差越大,转化越完全。

【例9-3】 向含有[Ag(NH$_3$)$_2$]$^+$ 的溶液中分别加入 KCN 和 Na$_2$S$_2$O$_3$,此时发生下列反应:

$$[Ag(NH_3)_2]^+ + 2CN^- \Longrightarrow [Ag(CN)_2]^- + 2NH_3 \qquad ①$$

$$[Ag(NH_3)_2]^+ + 2S_2O_3^{2-} \Longrightarrow [Ag(S_2O_3)_2]^{3-} + 2NH_3 \qquad ②$$

在相同情况下,判断哪个反应进行得较完全？

解:反应①平衡常数表示为:

$$K_1^\ominus = \frac{c_{[Ag(CN)_2]^-} \cdot c_{NH_3}^2}{c_{[Ag(NH_3)_2]^+} \cdot c_{CN^-}^2}$$

分子分母同乘 c_{Ag^+} 后得到：

$$K_1^{\ominus} = \frac{c_{[Ag(CN)_2]^-} \cdot (c_{NH_3})^2 c_{Ag^+}}{c_{[Ag(NH_3)_2]^+} \cdot (c_{CN^-})^2 c_{Ag^+}} = \frac{K_{稳,Ag(CN)_2}^{\ominus}}{K_{稳,Ag(NH_3)_2^+}^{\ominus}} = \frac{10^{21.1}}{10^{7.4}} = 10^{13.7}$$

同理可以求出反应②的平衡常数 $K_2^{\ominus} = 10^{6.41}$。

由计算得知，反应式①的平衡常数比反应式②的平衡常数值大，说明反应①比反应②进行得完全。

4）计算配离子的电极电势

不同氧化态之间的电极电势会随配合物的形成而发生改变，从而其对应物质的氧化还原性能也会发生改变。在大多数情况下，形成配合物可使低氧化态更易变为高氧化态，或者高氧化态不易被还原。

【例 9 - 4】 已知 $E_{Au^+/Au}^{\ominus} = 1.68$ V，$[Au(CN)_2]^-$ 的 $K_稳^{\ominus} = 10^{38.3}$，计算 $E_{[Au(CN)_2]^-/Au}^{\ominus}$。

解：首先计算 $[Au(CN)_2]^-$ 在平衡时解离出的 Au^+ 的浓度：

$$[Au(CN)_2]^- \rightleftharpoons Au^+ + 2CN^-$$

$$K^{\ominus} = \frac{c_{Au^+} \cdot c_{CN^-}^2}{c_{[Au(CN)_2]^-}} = \frac{1}{K_{稳,Ag(CN)_2^-}^{\ominus}}$$

根据题意，配离子和配体的浓度均为 $1\ mol \cdot L^{-1}$，则

$$c_{Au^+} = \frac{1}{K_{稳,Ag(CN)_2^-}^{\ominus}} = 10^{-38.3}\ mol \cdot L^{-1}$$

将 Au^+ 浓度代入能斯特方程式：

$$E_{[Au(CN)_2]^-/Au}^{\ominus} = E_{Au^+/Au}^{\ominus} + 0.059\ 2\ lg c_{Au^+}$$
$$= +1.68 + 0.059\ 2\ lg 10^{-38.3} = -0.587\ V$$

由此例可看出，当 Au^+ 形成配离子后，其 E 值减小，此时单质金的还原能力增强，在有配体 CN^- 存在时，易被氧化为 $[Au(CN)_2]^-$。

思考与练习 9 -3

1. 0.1 g 固体 AgBr 能否完全溶解于 100 mL 1 $mol \cdot L^{-1}$ 氨水中？

2. 通过计算比较 1 L 6 $mol \cdot L^{-1}$ 氨水和 1 L 1mol $\cdot L^{-1}$ KCN 溶液，哪一个可溶解较多的 AgI？

3. 试比较 $[Ag(NH_3)_2]^+$ 和 $[Ag(CN)_2]^-$ 氧化能力的相对强弱，并加以说明。

4. 计算下列电对的电极电势：

$$[Ni(CN)_4]^{2-} + 2e^- \rightleftharpoons Ni + 4CN^-$$

$$[HgI_4]^{2-} + 2e^- \rightleftharpoons Hg + 4I^-$$

5. 通过计算说明下列反应能否向右进行：

$$2[Fe(CN)_6]^{3-} + 2I^- \rightleftharpoons 2[Fe(CN)_6]^{4-} + I_2$$

$$[Cu(NH_3)_4]^{2+} + Zn \rightleftharpoons [Zn(NH_3)_4]^{2+} + Cu$$

阅读材料　三元配合物

1. 三元配合物

金属离子与一种配合剂形成未饱和配合物,然后与另一种配合剂结合,形成三元混合配位配合物,简称三元混配配合物。例如钒形成1：1：1的有色配合物,用于钒的测定,灵敏度高,选择性好;钒和二甲酚橙在酸性溶液中形成1：1：1配合物,可用于铁的测定。

形成三元混配配合物的条件如下。

(1)金属离子与两种配合剂都有形成配合物的能力。

(2)金属离子有形成未饱和配合物的性质。例如 Ca^{2+}、Mg^{2+}、Be^{2+}(配位数 $n=6$)、Mo^{6+}($n=8$)等的配位数高,容易形成未饱和配合物,也就容易形成混配配合物,而 Ag^{+}($n=2$)、Cu^{2+}($n=4$)等的配位数低,容易形成饱和配合物,就不容易形成混配配合物。

(3)两种配合剂与金属离子配位时,要有适当的空间因素。通常,其中第一种配合剂的体积较小。如 F^{-}、H_2O_2、M_2OH 等,这样不致阻碍第二种配合剂配位。

2. 离子缔合物

这类三元配合物是金属离子首先与配合剂生成配阴离子,这种配离子再与带相反电荷的离子借静电引力而生成离子缔合物。与前一类型不同的是,第一个配位体往往已使金属离子的配位数满足,但金属离子的电荷却未被完全补偿,因此可与带相反电荷的离子缔合。这类化合物主要应用于萃取光度测定,由于结合溶剂萃取,从而提高了灵敏度和选择性。例如 Ag^{+} 与邻菲罗林(Phen)组成 $[Ag(Phen)_2]^{+}$ 阴离子,再与溴邻苯三酚红(BPR)的阴离子(BPR)$^{4-}$ 组成深蓝色的 $Ag(Phen)_2[BPR]^{2-}$ 三元配合物,用 F^{-}、H_2O_2、EDTA 作为掩蔽剂,可在 pH=3～10 测定微量物质,灵敏度比双硫腙法高一倍。

作为离子缔合物的阴离子部分,有碱性染料、1,10-邻二氮菲及其衍生物,安替比林及其衍生物等。作为阴离子部分有 X^{-}、SCN^{-}、ClO_4^{-}、无机杂多酸和某些酸型染料等。

9.4　配位滴定法

9.4.1　配位滴定法概述

配位滴定法是以配位反应为基础的滴定方法,亦称为络合滴定法。能够用于络合滴定的反应必须具备的条件:①形成的络合物要相当稳定,否则不易得到明显的滴定终点;②在一定反应条件下,络合数必须固定(即只形成一种配位数的络合物);③反应速度要快;④要有适当的方法确定滴定的计量点。

在化学反应中,配位反应是非常普遍的,但配位滴定法的应用却非常有限,这是由于许多无机配合物不够稳定,不符合滴定反应的要求;在配位过程中有逐级配位现象产生,各级稳定常数相差又不大,以至滴定终点不明显。自从滴定分析中引入了氨羧配位体之后,配位滴定法才得到了迅速发展。

氨羧配位体可与金属离子形成很稳定而且组成一定的配合物,克服了无机配位体的缺点。利用氨羧配位体进行定量分析的方法又称为氨羧配位滴定,可以直接或间接测定多种元素。氨羧络合剂是一类含有以氨基二乙酸[—N(CH₂COOH)₂]为基体的有机配位体,其分子中含有配位能力很强的氨氮和羧氧两种配位原子,能和许多金属离子形成环状结构的可溶性配合物。氨羧配位体的种类很多,比较重要的有以下几种。

乙二胺四乙酸(简称 EDTA):

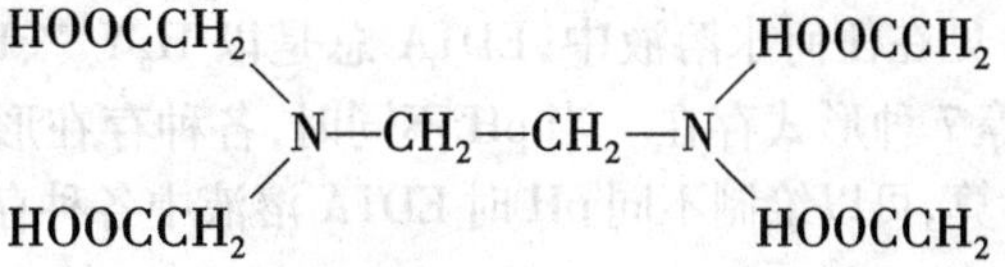

$$
\begin{array}{ccc}
HOOCCH_2 & & HOOCCH_2 \\
& N—CH_2—CH_2—N & \\
HOOCCH_2 & & HOOCCH_2
\end{array}
$$

环己烷二胺四乙酸(简称 CDTA 或 DCTA):

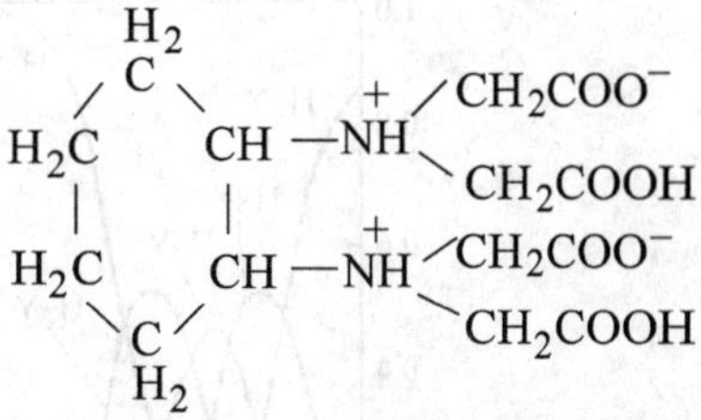

乙二醇二乙醚二胺四乙酸(简称 EGTA):

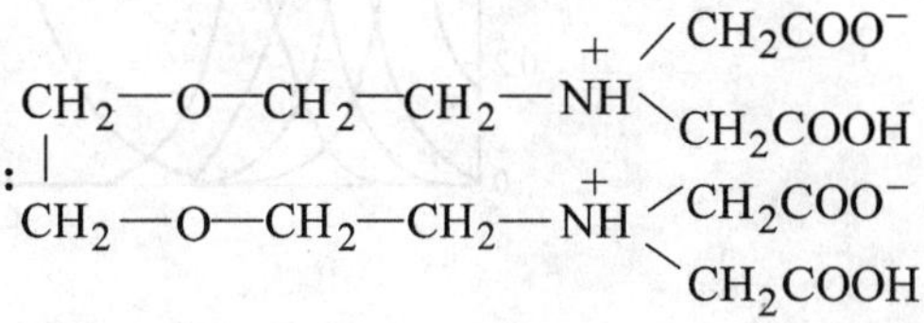

乙二胺四丙酸(简称 EDTP):

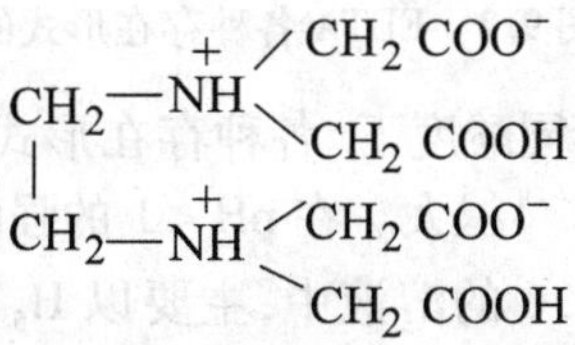

目前,在配位滴定中最重要和应用最广泛的是乙二胺四乙酸及其钠盐。

9.4.2　乙二胺四乙酸的性质及其配合物

1. 乙二胺四乙酸及其二钠盐

乙二胺四乙酸是一种四元酸,习惯上常用 H_4Y 表示。乙二胺四乙酸是白色晶体,无毒,不吸潮,难溶于水(在 22 ℃时,每 100 mL 水中能溶解 0.02 g),难溶于醚和一般有机溶剂,易溶于氨水和 NaOH 溶液中,生成相应的盐溶液。在水溶液中,乙二胺四乙酸具有双偶极离子结构:

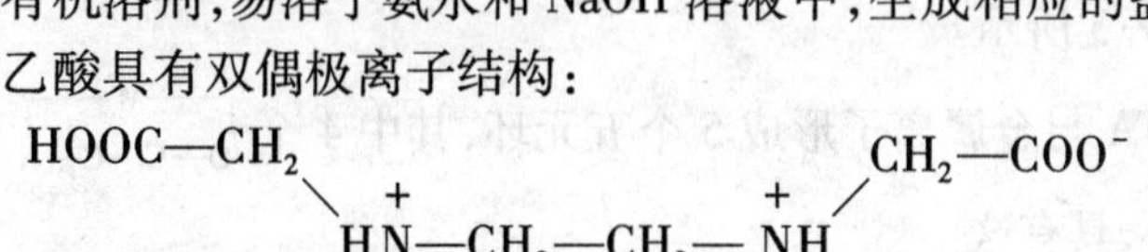

$$
\begin{array}{ccc}
HOOC—CH_2 & & CH_2—COO^- \\
& \overset{+}{HN}—CH_2—CH_2—\overset{+}{NH} & \\
^-OOC—CH_2 & & CH_2—COOH
\end{array}
$$

当 H_4Y 溶解于酸度很高的溶液中,它的两个羧基可再接受 H^+ 而形成 H_6Y^{2+},这样 EDTA 就相当于六元酸,有六级离解平衡。

$$H_6Y^{2+} = H^+ + H_5Y^+ \qquad K_{a1} = [H^+][H_5Y^+]/[H_6Y^{2+}] = 1.26 \times 10^{-1} = 10^{-0.90}$$

$$H_5Y^+ = H^+ + H_4Y \qquad K_{a2} = [H^+][H_4Y]/[H_5Y^+] = 2.51 \times 10^{-2} = 10^{-1.60}$$

$$H_4Y = H^+ + H_3Y^- \qquad K_{a3} = [H^+][H_3Y^-]/[H_4Y] = 1.00 \times 10^{-2} = 10^{-2.00}$$

$$H_3Y^- = H^+ + H_2Y^{2-} \qquad K_{a4} = [H^+][H_2Y^{2-}]/[H_3Y^-] = 2.16 \times 10^{-3} = 10^{-2.67}$$

$$H_2Y^{2-} = H^+ + HY^{3-} \qquad K_{a5} = [H^+][HY^{3-}]/[H_2Y^{2-}] = 6.92 \times 10^{-7} = 10^{-6.16}$$

$$HY^{3-} = H^+ + Y^{4-} \qquad K_{a6} = [H^+][Y^{4-}]/[HY^{3-}] = 5.50 \times 10^{-11} = 10^{-10.26}$$

可见在任何水溶液中,EDTA 总是以 H_6Y^{2+}、H_5Y^+、H_4Y、H_3Y^-、H_2Y^{2-}、HY^{3-} 和 HY^{4-} 等 7 种形式存在。当 pH 不同时,各种存在形式所占有的分布分数也是不同的。根据计算,可以绘制不同 pH 时 EDTA 溶液中各种存在形式的分布曲线,如图 9.2 所示。

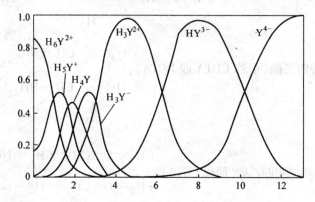

图 9.2　EDTA 各种存在形式的分布图

从图中可以看出,在不同酸度下,各种存在形式的浓度是不相同的。酸度越高,$[Y^{4-}]$ 越小;酸度越低,$[Y^{4-}]$ 越大。在 pH < 1 的强酸性溶液中,EDTA 主要以 H_6Y^{2+} 形式存在;在 pH 值为 1~1.6 的溶液中,主要以 H_5Y^+ 形式存在;在 pH 值为 1.6~2 的溶液中,主要以 H_4Y 形式存在;在 pH 值为 2~2.67 的溶液中,主要存在形式是 H_3Y^-;在 pH 值为 2.67~6.16 的溶液中,主要存在形式是 H_2Y^{2-},在 pH 值很大(≥ 12)时才几乎以 Y^{4-} 形式存在。

2. EDTA 与金属离子的配合物

EDTA 分子具有 2 个氨氮原子和 4 个羧酸原子,都具有孤对电子,即有 6 个配位原子。因此,绝大多数的金属离子均能与 EDTA 形成多个五元环,例如,EDTA 与 Ca^{2+} 的配合物的结构如图 9.3 所示。

从图 9.3 可以看出,EDTA 与金属离子形成 5 个五元环,其中 4 个 $\begin{array}{c} M \\ \overline{O-C-C-N} \end{array}$ 五元环及一个 $\begin{array}{c} M \\ \overline{N-C-C-N} \end{array}$ 五元环,具有这类环状结构的螯合物是很稳定的。

由于多数金属离子的配位数不超过6,所以 EDTA 与大多数金属离子可形成1:1 型的配合物,只有极少数金属离子如钼(Ⅵ)和锆(Ⅳ)等例外。

无色的金属离子与 EDTA 配位时,则形成无色的螯合物,有色的金属离子与 EDTA 配位时,一般形成颜色更深的螯合物。例如:CoY^{2-} 紫红色;MnY^{2-} 紫红色;NiY^{2-} 蓝色;CrY^- 深紫色;CuY^{2-} 深蓝色;FeY^- 黄色。

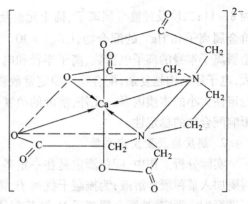

图 9.3 EDTA 与 Ca^{2+} 的配合物的结构示意图

综上所述,EDTA 与绝大多数金属离子形成的螯合物具有以下特点:①计量关系简单,一般不存在逐级配位现象;②配合物十分稳定,且水溶性极好,使配位滴定可以在水溶液中进行。这些特点使 EDTA 滴定剂完全符合分析测定的要求,而被广泛使用。

9.4.3　配位解离平衡及影响因素

1. EDTA 与金属离子的主反应及配合物的稳定常数

EDTA 与金属离子大多形成 1:1 型的配合物,反应通式如下:

$$M^{n+} + Y^{4-} \rightleftharpoons MY^{4-n}$$

书写时省略离子的电荷数,简写为:

$$M + Y \rightleftharpoons MY$$

此反应为配位滴定的主反应。平衡时,配合物的稳定常数为:

$$K_{MY} = \frac{c_{MY}}{c_M c_Y} \tag{9-1}$$

常见金属离子与 EDTA 所形成的配合物的稳定常数列于表 9.4 中。

表 9.4　EDTA 与一些常见金属离子的配合物的稳定常数

(溶液离子强度 $I = 0.1$,温度 20 ℃)

阳离子	$\lg K_{MY}$	阳离子	$\lg K_{MY}$	阳离子	$\lg K_{MY}$
Na^+	1.66	Ce^{3+}	15.98	Cu^{2+}	18.80
Li^+	2.79	Al^{3+}	16.3	Hg^{2+}	21.8
Ba^{2+}	7.86	Co^{2+}	16.31	Th^{4+}	23.2
Sr^{2+}	8.73	Cd^{2+}	16.46	Cr^{3+}	23.4
Mg^{2+}	8.69	Zn^{2+}	16.50	Fe^{3+}	25.1
Ca^{2+}	10.69	Pb^{2+}	18.04	U^{4+}	25.80
Mn^{2+}	13.87	Y^{3+}	18.09	Bi^{3+}	27.94
Fe^{2+}	14.32	Ni^{2+}	18.62		

从表中可以看出,金属离子与 EDTA 配合物的稳定性随金属离子的不同而差别较大。碱金属离子的配合物最不稳定,$\lg K_{MY}$ 为 2~3;碱土金属离子的配合物,$\lg K_{MY}$

为 8～11;二价及过渡金属离子、稀土元素及 Al^{3+} 的配合物,lgK_{MY} 为 15～19;三价、四价金属离子和 Hg^{2+} 的配合物,$lgK_{MY}>20$。这些配合物的稳定性的差别主要取决于金属离子本身的离子电荷数、离子半径和电子层结构。离子电荷数越高,离子半径越大,电子层结构越复杂,配合物的稳定常数就越大。这些是金属离子方面影响配合物稳定性大小的本质因素。此外,溶液的酸度、温度和其它配位体的存在等外界因素也影响配合物的稳定性。

　　2. 副反应及副反应系数

　　实际分析工作中,配位滴定是在一定条件下进行的。例如,为控制溶液的酸度,需要加入某种缓冲溶液;为掩蔽干扰离子,需要加入某种掩蔽剂。因此,在这种条件下进行配位滴定,被测金属离子 M 与 Y 配位,生成配合物 MY,这是主反应。与此同时,反应物 M、Y 及反应产物 MY 也可能与溶液中其他组分发生副反应,从而使 MY 配合物的稳定性受到影响,其平衡关系如下:

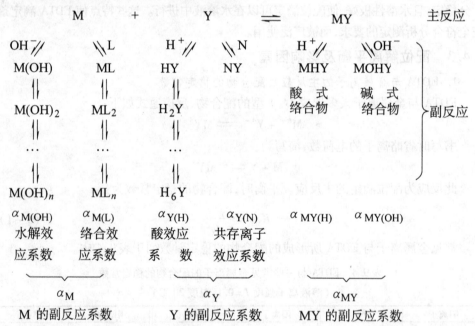

式中 L 为辅助配位体,N 为干扰离子。

　　反应物 M 或 Y 发生副反应,不利于主反应的进行。反应产物 MY 发生副反应,则有利于主反应进行,但这些混合配合物大多不太稳定,可以忽略不计。下面主要讨论对配位平衡影响较大的酸效应和配位效应。

　　1)EDTA 的酸效应及酸效应系数

　　式(9-1)中 K_{MY} 是描述在没有任何副反应时,配位反应进行的程度。当 Y 与 H^+ 发生副反应时,未与金属离子配位的配位体除了游离的 Y 外,还有 HY,H_2Y,…,H_6Y 等,因此未与 M 配位的 EDTA 浓度应等于以上 7 种形式浓度的总和,以[Y′]

表示：

$$[Y'] = [Y] + [HY] + \cdots + [H_6Y]$$

由于氢离子与 Y 之间的副反应，使 EDTA 与 Y 的主反应的配合能力下降，这种现象称为酸效应。酸效应大小用酸效应系数 $\alpha_{Y(H)}$ 来描述：

$$\alpha_{Y(H)} = \frac{[Y']}{[Y]}$$

$\alpha_{Y(H)}$ 表示在一定 pH 下未与金属离子配位的 EDTA 各种形式总浓度 $[Y']$ 是游离的 Y 浓度的多少倍。$\alpha_{Y(H)}$ 是 Y 的分布分数 δ_Y 的倒数，即：

$$\alpha_{Y(H)} = \frac{[Y] + [HY] + \cdots + [H_6Y]}{[Y]} = \frac{1}{\delta_Y}$$

经推导可得：

$$\alpha_{Y(H)} = 1 + \frac{[H]}{K_{a6}} + \frac{[H]^2}{K_{a6}K_{a5}} + \cdots + \frac{[H]^6}{K_{a6}K_{a5}\cdots K_{a1}} \qquad (9-2)$$

式中 $K_{a1}, K_{a2}, \cdots, K_{a6}$ 是 EDTA 的各级解离常数，根据各级解离常数值，按式(9-2)可以计算出在不同 pH 下的 $\alpha_{Y(H)}$ 值。$\alpha_{Y(H)} = 1$，说明 Y 没有副反应，$\alpha_{Y(H)}$ 值越大，酸效应越严重。

【例 9-5】 计算 pH = 5.0 时 EDTA 的酸效应系数 $\alpha_{Y(H)}$。

解：已知 EDTA 的各级解离常数 $K_{a1} \sim K_{a6}$ 分别为 $10^{-0.9}$、$10^{-1.6}$、$10^{-2.0}$、$10^{-2.67}$、$10^{-6.16}$、$10^{-10.26}$，所以 pH = 5.0 时，

$$\begin{aligned}
\alpha_{Y(H)} &= 1 + \frac{10^{-5.0}}{10^{-10.26}} + \frac{10^{-10.0}}{10^{-16.42}} + \frac{10^{-15.0}}{10^{-21.09}} + \frac{10^{-25.0}}{10^{-22.69}} + \frac{10^{-30.0}}{10^{-23.59}} \\
&= 1 + 10^{5.26} + 10^{6.42} + 10^{4.09} + 10^{-2.31} + 10^{-6.41} \\
&= 10^{6.45}
\end{aligned}$$

$$\lg\alpha_{Y(H)} = 6.45$$

不同 pH 的 $\lg\alpha_{Y(H)}$ 值列与表 9.5 中。

表 9.5 不同 pH 时的 $\lg\alpha_{Y(H)}$ 值

pH	$\lg\alpha_{Y(H)}$	pH	$\lg\alpha_{Y(H)}$	pH	$\lg\alpha_{Y(H)}$
0.0	23.64	3.4	9.70	6.8	3.55
0.4	21.32	3.8	8.85	7.0	3.32
0.8	19.08	4.0	8.44	7.5	2.78
1.0	18.01	4.4	7.64	8.0	2.27
1.4	16.02	4.8	6.84	8.5	1.77
1.8	14.27	5.0	6.45	9.0	1.28
2.0	13.51	5.4	5.69	9.5	0.83
2.4	12.19	5.8	4.98	10.0	0.45
2.8	11.09	6.4	4.65	11.0	0.07
3.0	10.60	6.4	1.06	12.0	0.01

从表 9.5 可以看出，多数情况下 $\alpha_{Y(H)}$ 不等于 1，$[Y']$ 总是大于 $[Y]$，只有在 pH > 12 时，$\alpha_{Y(H)}$ 才等于 1，EDTA 几乎完全解离为 Y，此时 EDTA 的配位能力最强。

2）金属离子的配位效应及其配位效应系数 $\alpha_{M(L)}$

通常在进行配位滴定时,为了掩蔽其他干扰离子,常加入一些其他种类的配位剂,这些配位剂称为辅助配位剂。辅助配位剂与被滴定的金属离子发生的副反应称为辅助配位效应,其结果使金属离子参加主反应的能力下降。金属离子发生配位反应的副反应系数用配位效应系数表示。当有配位效应存在时,未与 Y 配位的金属离子,除游离的 M 外,还有 $ML, ML_2, \cdots, ML_n$ 等,以 $[M']$ 表示未与 Y 配位的金属离子总浓度,则:

$$[M'] = [M] + [ML] + \cdots + [ML_n]$$

由于 L 与 M 配位使 $[M]$ 降低,影响 M 和 Y 的主反应,其影响可用配位效应系数 $\alpha_{M(L)}$ 表示:

$$\alpha_{M(L)} = \frac{[M] + [ML] + [ML_2] + \cdots + [ML_n]}{[M]} \qquad (9-3)$$

$\alpha_{M(L)}$ 表示未与 Y 配位的金属离子的各种形式的总浓度是游离金属离子浓度的多少倍。当 $\alpha_{M(L)} = 1$ 时,$[M'] = [M]$,表示金属离子没有发生副反应,$\alpha_{M(L)}$ 值越大,副反应越严重。

若用 $K_1, K_2, \cdots, K_n$ 表示配合物 ML 的各级稳定常数,则:

配位平衡 | 各级稳定常数

$$M + L \rightleftharpoons ML \qquad K_1 = \frac{[ML]}{[M][L]}$$

$$ML + L \rightleftharpoons ML_2 \qquad K_2 = \frac{[ML_2]}{[ML][L]}$$

$$\vdots \qquad\qquad \vdots$$

$$ML_{n-1} + L \rightleftharpoons ML_n \qquad K_n = \frac{[ML_n]}{[ML_{n-1}][L]}$$

将 K 的关系式代入式(9-3),并整理得:

$$\alpha_{M(L)} = 1 + [L]K_1 + [L]^2 K_1 K_2 + \cdots + [L]^n K_1 K_2 \cdots K_n \qquad (9-4)$$

化学手册还常常给出配合物的累积稳定常数(β_i)的数据,β_i 与稳定常数 K_i 之间的关系为:

$$\beta_1 = K_1$$
$$\beta_2 = K_1 K_2$$
$$\vdots$$
$$\beta_n = K_1 K_2 \cdots K_n$$

将 β_i 的关系式代入式(9-4)得:

$$\alpha_{M(L)} = 1 + \beta_1[L] + \beta_2[L]^2 + \cdots + \beta_n[L]^n$$

可以看出,游离配位体的浓度越大,或其配合物稳定常数越大,则配位效应系数越大,不利于主反应的进行。

3. 条件稳定常数

在没有任何副反应存在时,配合物 MY 的稳定常数用 K_{MY} 表示,它不受溶液浓度、酸度等外界条件影响,所以又称为绝对稳定常数。当 M 和 Y 的配合反应在一定的酸度条件下进行,并有 EDTA 以外的其他配位体存在时,将会引起副反应,从而影响主反应的进行。此时,稳定常数 K_{MY} 已不能客观地反映主反应进行的程度,稳定常数的表达式中,[Y]应以[Y']替换,[M]应以[M']替换,这时配合物的稳定常数应表示为:

$$K'_{MY} = \frac{[MY]}{[M'][Y']} \tag{9-5}$$

这种考虑副反应影响而得出的实际稳定常数称为条件稳定常数。K'_{MY} 是条件稳定常数的笼统表示,有时为明确表示哪个组分发生了副反应,可将"'"写在发生副反应的组分符号的右上方。

一般情况下,配位滴定法中,对主反应影响较大的副反应是 EDTA 的酸效应和金属离子的配位效应,其中以酸效应影响更大。如不考虑其他副反应,仅考虑 EDTA 的酸效应,则式(9-5)变为:

$$K'_{MY} = \frac{[MY]}{[M][Y']} = \frac{K_{MY}}{\alpha_{Y(H)}} \tag{9-6}$$

式(9-6)是讨论配位平衡的重要公式,它表明 MY 的条件稳定常数随溶液的酸度而变化。

【例 9-6】 设只考虑酸效应,计算 pH=2.0 和 pH=5.0 时 ZnY 的 K'_{ZnY}。

解:(1)pH=2.0 时,已知 $\lg\alpha_{Y(H)}=13.51$,$\lg K_{ZnY}=16.50$。

故　　　　　$\lg K'_{ZnY}=16.50-13.51=2.99$

　　　　　　$K'_{ZnY}=10^{2.99}$

(2)pH=5.0 时,已知 $\lg\alpha_{Y(H)}=6.45$,$\lg K_{ZnY}=16.50$。

故　　　　　$\lg K'_{ZnY}=16.50-6.45=10.05$

　　　　　　$K'_{ZnY}=10^{10.05}$

以上计算表明,pH=5.0 时 ZnY 稳定,而 pH=2.0 时 ZnY 不稳定。所以为使配位滴定顺利进行,得到准确的分析测定结果,必须选择适当的酸度条件。

9.4.4 配位滴定的基本原理

1. 滴定曲线和滴定条件

与酸碱滴定情况相似,在配位滴定过程中,随着配位滴定剂的不断加入,被滴定的金属离子不断发生配位反应,其浓度也随之逐渐减小。在达到化学计量点附近 ±0.1% 范围内,溶液中金属离子浓度发生突跃。以配位滴定剂的加入量(或加入百分数)为横坐标,金属离子浓度的负对数 pM(pM')为纵坐标作图,这种反映滴定过程中金属离子浓度变化规律的曲线,称为配位滴定曲线。

现以 EDTA 滴定 Ca^{2+} 为例介绍配位滴定曲线的作法。由于 Ca^{2+} 既不易水解也不与其它配位剂反应,只需考虑 EDTA 的酸效应,利用上节式(9-6)即可计算不同阶段溶液中被滴定的 Ca^{2+} 的浓度,计算的思路与酸碱滴定类同。

假设溶液 pH 为 10.0,$[Ca^{2+}]=1.0\times10^{-2}$ mol·L^{-1},$[Y]=1.0\times10^{-2}$ mol·

L^{-1}，Ca^{2+} 溶液体积为 20.00 mL，$\lg K_{稳}^{\ominus} = 10.7$，当 pH = 10.0 时，$\lg \alpha_{Y(H)} = 0.45$，未加其他配位剂，故 $\lg \alpha_M = 0$。

$$\lg K_{稳}^{\ominus\prime} = \lg K_{稳}^{\ominus} - \lg \alpha_{Y(H)} = 10.7 - 0.45 = 10.25$$

即

$$K_{稳}^{\ominus\prime} = 10^{10.25} = 1.8 \times 10^{10}$$

现将滴定过程分 4 个阶段来讨论。

1）滴定开始前

$[Ca^{2+}] = 1.0 \times 10^{-2}$ mol·L^{-1}，故 pCa = $-\lg[Ca^{2+}] = 2.0$

2）滴定至化学计量点前

当加入 EDTA18.00、19.98 mL 时：

$$[Ca^{2+}]_{18.00} = 1.0 \times 10^{-2} \times \frac{20.00 - 18.00}{20.00 + 18.00} = 5.3 \times 10^{-4} \text{mol} \cdot L^{-1}$$

$$pCa_{18.00} = 3.3$$

$$[Ca^{2+}]_{19.98} = 1.0 \times 10^{-2} \frac{20.00 - 19.98}{20.00 + 19.98} = 5.0 \times 10^{-6} \text{mol} \cdot L^{-1}$$

$$pCa_{19.98} = 5.3$$

3）化学计量点时

此时，Ca^{2+} 与 Y 全部配合成 CaY 配合物，但由于化学反应的可逆性，溶液中有如下平衡：

$$[CaY] \rightleftharpoons Ca^{2+} + Y$$

$$\frac{[CaY]}{[Ca^{2+}][Y]_{总}} = K_{稳}^{\ominus\prime}$$

因为 $[Ca^{2+}] = [Y]_{总}$，所以：

$$[Ca^{2+}]^2 = \frac{[CaY]}{K_{稳}^{\ominus\prime}}$$

而

$$[CaY] = 1.0 \times 10^{-2} \frac{20.00}{20.00 + 20.00} = 5.0 \times 10^{-3} \text{mol} \cdot L^{-1}$$

所以

$$[Ca^{2+}] = \sqrt{\frac{5.0 \times 10^{-3}}{1.8 \times 10^{10}}} = 5.3 \times 10^{-7} \text{mol} \cdot L^{-1}$$

$$pCa = 6.3$$

4）化学计量点以后

当加入 EDTA 20.02 mL 时，EDTA 加入过量抑制了 CaY 的离解，溶液中的 [Y] 由过量的 EDTA 决定，所以：

$$[Y]_{总} = 1.0 \times 10^{-2} \frac{20.02 - 20.00}{20.00 + 20.02} = 5.0 \times 10^{-6} \text{mol} \cdot L^{-1}$$

由于化学计量点附近 CaY 的离解及浓度变化极微小，所以近似认为 $[CaY] = 5.0 \times 10^{-3} \text{mol} \cdot L^{-1}$。将数据代入：

$$\frac{[CaY]}{[Ca^{2+}][Y]_{总}} = K_{稳}^{\ominus\prime}$$

$$可得[Ca^{2+}] = \frac{[CaY]}{[Y]_{总}K_{稳}^{\ominus}{}'} = \frac{5.0 \times 10^{-3}}{5.0 \times 10^{-6} \times 1.8 \times 10^{10}} = 5.6 \times 10^{-8} \, mol \cdot L^{-1}$$

$$pCa = 7.3$$

同理,可算出加入 EDTA 22.00 mL 时,pCa = 9.3。

将计算所得数据列表如 9.6,并绘制滴定曲线如图 9.4 所示。

表 9.6 以 $1.0 \times 10^{-2} \, mol \cdot L^{-1}$ EDTA 滴定 $1.0 \times 10^{-2} \, mol \cdot L^{-1} \, Ca^{2+}$ 20.00 mL

加入 EDTA 量		被滴定	过量	$[Ca^{2+}]/$	pCa
体积/mL	相当于 Ca^{2+}/%	Ca^{2+}/%	EDTA/%	$(mol \cdot L^{-1})$	
0.00	0.0			0.01	2.0
18.00	90.0	90.0		5.3×10^{-4}	3.3
19.80	99.0	99.0		5.0×10^{-5}	4.3
19.98	99.9	99.9		5.0×10^{-6}	5.3
20.00	100.0	100.0		5.3×10^{-7}	6.3
20.02	100.1		0.1	5.6×10^{-8}	7.3
20.20	101.0		1.0	5.6×10^{-9}	8.3
22.00	110.0		10.0	5.6×10^{-10}	9.3
40.00	200.0		100.0	5.6×10^{-11}	10.3

由表 9.6 可知,当加入 EDTA 的量由 99.9% 到 100.1% 时,滴定曲线上 pCa 值由 5.3 变为 7.3,pCa 值发生突跃,突跃范围为 2.0 个 pM 单位。这种现象和酸碱滴定曲线在化学计量点附近的 pH 值突跃相类似。

在配位滴定中,滴定突跃的大小取决于配合物的条件稳定常数 K'_{MY} 和金属离子的起始浓度。配合物的条件稳定常数越大,滴定突跃的范围就越大;当 K'_{MY} 一定时,金属离子的起始浓度越大,滴定突跃的范围就越大。

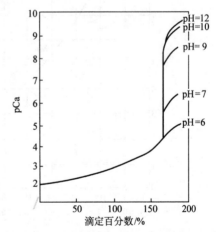

图 9.4 不同 pH 值时用 $0.01 \, mol \cdot L^{-1}$ EDTA 溶液滴定 $0.01 \, mol \cdot L^{-1} \, Ca^{2+}$ 的滴定曲线

若滴定误差不超过 0.1%,就可认为金属离子已被定量滴定。为达到这样的准确度,除了条件稳定常数和金属离子的起始浓度要足够大以外,还要选择较为灵敏的指示剂,在较小的 ΔpM 值范围内能看到明晰的终点。实践和理论两个方面都已证明,满足如下条件时,金属离子能被定量滴定:① $c_M K'_{MY} \geqslant 10^6$,终点突跃 ΔpM ≥ 0.2;

②有灵敏、可靠的指示剂和判定终点的方法。以上两条件应同时满足。

2. 酸效应曲线和滴定金属离子的最小 pH 值

按照 pH = 10 时的计算方法,同样可求出 pH = 9 时各点的 pCa 值。按照相同的方法还可以计算出其他 pH 值时各点的 pCa 值并绘制滴定曲线,如图 9.4 所示。

从图 9.4 的曲线可以看出,用 EDTA 溶液滴定某一金属离子时(例如 Ca^{2+}),金属离子浓度的变化情况与溶液 pH 值有关,即滴定曲线突跃部分的长短是随溶液 pH 值大小不同而变化的。这是由于配合物的条件稳定常数的大小随 pH 值而改变的缘故。pH 值愈大,条件稳定常数愈大,配合物愈稳定,滴定曲线的化学计量点附近 pCa 突跃愈长;pH 值愈小,突跃愈短。当 pH = 7 时,$\lg K'_{CaY} = 7.3$,图中滴定曲线的突跃就很小了。由此可见,溶液 pH 值的选择在 EDTA 配位滴定中非常重要。而每种金属离子都有一个能被定量滴定的最低 pH 值(最高酸度)。人们把各种离子能被定量滴定的最低 pH 值在 $pH - \lg K_{稳}^{\ominus}$ 的坐标体系内表示出来,就得到如图 9.5 所示的曲线,通常被称为酸效应曲线图。

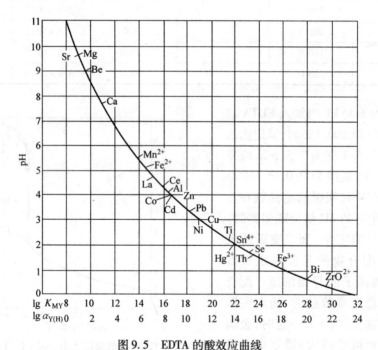

图 9.5　EDTA 的酸效应曲线

(金属离子浓度 0.01 mol·L^{-1},允许测定的相对误差为 ±0.1%)

图 9.5 中各离子对应的纵坐标是该离子能被滴定的最低 pH 值。在图上不仅可以查到定量滴定某种金属离子的最低 pH 值,而且可以预测可能存在的干扰离子。例如,pH≈3.3 可以滴定 Pb^{2+} 离子,但位于最低 pH≤3.3 的 Cu^{2+}、Ni^{2+}、Ti^{4+}、Fe^{3+} 等肯定会干扰 Pb^{2+} 离子的滴定,而位于最低 pH 值稍大于 3.3 的 Al^{3+}、Zn^{2+}、Cd^{2+} 等也

会有一定干扰,而位于最低 pH 值很大的 Ca^{2+}、Mg^{2+} 等就不大会干扰了。利用酸效应曲线图,还可以判断两种金属离子能否分步连续滴定。

实际测定某种金属离子时,应将 pH 值控制在大于最小 pH 值且金属离子又不发生水解的范围之内。最后强调指出,酸效应曲线是在一定条件和要求下得出的,它只考虑了酸度 EDTA 的影响,没有考虑酸度对金属离子和 MY 的影响,更没有考虑其它配位体存在的影响,因此它是较粗糙的,只能提供参考。实际分析中,选择合适的酸度应结合实验来确定。

9.4.5　金属指示剂

配位滴定指示终点的方法很多,其中最重要的是使用金属指示剂确定终点。酸碱指示剂是通过指示溶液中 H^+ 浓度的变化以确定终点的,金属指示剂则是通过指示溶液中金属离子浓度的变化以确定终点的。

1. 金属指示剂的作用原理

金属指示剂是一种有机配位剂,它能与金属离子形成与其本身颜色显著不同的络合物而指示滴定终点。由于它能够指示出溶液中金属离子浓度的变化情况,故也称为金属离子指示剂,简称金属指示剂。现以铬黑 T(以 In 表示)为例说明金属指示剂的作用原理。

铬黑 T 在 pH = 8 ~ 11 时呈蓝色,它能与 Ca^{2+}、Mg^{2+}、Zn^{2+} 等金属离子形成比较稳定的酒红色配合物,反应式为:

$$In + M = MIn$$
$$\text{蓝色} \quad \text{红色}$$

如果用 EDTA 滴定这些金属离子,加入铬黑 T 指示剂,滴定前它与部分金属离子配位成酒红色配合物 MIn,绝大部分金属离子处于游离状态。随着 EDTA 的滴入,游离金属离子逐步被配位形成 MY 配合物。等到游离金属离子几乎完全配合后,继续滴加 EDTA 时,由于 EDTA 与金属离子配合物的条件稳定常数大于铬黑 T 与金属离子配合物的条件稳定常数,因此稍过量的 EDTA 夺取指示剂配合物 MIn 中的金属离子 M,使指示剂游离出来,红色溶液突然转变为蓝色,指示出滴定终点的到达,反应式为:

$$MIn + Y \rightleftharpoons MY + In$$
$$\text{红色} \qquad\qquad \text{蓝色}$$

许多金属指示剂不仅具有配位体的性质,而且在不同的 pH 范围内,指示剂本身会呈现不同的颜色。例如,铬黑 T 指示剂就是 1 种三元弱酸,它本身能随溶液 pH 的变化而呈现不同的颜色,pH < 6 时,铬黑 T 呈现红色;pH > 12 时,铬黑 T 呈现橙色。显然,在 pH < 6 或者 pH > 12 时,游离铬黑 T 的颜色与配合物 MIn 的颜色没有显著区别,只有在 pH 为 8 ~ 11 的酸度条件下进行滴定,到终点时才会发生由红色到蓝色的颜色突变。因此选用指示剂,必须注意选择合适的 pH 范围。

2. 金属指示剂必须具备的条件

从上述铬黑 T 的例子可以看到,金属指示剂必须具备以下条件。

(1)在滴定的 pH 范围内,游离指示剂 In 本身的颜色与其金属离子配合物 MIn 的颜色应有显著区别。这样,终点时的颜色变化才明显。

(2)金属离子与指示剂所形成的有色络合物应该足够稳定,在金属离子浓度很小时,仍能呈现明显的颜色,如果它们的稳定性差而离解程度大,则在到达计量点前,就会显示出指示剂本身的颜色,使终点提前出现,颜色变化也不敏锐。

(3)MIn 络合物的稳定性应小于 MY 络合物的稳定性,二者稳定常数应相差在 100 倍以上,即 $\lg K'_{MY} - \lg K'_{MIn} > 2$,这样才能使 EDTA 滴定到计量点时,将指示剂从 MIn 络合物中取代出来。

(4)指示剂应具有一定的选择性,即在一定条件下,只对其中一种(或某几种)离子发生显色反应。在符合上述要求的前提下,指示剂的颜色反应最好又有一定的广泛性,即改变了滴定条件,又能作其他离子滴定的指示剂。这样就能在连续滴定 2 种(或 2 种以上)离子时,避免加入多种指示剂而发生颜色干扰。

此外,金属指示剂应比较稳定,便于贮存和使用。

3. 使用指示剂时可能出现的问题

1)指示剂的封闭现象

某些金属指示剂配合物 MIn 比相应的金属和 EDTA 配合物 MY 稳定,显然此指示剂不能作为滴定该金属的指示剂。在滴定其他金属离子时,若溶液中存在这些金属离子,则溶液一直呈现 MIn 的颜色,即使到了化学计量点也不变色,这种现象称为指示剂的封闭现象。例如,在 pH 值为 10 时,以铬黑 T 为指示剂滴定 Ca^{2+}、Mg^{2+} 含量时,Al^{3+}、Fe^{3+}、Cu^{2+}、Co^{2+}、Ni^{2+} 等会封闭铬黑 T,致使终点无法确定。滴它时往往由于试剂或蒸馏水的质量差,含有微量的上述离子也使得指示剂失效。解决的办法是加入掩蔽剂,使干扰离子生成稳定的配合物,从而不再与指示剂作用。例如 Al^{3+} 对铬黑 T 的封闭可加三乙醇胺予以消除;Cu^{2+}、Co^{2+}、Ni^{2+} 可用 KCN 掩蔽;Fe^{3+} 则在用抗坏血酸还原后加 KCN 以 $Fe(CN)_4^{2-}$ 形式掩蔽,如果干扰离子的量太大,则需要分离除去干扰离子。

2)指示剂的僵化现象

有些指示剂和金属离子配合物在水中的溶解度太小,使得滴定剂 Y 与金属指示剂配合物 MIn 置换缓慢,终点的颜色变化不明显,终点拖长,这种现象称为指示剂僵化。解决的办法是加入适当的有机溶剂或加热,以增大其溶解度。例如,用 PAN 作指示剂时,可加入少量的甲醇或乙醇,也可将溶液适当加热以加快置换速度,使指示剂的变色敏锐一些。

3)指示剂的氧化变质现象

金属指示剂大多是具有许多双键的有色化合物,易被日光、氧化剂、空气所分解。有些指示剂在水溶液中不稳定,日久会变质,如铬黑 T、钙指示剂的水溶液均易氧化变质,所以常配成固体混合物或加入具有还原性的物质来配成溶液,例如铬黑 T 和钙指示剂常用固体 NaCl 或 KCl 作稀释剂配制。

4. 常用金属指示剂

一些常用金属指示剂的主要使用情况列于表 9.7 中。

表 9.7　常用的金属指示剂

指示剂	适用的 pH 范围	颜色变化		直接滴定的离子	注意事项
		In	MIn		
铬黑 T (简称 BT 或 EBT)	8 ~ 10	蓝	红	pH = 10;Mg^{2+}、Zn^{2+}、Cd^{2+}、Pb^{2+}、Mn^{2+}	Fe^{3+}、Al^{3+}、Cu^{2+}、Ni^{2+} 等封闭 EBT
酸性铬蓝 K	8 ~ 13	蓝	红	pH = 10;Mg^{2+}、Zn^{2+} pH = 13;Ca^{2+}	
二甲酚橙 (简称 XO)	< 6	亮黄	红	pH < 1;ZrO^{2+} pH = 1 ~ 3;Bi^{3+}、Th^{4+} pH = 5 ~ 6;Tl^{3+}、Zn^{2+}、Pb^{2+}、Cd^{2+}、Hg^{2+}	Fe^{3+}、Al^{3+}、Ni^{2+}、Ti^{4+} 等离子封闭 XO
钙指示剂 (简称 NN)	12 ~ 13	蓝	红	pH = 12 ~ 13;Ca^{2+}	Ti^{4+}、Fe^{3+}、Al^{3+}、Cu^{2+}、Ni^{2+}、Mn^{2+} 等离子封闭 XO
PAN	2 ~ 12	黄	紫红	pH = 2 ~ 3;Ti^{4+}、Bi^{3+} pH = 4 ~ 5;Cu^{2+}、Ni^{2+}、Pb^{2+}、Cd^{2+}、Zn^{2+}	MIn 在水中溶解度小、滴定时须加热

9.4.6　提高配位滴定选择性的方法

当滴定单独一种金属离子时,满足 $\lg(cK_{MY}') \geqslant 6$ 的条件,就可以准确滴定,误差不超过 0.1%。由于 EDTA 能和许多金属离子形成配合物,但被滴定溶液中常可能存在几种金属离子,因而在滴定时可能彼此干扰。如何提高选择性,避免干扰,分别滴定某一种或某几种离子,是配位滴定中要解决的重要问题。

当溶液中有 2 种以上的金属离子(M、N)共存时,如不考虑羟基配位效应和辅助配位效应等因素,干扰的情况与 $K_{MY}^{\ominus}{}'$、$K_{NY}^{\ominus}{}'$ 以及浓度有关。如果待测离子的浓度愈大,干扰离子的浓度愈小;待测离子配合物的 $K_{MY}^{\ominus}{}'$ 愈大,干扰离子配合物的 $K_{NY}^{\ominus}{}'$ 愈小,则滴定 M 时,N 的干扰就愈小。一般情况下要求:

$$\frac{c_M \, K_{MY}^{\ominus}{}'}{c_N \, K_{NY}^{\ominus}{}'} \geqslant 10^5$$

或

$$\lg(c_M \, K_{MY}^{\ominus}{}') - \lg(c_N \, K_{NY}^{\ominus}{}') \geqslant 5$$

这就是说,在混合离子的滴定中,要准确确定 M,同时又要求共存的 N 不干扰,

必须满足上式和 $\lg(c_M K_{MY}^{\ominus}{}') \geqslant 6$ 的要求。

提高配位滴定选择性的方法常用的有以下几种。

1. 控制溶液的酸度进行分步滴定

不同的金属离子和 EDTA 形成的配合物稳定常数不相同,因此在滴定时所允许的最小 pH 值也不同。若溶液中同时有 2 种或 2 种以上的离子,而它们与 EDTA 形成配合物的稳定常数差别又足够大,则控制溶液的酸度,使其只满足某一离子允许的最小 pH 值,但又不会使该离子水解而析出沉淀,此时就只能有一种离子与 EDTA 形成稳定的配合物,而其他离子与 EDTA 不发生配位反应,这样就可以避免干扰。

例如,当溶液中 Bi^{3+}、Pb^{2+} 浓度皆为 10^{-2} mol·L^{-1} 时,要选择滴定 Bi^{3+}。从表 9.5 可知,$\lg K_{BiY} = 27.94$,$\lg K_{PbY} = 18.04$。根据式 $\lg(c_M K_{MY}^{\ominus}{}') - \lg(c_N K_{NY}^{\ominus}{}') \geqslant 5$,$\Delta \lg K^{\ominus} = 27.94 - 18.04 = 9.9 > 5$,故可以选择滴定 Bi^{3+} 而 Pb^{2+} 不干扰。根据式 $\lg \alpha_{Y(H)} \leqslant \lg K_{MY}^{\ominus} - 8$ 可确定滴定允许的最小 pH 值。此例中 $[Bi^{3+}] = 0.01$ mol·L^{-1},则可由 EDTA 的酸效应曲线(图 9.5)直接查到滴定 Bi^{3+} 时允许的最小 pH 值,约为 0.7,即要求 pH$\geqslant$0.7 时滴定 Bi^{3+}。但滴定时 pH 值不能太大,在 pH$\approx$2 时,Bi^{3+} 将开始水解析出沉淀,考虑 Bi^{3+} 的水解,应在 pH$<$2 的溶液中滴定。因此滴定 Bi^{3+}、Pb^{2+} 溶液中的 Bi^{3+} 时,适宜酸度范围 pH 应为 0.7~2。通常在 pH$\approx$1 时滴定,以保证滴定时没有铋的水解产物析出,此时 Pb^{2+} 不会与 EDTA 配位。

当溶液中有 2 种以上金属离子共存时,能否用控制溶液酸度的方法分步进行滴定,应首先考虑配合物稳定常数最大和其次的 2 种离子。例如溶液中含有 Fe^{3+}、Al^{3+}、Ca^{2+} 和 Mg^{2+},能否借控制溶液酸度分步滴定 Fe^{3+} 和 Al^{3+}? 从图 9.5 可知,$\lg K_{FeY}^{\ominus} = 25.1$,$\lg K_{AlY}^{\ominus} = 16.1$,$\lg K_{CaY}^{\ominus} = 10.69$,$\lg K_{MgY}^{\ominus} = 8.69$。滴定 Fe^{3+} 时,最可能发生干扰的是 Al^{3+}。假定它们的浓度皆为 10^{-2} mol·L^{-1},则根据式 $\lg(c_M K_{MY}^{\ominus}{}') - \lg(c_N K_{NY}^{\ominus}{}') \geqslant 5$,$\Delta \lg K^{\ominus} = 25.1 - 16.1 = 9.0 > 5$,滴定 Fe^{3+} 时共存的 Al^{3+} 没有干扰。另外,从图 9.5 看出,滴定 Fe^{3+} 允许的最小 pH 约为 1,即要求在 pH$\geqslant$1 时滴定 Fe^{3+},但考虑 Fe^{3+} 的水解,滴定 Fe^{3+} 的适宜 pH 范围应为 1~2.2,此时 Al^{3+} 没有干扰。

应该指出,在考虑滴定的适宜 pH 范围时,还应注意所选用指示剂的合适 pH 范围。例如滴定 Fe^{3+} 时,用磺基水杨酸作指示剂,在 pH = 1.5~2.2 范围内,它与 Fe^{3+} 形成的配合物呈现红色。若控制在这 pH 范围,用 EDTA 直接滴定 Fe^{3+} 离子,终点由红色变亮黄色,Al^{3+}、Ca^{2+} 及 Mg^{2+} 不干扰。

滴定 Fe^{3+} 后的溶液,可以调节 pH 值到 3。加入过量的 EDTA,再加六次甲基四胺缓冲溶液,控制 pH 值约为 4~6,煮沸使 Al^{3+} 与 EDTA 配位完全,然后用 PAN 作指示剂,用 Cu^{2+} 标准溶液回滴过量的 EDTA,可测出 Al^{3+} 的含量。

2. 使用掩蔽剂的选择性滴定

若被测金属离子的配合物与干扰离子的配合物的稳定性相差不够大,甚至 $\lg K_{MY}^{\ominus}$

还比 $\lg K_{NY}^{\ominus}$ 小,就不能用控制酸度的方法分步滴定 M。若加入一种试剂与干扰离子 N 起反应,则溶液中的[N]降低,N 对 M 的干扰作用也减小以致消除,这种方法叫做掩蔽法。应用掩蔽的方法,必须考虑干扰离子存在量的大小,一般干扰离子存在量不能太大,若干扰离子的量为待测离子的 100 倍,使用掩蔽方法就很难得到满意的结果。

掩蔽方法常用的有配位掩蔽法、氧化还原掩蔽法和沉淀掩蔽法等,其中的配位掩蔽法用得最多。

1)配位掩蔽法

配位掩蔽法利用干扰离子与掩蔽剂形成稳定配合物。例如,用 EDTA 滴定水中的 Ca^{2+}、Mg^{2+} 以测定水的硬度时,Fe^{3+}、Al^{3+} 等离子的存在对测定有干扰。若加入三乙醇胺使之与 Fe^{3+}、Al^{3+} 生成更稳定的配合物,则 Fe^{3+}、Al^{3+} 等离子为三乙醇胺所掩蔽而不发生干扰。

利用配位掩蔽必须具备的条件:①干扰离子与掩蔽剂形成的配合物应远比与 EDTA 形成的配合物稳定,而且形成的配合物应为无色或浅色,不影响终点判断;②掩蔽剂不与待测离子配位,即使形成配合物,其稳定性也应远小于待测离子与 EDTA 配合物的稳定性,在滴定时,才能被 EDTA 置换;③掩蔽剂的应用有一定的 pH 范围,而且要符合滴定时所要求的 pH 范围。

2)氧化还原掩蔽法

氧化还原掩蔽法是加入一种氧化还原剂,变更干扰离子价态,以消除其干扰。例如,用 EDTA 滴定 Bi^{3+}、Zr^{4+}、Th^{4+} 时,溶液中如果存在 Fe^{3+} 就有干扰。此时可加入抗坏血酸或羟氨,将 Fe^{3+} 还原成 Fe^{2+}。由于 Fe^{2+} – EDTA 配合物的稳定常数($\lg K_{FeY^{2-}}^{\ominus}$ =14.3),比 Fe^{3+} – EDTA 的稳定常数($\lg K_{FeY^-}^{\ominus}$ =25.1)小得多,因而能避免干扰。

常用的还原剂有抗坏血酸、羟氨、半胱氨酸等,其中有些还原剂同时又是配位剂。有些干扰离子的高价态与 EDTA 的配合物的稳定常数比低价态与 EDTA 的配合物的小,可以预先将低价干扰离子(如 Cr^{3+}、VO^{2+} 等离子)氧化成高价酸根(如 $Cr_2O_7^{2-}$、VO_3^{2-} 等)来消除干扰。

3)沉淀掩蔽法

沉淀掩蔽法是加入选择性沉淀剂作掩蔽剂,使干扰离子形成沉淀,并在沉淀的存在下直接进行配位滴定。例如,在 Ca^{2+}、Mg^{2+} 2 种离子共存的溶液中,加入 NaOH 溶液,使 pH>12,则 Mg^{2+} 生成 $Mg(OH)_2$ 沉淀,采用钙指示剂可以用 EDTA 滴定钙。

沉淀掩蔽法在实际应用中有一定的局限性,因为要求用于沉淀掩蔽法的沉淀反应必须具备条件:①沉淀的溶解度要小,反应才完全,否则掩蔽效果不好;②生成的沉淀应是无色或浅色致密的,最好是晶形沉淀,吸附作用很小,否则,由于颜色深、体积大、吸附待测离子或吸附指示剂而影响终点的观察和测定结果。

一些常用掩蔽剂列于表 9.8 中。

表9.8 一些常用的掩蔽剂

名称	pH 范围	被掩蔽的离子	备注
KCN	pH > 8	Co^{2+}、Ni^{2+}、Cu^{2+}、Zn^{2+}、Hg^{2+}、Cd^{2+}、Ag^+、Tl^+ 及铂族元素	
NH_4F	pH = 4 ~ 6 pH = 10	Al^{3+}、Ti^{4+}、Sn^{4+}、Zr^{4+}、W^{6+} 等；Mg^{2+}、Ca^{2+}、Sr^{2+}、Ba^{2+} 及稀土元素	用 NH_4F 比 NaF 好,优点是加入后溶液 pH 变化不大
三乙醇胺（TEA）	pH = 10 pH = 11 ~ 12	Al^{3+}、Sn^{4+}、Ti^{4+}、Fe^{3+}、Al^{3+} 及少量 Mn^{2+}	与 KCN 并用,可提高掩蔽效果
二巯基丙醇	pH = 10	Hg^{2+}、Cd^{2+}、Zn^{2+}、Bi^{3+}、Pb^{2+}、Ag^+、Sn^{4+} 及少量 Co^{2+}、Cu^{2+}、Fe^{3+}	
铜试剂（DDTC）	pH = 10	能与 Cu^{2+}、Hg^{2+}、Cd^{2+}、Bi^{3+} 生成沉淀	

表 9.9 中列出了一些常用的沉淀掩蔽剂。

表9.9 一些常用的沉淀掩蔽剂

名称	被掩蔽的离子	被测定的离子	pH 范围	指示剂
NH_4F	Ca^{2+}、Sr^{2+}、Ba^{2+}、Mg^{2+}、Ti^{4+}、Ti^{4+} 以及稀土	Zn^{2+}、Cd^{2+}、Mn^{2+}	10	铬黑 T
NH_4F	Ca^{2+}、Sr^{2+}、Ba^{2+}、Mg^{2+}、Ti^{4+}、Ti^{4+} 以及稀土	Cu^{2+}、Co^{2+}、Ni^{2+}	10	紫脲酸胺
K_2CrO_4	Ba^{2+}	Sr^{2+}	10	Mg – EDTA
Na_2S	微量重金属	Mg^{2+}、Ca^{2+}	10	铬黑 T
H_2SO_4	Pb^{2+}	Bi^{3+}	1	二甲酚橙
$K_4[Fe(CN)_6]$	微量 Zn^{2+}	Pb^{2+}	5 ~ 6	二甲酚橙

在金属离子配合物的溶液中,加入一种试剂(解蔽剂),将已被 EDTA 或掩蔽剂配位的金属离子释放出来,再进行滴定,这种方法叫解蔽。例如,用配位滴定法测定铜合金中的 Zn^{2+} 和 Pb^{2+},试液调节至碱性后,加 KCN 掩蔽 Cu^{2+}、Zn^{2+},此时 Pb^{2+} 不被 KCN 掩蔽,故可在 pH = 10 以铬黑 T 为指示剂,用 EDTA 标准溶液进行滴定,在滴定 Pb^{2+} 后的溶液中,加入甲醛破坏 $[Zn(CN)_4]^{2-}$,原来被 CN^- 配位了 Zn^{2+} 又释放出来,再用 EDTA 继续滴定。

在实际分析中,用一种掩蔽剂不能得到令人满意的结果,当有许多离子共存时,常将几种掩蔽剂或沉淀剂联合使用,这样才能获得较好的选择性。但须注意,共存干扰离子的量不能太多,否则得不到满意的结果。

3. 其他滴定剂

除 EDTA 外,其他配位剂与金属离子形成配合物的稳定性各有特点,可以选择不同配位剂进行滴定,以提高滴定的选择性。

EDTA 与 Ca^{2+}、Mg^{2+} 形成的配合物的稳定性相差不多,而 EGTA 与 Ca^{2+}、Mg^{2+} 形成的配合物的稳定性相差较大,故可以在 Ca^{2+}、Mg^{2+} 共存时,用 EGTA 直接滴定 Ca^{2+}。

EDTP 与 Cu^{2+} 的配合物较稳定,而与 Zn^{2+}、Cd^{2+} 及 Mg^{2+} 等离子的配合物稳定性就差得多,所以在 Zn^{2+}、Cd^{2+}、Mn^{2+} 及 Mg^{2+} 离子存在下可以用 EDTP 直接滴定 Cu^{2+}。

4. 化学分离法

在利用酸效应分别滴定、掩蔽干扰离子、应用其他滴定剂都有困难时,只有进行分离。分离的方法很多,尽管分离方法十分麻烦,但在某些情况下还是不可避免的。

9.4.7 配位滴定的应用

在配位滴定中,采用不同的滴定方式,不但可以扩大配位滴定的应用范围,同时也可以提高配位滴定的选择性。

1. 滴定方式

1) 直接滴定法

直接滴定法是配位滴定中最基本的方法。这种方法是将被测物质处理成溶液后,调节酸度,加入指示剂,有时还需要加入适当的辅助络合剂及掩蔽剂,直接用 EDTA 标准溶液进行滴定,然后根据消耗的 EDTA 标准溶液的体积,计算试样中被测组分的含量。

采用直接滴定法,必须符合几个条件:①被测组分与 EDTA 的络合速度快,且满足 $\lg c_M \cdot K'_{MY} \geqslant 6$ 的要求;②在选用的滴定条件下,必须有变色敏锐的指示剂,且不受共存离子的影响而发生"封闭"作用;③在选用的滴定条件下,被测组分不发生水解和沉淀反应,必要时可加辅助络合剂来防止这些反应。

若金属离子与 EDTA 的反应满足滴定的要求,就可用 EDTA 标准溶液直接滴定待测离子。直接滴定迅速方便,一般情况下引入误差较小,故只要条件允许,应尽量用直接滴定法。实际上大多数金属离子都可以采用 EDTA 直接滴定,但在下列任何一种情况下,不宜直接滴定:①待测离子(如 SO_3^{2-}、PO_4^{2-} 等离子)不与 EDTA 形成配合物,或待测离子(如 Na^+ 等)与 EDTA 形成的配合物不稳定;②待测离子(如 Ba^{2+}、Sr^{2+} 等离子)虽能与 EDTA 形成稳定的配合物,但缺少变色敏锐的指示剂;③待测离子(如 Al^{3+}、Cr^{3+} 等离子)与 EDTA 的配位速度很慢,本身又易水解或封闭指示剂。表 9.10 列出一些元素常用的 EDTA 直接滴定的方法。

表 9.10　直接滴定法示例

金属离子	pH 范围	指示剂	其他主要条件
Bi^{3+}	1	二甲酚橙	HNO_3 介质
Fe^{3+}	2	磺基水杨酸	加热至 $50 \sim 60\ ℃$

续表

Th^{4+}	$2.5 \sim 3.5$	二甲酚橙	
Cu^{2+}	$2.5 \sim 10$	PAN	加酒精或加热
	8	紫脲酸铵	
Zn^{2+}、Cd^{2+}、Pb^{2+}、稀土	5.5	二甲酚橙	
	$9 \sim 10$	铬黑 T	氨性缓冲液,滴定 Pb^{2+} 需加酒石酸
Ni^{2+}	$9 \sim 10$	紫脲酸铵	氨性缓冲液,加热至 $50 \sim 60$ ℃
Mg^{2+}	10	铬黑 T	
Ca^{2+}	$12 \sim 13$	钙指示剂	

2) 返滴定法

当被测离子与 EDTA 配位缓慢或在滴定的 pH 下发生水解,或对指示剂有封闭作用,或无合适的指示剂,可采用返滴定法。即先加入过量的 EDTA 标准溶液,使待测离子 M 完全配位。过量的 EDTA 再用其他金属离子 N 标准溶液返滴定,由两种标准溶液所消耗的物质的量之差计算被测金属离子的含量。

例如,测定 Al^{3+} 时,由于 Al^{3+} 易形成一系列多羟配合物,这类多羟配合物与 EDTA 配位速度较慢。但可加入过量的 EDTA 溶液,煮沸后,用 Cu^{2+} 或 Zn^{2+} 标准溶液返滴定过量的 EDTA。又如,测定 Ba^{2+} 时没有变色敏锐的指示剂,可加入过量 EDTA 溶液,与 Ba^{2+} 配位后,用铬黑 T 作指示剂,再用 Mg^{2+} 标准溶液返滴定。

作为返滴定剂的金属离子 N 与 EDTA 的配合物 NY 必须有足够的稳定性,以保证测定的准确度。但若 NY 比 MY 更稳定,则会发生以下置换反应:

$$N + MY \rightleftharpoons NY + M$$

因此测定 M 的结果将偏低。表 9.11 列出了一些常用作返滴定剂的金属离子。

表 9.11　常用作返滴定剂的金属离子

pH 范围	返滴定剂	指示剂	测定金属离子
$1 \sim 2$	Bi^{3+}	二甲酚橙	ZrO^{2+}、Sn^{4+}
$5 \sim 6$	Zn^{2+}	二甲酚橙	Al^{3+}
$5 \sim 6$	Cu^{2+}	PAN	Al^{3+}
10	Mg^{2+}、Zn^{2+}	铬黑 T	Ni^{2+}、稀土
$12 \sim 13$	Ca^{2+}	钙指示剂	Co^{2+}、Ni^{2+}

3) 置换滴定法

利用置换反应,从配合物中置换出等物质的量的另一种金属离子或 EDTA,然后进行滴定。此方法一般是加入适当的 EDTA 的金属盐 MY(常用 EDTA 的镁盐或锌盐),使待测离子与 MY 中的 EDTA 配位,置换出其中的金属离子(Mg^{2+} 或 Zn^{2+}),然后再用 EDTA 滴定 Mg^{2+} 或 Zn^{2+}。例如,测定 Ba^{2+}(或 Sr^{2+}),可以加入 MgY^{2-} 后,再用 EDTA 溶液滴定,将发生以下反应:

$$Ba^{2+} + MgY^{2-} \rightleftharpoons BaY^{2-} + Mg^{2+}$$

$$Mg^{2+} + Y^{4-} \rightleftharpoons MgY^{2-}$$

若用锌盐,从 $K_{ZnY^{2-}}^{\ominus}$ 来看,似乎 ZnY^{2-} 不能被 Ba^{2+} 置换,但在氨缓冲溶液(pH = 10)中有较大浓度的 NH_3(浓度大于 $1\ mol \cdot L^{-1}$),Zn^{2+} 被氨配位而 Ba^{2+} 不配位,因而 ZnY^{2-} 能被 Ba^{2+} 置换。

以上是用置换反应置换出金属离子,还可以用置换反应置换出 EDTA,即用另一种配位剂置换待测金属离子与 EDTA 配合物中的 EDTA,释放出来的 EDTA 再用其他金属离子标准溶液滴定。例如测定有 Cu^{2+}、Zn^{2+} 等离子共存时的 Al^{3+},可先加入过量 EDTA,并加热使 Al^{3+} 和共存的 Cu^{2+}、Zn^{2+} 等离子都与 EDTA 配位,然后在 pH = 5 ~6 时,以 PAN 作指示剂,用铜盐标准溶液返滴定过量的 EDTA(也可用二甲酚橙作指示剂,用锌盐返滴定)。再加入 NH_4F,利用 F^- 能与 Al^{3+} 生成更稳定的配合物这一性质,使 AlY^- 转变为更稳定的配合物 AlF_6^{3-},释放出的 EDTA 再用铜盐标准溶液滴定。反应如下:

$$AlY^- + 6F^- \rightleftharpoons AlF^{3-} + Y^{4-}$$

$$Y^{4-} + Cu^{2+} \rightleftharpoons CuY^{2-}$$

4)间接滴定法

有些金属离子如 Li^+、Na^+、K^+、Rb^+、Cs^+ 等和一些非金属离子如 SO_4^{2-}、PO_4^{3-} 等,由于不能和 EDTA 络合或与 EDTA 生成的络合物不稳定,不便于络合滴定,这时可采用间接滴定的方法进行测定。

例如测定 PO_4^{3-},可加一定过量的 $Bi(NO_3)_3$,使生成 $BiPO_4$ 沉淀,再用 EDTA 滴定剩余量的 Bi^{3+}。又如测定 Na^+,可加醋酸铀酰锌作沉淀剂,使之生成醋酸铀酰锌钠沉淀,将沉淀过滤、洗涤、分离、溶解后,再用 EDTA 滴定锌。

2. 配位滴定法应用示例

1)水的总硬度测定

工业用水形成锅垢,这是水中钙、镁的碳酸盐、酸式碳酸盐、硫酸盐、氯化物等所致。水中钙、镁盐等的含量用硬度表示,其中 Ca^{2+}、Mg^{2+} 含量是计算硬度的主要指标。水的总硬度包括暂时硬度和永久硬度。在水中以碳酸盐及酸式碳酸盐形式存在的钙、镁盐,加热能被分解、析出沉淀而除去,这类盐所形成的硬度称为暂时硬度;而钙、镁的硫酸盐或氯化物等所形成的硬度称为永久硬度。

硬度是工业用水的重要指标,如锅炉给水,经常要进行硬度分析,为水的处理提供依据。测定水的总硬度就是测定水中的 Ca^{2+}、Mg^{2+} 总含量,一般采用配位滴定法测定,即在 pH = 10 的氨性缓冲溶液中,以铬黑 T 作指示剂,用 EDTA 标准溶液直接滴定,直至溶液由酒红色转变为纯蓝色为终点。滴定时,水中存在 Fe^{3+}、Al^{3+} 等少量干扰离子用三乙醇胺掩蔽,Cu^{2+}、Pb^{2+}等重金属离子可用 KCN、Na_2S 来掩蔽。

测定结果的钙、镁离子总含量常以碳酸钙的量来计算水的硬度。各国对水的硬度表示方法不同,我国通常以含 $CaCO_3$ 的质量浓度来表示硬度,单位取 $mg \cdot L^{-1}$。也有用含 $CaCO_3$ 的物质的量浓度来表示,单位取 $mmol \cdot L^{-1}$。国家标准规定饮用水硬度以 $CaCO_3$ 计,不能超过 450 $mg \cdot L^{-1}$。

2)氢氧化铝凝胶含量的测定

用 EDTA 返滴定法,以测定氢氧化铝中铝的含量。即将一定量的氢氧化铝凝胶溶解,加 HAc – NH_4Ac 缓冲溶液,控制酸度 pH =4.5,加入过量的 EDTA 标准溶液,以二苯硫腙作指示剂,以锌标准溶液滴定到溶液由黄绿色变为红色,即为终点。

3)硅酸盐物料中三氧化二铁、氧化铝、氧化钙和氧化镁的测定

硅酸盐在地壳中占 75% 以上,天然的硅酸盐矿有石英、云母、滑石、长石、白云石等,水泥、玻璃、陶瓷制品、瓷、砖、瓦等则为人造硅酸盐,黄土、粘土、砂土等土壤主要成分也是硅酸盐。硅酸盐的组成除 SiO_2 外,主要有 Fe_2O_3、Al_2O_3、CaO 和 MgO 等,这些组分通常都可采用 EDTA 配位滴定法来测定。试样经预处理制成试液后,在 pH =2~2.5,以磺基水杨酸作指示剂,用 EDTA 标准溶液直接滴定 Fe^{3+}。在滴定 Fe^{3+} 后的溶液中,加过量的 EDTA 并调整 pH 在 4~5,以 PAN 作指示剂,在热溶液中用 $CuSO_4$ 标准溶液回滴过量的 EDTA 以测定 Al^{3+} 含量。另取一份试液,加三乙醇胺,在 pH =10,以 KB 作指示剂,用 EDTA 标准溶液滴定 CaO 和 MgO 含量。再取等量试液加三乙醇胺,以 KOH 溶液调 pH >12.5,使 Mg 形成 $Mg(OH)_2$ 沉淀,仍用 KB 作指示剂,EDTA 标准溶液直接滴定得 CaO 量,并用差减法计算 MgO 的含量,本方法现在仍广泛使用。测定中使用的 KB 指示剂是由酸性铬蓝 K 和萘酚绿 B 混合配制的。

阅读材料　稀土光致发光配合物的应用

(1)在稀土元素分析中应用

目前有关 f – f 跃迁荧光直接测定混合稀土中单一稀土元素的文献大多集中在芳香羧酸、β – 二酮、氨基多羧酸及它们的三元体系。由于稀士元素的荧光光度法具有灵敏性高,快速简便的特点,一直是人们感兴趣的课题。慈云祥等研究了 Tb – 吡啶 –2,6 – 二羧酸体系,系统地探讨了螯合物荧光产生的条件,并将该体系应用于混合稀士氧化物中的直接荧光光度测定。

(2)稀土发光探针在生物分子体系中的应用

镧系离子具有未充满 f 层电子,属于非惰性气体型结构,有光、磁活性,在较宽的频率内可呈现一系列跃迁,当其配位环境发生改变时,引起光、磁信号的改变,从而可以通过实验手段探测它们在生物体内的行为。镧系离子与碱土金属离子特别是

Ca^{2+}、Mg^{2+} 表现出的性质非常相似,因此镧系离子能够很容易地取代生物分子(蛋白质、生物酶、核酸等)中无探测信号的 Ca^{2+}、Mg^{2+} 等金属离子,而与生物大分子中的氨基酸、磷酸等基团结合,形成稀土生物大分子配合物。当镧系离子取代生物分子中的 Ca^{2+}、Mg^{2+} 等离子后,原来生物分子体系的生物活性可以部分或全部地保留,因此,镧系离子已成为研究生物大分子中结合金属离子的数目、结合部位、配位微环境、成键情况等的理想发光探针。

(3)在稀土功能材料中的应用

稀土光致发光配合物可用于各种材料方面,由于含有有机配体的配合物具有较好的油溶性,因而可将稀土配合物溶于印刷油墨,印制各种防伪商标,有价证券等,还可制成发光涂料或与塑料混合制成各种显示材料。利用有机配体对紫外光的高效吸收及稀土离子的高效发光,可把稀土有机配合物分散到高分子中,再制成发光的农用薄膜,可使农田增产 20%,这些都已有不少专利发表。

(4)在时间分辨荧光免疫分析中的应用

时间分辨荧光免疫分析法是利用稀士离子标记蛋白质(抗体或抗原),通过超微量分析即时间分辨荧光分析技术来检测稀士离子的荧光强度,由于荧光强度与所含抗原浓度成线性关系。从而可以计算出被测样品中抗原的浓度。稀土光致发光配合物的发光特点使其特别适于用作荧光免疫分析中生物分子的荧光标记物。

思考与练习 9 – 4

1. 配位滴定影响滴定 pM 突跃范围大小的因素有哪些? 是怎样影响的?

2. 为什么大多数配位滴定需要在一定的缓冲溶液中进行?

3. 金属指示剂的作用原理是什么? 它应具备哪些条件?

4. EDTA 和金属离子形成的配合物有哪些特点?

5. 配位滴定中什么是主反应? 有哪些副反应? 怎样衡量副反应的严重情况?

6. 配合物的绝对稳定常数和条件稳定常数有什么不同? 为什么要引入条件稳定常数?

7. 试比较酸碱滴定和配位滴定,说明它们的相同点和不同点。

8. 配位滴定中,金属离子能够被准确滴定的具体含义是什么? 金属离子能被准确滴定的条件是什么?

9. 配位滴定的酸度条件如何选择? 主要从哪些方面考虑?

10. 酸效应曲线是怎样绘制的? 它在配位滴定中有什么用途?

11. 金属离子指示剂具备哪些条件? 为什么金属离子指示剂使用时要求一定的

pH 范围？

12. 什么是配位滴定的选择性？提高配位滴定选择性的方法有哪些？

13. 配位滴定的方式有几种？它们分别在什么情况下使用？

14. 根据 EDTA 的各级解离常数，计算 pH = 5.0 和 pH = 10.0 时 $\lg\alpha_{Y(H)}$ 值。

15. 分别含有 $0.02\ mol \cdot L^{-1} Zn^{2+}$、$Cu^{2+}$、$Cd^{2+}$、$Sn^{2+}$、$Ca^{2+}$ 的 5 种溶液,在 pH = 3.5 时,哪些可以用 EDTA 准确滴定？哪些不能被 EDTA 准确滴定？为什么？

16. pH = 5.0 时,Co^{2+} 和 EDTA 配合物的条件稳定常数是多少(不考虑水解等副反应)？当 Co^{2+} 浓度为 $0.02\ mol \cdot L^{-1}$ 时,能否用 EDTA 准确滴定 Co^{2+}？

17. 在 Bi^{3+} 和 Ni^{2+} 均为 $0.01\ mol \cdot L^{-1}$ 的混合溶液中,试求以 EDTA 溶液滴定时所允许的最小 pH 值。能否采取控制溶液酸度的方法实现二者的分别滴定？

18. 用纯 $CaCO_3$ 标定 EDTA 溶液。称取 0.100 5 g 纯 $CaCO_3$,溶解后用容量瓶配成 100.0 mL 溶液,吸取 25.00 mL,在 pH = 12 时,用钙指示剂指示终点,用待标定的 EDTA 溶液滴定,用去 24.50 mL。计算:(1) EDTA 溶液的物质的量浓度;(2)该 EDTA 溶液对 ZnO 和 Fe_2O_3 的滴定度。

19. 欲测定有机试样中的含磷量,称取试样 0.108 4 g,处理成试液,并将其中的磷氧化成 PO_4^{3-},加入其它试剂使之形成 $MgNH_4PO_4$ 沉淀。沉淀经过滤洗涤后,再溶解于盐酸中并用 $NH_3 NH_4Cl$ 缓冲溶液调节 pH = 10,以铬黑 T 为指示剂,需用 $0.010\ 04\ mol \cdot L^{-1}$ 的 EDTA 21.04 mL 滴定至终点,计算试样中磷的质量分数。

20. 移取含 Bi^{3+}、Pb^{2+}、Cd^{2+} 的试液 25.00 mL,以二甲酚橙为指示剂,在 pH = 1 用 $0.020\ 15\ mol \cdot L^{-1}$ EDTA 标准溶液滴定,消耗 20.28 mL。调 pH 至 5.5,继续用 EDTA 溶液滴定,消耗 30.16 mL。再加入邻二氮菲使与 Cd^{2+} – EDTA 配离子中的 Cd^{2+} 发生配合反应,被置换出的 EDTA 再用 $0.020\ 02\ mol \cdot L^{-1} Pb^{2+}$ 标准溶液滴定,用去 10.15 mL,计算溶液中 Bi^{3+}、Pb^{2+}、Cd^{2+} 的浓度。

21. 称取 0.500 0 g 煤试样,灼烧并使其中的 S 完全氧化转移到溶液中以 SO_4^{2-} 形式存在。除去重金属离子后,加入 $0.050\ 00\ mol \cdot L^{-1}$ 溶液 20.00 mL,使之生成 $BaSO_4$ 沉淀。再用 $0.025\ 00\ mol \cdot L^{-1}$ EDTA 溶液滴定过量的 Ba^{2+},用去 20.00 mL,计算煤中 S 的质量分数。

22. 称取锡青铜试样(含 Sn、Cu、Zn 和 Pb)0.263 4 g,处理成溶液,加入过量的 EDTA 标准溶液,使其中所有的重金属离子均形成稳定的 EDTA 的配合物。过量的 EDTA 在 pH = 5 ~ 6 的条件下,以二甲酚橙为指示剂,用 $Zn(OAc)_2$ 标准溶液回滴。再在上述溶液中加入少许固体 NH_4F 使 SnY 转化成更稳定的 SnF_6^{2-},同时释放出 EDTA,最后用去 $0.011\ 63\ mol \cdot L^{-1}$ 的 $Zn(OAc)_2$ 标准溶液 20.28 mL。计算该铜合金中锡的质量分数。

23. 25.00 mL 试样中的镓(Ⅲ)离子,在 pH = 10 的缓冲溶液中,加入 25 mL 浓度为 0.05 mol·L^{-1}的 Mg – EDTA 溶液时,置换出的 Mg^{2+}以铬黑 T 为指示剂,需用 0.050 00 mol·L^{-1}的 EDTA 为 10.78 mL 滴定至终点。计算:(1)镓溶液的浓度;(2)该试液中所含镓的质量(单位以 g 表示)。

24. 欲测定某试液中 F^{3+}、F^{2+}的含量。吸取 25.00 mL 该试液,在 pH = 2 时用浓度为 0.015 00 mol·L^{-1}的 EDTA 滴定,耗用 15.40 mL,调节 pH = 6,继续滴定,又消耗 14.10 mL,计算其中 F^{3+}及 F^{2+}的浓度(以 mg·L^{-1}表示)。

25. 称取 0.500 0 g 黏土试样,用碱溶后分离 SiO$_2$,定容 250.0 mL。吸取 100 mL,在 pH = 2~2.5 的热溶液中,用磺基水杨酸作指示剂,以 0.020 00 mol·L^{-1}EDTA 标准溶液滴定 F^{3+},消耗 5.60 mL。滴定 F^{3+}后的溶液,在 pH = 3 时,加入过量的 ED-TA 溶液,调至 pH = 4~5,煮沸,用 PAN 作指示剂,以 CuSO$_4$ 标准溶液(每毫升含纯 CuSO$_4$·5H$_2$O 为 0.005 00 g)滴定至溶液呈紫红色。再加入 NH$_4$F,煮沸后,又用 Cu-SO$_4$ 标准溶液滴定,消耗 CuSO$_4$ 标准溶液 24.15 mL,试计算黏土中 Fe$_2$O$_3$ 和 Al$_2$O$_3$ 的质量分数。

26. 将镀于 5.04 cm^2 某惰性材料表面上的金属铬(ρ = 7.10 g·ml^{-1})溶解于无机酸中,然后将此酸性溶液移入 100 mL 容量瓶中并稀释至刻度。吸取 25.00 mL 该试液,调节 pH = 5 后,加入 25.00 mL 的 0.020 10 mol·L^{-1}的 EDTA 溶液使之充分螯合,过量的 EDTA 用 0.010 05 mol·L^{-1}的 Zn(OAc)$_2$ 溶液回滴,需 8.24 mL 可滴定至二甲酚橙指示剂变色。该惰性材料表面上铬镀层的平均厚度为多少毫米?

27. 在 pH = 10 的氨缓冲溶液中,滴定 100.0 mL 含 Ca^{2+}、Mg^{2+}的水样,消耗 0.010 16 mol·L^{-1}EDTA 标准溶液 15.28 mL;另取 100.0 mL 水样,用 NaOH 处理,使 Mg^{2+}生成 Mg(OH)$_2$ 沉淀,滴定时消耗 EDTA 标准溶液 10.4 mL,计算水样中 CaCO$_3$ 和 MgCO$_3$ 的含量(以 μg·mL^{-1}表示)。

28. 称取铝盐试样 1.250 g,溶解后加 0.050 00 mol·L^{-1}EDTA 溶液 25.00 mL,在适当条件下反应,调节溶液 pH 为 5~6,以二甲酚橙为指示剂,用 0.020 00 mol·L^{-1}Zn^{2+}标准溶液回滴过量 EDTA,耗用 Zn^{2+}溶液 21.50 mL,计算铝盐中铝的质量分数。

29. 用配位滴定法测定氯化锌(ZnCl$_2$)的含量。称取 0.250 0 g 试样,溶于水后稀释到 250.0 mL,吸取 25.00 mL,在 pH = 5~6 时,用二甲酚橙作指示剂,用 0.010 24 mol·L^{-1}EDTA 标准溶液滴定,用去 17.61 mL。计算试样中 ZnCl$_2$ 的质量分数。

30. 称取含 Fe$_2$O$_3$ 和 Al$_2$O$_3$ 的试样 0.201 5 g,溶解后,pH = 2,以磺基水杨酸作指示剂,以 0.020 08 mol·L^{-1}EDTA 标准溶液滴定至终点,消耗 15.20 mL。然后再加入上述 EDTA 溶液 25.00 mL,加热煮沸使 EDTA 与 Al^{3+}反应完全,调节 pH = 4.5,以

PAN 作指示剂,趁热用 0.021 12 $mol \cdot L^{-1}Cu^{2+}$ 标准溶液返滴,用去 8.16 mL,试计算试样中 Fe_2O_3 和 Al_2O_3 的质量分数。

技能训练一　水的总硬度的测定

一、实验目的

(1)了解配位滴定法基本原理和方法。

(2)了解水的硬度的概念及其表示方法。

二、实验原理

含有钙、镁离子的水叫硬水。测定水的总硬度就是测定水中钙、镁离子的总含量,可用 EDTA 配位滴定法测定。

滴定前:
$$M + EBT \Longrightarrow M - EBT$$
$$(红色)$$

主反应:
$$M + Y \Longrightarrow MY$$
$$M - EBT + Y \Longrightarrow MY + EBT$$
$$(红色) \qquad\qquad (蓝色)$$

滴定至溶液由红色变为蓝色时,即为终点。

滴定时,Fe^{3+}、Al^{3+} 等干扰离子可用三乙醇胺予以掩蔽;Cu^{2+}、Pb^{2+}、Zn^{2+} 等重金属离子可用 KCN、Na_2S 或巯基乙酸予以掩蔽。

水的硬度有多种表示方法,本实验要求以每升水中所含 Ca^{2+}、Mg^{2+} 总量(折算成 CaO 的质量)表示,单位 $mg \cdot L^{-1}$。

三、实验仪器和试剂

实验仪器:天平、容量瓶(100 mL)、移液管(20 mL)、酸式滴定管(50 mL)、锥形瓶(250 mL)等。

实验试剂:HCl(1∶1)、乙二胺四乙酸二钠($Na_2H_2Y \cdot 2H_2O$、AR)、碱式碳酸镁[$Mg(OH)_2 \cdot 4MgCO_3 \cdot 6H_2O$、基准试剂]、$NH_3 - NH_4Cl$ 缓冲溶液(pH = 10.0)、三乙醇胺(1∶1)、铬黑 T 指示剂等。

四、实验内容

1. Mg^{2+} 标准溶液的配制(0.02 $mol \cdot L^{-1}$)

准确称取碱式碳酸镁基准试剂 0.2 ~ 0.25 g,置于 100 mL 烧杯中,用少量水润湿,盖上表面皿,慢慢滴加 HCl(1∶1)使其溶解(需 3 ~ 4 mL)。加少量水将它稀释,定量地转移至 100 mL 容量瓶中,用水稀释至刻度,摇匀。

其浓度计算:
$$c_{Mg^{2+}} = \frac{m_{Mg(OH)_2 \cdot 4MgCO_3 \cdot 6H_2O} \times 5}{503.82 \times 0.1}$$

2. EDTA 标准溶液的配制与标定

1）EDTA 标准溶液的配制($0.02\ mol \cdot L^{-1}$)

称取 $2.0\ g$ 乙二胺四乙酸二钠（$Na_2H_2Y \cdot 2H_2O$）溶于 $250\ mL$ 蒸馏水中，转入聚乙烯塑料瓶中保存。

2）EDTA 标准溶液浓度的标定

用 $20\ mL$ 移液管移取 Mg^{2+} 标准溶液于 $250\ mL$ 锥形瓶中，加入 $10\ mL$ 氨性缓冲溶液和 $3 \sim 4$ 滴 EBT 指示剂，用 $0.02\ mol \cdot L^{-1}$ EDTA 标准溶液滴定，至溶液由紫红色变为蓝色即为终点。平行标定 3 次。

$$c_{EDTA} = \frac{(cV)_{Mg^{2+}}}{V_{EDTA}}$$

EDTA 浓度计算，取 3 次测定的平均值。

3. 水的总硬度测定

用 $20\ mL$ 移液管移取水样于 $250\ mL$ 锥形瓶中，加氨性缓冲溶液 $6\ mL$，1：1 三乙醇胺溶液 $3\ mL$，EBT 指示剂 $3 \sim 4$ 滴，用 EDTA 标准溶液滴定，溶液由紫红色变为蓝色即为终点。平行测定 3 次。

$$\rho_{CaO}(mg \cdot L^{-1}) = \frac{(cV)_{EDTA} \times 56.08}{20.00/1\ 000}$$

水的总硬度计算，取 3 次测定的平均值。

五、实验思考题

（1）用 EDTA 滴定 Ca^{2+}、Mg^{2+} 时，为什么要加氨性缓冲溶液？

（2）测定水的总硬度时，加入三乙醇胺的目的是什么？

（3）用 HCl 分解碱式碳酸镁基准试剂时，不先加水润湿或 HCl 过浓，会对标定结果产生什么影响？

（4）水样中钙含量高而镁含量低时，常在溶液中先加入少量 MgY，这样做的目的是什么？为什么？

六、技能考核评分标准

序号	评分点	配分	评分标准		扣分	得分	考评员
1	粗称	2	操作正确	（2分）			
2	分析天平称量前的准备	2	检查天平水平、休止、砝码、清洁等（1分） 调零	（1分）			
3	分析天平称量操作	10	称量瓶放置正确	（2分）			
			倾出试样符合要求	（3分）			
			开关天平门操作正确	（2分）			
			读数及记录正确	（3分）			

序号	评分点	配分	评分标准		扣分	得分	考评员
4	称量后结束工作	2	砝码回位	(1分)			
			关门	(1分)			
5	滴定前的准备	6	洗涤符合要求	(1分)			
			试漏	(1分)			
			用滴定溶液润洗	(1分)			
			装液正确	(1分)			
			排空气	(1分)			
			调刻度	(1分)			
6	标准溶液的配制与标定	20	标准溶液配制和存放正确	(4分)			
			碳酸镁处理正确	(8分)			
			标准溶液浓度标定准确	(8分)			
7	样品的滴定操作	30	加指示剂操作恰当	(2分)			
			滴定姿势正确	(4分)			
			滴定速度把握恰当	(3分)			
			摇瓶操作正确	(3分)			
			淋洗锥形瓶内壁	(3分)			
			滴定后补充溶液操作正确	(2分)			
			半滴溶液的加入恰当	(4分)			
			终点判断准确	(3分)			
			滴定管的读数正确	(3分)			
			平行操作的重复性好	(3分)			
8	滴定后的结束工作	4	洗涤仪器	(2分)			
			台面清洁	(2分)			
9	分析结果	14	记录准确	(7分)			
			结果与参照值误差不大	(7分)			
10	考核时间	10	考核时间为120 min。超过时间5 min扣2分,超过10 min扣4分,以此类推,直至本题分数扣完为止				

技能训练二 白云石中钙的测定

一、实验目的

（1）了解用氧化还原法间接测定金属的原理和方法。

（2）掌握沉淀、过滤、洗涤等沉淀分离法的操作技术。

（3）学会用高锰酸钾法测定白云石中钙的含量。

二、实验原理

EDTA 滴定 Ca^{2+}、Mg^{2+} 的方法很多，通常根据被测物质复杂程度的不同而采用不同的分析方法。本实验采用直接滴定法。调节试液的 pH = 10，用 EDTA 滴定 Ca^{2+}、Mg^{2+} 总量，此时 Ca^{2+}、Mg^{2+} 均与 EDTA 形成 1∶1 配合物，反应式为：

$$H_2Y^{2-} + Ca^{2+} \Longleftrightarrow CaY^{2-} + 2H^+$$
$$H_2Y^{2-} + Mg^{2+} \Longleftrightarrow MgY^{2-} + 2H^+$$

滴定时以铬黑 T 为指示剂，在 pH = 10 的缓冲溶液中，指示剂与 Ca^{2+}、Mg^{2+} 生成紫红色配合物，当用 EDTA 滴定到化学计量点时，游离出指示剂的溶液显蓝色。

另取一份试液，调节 pH = 12，此时 Mg^{2+} 生成 $Mg(OH)_2$ 沉淀，故可以用 EDTA 单独滴定 Ca^{2+}。当试液中 Mg^{2+} 的含量较高时，形成大量的 $Mg(OH)_2$ 沉淀吸附钙，从而使钙的含量结果偏低，镁的含量结果偏高，加入糊精可基本消除吸附现象。

滴定时溶液中 Fe^{3+}、Al^{3+} 等干扰测定，可用三乙醇胺掩蔽。Cu^{2+}、Zn^{2+}、Pb^{2+} 等的干扰可用 Na_2S 或 KCN 掩蔽。

三、实验试剂及配制方法

（1）EDTA 溶液（0.02 mol·L^{-1}）。称取 EDTA 二钠盐（$Na_2H_2Y·2H_2O$）4 g 于 250 mL 烧杯中，用 50 mL 水微热溶解后稀释至 500 mL。如溶液需久置，最好将溶液存于聚乙烯瓶中。

（2）氨－氯化铵缓冲溶液。称取固体氯化铵 67 g，溶于少量水中，加浓氨水 570 mL，用水稀释至 1 L。

（3）铬黑 T 指示剂。0.5 g 铬黑 T 和 50 g 氯化钠研细混匀。

（4）钙指示剂。0.5 g 钙指示剂和 50 g 氯化钠研细混匀。

（5）其他试剂。盐酸溶液（1∶1）、氢氧化钠溶液（20%）。

四、实验内容

1. 0.02 mol·L^{-1} EDTA 溶液的标定

标定 EDTA 溶液的基准物质很多,为了减少方法误差,故选用基准 $CaCO_3$ 进行标定,其方法如下:准确称取基准 $CaCO_3$(110 ℃烘 2 h)0.5~0.6 g(准确到 0.1 mg)于 250 mL 烧杯中,用少量水润湿,盖上表面皿,由烧杯口慢慢加入 10 mL 盐酸溶液(1∶1)溶解后,将溶液定量转入 250 mL 容量瓶中,用水稀释至刻度,摇匀。

移取 25.00 mL 上述溶液于 250 mL 锥形瓶中,加入 70~80 mL 水,加 20% 的 NaOH 溶液 5 mL,加少量钙指示剂,用 0.02 mol·L^{-1} EDTA 标准溶液滴定至溶液由紫红色变为纯蓝色即为终点。平行标定 3 份,计算出 EDTA 溶液的浓度。

2. 试液分析

移取试液 25.00 mL 于 250 mL 锥形瓶中,加水 70~80 mL,摇匀加入 pH=10 的氨性缓冲溶液 10 mL,加少量铬黑 T 指示剂,用 EDTA 标准溶液滴定至溶液由紫红色变为纯蓝色,即为终点。平行测定 3 份,计算出 25 mL 试液中钙、镁含量的毫摩尔数。

另取一份 25.00 mL 试液放入 250 mL 锥形瓶中,加水 70~80 mL,20% NaOH 溶液 5 mL,少量钙指示剂,用 EDTA 标准溶液滴定至溶液由紫红色变为纯蓝色即为终点。平行测定 3 份,根据所消耗的 EDTA 的毫升数计算试样中钙的含量。

3. 白云石中钙、镁的分析

称取 0.5~0.6 g 白云石(视试样中钙、镁含量多少而定)试样于 250 mL 烧杯中,用 1∶1 的 HCl 溶液 10~20 mL 加热溶解至只剩下白色硅渣,冷却后定量转移至 250 mL 容量瓶中,用水稀释至刻度,摇匀,再各取 25.00 mL 此溶液分别滴定 Ca^{2+}、Mg^{2+} 含量及 Ca^{2+} 含量,平行滴定 3 份,并分别计算钙、镁的百分含量。若白云石中含有铁、铝,需先在酸性条件下加入 5 mL 的三乙醇胺(1∶2),再按分析步骤分别滴定 Ca^{2+}、Mg^{2+} 含量及 Ca^{2+} 的含量。

若试样中镁的含量较高,在滴定 Ca^{2+} 时先加入 10~15 mL 5% 糊精溶液,再调节酸度至 pH≈12,按其分析步骤进行滴定。

4. 注意事项

测定过程中要注意以下事项。

(1)加入指示剂的量要适宜,过多或过少都不易辨认终点。

(2)滴 Ca^{2+} 时接近终点要缓慢,并充分摇动溶液,避免 $Mg(OH)_2$ 沉淀吸附 Ca^{2+} 而引起钙结果偏低。

五、实验思考题

(1)为何要控制溶液的 pH 值?

(2)标定 EDTA 时,加 NaOH 起什么作用?

（3）本实验中,可否有其他缓冲溶液能代替氨－氯化铵缓冲溶液?

六、技能考核评分标准

序号	评分点	配分	评分标准		扣分	得分	考评员
1	粗称	2	操作正确	(2分)			
2	分析天平称量前的准备	2	检查天平水平、休止、砝码、清洁等	(1分)			
			调零	(1分)			
3	分析天平称量操作	10	称量瓶放置正确	(2分)			
			倾出试样符合要求	(3分)			
			加减砝码操作正确	(2分)			
			读数及记录正确	(3分)			
4	称量后结束工作	2	砝码回位	(1分)			
			关门	(1分)			
5	滴定前的准备	6	洗涤符合要求	(1分)			
			试漏	(1分)			
			用滴定溶液润洗	(1分)			
			装液正确	(1分)			
			排空气	(1分)			
			调刻度	(1分)			
6	标准溶液的配制与标定	20	标准溶液配制和存放正确	(4分)			
			碳酸镁处理正确	(8分)			
			标准溶液浓度标定准确	(8分)			
7	样品的滴定操作	30	加指示剂操作恰当	(2分)			
			滴定姿势正确	(4分)			
			滴定速度把握恰当	(3分)			
			摇瓶操作正确	(3分)			
			淋洗锥形瓶内壁	(3分)			
			滴定后补充溶液操作正确	(2分)			
			半滴溶液的加入恰当	(4分)			
			终点判断准确	(3分)			
			滴定管的读数正确	(3分)			
			平行操作的重复性好	(3分)			
8	滴定后的结束工作	4	洗涤仪器	(2分)			
			台面清洁	(2分)			

续表

序号	评分点	配分	评分标准	扣分	得分	考评员
9	分析结果	14	记录准确　　　　　　　　　　（7分） 结果与参照值误差不大　　　　（7分）			
10	考核时间	10	考核时间为 120 min。超过时间 5 min 扣 2 分,超过 10 min 扣 4 分,以此类推,直至本题分数扣完为止			

技能训练三　铅铋合金中铋和铅的连续配位滴定

一、实验目的

(1)了解用控制酸度的方法进行铋和铅连续配位滴定的原理。

(2)掌握合成试样的酸溶解技术。

(3)学会铋和铅连续配位滴定的分析方法。

二、实验原理

Bi^{3+} 与 EDTA 的配合物远比 Pb^{2+} 与 EDTA 的配合物稳定,因此可以用控制酸度的方法在一份溶液中连续滴定 Bi^{3+} 与 Pb^{2+}。二甲酚橙在 pH<6 时显黄色,能与 Bi^{3+} 与 Pb^{2+} 形成紫红色配合物,只是 Bi^{3+} 的配合物更稳定,因此,它可作为 Bi^{3+} 与 Pb^{2+} 连续滴定的指示剂。

首先调节试液酸度为 pH=1,加入二甲酚橙指示剂后呈现 Bi^{3+} 与二甲酚橙配合物的紫红色,用 EDTA 标准溶液滴定至溶液呈亮黄色,即可测得铋的含量。然后,加入六亚甲基四胺溶液使溶液 pH=5,此时,Pb^{2+} 与二甲酚橙形成紫红色配合物,再用 EDTA 标准溶液滴定至溶液呈亮黄色,由此可测得铅的含量。

铅铋合金试样用 HNO_3 溶解,滴定 Bi^{3+} 时溶液的酸度是由 HNO_3 加入的量来控制的。滴定 Pb^{2+} 时的酸度是由滴定 Bi^{3+} 后的溶液中加入适量的六亚甲基四胺形成的缓冲溶液所决定的。

三、实验试剂

实验试剂:EDTA 标准溶液($0.02\ mol \cdot L^{-1}$)、HNO_3 溶液(1:1)、HCl 溶液(1:1)、六亚甲基四胺溶液(15%)、二甲酚橙指示剂(0.2%)。

四、实验内容

1. 0.02 mol·L⁻¹EDTA 溶液的配制和标定

称取 2.0 g 乙二胺四乙酸二钠（$Na_2H_2Y·2H_2O$）溶于 250 mL 蒸馏水中，转入聚乙烯塑料瓶中保存。

准确称取基准 $CaCO_3$（110 ℃烘 2 h）0.5~0.6 g（准确到 0.1 mg）于 250 mL 烧杯中，用少量水润湿，盖上表面皿，由烧杯口慢慢加入 10 mL 盐酸溶液(1∶1)溶解后，将溶液定量转入 250 mL 容量瓶中，用水稀释至刻度，摇匀。

移取 25.00 mL 上述溶液于 250 mL 锥形瓶中，加入 70~80 mL 水，加 20% 的 NaOH 溶液 5 mL，加少量钙指示剂，用 0.02 mol·L⁻¹EDTA 标准溶液滴定至溶液由紫红色变为纯蓝色即为终点。平行标定 3 份，计算出 EDTA 溶液的浓度。

2. 铅铋合金的测定

准确称取铅铋合金试样 0.5~0.6 g，置于 250 mL 烧杯中，加入 6~7 mLHNO₃（溶液1∶1），加热溶解，待完全溶解后，用稀硝酸洗涤杯壁，将试液定量转入 100 mL 容量瓶中，用稀 HNO_3 溶液稀释至刻度，摇匀。

移取 25.00 mL 试样于 250 mL 锥形瓶中，加 2~3 滴二甲酚橙，用 EDTA 标准溶液滴定至溶液呈亮黄色，即为终点，记录读数 V_1，然后加六亚甲基四胺 10 mL，试液变为紫红色，继续用 EDTA 标准溶液滴定至溶液呈亮黄色，记录读数 V_2，平行滴定 3 份，计算合金中铋和铅的质量分数。

3. 注意事项

(1)溶解合金时切勿煮沸，溶解完全后即停止加热，以防 HNO_3 溶液蒸干，造成崩溅，且加水溶解时由于酸度过低导致 Bi^{3+} 水解。

(2)所加六亚甲基四胺是否够量，就在第一次滴定时用 pH 试纸检验(pH≈5)，以便调整后继续滴定。

五、实验思考题

(1)描述连续滴定 Bi^{3+}、pb^{2+} 过程中，锥形瓶中颜色变化的情形，以及颜色变化的原因。

(2)滴定 Bi^{3+} 要控制溶液酸度 pH = 1，酸度过低或过高对测定结果有何影响？实验中是如何控制这个酸度的？

(3)滴定 Pb^{2+} 以前要调节 pH = 5，为什么用六亚甲基四胺而不是用强碱或是氨水、乙酸钠等弱碱？

六、技能考核评分标准

序号	评分点	配分	评分标准		扣分	得分	考评员
1	粗称	2	操作正确	(2分)			
2	分析天平称量前的准备	2	检查天平水平、休止、砝码、清洁等	(1分)			
			调零	(1分)			
3	分析天平称量操作	10	称量瓶放置正确	(2分)			
			倾出试样符合要求	(3分)			
			加减砝码操作正确	(2分)			
			读数及记录正确	(3分)			
4	称量后结束工作	2	砝码回位	(1分)			
			关门	(1分)			
5	滴定前的准备	6	洗涤符合要求	(1分)			
			试漏	(1分)			
			用滴定溶液润洗	(1分)			
			装液正确	(1分)			
			排空气	(1分)			
			调刻度	(1分)			
6	标准溶液的配制与标定	20	标准溶液配制和存放正确	(4分)			
			碳酸镁处理正确	(8分)			
			标准溶液浓度标定准确	(8分)			
7	样品的滴定操作	30	加指示剂操作恰当	(2分)			
			滴定姿势正确	(4分)			
			滴定速度把握恰当	(3分)			
			摇瓶操作正确	(3分)			
			淋洗锥形瓶内壁	(3分)			
			滴定后补充溶液操作正确	(2分)			
			半滴溶液的加入恰当	(4分)			
			终点判断准确	(3分)			
			滴定管的读数正确	(3分)			
			平行操作的重复性好	(3分)			

序号	评分点	配分	评分标准	扣分	得分	考评员
8	滴定后的结束工作	4	洗涤仪器 (2分) 台面清洁 (2分)			
9	分析结果	14	记录准确 (7分) 结果与参照值误差不大 (7分)			
10	考核时间	10	考核时间为 120 min。超过时间 5 min 扣 2 分,超过 10 min 扣 4 分,以此类推,直至本题分数扣完为止			

10

分光光度法

基本知识与基本技能

1. 理解紫外 – 可见光谱产生的基本原理。

2. 掌握各种电子跃迁所产生的吸收带及其特征。

3. 掌握光吸收定律及其用于紫外 – 可见光谱的条件。

4. 了解紫外 – 可见分光光度计的主要组成部件及各部件的要求。

5. 掌握使用分光光度计测量溶液中微量元素含量的技能。

6. 掌握运用 λ_{max} 经验规则判断不同化合物的技能。

10.1 分光光度法概述

许多物质的溶液显现出颜色,例如 $KMnO_4$ 溶液呈紫红色,邻二氮菲亚铁络合物的溶液呈红色等,而且溶液颜色的深浅往往与物质的浓度有关,溶液浓度越大,颜色越深,而浓度越小,颜色越浅。历史上,人们用肉眼来观察溶液颜色的深浅来判断物质浓度,建立了比色分析法,即目视比色法。随着科学技术的发展,出现测量颜色深浅的仪器,即光电比色计,建立了光电比色法。再到后来,出现了分光光度计,建立了分光光度法,并且其原理已不局限于溶液颜色深浅的比较。用光电比色计、分光光度计不仅可以客观准确地测量颜色的深浅,而且还把比色分析扩大到紫外和红外吸收光谱,即扩大到无色溶液的测定。

分光光度法是基于物质对光的选择性吸收而建立起来的分析方法,广泛用于无机物和有机物的定性和定量分析。由于物质分子根据其特定的内部结构和能级状态对波长连续分布的辐射选择性地吸收,因此形成了物质的特征吸收光谱。为了清楚地反映物质吸收与波长的关系,通常以波长(辐射的能量)为横坐标,以物质对不同波长光的吸收程度即吸光度为纵坐标,绘得的曲线称吸收曲线,也称物质的特征吸收光谱图。

从物质溶液的吸收曲线很容易解释溶液呈现颜色的原理,即颜色是可见光谱范围内一定频率的辐射光波射入人的眼睛所引起的一种视觉和心理的知觉感受。白色光是完全反射或透射的所有波长可见光的总和,即所有彩色混合产生的颜色。从理论上讲,两种或两种以上波长的光表现的颜色称混合光或复色光,单一波长的光表现的颜色称为单色光。颜色对应的主波长(决定彩色相互区分的单色光)与光谱范围见表10.1。

表10.1　各种色光的主波长与近似波长的范围

颜色	主波长/nm	光谱范围/nm
红	700	750～640
橙	620	640～600
黄	580	600～550
绿	510	550～500
青	490	500～480
蓝	470	480～450
紫	420	450～400

现在讨论溶液颜色的形成。当一束白色混合光通过高锰酸钾溶液时,溶液吸收了以500～550 nm为主及其邻近区域的绿色光,紫色光与红色光几乎不予吸收,所以溶液呈现紫红色;又如硫酸铜的稀硫酸溶液吸收红色光,溶液呈现蓝绿色。

按所用光的波谱区域不同又可分为可见分光光度法(400～780 nm)、紫外分光光度法(200～400 nm)和红外分光光度法(3×10^3～3×10^4 nm)。在选定波长下,被测溶液对光的吸收程度与溶液中的吸光物质的浓度有简单的定量关系。被利用的光波范围是紫外、可见和红外光区。分光光度法测量的是物质的物理性质——物质对光的吸收,测量所需的仪器是特殊的光学电子学仪器,所以分光光度法不属于传统的化学分析方法,而属于近代的仪器分析方法。

因为分光光度法本质上属于仪器分析法,主要用于测定试样中微量组分的含量,所以与化学分析法相比,它有一些不同的特点。

(1)灵敏度高。光度法常用于测定物质中的微量组分(含量1%～0.001%),对固体试样一般可测至精度为0.000 1%。如果对被测组分进行先期的分离富集,灵敏度还可以提高2～3个数量级。

(2)准确度高。一般分光光度法测定的相对误差为2%～5%,虽然这比一般化学分析法的相对误差(3‰以内)要大,但由于光度法多是用来测定微量组分的,故由此引出的绝对误差并不大,完全能够满足微量组分的测定要求。如果用精密性能更高的分光光度计测量,相对误差可低至1%～2%。

(3)操作简便快速。分光光度法所用的仪器都不复杂,操作方便。先把试样处理成溶液,一般只经历显色和测量吸光度两个步骤,就可得出分析结果。

(4)应用广泛。分光光度法广泛地应用于痕量分析的领域。几乎所有的无机离子和大部分有机化合物都可直接或间接地用分光光度法测定。还可用来研究化学反应的机理,例如测定溶液中络合物的组成和测定一些酸碱的离解常数等。因此,分光光度法是生产和科研部门广泛应用的一种分析方法。

思考与练习 10 – 1

1. 按所用光的波谱区域不同,分光光度法可分为三种:可见分光光度法,波长范围为_____ nm;紫外分光光光度法,波长范围为_____ nm;红外分光光度法,波长范围为_____ nm。

2. 什么是特征吸收光谱?

3. 分光光度法与化学分析法相比有哪些特点?

阅读材料　仪器分析概况

仪器分析是指采用比较复杂或特殊的仪器设备,通过测量物质的某些物理或物理化学性质的参数及其变化来获取物质的化学组成、成分含量及化学结构等信息的一类方法。仪器分析(instrumental analysis)与化学分析(chemical analysis)是分析化学(analytical chemistry)的两类分析方法。

仪器分析一般用于半微量($0.01 - 0.1$g)、微量($0.1 - 10$mg)、超微量(<0.1mg)组分的分析,灵敏度高;而化学分析一般适用于半微量($0.01 - 0.1$g)、常量(>0.1g)组分的分析,准确度高。

仪器分析法有以下基本特点:

(1)灵敏度高:大多数仪器分析法适用于微量、痕量分析。例如,原子吸收分光光度法测定某些元素的绝对灵敏度可达 10^{-14}g。电子光谱甚至可达 10^{-18}g。

(2)取样量少:化学分析法需用 $10^{-1} \sim 10^{-4}$g;仪器分析试样常在 $10^{-2} \sim 10^{-8}$g。

(3)在低浓度下的分析准确度较高,相对误差低达 $1\% \sim 10\%$。

(4)快速:例如,发射光谱分析法在 1min 内可同时测定水中 48 个元素,灵敏度可达 ng 级。

(5)可进行无损分析:有时可在不破坏试样的情况下进行测定,适于考古、文物等特殊领域的分析。

(6)能进行多信息或特殊功能的分析:有时可同时作定性、定量分析,有时可同时测定材料的组分比和原子的价态。放射性分析法还可作痕量杂质分析。

(7)专一性强:例如,用单晶 X 衍射仪可专测晶体结构;用离子选择性电极可测指定离子的浓度等。

(8)便于遥测、遥控、自动化:可作即时、在线分析控制生产过程、环境自动监测与控制。

(9)操作较简便:省去了繁多化学操作过程。随自动化、程序化程度的提高操作将更趋于简化。

(10)仪器设备较复杂,价格较昂贵。

10.2　分光光度法基本原理

10.2.1　光的基本性质

光是一种电磁波,按其波长或频率大小顺序排列,可得到如表 10.2 所示的电磁波谱。

表 10.2　电磁波谱

光谱名称	波长范围	跃迁类型	辐射源	分析方法
X 射线	0.1 ~ 10 nm	K 和 L 层电子	X 射线	X 射线光谱法
远紫外光	10 ~ 200 nm	中层电子	氢、氘、氙灯	真空紫外光度法
近紫外光	200 ~ 400 nm	价电子	氢、氘、氙灯	紫外光度法
可见光	400 ~ 750 nm	价电子	钨灯	比色及可见光度法
近红外光	0.75 ~ 2.5 μm	分子振动	碳化硅热棒	近红外光度法
中红外光	2.5 ~ 5.0 μm	分子振动	碳化硅热棒	中红外光度法
远红外光	5.0 ~ 1 000 μm	分子转动和振动	碳化硅热棒	远红外光度法
微波	0.1 ~ 100 cm	分子转动	电磁波发生器	微波光谱法
无线电波	1 ~ 1 000 m			核磁共振光谱法

光具有二象性:波动性和粒子性。

波动性是指光按波动形式传播。例如光的折射、衍射、偏振和干涉等现象,就明显地表现其波动性。光的波长 λ、频率 ν 与速度 c 的关系为:

$$\lambda\nu = c \tag{10-1}$$

式中:λ——波长,nm;

　　　ν——频率,Hz;

　　　c——光速,真空中等于 2.9979×10^{10} cm·s^{-1},约为 3×10^{10} cm·s^{-1}。

光同时又具有粒子性。光是由"光微粒子"(光量子或光子)所组成的。光量子的能量与波长的关系为:

$$E = h\nu = hc/\lambda \tag{10-2}$$

式中:E——光量子能量;

　　　ν——频率;

　　　h——普朗克常数,6.6262×10^{-34} J·s。

每个光子的质量为:

$$m = E/c^2 = h\nu/c^2 = c^2$$

光子也具有动量,可以表示为:

$$mc = h\nu/c = h/\lambda$$

不同波长(或频率)的光,其能量不同,短波的能量大,长波的能量小。

10.2.2　物质对光的选择性吸收

1. 物质对光产生选择性吸收的原因

物质的分子具有一系列不连续的特征能级,如其中的电子能级可分为能量较低的基态和能量较高的激发态。在一般情况下,物质的分子都处于能量最低的能级,只有在吸收了一定能量之后才有可能产生能级跃迁,进入能量较高的能级。

在光照射到某物质以后,该物质的分子就有可能吸收光子的能量而发生能级跃迁,这种现象叫做光的吸收。但是,并不是任何一种波长的光照射到物质上都能够被物质所吸收。只有当照射光的能量与物质分子的某一能级恰好相等时,才有可能发生能级跃迁,与此能量相应的那种波长的光才能被吸收。或者说,能被吸收的光的波长必须符合公式:

$$\Delta E = hc/\lambda$$

这里,$\Delta E = E_2 - E_1$,表示某一能级差的能量。由于不同物质的分子其组成与结构不同,它们所具有的特征能级不同,能级差也不同,所以不同物质对不同波长的光的吸收就具有选择性,有的能吸收,有的不能吸收。

2. 物质的颜色与吸收光的关系

在可见光中,通常所说的白光是由许多不同波长的可见光组成的复合光。由红、橙、黄、绿、青、蓝、紫这些不同波长的可见光按照一定的比例混合得到白光。进一步的研究又表明,只需要把两种特定颜色的光按一定比例混合,就可以得到白光,如绿光和紫光混合,黄光和蓝光混合,都可以得到白光。

按照一定比例混合后能够得到白光的那两种光称为互补光,互补光的颜色称为互补色。当一束白光照射到某一溶液上时,如果该溶液的溶质不吸收任何波长的可见光,则组成白光的各色光将全部透过溶液,透射光依然两两互补组成白光,溶液呈现出无色。如果溶质选择性地吸收了某一颜色的可见光,则只有其余颜色的光透过溶液,透射光中除了仍然两两互补的那些可见光组成的白光以外,还有未配对的被吸收光的互补光,于是溶液呈现出该互补光的颜色。如果溶液对可见光区各波长的光全部吸收,则溶液呈黑色。例如,当白光通过 $CuSO_4$ 溶液时,Cu^{2+} 选择性地吸收了黄色光,使透过光中的蓝色光失去了其互补光,于是 $CuSO_4$ 溶液呈现出蓝色。

3. 吸收曲线(吸收光谱)

为了更精细地研究某溶液对光的选择性吸收,通常要作该溶液的吸收曲线,即该溶液对不同波长的光的吸收程度的形象化表示。吸收程度用吸光度 A 表示,后面将详细讨论。A 越大,表明溶液对某波长的光吸收越多。图 10.1 就是 $KMnO_4$ 溶液的吸收曲线。可见 MnO_4^- 对波长 525 nm 附近的绿色吸收最多,而对与绿色光互补的 400 nm 附近的色光则几乎不吸收,所以 $KMnO_4$ 溶液呈紫红色。吸收曲线中吸光度最大处的波长称为最大吸收波长,以 λ_{max} 表示,如 $KMnO_4$ 的 $\lambda_{max} = 525$ nm。

对于同一物质,当它的浓度不同时,同一波长下的吸光度 A 不同,但是最大吸收波长的位置和吸收曲线的形状不变。而对于不同物质,由于它们对不同波长的光的吸收具有选择性,因此它们的 λ_{max} 的位置和吸收曲线的形状互不相同,可以据此进行物质的定性分析。

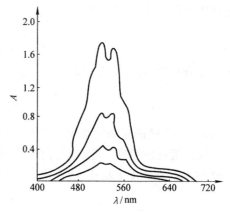

图 10.1　$KMnO_4$ 溶液的光吸收曲线

由图 10.1 可见,对同一种物质,在一定波长时,随着其浓度的增加,吸光度 A 也相应增大,而且由于在 λ_{max} 处吸光度 A 最大,在此波长下 A 随浓度的增大更为明显,可以据此进行物质的定量分析。分光光度法进行定量分析的理论基础就是光的吸收定律——朗伯 - 比耳定律。

10.2.3　光吸收的基本定律

1. 朗伯 - 比耳定律

物质对光的吸收的定量关系早就受到科学家的注意。其中朗伯于 1760 年和比耳在 1852 年分别阐明了光的吸收程度与液层厚度及溶液浓度的定量关系,二者结合称为朗伯 - 比耳定律,也称光的吸收定律。下面对此定律进行理论推导。

当一束平行单色光通过任何均匀、非散射的固体、液体或气体介质时,光的一部分被吸收,一部分透过溶液,一部分被器皿表面反射。设入射的单色光强度为 I_0,反射光强度为 I_r,吸收光强度为 I_a,透过光强度为 I_t,则它们之间的关系为:

$$I_0 = I_r + I_a + I_t$$

因为入射光常垂直于介质表面射入,I_r 很小(约为入射光强度的 4%),又由于进行光度分析时都采用同样质料、同厚度的吸收池盛装试液及参比溶液,反射光的强度是不变的。因此,由反射所引起的误差可校正抵消。故上式可简化为:

$$I_0 = I_a + I_t$$

当一束平行光垂直照射到厚度为 b 的溶液时,其光强度减弱的主要原因是溶液中的吸光质点(离子或分子)吸收了一部分光能。设想把厚度为 b 的溶液分成许多薄层,每一薄层的厚度为 db,入射光通过每一薄层后,其强度减小了 $-dI$,则 $-dI$ 与入射光强度 I 和薄层厚度 db 成正比。

$$-dI \propto I db$$

$$-dI/I = k db$$

积分:

$$\int_{I_0}^{I} -\frac{dI}{I} = k \int_0^b db$$

$$-(\ln I_t - \ln I_0) = k_1 b$$

$$\ln \frac{I_0}{I_t} = k_1 b$$

把自然对数换成常用对数,则:

$$\lg \frac{I_0}{I_t} = \frac{k_1}{2.303}b = k_2 b$$

在光度分析中,常用 I 表示透过光强度,则上式可写为:

$$\lg \frac{I_0}{I} = k_2 b \tag{10-3}$$

式(10-3)反映的是溶液浓度一定时,吸光度与溶液厚度的关系。

如果溶液的厚度一定,在每薄层中吸光质点的数目为 dn,则入射光强度减小量 $-dI$ 与入射光强度 I 及 dn 成正比。

$$-dI = k_3 I dn$$

$$-\frac{dI}{I} = k_3 dn$$

积分:

$$\int_{I_0}^{I} -\frac{dI}{I} = k_3 \int_0^n dn$$

$$\ln \frac{I_0}{I_t} = k_3 n$$

把自然对数换成常用对数:

$$\lg \frac{I_0}{I_t} = \frac{k_3}{2.303}n = k_4 n$$

把 I_t 换成 I,则:

$$A = \lg \frac{I_0}{I}, \lg \frac{I_0}{I} = k_4 n \tag{10-4}$$

又因为溶液的浓度与溶液中吸光质点的数目成正比,结合式(10-3)、式(10-4)得:

$$\lg \frac{I_0}{I} = kbc \tag{10-5}$$

这个关系式称为光吸收定律或朗伯-比耳定律的数学表达式。式中 $\frac{I}{I_0}$ 指透光率或透光度,用 T 表示;$\lg \frac{I_0}{I}$ 指吸光度,即有色溶液吸收单色入射光的程度,用 A 表示。若溶液不吸收单色入射光,有 $I = I_0$,则 $A = \lg \frac{I_0}{I} = 0$;若溶液全部吸色收单色入射光,$I = 0$,则 $\lg \frac{I_0}{I} = \infty$。

吸光度 A 与透光度 T 之间的关系为:

$$A = -\lg T = \lg \frac{I_0}{I} = kbc \tag{10-6}$$

朗伯-比耳定律的物理意义是当一束平行单色光垂直通过某溶液时,溶液的吸

光度 A 与吸光物质的浓度 c 及液层厚度 b 成正比。

2. 吸光系数和桑德尔灵敏度

1) 吸光系数 k

式(10-6)中的比例常数 k 称为吸光系数,表示吸光质点对某波长光的吸收能力。k 值大小与吸光物质的性质、入射光波长及温度等因素有关。k 值随 b 和 c 的单位不同而不同。

(1) 质量吸光系数 a。当溶液浓度以质量浓度 ρ(单位为 g·L^{-1})表示,b 的单位为 cm 时,吸光系数 k 用 a 表示,其单位为 L·g^{-1}·cm^{-1},这时朗伯-比尔定律为:

$$A = ab\rho \tag{10-7}$$

(2) 摩尔吸光系数 ε。当式中浓度 c 的单位为 mol·L^{-1},液层厚度的单位为 cm 时,则用另一符号 ε 表示,称为摩尔吸光系数,它表示物质的浓度为 1 mol·L^{-1},液层厚度为 1 cm 时溶液的吸光度,其单位为 L·mol^{-1}·cm^{-1}。这时朗伯-比耳定律就变为:

$$A = \varepsilon bc \tag{10-8}$$

ε 表示某溶液对特定波长的光的吸收能力。ε 值愈大,表示吸光质点对某波长的光的吸收能力愈强,故光度法测定的灵敏度就愈高。

摩尔吸光系数 ε 的大小除了与吸光物质本身的性质有关外,还与温度和波长有关。在温度和波长一定时,ε 是常数。这表明同一吸光物质在不同波长 λ 下的 ε 值是不同的。在这些不同的 ε 值中,最大吸收波长 λ_{max} 下的摩尔吸光系数 ε_{max} 是一个重要的特征常数,它反映了该物质吸光能力可能达到的最大限度,并反映了用光度法测定该物质可能达到的最大灵敏度。

由于光度法只适用于测定微量组分,像 1 mol·L^{-1} 这样高浓度溶液的吸光度很难用光度法直接测得,而确定 ε 值,只应在较低浓度下测 A,然后计算 k 值。

分析化学手册都列有常见的吸光物质在水溶液中的 ε_{max} 值。对不同吸光物质来说,ε_{max} 越大,表明物质对光的吸收能力越强,用光度法测定该物质的灵敏度也越高。在写摩尔吸光系数时,应在下角注上其吸收波长大小。如邻二氮菲亚铁络合物 ε_{510nm} = 1.1×10^4 L·mol^{-1}·cm^{-1},KMnO$_4$ 溶液的 ε_{525nm} = 22×10^3 L·mol^{-1}·cm^{-1}。一般认为,如果 $\varepsilon_{max} \geqslant 10^4$,则用光度法测定具有较高的灵敏度,$\varepsilon_{max} \leqslant 10^3$ 则灵敏度不高,不宜用光度法进行测定。

2) 桑德尔灵敏度

光度分析的灵敏度除用 a、ε 值来表征外,还可用桑德尔灵敏度 S 表征,桑德尔灵敏度本来是人眼对有色质点在单位截面积液柱内能够检出的物质的最低量,单位为 $\mu g \cdot cm^{-2}$(目视比色法)。现在不需用人眼来观察了,桑德尔灵敏度 S 定义为,规定当仪器所能测出的最小吸光度(即仪器的检测极限)$A = 0.001$ 时,单位截面积光程内所能检测出来吸光物质的最低含量,单位亦为 $\mu g \cdot cm^{-2}$。

S 与 ε 之间有一定的关系,推导过程为:

$$A = 0.001 = \varepsilon bc$$

$$bc = \frac{0.001}{\varepsilon}$$

b 的单位为 cm,c 的单位为 mol·L^{-1},即为 mol·(1 000 cm^{-3}),则 $b·c$ 的单位为 cm·mol·(1 000 cm^{-3}) = mol·(1 000 cm^{-2}),将 mol 换成质量,则可乘以摩尔质量 M(g·mol^{-1}),就是单位截面积光程内吸光物质的量,即为 S,所以:

$$S = \frac{bc}{1\ 000(\text{g}\cdot\text{cm}^{-2})} \times M \times 10^6 (\mu\text{g}) = bc \cdot M \times 10^3 \ \mu\text{g}\cdot\text{cm}^{-2}$$

将式(10 - 9)代入,则:

$$S = \frac{0.001}{\varepsilon} M \times 10^3 = \frac{M}{\varepsilon} \ \mu\text{g}\cdot\text{cm}^{-2}$$

3. 标准曲线的绘制及应用

朗伯 - 比耳定律是用光度法进行定量分析的理论基础,而工作曲线法就是在此基础上发展起来的一种具体定量测定方法。

对于一些光度法中常见的吸光物质,其 $\varepsilon_{\max}$ 值均可以从分析化学手册中查到,因此从理论上讲,只要在 $\lambda_{\max}$ 下测得该物质的吸光度 A_x,则由朗伯 - 比耳定律即可求得其浓度 c_x:

$$c_x = \frac{A_x}{\varepsilon_{\max} b}$$

但是实际上由于实验条件特别是仪器条件不可能与文献报道的完全相同,所以用手册中的文献值 $\varepsilon_{\max}$ 来推算 c_x 必然会产生较大误差。因此,在实际测定中,文献值一般只能作为参考值。也可以用一个已知浓度为 c_s 的标注来测定在实际实验条件下的 $\varepsilon_{\max}$:

$$\varepsilon_{\max} = \frac{A_s}{bc_s}$$

然后再用所测得的 $\varepsilon_{\max}$ 值去求算未知溶液的 c_x。然而由于偶然误差的存在,仅凭一次测定所得到的 $\varepsilon_{\max}$ 仍然不够可靠,最好多测几次取平均值。

正是从这样的思路出发,发展起一种具体定量测定方法——工作曲线法。它的做法是首先根据待测溶液的大概浓度,配制一系列浓度不等的标准溶液,使其浓度范围覆盖待测溶液的浓度。然后分别测得这些标液的吸光度,并作吸光度 A 对浓度 c 的关系曲线。从理论上讲,各实验点应在一条通过原点的直线上,但由于偶然误差的存在,实际上各实验点只是大体上在一条直线上。根据实验点所作的直线应使各实验点均匀分布在直线两侧,使它们到直线的距离之和尽量最小,这样作成的直线就称为工作曲线或标准曲线。此时再测得待测溶液的吸光度 A_x,在工作曲线上就可以查到与之相对应的 c_x。

工作曲线的斜率是 $\varepsilon_{max}b$，但液层厚度 b 是定值，故工作曲线法的实质是先求得 ε_{max}，再求得 c_x。只是这样求得的 ε_{max} 是由多个标准溶液测定而得到的平均值，而且覆盖了较宽的浓度范围，因而更加可靠。

工作曲线法是光度分析中一种重要的具体定量测定方法，也是仪器分析中普遍采用的一种重要方法。

4. 应用朗伯 - 比耳定律的基本限制

根据朗伯 - 比耳定律，吸光度 A 与吸光物质的浓度 c 成正比，因此，以吸光度 A 对 c 作图时，应得到一条通过坐标原点的直线。但在实际工作中，常常遇到偏离线性关系的现象，即曲线向下或向上弯曲，产生负偏离或正偏离，如图 10.2 所示。可见，光的吸收定律并不是在任何溶液与测试条件下都成立的，其对溶液及体系浓度有些基本限制。另外，仪器的技术性能指标也可能引起测量结果对光吸收定律的偏离。

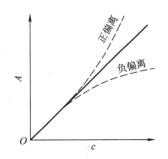

图 10.2 标准曲线对朗伯 - 比耳定律的偏离

应用朗伯 - 比耳定律定量分析的溶液必须为稀溶液。在高浓度（浓度 $> 0.01 \ mol \cdot L^{-1}$）时，可能会由于如下两种原因造成吸光度与浓度关系不呈线性关系。

(1) 溶液浓度高。相应单位体积溶液内包含的吸收物质微粒增加，微粒之间平均距离缩小，使每一微粒都可能影响其相邻粒子的电荷分布，从而使它们在吸收给定波长辐射的能力上发生变化。这种互相影响的程度与浓度有关。在正常体系中，对给定的波长，吸光度与浓度的线性关系基于吸收系数 k 是个常数。当浓度改变，分子跃迁的几率也随之破环。可以设想，只有在浓度低到一定程度时，分子间的相互作用才可能忽略不计。对某些大的有机物质分子或离子，相对要求浓度更低，因为同样有限的空间内，微粒的体积大也会使粒子相互间距离减小，影响机会增多。然而，溶液的浓度也并非是越稀越遵从定律。

(2) 折射率。物质的吸收系数与溶液的折射率有如下关系：

$$k = \frac{an}{(n^2 + 2)^2} \qquad (10-9)$$

式中：n —— 溶液的折射率；

a —— 常数；

k —— 物质的吸收系数。

低浓度时，折射率可视为常数，上式的 k 值才为常数，因而溶液遵从朗伯 - 比耳定律；浓度较高时，折射率随浓度而变，k 值随之变化，吸光度与浓度不成线性关系。

5. 偏离朗伯 - 比耳定律的因素

偏离朗伯 - 比耳定律的因素很多，但基本上可以分为物理因素和化学因素两大类，分别讨论如下。

1)物理因素

（1）单色光不纯所引起的偏离。在光度分析仪器中,使用的是连续光源,用单色器分光,用狭缝控制光谱带的密度,因而投射到吸收溶液的入射光常常是一个有限宽度的光谱带,而不是真正的单色光。由于非单色光使吸收光谱的分辨率下降,因而导致了对朗伯－比耳定律的偏离,如图 10.3 所示。

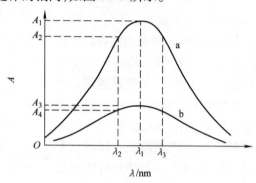

图 10.3　非单色光的影响

假设入射光只是由两个波长为 λ_1 和 λ_2 的光所组成,其入射光强度分别为 I_{01} 和 I_{02},当该入射光通过一个浓度为 c、厚度为 b 的溶液后,透射光强度分别减弱为 I_1 和 I_2,溶液对这两个波长的吸光度分别为 A_1 和 A_2。由于波长 λ_1 和 λ_2 的光均为单色光,故它们均符合朗伯－比耳定律。

$$A_1 = \varepsilon_1 bc = -\lg \frac{I_1}{I_{01}}$$

$$A_2 = \varepsilon_2 bc = -\lg \frac{I_2}{I_{02}}$$

故
$$I_1 = I_{01} 10^{-\varepsilon_1 bc}$$

$$I_2 = I_{02} 10^{-\varepsilon_2 bc}$$

但实际上并不能分别测得 A_1 和 A_2,而只能测得总吸光度 $A_总$,而

$$A_总 = -\lg \frac{I}{I_0} = -\lg \frac{I_1 + I_2}{I_{01} + I_{02}} = -\lg \frac{I_{01} 10^{-\varepsilon_1 bc} + I_{02} 10^{-\varepsilon_2 bc}}{I_{01} + I_{02}}$$

如果 λ_1、λ_2 相差不大,即 $\Delta\lambda = |\lambda_1 - \lambda_2|$ 很小,可以近似认为:

$$\varepsilon_1 = \varepsilon_2 = \varepsilon$$

于是
$$A_总 = -\lg \frac{10^{-\varepsilon bc}(I_{01} + I_{02})}{I_{01} + I_{02}} = \varepsilon bc$$

即总吸光度 $A_总$ 仍然符合朗伯－比耳定律。但如果 $\Delta\lambda$ 较大,则 $\varepsilon_1 \neq \varepsilon_2$,显然总吸光度 $A_总$ 不可能符合朗伯－比耳定律,表现为工作曲线偏离直线。

为了克服非单色光引起的偏离,应尽量设法得到比较窄的入射光谱带,这就需要比较好的单色器。棱镜和光栅的谱带宽度仅几个纳米,对于一般光度分析是足够窄

的。此外,还应将入射光波长选择在被测物的最大吸收波长处。这不仅是因为在 λ_{max} 处测定的灵敏度最高,还由于在 λ_{max} 附近的一个小范围内吸收曲线较为平坦,在 λ_{max} 附近各波长的光的 ε 值大体相等,因此在 λ_{max} 处由于非单色光引起的偏离要比在其他波长处小得多。

(2)非平行入射光引起的偏离。非平行入射光将导致光束的平均光程 b' 大于吸收池的厚度 b,实际测得的吸光度将大于理论值。

(3)介质不均匀引起的偏离(散射的影响)。朗伯 – 比耳定律要求吸光物质的溶液是均匀的。如果被测溶液含有悬浮物或胶粒等微粒,或介质分子较大,或存在分子聚集体等情况时,就会发生工作曲线偏离直线。当入射光通过不均匀溶液时,除了被吸光物质所吸收的那部分光强以外,还将有部分光强因散射等而损失。假设入射光强为 I_0,吸收光强为 I_a,透射光强为 I,损失的散射光强为 I_r,则:

$$I_0 = I_a + I_r + I$$

实际测得的透光率:

$$T = \frac{I}{I_0} = \frac{I_0 - I_a - I_r}{I_0}$$

如果没有发生散射,$I_r = 0$,I_a 不变,则理想的透光率:

$$T_{理} = \frac{I}{I_0} = \frac{I_0 - I_a}{I_0}$$

可见 $T_实 < T_理$,或 $A_实 > A_理$,即实际的吸光度与理想的吸光度偏离。而一旦产生胶体,往往是吸光物质的浓度越大,所产生的胶体的浓度也越大,散射也越严重,吸光度偏离得越多,从而使工作曲线偏离直线向吸光度轴弯曲,故在光度法中应避免溶液产生胶体或混浊。

(4)仪器误差。仪器性能与技术指标将给光吸收定律的应用带入多方面的偏差,虽然主要是非单色光、杂散光、光度误差等的影响,但不同类型仪器由于结构不同与选择的分析方法不同,误差产生的原因与影响效果均不同。

2)化学因素

(1)溶液浓度过高引起偏离。朗伯 – 比耳定律是建立在吸光质点之间没有相互作用的前提下。但当溶液浓度较高时,吸光物质的分子或离子间的平均距离减小,从而改变物质对光的吸收能力,即改变物质的摩尔吸光系数。浓度增加,相互作用增强,导致在高浓度范围内摩尔吸光系数不恒定而使吸光度与浓度之间的线性关系被破坏。

(2)化学变化引起偏离。溶液中吸光物质常因解离、缔合形成新的化合物或在光照射下发生互变异构等,从而破坏了平衡浓度与分析浓度之间的正比关系,也就破坏了吸光度 A 与分析浓度之间的线性关系,产生对朗伯 – 比耳定律的偏离。

例如可用光度法测定 $Cr_2O_7^{2-}$ 的浓度。但若将某分析浓度为 c 的 $K_2Cr_2O_7$ 溶液分别用水稀释,得到了分析浓度分别为 $(1/2)c$、$(1/3)c$、$(1/4)c$ 的 $K_2Cr_2O_7$ 标准溶液,测定这些标准溶液的吸光度,并对各分析浓度作工作曲线,结果发现工作曲线偏离直线。这是因为 $Cr_2O_7^{2-}$ 在溶液中有平衡反应:

$$Cr_2O_7^{2-} + H_2O \rightleftharpoons 2CrO_4^{2-} + 2H^+$$

当稀释时,平衡向左移动,故溶液中实际存在的 $Cr_2O_7^{2-}$ 的浓度要低于其分析浓度。而且稀释倍数越大,$Cr_2O_7^{2-}$ 的实际浓度比分析浓度的降低越显著,因而造成了工作曲线弯曲。为了克服这种偏离,应控制溶液的酸度为强酸性,此时,Cr(Ⅵ)总以 $Cr_2O_7^{2-}$ 的形式存在,工作曲线的直线关系得到遵从。

10.2.4 分光光度法的仪器

1. 分光光度计的主要部件

1)光源(辐射源)

分光光度计所用的光源,应该能够在尽可能宽的波长范围内给出连续光谱,具有足够的辐射强度和良好的辐射稳定性等特点。分光光度计的光源一般是钨灯,钨灯发出的复合光波长约在 400～1 000 nm 之间,覆盖了整个可见光区。为了保持光源发光强度的稳定,要求电源电压十分稳定,因此光源前面装有稳压器。

2)分光系统(单色器)

分光系统(单色器)是一种能把光源辐射的复合光按波长的长短色散,并能很方便地从其中分出所需单色光的光学装置,包括狭缝和色散元件两部分。色散元件用棱镜或光栅制成。

棱镜能根据光的折射原理而将复合光色散为不同波长的单色光,然后再让所需波长的光通过一个很窄的狭缝照射到吸收池上。由于狭缝的宽度很窄,只有几个纳米,故得到的单色光比较纯。

光栅是根据光的衍射和干涉原理来达到色散目的,也是让所需波长的光经过狭缝照射到吸收池上,所以得到的单色光也比较纯。光栅色散的波长范围比棱镜宽,而且色散均匀。

3)吸收池(比色皿)

吸收池又称比色皿,是由无色透明的光学玻璃或熔融石英制成的,用于盛装试液和参比溶液。比色皿一般为长方形,有各种规格,如0.5 cm、1 cm、2 cm 等等,这里的规格指比色皿内壁间的距离,实际是液层厚度,同一组吸收池的透光率相差应小于0.5%。

4)检测系统

检测系统是把透过吸收池后的透射光强度转换成电信号的装置,故又称光电转换器。只有通过接收器,才能将透射光转换成与其强度成正比的电流强度,也才有可能通过监测电流的大小来获得透光强度的信息。检测系统应具有灵敏度高、对透过光的响应时间短、同响应的线性关系好以及对不同波长的光具有相同的响应可靠性等特点。分光光度计中常用的检测器是光电池、光电管和光电倍增管 3 种。

(1)光电池。光电池是用某些半导体材料制成的光电转换元件。在分光光度计中广泛应用的是硒光电池。硒光电池由 3 层物质所组成,其表层是导电性能良好的可透光金属,如用金、铂等制成的薄膜;中层是具有光电效应的半导体材料硒;底层是铁或铝片。当光透过上层金属照射到中层的硒片时,就有电子从半导体硒的表面逸出。由于电子只能单向流动到上层金属薄膜,使之带负电,成为光电池的负极,硒片失去电子后带正电,使下层铁片也带正电,成为光电池的正极。这样,在金属薄膜和铁片之间就会产生电位差,线路接通后,便会产生与照射光强度成正比的光电流。硒光电池产生的光电流可以用普通的灵敏检流计测量。但当光照射时间较长时,硒光电池会产生"疲劳"现象,无法正常工作,必须暂停使用。

(2)光电管。光电管是一种二极管,它在玻璃或石英泡内装有两个电极,阳极通常是一个镍环或镍片。阴极为一金属片上涂一层光敏物质,如氧化铯的金属片,这种光敏物质受到光线照射时可以放出电子。当光电管的两极与一个电池相连时,由阴极放出的电子将会在电场的作用下流向阳极,形成光电流,并且光电流的大小与照射到它上面的光强度成正比。管内可以抽成真空,叫做真空光电管;也可以充进一些气体,叫充气光电管。由于光电管产生的光电流很小,需要用放大装置将其放大后才能用微安表测量。灵敏度更高的有光电倍增管。

5)信号显示系统

分光光度计中常用的显示装置为较灵敏的检流计。检流计用于测量光电池受光照射后产生的电流。但其面板上标示的不是电流值,而是透光率 T 和吸光度 A,这样就可直接从检流计的面板上读取透光率和吸光度。因 $A = -\lg T$,故面板上吸光度的刻度是不均匀的。

2. 吸光度的测量原理

分光光度计实际上测得的是光电流或电压,通过转换器将测得的电流或电压转换为对应的吸光度 A。测定时,只要将待测物质推入光路,即可直接读出吸光度值。

测定步骤如下。

(1)调节检测器零点,即仪器的机械零点。

(2)应用不含待测组分的参比溶液调节吸光零点。

(3)测定待测组分的吸光度。

3. 分光光度计的类型

分光光度计按波长分为紫外 - 可见分光光度计和红外分光光度计。其中,紫外 - 可见分光光度计主要用于无机物和有机物的含量分析,红外分光光度计主要用于有机物的结构分析。

1)紫外 - 可见分光光度计

紫外 - 可见分光光度计主要有单光束分光光度计、双光束分光光度计、双波长分光光度计和动力学分光光度计。

(1)单光束分光光度计。单光束分光光度计光路示意图如图 10.4 所示。光源发出的光经过单色器后,又轮流通过参比溶液和样品溶液,分别对其光强度进行测量。这种光度计的特点是结构简单,价格便宜,主要适于作定量分析,缺点是误差大,操作繁琐,不适于作定性分析。

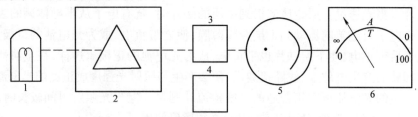

图 10.4　单光束分光光度计光路示意图
1. 辐射源　2. 单色器　3、4. 吸收池　5. 光敏检测器　6. 读数指示器

（2）双光束分光光度计。双光束分光光度计光路示意图如图 10.5 所示。经过单色器的光一分为二,一束通过参比溶液,一束通过样品溶液,一次测量即可得到样品溶液的吸光度。由于光束同时分别通过参照池和样品池,因而可以消除光源强度变化带来的误差。

单光束和双光束分光光度计就测量波长而言都是单波长的,它们让相同波长的光束分别通过样品池和参比池,然后测得样品池和参比池的吸光度之差。

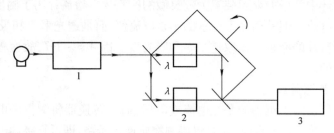

图 10.5　双光束分光光度计光路示意图
1. 单色器　2. 吸收池　3. 接收器

（3）双波长分光光度计。双波长分光光度计光路示意图如图 10.6 所示。由同一光源发出的光分成两束,分别经过两个单色器,从而可以同时得到两个不同波长（λ_1 和 λ_2）的单色光,它们交替地照射同一溶液,这样得到的信号是两波长吸光度之差。

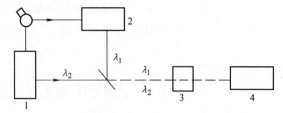

图 10.6　双波长分光光度计光路示意图
1、2. 单色光　3. 吸收池　4. 接收器

双波长分光光度计不仅能测量高浓度试样和多组分混合试样,而且还能测定一般分光光度计不宜测定的混浊试样,特别是测定相互干扰的混合试样时,不仅操作简单,而且精确度较高。

(4)动力学分光光度计。在光化学反应、辐射化学和辐射的生物效应研究工作中,都涉及到快速反应(毫秒至微秒范围)及其动力学问题。如物质分子中光能的吸收和转移,分子激发态和激发三线态的化学反应,光合作用中的电子传递过程,电离辐射在生物分子中引起的离子–分子反应,各种自由基的化学反应等,用一般单光束或双光束分光光度计研究这些问题仍有一定困难,必须采用动力学分光光度计。这种仪器是具有时间分辨本领的快速扫描吸收分光光度计,主要用于测量快速反应中瞬态产物的吸收光谱和吸光度随时间的变化,是现代化学和生物学研究中不可缺少的工具。

图 10.7 是 RA – 401 型停留分光光度计(日本)方框图,仪器的工作波段为 200 ~ 800 nm,其工作特性如下:①使用混合效率高的四喷嘴式混合器,尽量减少混合器和观察池间的静液量,因而可测定反应的半衰期为 1 ms 以上的快速反应;②采用快速、高灵敏度、高稳定度电路,当使用 2 nm 池时,可进行 0.000 4 ΔOD 的高灵敏检测;③特殊观测池容量小,最少可测定到 1 mL 试样;④仪器中接触反应溶液的材料能耐强酸、强碱,混合室密封,因而不仅适用于水溶液试样,也适于在各种酸、碱或腐蚀性介质中测定;⑤仪器采用加压混合方式,比注射方式再现性好,可连续进行混合;⑥与 RA – 451 型数据处理装置联用,可绘制 Guggenheim 曲线和 LQG 曲线,以便简单地进行反应速度分析;与 RA – 451 快速扫描附件联用,可作为最高 97 nm/ms 的高速扫描停留快速扫描分光光度计使用,扫描速度可以从 1、2、5、10、20、50、100 nm 中任选,数据全部存储在计算机存储器中,然后进行差光谱、差谱的扩大运算。与 RA – 414 型荧

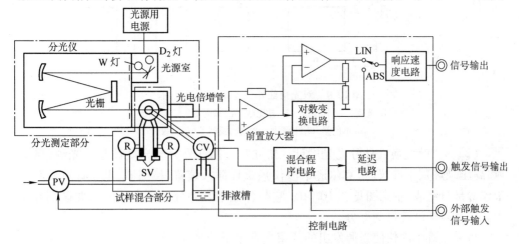

图 10.7 RA – 401 型停留分光光度计方框图
R—备用 SV—停止阀 CV—控制阀 PV—压力阀

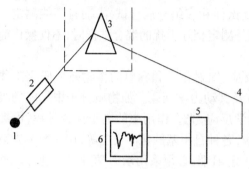

图10.8　红外分光光度计示意图
1. 光源　2. 单色器　3. 液槽　4. 检测器
5. 放大器　6. 记录仪

光附件联用,可测定紫外光激发的荧光强度随时间的变化,荧光停留法的优点是可测定一般方法无法测定或变化量极小的吸收,该法是阐明蛋白质等高分子反应的有力手段。仪器与脉冲闪光附件联用,可观测试样经激光照射后的变化,用于脉冲射解、闪光光解等快速反应动力学研究。

2)红外分光光度计

红外分光光度计由光源、单色器、液槽、检测器和记录仪等部分组成,其示意图见图10.8。它与紫外–可见分光光度计最根本的区别是:前者样品是放在光源和单色器之间,后者是放在单色器后面。

红外光源主要有碳硅棒和能斯特灯,色散元件现在多用复制的闪耀光栅,其狭缝可控制单色光的强度,狭缝越窄,到达检测器的单色光的波长范围越窄,仪器的分辨能力越强。红外分光光度计的检测器主要有真空热电偶、测热辐射计和气体检测计,此外还有光电导检测器和热释电检测器,后两者由于灵敏度高、响应快,因此均用作傅立叶变换红外分光光度计的检测。

目前使用较广泛的是双光束红外分光光度计和傅立叶变换红外分光光度计。

(1)双光束红外分光光度计。双光束红外分光光度计的示意图见图10.9。自光源发出的光对称分为两束,分别透过样品池和参比池后,经扇形镜调制进入单色器,再交替落到检测器上。

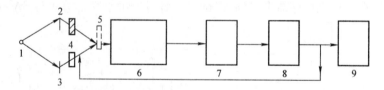

图10.9　双光束红外分光光度计示意图
1. 光源　2. 样品池　3. 参比池　4. 减光器　5. 扇形镜
6. 单色器　7. 检测器　8. 放大器　9. 记录仪

(2)傅立叶变换红外分光光度计。傅立叶变换红外分光光度计是由光源(碳硅棒、高压录灯)、干涉仪(迈克尔逊干涉仪)、试样插入装置、检测器、电子计算机和记录仪等部分组成,示意图见图10.10。它与色散型红外分光光度计的主要区别在于干涉仪和电子计算机两部分。

迈克尔逊干涉仪使光源发出的两束光发生干涉现象,产生干涉图样。如果将样品放入光路中,由于样品吸收了某些频率的能量,使干涉图的强度发生变化,这种干涉信号经过计算机作傅立叶变换,才能得到普通的红外光谱图。

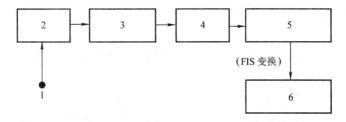

图 10.10 傅立叶变换红外分光光度计示意图

1. 光源 2. 干涉仪 3. 试样插入装置 4. 检测器 5. 电子计算机 6. 记录仪

10.2.5 分光光度计的维护和保养

分光光度剂是精密光学仪器,正确安装、使用和保养对保持仪器良好的性能和保证测试的准确度有重要作用。

1. 对仪器工作环境的要求

分光光度计应安装在稳固的工作台上,周围不应有强磁场,以防电磁干扰。室内温度宜保持在 15~28 ℃。室内应干燥,相对湿度宜控制在 45%~65%,不应超过70%。室内应无腐蚀性气体(如 SO_2、NO_2 及酸雾等),应与化学分析操作室隔开,室内光线不宜过强。

2. 仪器保养和维护方法

仪器保养和维护方法如下。

(1)仪器工作电源一般为 220 V,允许 ±10% 的电压波动。为保持光源灯和检测系统的稳定性,在电源电压波动较大的实验室最好配备稳压器(有过电压保护)。

(2)为了延长光源使用寿命,在不使用时不要开光源灯。如果光源灯亮度明显减弱或不稳定,应及时更换新灯。更换后要调整好灯丝位置,不要用手直接接触窗口或灯泡,避免油污粘附,若不小心接触过,要用无水乙醇擦拭。

(3)单色器是仪器的核心部分,装在密封盒内,不能拆开,为防止色散元件受潮发霉,必须经常更换单色器盒干燥剂。

(4)必须正确使用吸收池,保护吸收池光学面。

(5)光电转换元件不能长时间曝光,应避免强光照射或受潮积尘。

思考与练习 10 − 2

1. 当白光通过某一均匀溶液时,如果各种波长光几乎全部被吸收,则溶液呈_____颜色。

2. 如果入射光全部透过(不吸收),则溶液呈_____颜色。

3. 如果对某种色光产生选择性吸收,则溶液呈现_____的颜色,即溶液呈现的是它吸收光_____的颜色。

4. 以波长为横坐标,吸光度为纵坐标,测量某物质对不同波长光的吸收程度,所获得的曲线称为_____;光吸收最大处的波长叫做_____,可用符号_____表示。

5. 某有色溶液在某一波长下用 2cm 吸收池测得其吸光度为 0.750,若改用 0.5cm 吸收池,则吸光度为(　　)。

　　A. 0.375　　　　　B. 2.250　　　　　C. 0.188　　　　　D. 1.125

6. 有两种不同有色溶液均符合朗伯－比耳定律,测定时若比色皿厚度、入射光强度及溶液浓度皆相等,以下说法哪种正确(　　)。

　　A. 透过光强度相等　　　　　　　B. 吸光度相等

　　C. 吸光系数相等　　　　　　　　D. 以上说法都不对

7. 紫外—可见光分光光度计结构组成为(　　)。

　　A. 光源—吸收池—单色器—检测器—信号显示系统

　　B. 光源—单色器—吸收池—检测器—信号显示系统

　　C. 单色器—吸收池—光源—检测器—信号显示系统

　　D. 光源—吸收池—单色器—检测器—数据处理系统

8. 吸光度由 0.434 增加到 0.514 时,则透光度 T 改变了(　　)

　　A. 增加了 6.2%　　　　　　　　B. 减少了 6.2%

　　C. 减少了 0.080　　　　　　　　D. 增加了 0.080

9. 简述吸收曲线的特点,并指出吸收曲线在分光光度法中能发挥哪些作用。

阅读材料　光学分析法

光学分析法是基于能量作用于物质后产生电磁辐射信号或电磁辐射与物质相互作用后产生辐射信号的变化而建立起来的一类分析方法,它是仪器分析的重要分支。光学分析法在现代生活、生产的各领域中应用得都非常广泛,如化学实验,生物实验,临床检测,药品的分析与检测中几乎都要用到光学分析方法。

1. 光学分析法的分类

光学分析法可分为光谱法和非光谱法两大类。

1)光谱法

光谱法可以分为原子光谱法和分子光谱法。

原子光谱法是由原子外层或内层电子能及的变化产生的,他的表现形式为线光谱。属于这类分析方法的有,原子发射光谱法(AES),原子吸收光谱法(AAS),原子荧光光谱法(AFS)以及以 X 射线荧光光谱法(XFS)。

分子光谱法是由分子中电子能级,振动和转动能级的变化产生的,表现为带光谱。属于这类分析方法的有,紫外可见分光光度法(UV－Vis),红外光谱法(IR),分子荧光光谱法(MFS)和分子磷光光谱法(MPS)等。

2）非光谱法

非光谱法是基于物质与辐射相互作用时，测量辐射的某些性质，比如折射，散射，干涉，衍射，偏振，等的变化的分析方法。

2. 常用的光谱分析法

（1）原子发射光谱分析法（atomic emission spectrum）以火焰、电弧、等离子炬等作为光源，使气态原子的外层电子受激发射出特征光谱进行定量分析的方法。

（2）原子吸收光谱分析法（atomic absorption spectrum）利用锐线光源发射出待测元素的共振线，并待测离子转变成气态原子后，测定气态原子对共振线吸收而进行的定量分析方法。

（3）原子荧光分析法（atomic fluorescence spectrometry）气态原子吸收特征波长的辐射后，外层电子从基态或低能态跃迁到高能态，在跃回基态或低能态时，发射出与吸收波长相同或不同的荧光辐射，在与光源成90°的方向上，测定荧光强度进行定量分析的方法。

（4）X射线荧光分析法（X-ray fluorescence analysis，X-ray fluorimetry）原子受高能辐射，其内层电子发生能级跃迁，发射出特征X射线（X射线荧光），测定其强度可进行定量分析。

（5）紫外吸收光谱分析法（ultraviolet-visible absorption spectrum）利用溶液中分子吸收紫外和可见光产生跃迁所记录的吸收光谱图，可进行化合物结构分析，定量分析。

（6）红外吸收光谱分析法（infrared absorption spectrometry）利用分子中基团吸收红外光产生的振动-转动吸收光谱进行定量和有机化合物结构分析的方法。

（7）分子荧光分析法（molecular fluorescence spectrometry）某些物质被紫外光照射激发后，在回到基态的过程中发射出比原激发波长更长的荧光，通过测量荧光强度进行定量分析的方法。

（8）分子磷光分析法（Molecular phosphorimetric analysis）处于第一最低单重激发态分子以无辐射弛豫方式进入第一三重激发态，再跃迁返回基态发出磷光。测定磷光强度进行定量分析的方法。

（9）核磁共振波谱分析法（nuclear magnetic resonance spectroscopy）在外磁场的作用下，核自旋磁矩与磁场相互作用而裂分为能量不同的核磁能级，吸收射频辐射后产生能级跃迁，根据吸收光谱可进行有机化合物结构分析。

10.3　显色反应及显色反应条件的选择

10.3.1　显色反应

在分光光度分析中，将试样中被测组分转变成有色化合物的化学反应叫显色反应。待测物质本身有较深的颜色，可直接测定；待测物质是无色或很浅的颜色，需要选适当的试剂与被测离子反应生成有色化合物再进行测定,此反应称为显色反应,所用的试剂称为显色剂。

按显色反应的类型分类,主要有氧化还原反应和络合反应两大类,而络合反应是最主要的。同一被测组分常可与若干种显色剂反应,生成多种有色化合物,其原理和灵敏度亦有差别。一种被测组分究竟应该用哪种显色反应,可根据所需标准加以选择,一般选择原则如下。

(1)选择性要好。一种显色剂最好只与一种被测组分起显色反应,干扰离子容易被消除,或者显色剂与被测组分和干扰离子生成的有色化合物的吸收峰相隔较远。

(2)灵敏度要高。灵敏度高的显色反应有利于微量组分的测定。灵敏度的高低可从摩尔吸光系数值的大小来判断。但灵敏度高,同时也应注意选择性要好。

(3)有色化合物的组成要恒定,化学性质要稳定。有色化合物的组成若不符合一定的化学式,测定的再现性就较差。有色化合物若易受空气的氧化、光的照射而分解,就会引入测量误差。

(4)显色剂和有色化合物之间的颜色差别要大。一般要求有色化合物的最大吸收波长与显色剂最大吸收波长之差在 60 nm 以上,即 $\Delta\lambda = \lambda_{最大}^{mR} - \lambda_{最大}^{R} = 60$ nm。

(5)显色反应的条件要易于控制。如果条件要求过于严格,难以控制,测定结果的再现性就差。

10.3.2 显色剂

1. 无机显色剂

许多无机试剂能与金属离子起显色反应,如 Cu^{2+} 与氨水生成 $Cu(NH_3)_4^{2+}$,Fe^{3+} 与硫氰酸盐生成红色的配离子 $Fe(SCN)^{2+}$ 或 $Fe(SCN)_5^{2-}$,用 KSCN 显色测铁、钼、钨和铌,用钼酸铵显色测硅、磷和钒,用 H_2O_2 显色测钛等等。但是由于无机显色剂灵敏度和选择性都不高,具有实际应用价值的品种很有限。

2. 有机显色剂

许多有机试剂在一定条件下能与金属离子生成有色金属螯合物,它的优点如下。

(1)灵敏度高。大部分金属螯合物呈现鲜明的颜色,摩尔吸光系数都大于 10^4,而且螯合物中金属所占比率很低,提高了测定灵敏度。

(2)稳定性好。金属螯合物都很稳定,一般离解常数很小,而且能抗辐射。

(3)选择性好。绝大多数有机螯合剂在一定条件下只与少数或某一种金属离子配位,而且同一种有机螯合物与不同的金属离子配位时,生成各有特征颜色的螯合物。

(4)扩大光度法应用范围。虽然大部分金属螯合物难溶于水,但可被萃取到有机溶剂中,大大发展了萃取光度法。

有机显色剂与金属离子能否生成具有特征颜色的化合物,主要与试剂的分子结构密切相关。有机显色剂分子中一般都含有生色团和助色团。生色团是某些含不饱和键的基团,如:—N＝N—(偶氮基)、 $=\!\!\!\!\langle\;\underline{\overline{}}\;\rangle\!\!\!\!=$ (对醌基)、＝C＝O(羰基)、＝C＝S(硫羰基)等,这些基团中的 π 电子被激发时所需能量较小,波长小于200 nm以上的光就可以做到,故往往可以吸收可见光而呈现出颜色。

助色团是某些含孤对电子的基团,如氨基(—NH₂)、羟基(—OH)和卤代基(—Cl、—Br、—I)等。这些基团与生色团上的不饱和键相互作用,可以影响生色团对光的吸收,使颜色加深。

所以,简单地说,某些有机化合物及其螯合物之所以表现出颜色,就在于它们具有特殊的结构,而它们的结构中含有生色团和助色团则是它们有色的根本原因。

常用的有机显色剂有邻二氮菲、双硫腙、偶氮胂(Ⅲ)、铬天菁S等。各有机显色剂的主要应用如下。

(1)磺基水杨酸OO型螯合剂,可与很多高价金属离子生成稳定的螯合物,主要用于测 Fe^{3+} 。

(2)丁二酮肟NN型螯合显色剂,用于测定 Ni^{2+} 。

(3)1,10 – 邻二氮菲NN型螯合显色剂,用于测定微量 Fe^{2+} 。

(4)二苯硫腙,含S显色剂,萃取光度测定 Cu^{2+} 、 Pb^{2+} 、 Zn^{2+} 、 Cd^{2+} 、 Hg^{2+} 等。

(5)偶氮胂Ⅲ(铀试剂Ⅲ)偶氮类螯合剂,强酸性溶液中测 Th(Ⅳ),Zr(Ⅳ),U(Ⅳ)等,在弱酸性溶液中测稀土金属离子。

(6)铬天菁S三苯甲烷类显色剂,测定 Al^{3+} 。

(7)结晶紫三苯甲烷类碱性染料,测定 Tl^{3+} 。

3. 多元络合物

多元络合物是由3种或3种以上的不同组分所形成的络合物。在3种不同的组分中至少有1种组分是金属离子,另外2种是配位体;或者至少有1种配位体,另外2种是不同的金属离子,前者称为单核三元络合物,后者称为双核三元络合物。例如 Al – CAS – CTMAC(铝 – 铬天菁S – 氯化十六烷基三甲胺)就是单核三元络合物,而[FeSnCl₅]是双核三元络合物。目前在分光光度分析中应用较多的是单核三元络合物。

显色过程的目的是要获得吸光能力强的有色物质,因此三元络合物中应用多是颜色有显著变化的三元混配络合物、三元离子缔合物、金属离子 – 络合剂 – 表面活性剂体系,另外还有杂多酸。

(1)三元混配络合物。金属离子与1种络合剂形成未饱和络合物,然后与另1种络合剂结合,形成三元混合配位络合物,简称三元混配络合物。例如,V(Ⅴ)、H₂O₂和吡啶偶氮间苯二酚(PAR)形成1:1:1的有色络合物,可用于钒的测定,其灵敏度高,选择性好。

(2)三元离子缔合物。金属离子先与络合剂生成络阴离子或络阳离子,再与带反电荷的离子生成离子缔合物,主要用于萃取光度法。如 Ag^+ 与1,10-邻二氮菲形成阳离子,再与溴邻苯三酚红的阴离子形成深蓝色的离子缔合物。用 F^-、H_2O_2、EDTA 作掩蔽剂,可测定微量 Ag^+。作为离子缔合物的阳离子,有碱性染料、1,10-邻二氮菲及其衍生物、安替比林及其衍生物、氯化四苯砷(或磷、锑)等;作为阴离子的有 X^-、SCN^-、ClO_4^-、无机杂多酸和某些酸性染料等。

(3)金属离子 – 络合剂 – 表面活性剂体系。金属离子与显色剂反应时,加入某些表面活性剂,可以形成胶束化合物,它们的吸收峰向长波长方向移动(红移),使测定的灵敏度显著提高。目前,常用于这类反应的表面活性剂有溴化十六烷基吡啶、氯化十四烷基二甲基苄胺、氯化十六烷基三甲基铵、溴化十六烷基三甲基铵、溴化羟基十二烷基三甲基铵、OP 乳化剂。例如,稀土元素、二甲酚橙及溴化十六烷基吡啶反应,生成三元络合物,在 pH 为 8 ~ 9 时呈蓝紫色,用于痕量稀土元素总量的测定。

(4)杂多酸。溶液在酸性条件下,过量的钼酸盐与磷酸盐、硅酸盐、砷酸盐等含氧的阴离子作用生成杂多酸,作为分光光度法测定相应的磷、硅、砷等元素的基础。杂多酸法需要还原反应的酸度范围较窄,必须严格控制反应条件。很多还原剂都可应用于杂多酸法中。氯化亚锡及某些有机还原剂,例如,1 – 氨基 – 2 – 萘酚 – 4 – 磺酸加亚硫酸盐和氢醌常用于磷的测定,硫酸肼在煮沸溶液中作砷钼酸盐和磷钼酸盐的还原剂,抗坏血酸也是较好的还原剂。

10.3.3　显色反应条件的选择

显色反应的进行是有条件的,只有控制适宜的反应条件才能使显色反应按预期方式进行,才能达到利用光度法对无机离子进行测定的目的,因此显色反应条件的选择十分重要。适宜的反应条件主要是通过实验确定。

1. 显色剂的用量

为了保证显色反应进行完全,使待测离子 M^{n+} 全部转化为有色络合物 MR_m^{n+},均需加入过量的显色剂 R,但显色剂浓度究竟过量多少,要通过实验确定。具体作法是,保持待测离子 M^{n+} 的浓度不变,配制一系列显色剂 R 的浓度不同的溶液,分别测定其吸光度 A。以 A 对 c_R 作图,可能出现 3 种情况,如图 10.11。比较常见的是(a)曲线,开始 A 随 c_R 的增加而增加,当 c_R 达到一定数值后,A 趋于平坦,表明此时 M^{n+} 已全部转化为 MR_m^{n+}。这样可以在平坦区域选择一个合适的 c_R 作为测定时的适宜浓度。曲线(b)与(a)不同的是,当平坦区域出现之后,从某一点开始,A 又随着 c_R 的增加而下降。这可能是由于 c_R 较大时,形成了多种配位数的络合物,此时必须严格控制 c_R 在平坦区。如果出现了曲线(c)的情况,即 A 总是随着 c_R 的增大而增加,不出现 A 较稳定的区域,则测定条件很难控制。

2. 溶液的酸度

酸度对显色反应的影响很大。例如邻二氮菲与 Fe^{2+} 的反应,酸度太高,邻二氮菲将发生质子化副反应,降低反应的完全度;酸度太低,Fe^{2+} 又会水解甚至沉淀,故合适 pH 是 2 ~ 9。另外,酸度对络合物的存在形态也可能有影响,从而使其颜色发生改

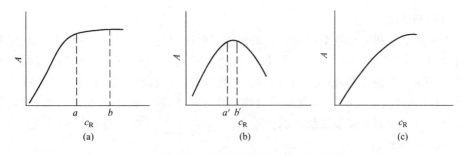

图 10.11　吸光度与显色剂浓度的光线曲线

(a)M^{n+} 全部转化为 MR_m^{n+}　(b)形成多种配位数的络合物　(c)不存在 A 较稳定的区域

变。所以,必须通过实验确定适宜的酸度范围。具体作法是,固定其他条件不变,配制一系列 pH 值不同的溶液,分别测定它们的吸光度 A,作 $A-pH$ 曲线。曲线中间一段 A 较大而又恒定的平坦部分所对应的 pH 值范围就是适宜的酸度范围,可以从中选择一个 pH 值作为测定时的酸度条件。

3. 时间和温度

时间对显色反应的影响表现在两个方面,一方面它反映了显色反应速度的快慢,另一方面它反映了显色络合物的稳定性。因此测定时间的选择必须综合考虑这两个方面。对于慢反应,应等待反应达到平衡后再进行测定;而对于不稳定的显色络合物,则应在吸光度下降之前及时测定。当然,对那些反应速度很快,显色络合物又很稳定的体系,测定时间对显色反应的影响很小。

多数显色反应的反应速度很快,室温下即可进行完全。只有少数显色反应速度较慢,需加热以促使其迅速完成。但温度太高可能使某些显色剂分解,故适宜的温度也应由实验确定。

4. 有机溶剂

溶剂对显色反应的影响表现在以下两方面。

(1)溶剂影响络合物的离解度。许多有色化合物在水中的离解度大,而在有机溶剂中的离解度小,如在 $Fe(SCN)_3$ 溶液中加入可与水混溶的有机试剂(如丙酮),由于降低了 $Fe(SCN)_3$ 的离解度而使颜色加深,提高了测定的灵敏度。

(2)溶剂改变络合物颜色的原因可能是各种溶剂分子的极性或介电常数不同,从而影响到络合物的稳定性、改变了络合物分子内部的状态或者形成不同的溶剂化合物的结果。

5. 共存离子的干扰及消除

在光度法中共存离子的干扰是一个经常要遇到的问题。例如待测离子 M^{n+} 与显色剂 R 发生显色反应生成 MR_m^{n+},如果有共存离子 N^{p+} 存在,则 N^{p+} 可能对 M^{n+} 的测定发生干扰。这种干扰或者直接表现为 N^{p+} 离子有色,或者虽然 N^{p+} 无色,但它也能与 R 生成有色络合物 NR_n^{p+},从而造成测 M^{n+} 的误差。通常可以采取以下一些措施来消除干扰。

1）控制酸度

这实际上是利用显色剂的酸效应来控制显色反应的完全程度。例如用双硫腙光度法测 Hg^{2+}，共存的 Cd^{2+}、Pb^{2+} 等离子也能与双硫腙生成有色络合物，因而干扰 Hg^{2+} 的测定。但由于双硫腙汞络合物的 K 值最大，因而最稳定，故可以在强酸条件下测定；而此时其它离子的双硫腙络合物则由于 K 值较小而不能稳定存在，因而无法显色。通过控制强酸条件就可以消除 Cd^{2+}、Pb^{2+} 等离子对待测 Hg^{2+} 的干扰。

2）加入掩蔽剂

采用掩蔽剂来消除干扰是一种有效而且常用的方法。该方法要求加入的掩蔽剂不能与被测离子反应，掩蔽剂和掩蔽产物的颜色必须不干扰测定。如用罗丹明萃取光度法测 Ga^{3+}，在 λ_{max} 下 Fe^{3+} 有一定吸收而干扰 Ga^{3+} 的测定，可以加入掩蔽剂将 Fe^{3+} 还原为 Fe^{2+}，由于 Fe^{2+}、Ga^{3+} 络合物在 λ_{max} 处没有吸收，故干扰被消除（氧化还原掩蔽）。

3）选择合适的波长

例如在 $\lambda_{max} = 525$ nm 处测定 MnO_4^- 时，共存的 $Cr_2O_7^{2-}$ 也有吸收因而产生干扰，因此可改在 545 nm 处测定 MnO_4^-。此时虽然测定 MnO_4^- 的灵敏度有所降低，但由于 $Cr_2O_7^{2-}$ 在此波长无吸收，它的干扰被消除。

4）选择合适的参比溶液

例如在用铬天菁 S 光度法测 Al^{3+} 时，在 $\lambda_{max} = 525$ nm 下共存的 Co^{2+}、Ni^{2+} 等有色离子也有吸收因而发生干扰。此时可将一份待测试液中加入 NH_4F 及铬天菁，以此作为参比溶液。由于 Al^{3+} 可以与 F^- 形成稳定的无色络合物，无法再与铬天青等反应而显色，而此时 Co^{2+}、Ni^{2+} 等有色物质仍然在溶液中。所以当以此溶液作为参比溶液时，就可以抵消显色剂本身有色所造成的干扰，也可以抵消 Co^{2+}、Ni^{2+} 等有色离子所造成的干扰。

思考与练习 10 – 3

1. 在分光光度法的显色反应过程中与待测组分形成有色化合物的试剂称为_____。

2. 判断：光度分析中，所用显色剂，必需是只与样品中被测组分发生显色反应，而与其他组分均不发生显色反应的特效性显色剂。（　　）

3. 显色反应中，显色剂的选择原则是（　　）。

A. 显色剂的摩尔吸收系数越大越好

B. 显色反应产物的摩尔吸收系数越大越好

C. 显色剂必须是无机物　　　　　　　D. 显色剂必须无色

4. 显色反应一般应控制的条件不包括（　　）。

A. 溶液的酸度　　B. 显色剂的用量　　C. 显色时间　　D. 吸光度范围

5. 对显色反应的要求不包括（　　）。

A. 选择性好   B. 有色物配位比必须是 1:1
C. 灵敏度高   D. 有色产物性质稳定

6. 利用显色剂显色络合反应分光光度法测定无机离子时,影响显色反应的因素有哪些?

阅读材料　药物分析中的显色反应

显色反应是指在被测药物体系中加入某种试剂而呈现颜色的反应,也叫呈色反应。显色反应在药物分析中常用于药物的鉴别、检查和含量测定。目前在药物分析中的显色反应有配位显色反应、氧化还原显色反应、离子缔合显色反应、电荷转移显色反应、重氮化–偶合显色反应、亚硝化显色反应、缩合显色反应和超分子显色反应等。

1. 配位显色反应

配位显色反应是最为常见的一种显色反应。利用有机药物分子中含有的配位基团与金属离子或药物中含有的金属离子与含配位基团的化学试剂形成有色配合物的显色反应叫配位显色反应。例如李胜等在 $0.8 \sim 1.4$ mol/L 盐酸介质中,利用氟罗沙星与 $Fe(III)$ 在室温下形成组成比为 2:1 的在 402 nm 处有最大吸收的稳定配合物,线性范围为 $2 \sim 48 \mu g/ml$,建立了片剂和胶囊中氟罗沙星的测定方法,相对标准偏差小于 2.8%。

2. 氧化还原显色反应

氧化还原显色反应是利用氧化性物质氧化还原性物质产生有色物质的显色反应。如在 pH 2.5 氯乙酸–氯乙酸钠缓冲液中,在加热条件下,偏钒酸铵迅速氧化异丙嗪,得到一种在 520 nm 处有最大吸收的樱红色产物,可用分光光度法测定制剂中的异丙嗪含量。

3. 离子缔合显色反应

离子缔合显色反应是利用带电荷的有机药物分子与带相反电荷的染料分子按计量比靠静电结合形成有色离子缔合物。如在 pH $3.5 \sim 4.0$ 的缓冲介质中,西地那非与乙基曙红反应形成离子缔合物,使乙基曙红溶液颜色发生明显改变,离子缔合物的最大吸收波长在 550 nm,比乙基曙红红移了 30 nm,建立了万艾可中西地那非含量测定的新方法。

4. 重氮化–偶合显色反应

重氮化–偶合显色反应利用芳伯氨基的重氮化反应再与偶联组分形成有色偶氮化合物的显色反应。例如田孟魁等利用磺胺类药物的重氮化反应再与 α–萘酚偶联形成有色偶氮化合物测定了磺胺类药物的含量。

5. 亚硝化显色反应

亚硝化显色反应是含酚羟基或仲胺基的有机药物分子与亚硝酸根反应产生有色

亚硝化产物的显色反应。利血平是仲胺类生物碱，能在稀硫酸介质中与亚硝酸钠发生亚硝化反应，产生在390 nm处有最大吸收的黄色亚硝基利血平，可用于利血平原料药的分析。

6. 缩合显色反应

缩合显色反应是指利用药物分子中的伯氨基与芳香羰基化合物（如芳醛、芳酮）形成有色席夫碱或利用药物分子中的羰基与含肼基的化学试剂形成有色腙类的显色反应。基于庆大霉素与3,5-二溴水杨醛缩合形成黄色席夫碱的反应建立了庆大霉素光度测定新方法，测定的表现摩尔吸光系数 ε_{430} 达 9.98×10^4 L·mol^{-1}cm^{-1}。

7. 碱处理显色反应

碱处理显色反应是利用碱性溶液处理有机药物分子使其形成有色钠盐的显色反应。如大黄素与 NaOH 反应产生在 530 nm 处有最大吸收的红色大黄素钠盐，用 Tween-80-$(NH_4)_2SO_4$ 液固萃取体系萃取分离大黄中大黄素，用碱溶液处理所得大黄素，测定了中药大黄中的大黄素。

8. 脱水显色反应

有机药物分子通过脱水产生有色物质的显色反应叫脱水显色反应。如雌激素在硫酸-乙醇介质中发生脱水反应，进而重排形成有色物质，这就是典型的 Kober 反应比色法。

9. 电荷转移显色反应

电荷转移络合物也叫电子给予体-接受体络合物，电荷转移显色反应是指一类由富有电子有机药物分子（电子给予体）和缺少电子分子（电子接受体）两种分子形成有色电荷转移络合物的反应。电子给予体通常是含有孤电子氮原子的有机药物分子，电子接受体通常是缺少电子分子，如红霉素与结晶紫形成了电荷转移有色络合物，其最大吸收波长在 593 nm 处，建立了测定制剂中的红霉素测定方法。

10. 超分子显色反应

超分子显色反应是利用生物大分子与染料通过分子间作用力、静电引力及氢键等形成超分子而显色的反应。例如蛋白质在酸性条件下与虎红发生超分子显色反应，可以建立蛋白质的定量分析方法。

10.4　分光光度法的测量误差及测量条件的选择

一种分析方法的准确度往往受多方面因素的影响，对于分光光度法来说也不例外。影响分析结果准确度的因素主要是仪器的测量误差和测量条件的选择。

10.4.1　仪器的测量误差

因为总存在着一些难以控制的偶然因素，仪器的测量误差无法避免。如电子元件性能不十分稳定、杂散光的干扰等，都会造成测量中某种程度的不确定性。正是由于这种不确定性，限制了仪器的测量精度，造成了仪器的测量误差。习惯上把造成仪器测量误差的偶然因素统称为噪音。

以普通分光光度计为例,由噪音引起的测量不确定性直接表现为检测器的光电流读数的不确定性,而光电流又与透光率成正比,因此这种不确定性又表现为 T 标度上透光率读数的不确定性。一般这种 T 读数的不确定性最大不超过 ± 0.01,这个由噪音引起的最大不确定性 ΔT 的大小是固定的,与 T 本身的大小无关,即 $\Delta T = \pm 0.01$。

但是光度分析的目的是通过吸光度 A 测得物质的浓度 c,那么由这个固定的 ΔT 所引起的浓度 c 的测量相对误差是多少呢? 这就涉及到误差传递问题,即透光率 T 的测量误差如何传递到浓度 c。这里不对误差传递的规律作详细讨论,仅就涉及到的问题作简单介绍。

首先考察吸光度 A 的测量误差与浓度 c 的测量误差之间的关系。若在测量吸光度 A 时产生了一个微小的绝对误差 dA,则测 A 的相对误差为:

$$E_r = \frac{dA}{A}$$

由朗伯－比耳定律

$$A = \varepsilon bc$$

$$dA = \varepsilon b dc$$

式中 dc 就是测量浓度 c 的微小的绝对误差。由于 c 与 A 成正比,则测量的绝对误差 dc 与 dA 成正比,即 $\dfrac{dA}{A} = \dfrac{dc}{c}$,测量的相对误差完全相等。

透光率在一定范围内,有较小的测量误差,则:

$$A = -\lg T$$

$$dA = -d(\lg T) = 0.434 d(\ln T) = \frac{0.434}{T} dT$$

$$\frac{dA}{A} = \frac{0.434}{T \lg T} dT$$

$$\frac{dc}{c} = \frac{0.434}{T \lg T} dT = \frac{dA}{A}$$

可见,误差与仪器读数误差（dT）和本身透光率 T 有关。

$$\frac{dA^1}{A} = 0.434 dT \left(\frac{1}{T \lg T}\right)^1 = 0.434 dT \frac{(T \lg T)^1}{(T \lg T)^2} = -0.434 dT \frac{\lg e + \lg T}{(T \lg T)^2}$$

当 $\lg e + \lg T = 0$ 时,$\left(\dfrac{dA}{A}\right)^1 = 0$,测量误差最小。当 $-\lg T = \lg e = 0.434 = A$,即 $A = 0.434$ 或 $T = 0.368$ 时,相对误差最小。

10.4.2 测量条件的选择

选择适当的测量条件是获得准确测定结果的重要途径,其适合的测量条件的选择原则可从下列几个方面考虑。

1. 测量波长的选择

由于有色物质对光有选择性吸收,为了使测定结果有较高的灵敏度和准确度,测量波长必须选择溶液最大吸收波长的入射光。如果有干扰时,则选用灵敏度较低但能避免干扰的入射光,就能获得满意的测定结果。

2. 吸光度范围的控制

吸光度在 0.15~0.80 时,测量的准确度较高。因此可以从下列 2 方面入手。

(1)计算并控制试样的称出量,含量高时,少取样或稀释试液;含量低时,可多取样或萃取富集。

(2)如果溶液已显色,则可通过改变比色皿的厚度来调节吸光度的大小。

3. 参比溶液的选择

参比溶液是用来调节仪器工作零点的,若参比溶液选得不适当,则对测量读数准确度的影响较大,选择参比溶液的原则如下。

(1)当试液、试剂、显色剂均无色时,可用蒸馏水作参比溶液。

(2)试剂和显色剂均无色,而样品溶液中其他离子有色时,应采用不加显色剂的样品溶液作参比溶液。

(3)试剂和显色剂均有颜色时,可将一份试液加入适当掩蔽剂,将被测组分掩蔽起来,使之不再与显色剂作用,然后把显色剂、试剂均按操作顺序加入,以此作参比溶液,这样可以消除一些共存组分的干扰。

此外,对于比色皿的厚度、透光率、仪器波长、读数刻度等应进行校正,对比色皿放置位置、光电池的灵敏度等也应注意检查。

10.4.3　示差分光光度法

示差分光光度法是用一已知浓度的标准显色溶液与未知试样的显色溶液相比较,测量吸光度,从测得的吸光度求未知试样溶液的浓度。

设标准溶液的浓度为 c,试样溶液的浓度为 c_x,A_0 为标准溶液的吸光度,则:

$$A_0 = -\lg(I/I_0) = abc$$
$$A_x = -\lg(I_x/I_0) = abc_x$$
$$\lg I_0 - \lg I + \lg I_x - \lg I_0 = abc - abc_x$$
$$\lg I_x - \lg I = ab(c - c_x)$$
$$A_{\text{差}} = -\lg(I_x/I) = ab(c - c_x)$$

以 $A_{\text{差}}$ 对 $c-c_x$ 作图,可以求出 $c-c_x$,c 为已知,则 c_x 可求得。按所选择测量条件不同,示差分光光度法有以下 3 种操作方法。

(1)高吸光度法。光电检测器未受光时,其透光度为零,光通过一个比试样溶液稍稀的参比溶液后照到光电检测器上,调其透光度 T 为 100%,然后测定试样溶液的吸光度。此法适用于高含量物质测定。

(2)低吸光度法。先用空白溶液调透光度为 100%,然后用一个比试样溶液稍浓的参比溶液调节透光度为零,再测定试样溶液的吸光度。此法适用于痕量物质的测定。

(3)双参比法。选择两个组分相同而浓度不同的溶液作参比溶液(试样溶液浓度应介于两溶液浓度之间),调节仪器,使浓度较大的参比液的透光度为零,而浓度较小的参比溶液的透光度为100%,然后测定试样溶液的吸光度。

示差分光光度法可以提高光度法的精确性,从而实现用分光光度法对物质中某一含量较高或较低的组分的测定。例如对高含量成分的测定,有时可达到与重量法、滴定法同等的精确度。其降低分析误差的主要依据就是对刻度标尺的放大作用。例如,假定用普通光度法测量参比溶液的透光度为10%,试样溶液的透光度为7%,仅相差3%。若用示差法,将参比溶液的透光度调到100%,则试样溶液的透光度为70%,两者之差增为30%,相当于放大读数标尺10倍,从而相对地增大了这种测量方法的精确度,如图10.12所示。

在示差分光光度法的测量中,要求一个实际具有较高吸收的参比溶液的表观刻度读数为 $A = 0$ 或 $T = 100\%$,故所用的仪器必须具有出光狭缝可以调节、光度计灵敏度可以控制或光源强度可以改变等性能。

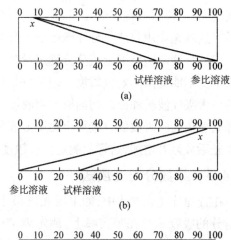

图 10.12　不同测量方法的示差
分光光度法的精确性
(a)高吸光光度法　(b)低吸光光度法　(c)双参比法

10.4.4　双波长分光光度法

由于传统的单波长分光光度测定法要求试液本身透明,不能混浊,因而当试液在测定过程中慢慢产生混浊时就无法正确测定。单波长测定法对于吸收峰相互重叠的组分或背景很深的试样,也难于得到正确的结果。此外,试样池和参比池之间不匹配,试液与参比液组成不一致均会给传统的单波长分光光度法带来较大的误差。如果采用双波长技术,就可以从分析波长的信号中减去来自参比波长的信号,从而消除上述影响,提高方法的灵敏度和选择性,简化分析手续,扩大分光光度法的应用范围。

双波长分光光度法是将光源发射出来的光线,分别经过 2 个可以调节的单色器,得到 2 束具有不同波长(λ_1 、λ_2)的单色光,利用斩光器使这 2 束光交替照射到同一吸收池,然后测量并记录它们之间吸光度的差值 ΔA 。若使交替照射的 2 束单色光 λ_1 、λ_2 的强度都等于 I_0 ,则:

$$-\lg(I_1/I_0) = A_{\lambda_1} = \varepsilon_{\lambda_1} bc + A_s$$

$$-\lg(I_2/I_0) = A_{\lambda_2} = \varepsilon_{\lambda_2} bc + A_s$$

A_s 为光散射或背景吸收,若 λ_1 和 λ_2 相距不远,A_s 可视为相等,则:

$$-\lg(I_2/I_1) = A_{\lambda_2} - A_{\lambda_1} = \Delta A = (\varepsilon_{\lambda_2} - \varepsilon_{\lambda_1})bc$$

上式说明,试样溶液在波长 λ_1 和 λ_2 处吸收的差值与溶液中待测物质的浓度成正比关系。这就是应用双波长分光光度法进行测定的依据。

双波长测定法对混合组分分别定量时,一般是测定 2 个波长处的吸光度差,因此方法本身不能提高测定灵敏度。但是,用双波长法进行单组分测定时,如果选择显色剂的极大吸收波长和配合物的极大吸收波长作测定使用的波长对,由于形成配合物而降低显色剂的吸收值直接加合在所形成的配合物的吸收上,使得配合物的表观摩尔吸光系数显著增加,这样使测定的灵敏度有所提高。

10.4.5　导数分光光度法

在普通分光光度法中,如果吸光度很小,就不能得到精度很好的信号。如果其他组分的吸收重叠在吸收峰上,测定就会受干扰。导数分光光度法可以克服这些困难,其原理是因为吸光度和摩尔吸光系数为波长的函数,朗伯 – 比耳定律可以用下式表示:

$$A_\lambda = \varepsilon_\lambda cb$$

将上式对波长进行一次微分,得

$$\frac{dA_\lambda}{d\lambda} = \frac{d\varepsilon_\lambda}{d\lambda} \times cb$$

若对波长进行 n 次微分,可得

$$\frac{d^n A_\lambda}{d\lambda^n} = \frac{d^n \varepsilon_\lambda}{d\lambda^n} \times cb$$

由此可知,吸光度对波长进行微分的微分值与吸收物质的浓度之间符合朗伯 – 比耳定律,因此它可用于吸收物质的定量分析。

获得微分光谱的方法有光学微分法和电学微分法两类,后者已在多种类型的微机控制分光光度计中得到应用,它通常可以获得一、二、三、四阶导数光谱。

导数光谱的测量有以下几种方法。

(1)如果基线是平坦的,可以测量峰 – 谷之间的距离,这是最常用的方法。

(2)在基线平坦的情况下,也可以测量峰 – 基线之间的距离,这时灵敏度虽有些降低,但精度较高。

(3)作两峰的连接线,测量两峰连线到谷的距离。只要基线是直线,不管它是否倾斜,总能得到正确的值。

(4)作峰顶与谷底的切线,使其平行于基线,然后测量两平行线的距离。

关于导数分光光度法提高灵敏度的规律,有人指出 n 阶($n = 1 \sim 4$)导数分光光度法的灵敏度是按 $4.5n$ 倍增大的。

10.4.6 三元配合物及其在光度法中的应用

1. 三元(多元)混配配合物

由 1 种中心离子和 2 种(或 3 种)配位体形成的配合物称为三元混配配合物。例如 Mo(Ⅵ) 与 NH_2OH 和硝基磺苯酚 K 形成的三元配合物,其结构式如图 10.13 所示。

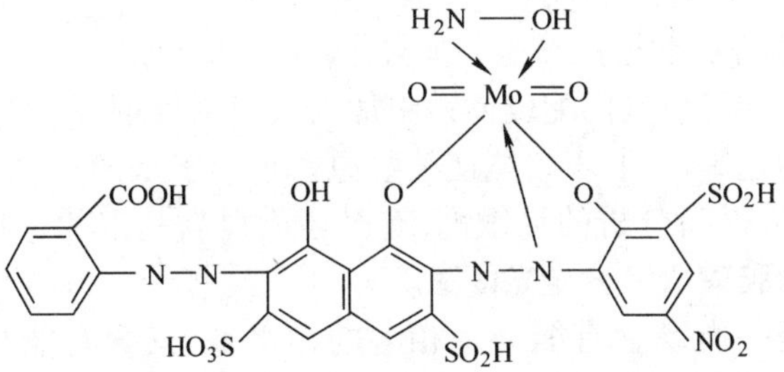

图 10.13 Mo(Ⅵ) – NH_2OH – 硝基磺苯酚 K 三元配合物结构式

混配配合物形成的条件首先是中心离子应能分别与这两种配位体单独发生配位反应,其次是中心离子与一种配位体形成的配合物必须是配位不饱和的,只有再与另一种配位体配位后,才能满足其配位数的要求。在混配配合物 ML_1L_2 中,L_1 和 L_2 可能都是有机配位体,亦可能其中之一是无机配位体。由于配位反应的空间效应,其中一种配位体最好是体积小的单基配位体,如 NH_2OH、H_2O_2、F^- 等,另一种是多基配位体。混配配合物的特点是极为稳定,并且具有不同于单一配位体配合物的性质,不仅能提供具有分析价值的特殊灵敏度和选择性,并且常常能改善其可萃性和溶解度。例如,用 H_2O_2 测定 V(Ⅴ) 灵敏度太低($\varepsilon_{450nm} = 2.7 \times 102$ L·mol^{-1}·cm^{-1}),用 PAR 显色灵敏度虽较高($\varepsilon_{550nm} = 3.6 \times 104$ L·mol^{-1}·cm^{-1}),但选择性很差。如果在一定条件下使之形成 V(Ⅴ) – H_2O_2 – PAR 三元配合物,不仅灵敏度较高($\varepsilon_{540nm} = 1.4 \times 104$ L·mol^{-1}·cm^{-1}),选择性亦较好。

2. 三元离子缔合物

离子缔合物型三元配合物与三元混配配合物的区别是一种配位体已满足中心离子配位数的要求,但彼此间的电性并未中和,因此,形成的是带有电荷的二元配离子,当带有相反电荷的第二种配位体离子参与反应时,便可通过电价键结合成离子缔合物型的三元配合物。这类配合物体系多属 M – B – R 型。M 为金属离子,B 为有机碱,如吡啶、喹啉、安替比林类、邻二氮菲及其衍生物、有机染料等阳离子,R 为电负性配位体,如卤素离子 X^-、SCN^-、SO_4^{2-}、ClO_4^-、HgI_4^{2-}、水杨酸、邻苯二酚等。

离子缔合物型三元配合物在金属离子的萃取分离和萃取光度法中占有重要地位。由于在被测物质光度测定之前需要经萃取法分离、富集,因此,提高了测定的灵敏度和选择性。例如,在硫酸溶液中,InI_4^- 配阴离子可与孔雀绿阳离子(B^+)形成离子缔合物 $B^+[InI_4]^-$,用苯萃取,测定吸光度 $\varepsilon = 1.05 \times 10^5$ L·mol^{-1}·cm^{-1},用于测定铟,非常灵敏。

需要指出的是,为了克服离子缔合物用于光度分析需经萃取分离、操作比较麻烦和有机污染的缺点,采用水溶性高分子如聚乙烯酸、阿拉伯树胶等增溶分散的方法,不仅可以直接在水相中进行测定,而且提高了测定灵敏度。例如,在 1.1 mol·L^{-1} HCl 介质中,在聚乙烯醇存在下,Zn^{2+} – SCN$^-$ – 罗丹明体系的 $\varepsilon_{607nm} = 2.6 \times 10^6$ L·mol^{-1}·cm^{-1},测定的灵敏度很高。

3. 三元胶束配合物和增溶分光光度法

当在金属离子和显色剂的配位体系中加入表面活性剂时,由于表面活性剂的增溶、增敏、增稳和褪色等作用,不仅能使某些原本难溶于水的显色体系可以在水溶液中测定,而且能大大提高分析的灵敏度,有时还能提高测定的选择性和改善测量条件。这类方法称为胶束增溶分光光度法。

表面活性剂是一类既含有能与水相溶的亲水基,又含有能与油相溶的亲油基(疏水基)的物质。按其电离后活性部分是阳离子或阴离子而分为阳离子型、阴离子型和两性型表面活性剂。还有一类极难电离的表面活性剂称为非离子型表面活性剂。在低浓度时,表面活性剂在水中以离子或分子状态存在,但浓度超过一定值后(此值称该表面活性剂的临界胶束浓度),由于分子中烃链的疏水性而相互聚集形成胶束,故又称为胶束增溶分光光度法。

10.4.7　萃取光度法、浮选光度法和固相光度法

这 3 类方法都是将待测组分先分离、富集到另一相后再进行光度测定,从而提高了测定灵敏度和选择性。

1. 萃取光度法

把待测组分从一种液相(水相)转移到另一种液相(有机相),以达到分离和富集目的的过程称为萃取。萃取是基于溶质在两种基本不相混溶的溶剂之间的分配差异来实现分离的。只要溶质在有机溶剂中的溶解度大于在水中的溶解度就可能实现萃取。由于带电荷的化合物不能进入有机溶剂,金属离子必须转变为不带电荷的配合物,或与带相反电荷的离子形成离子(对)缔合物后才能被萃取入有机相。萃取光度法就是将溶剂萃取与光度测定相结合的一种分析方法。它将水相中的有色物质直接萃取到少量与水不互溶的溶剂中后进行吸光度测定,它特别适用于显色产物难溶于水的体系。由于萃取的分离和富集作用,故此方法能有效地提高测定的灵敏度和选择性。例如,用乙醚萃取 Mo(V)与 SCN$^-$ 形成的配合物后进行光度测定,比直接在水相中测定灵敏度提高 9 倍;利用 Pd(Ⅱ)与 DDO(双十二烷基二硫代乙酸胺)二元配合物的萃取光度法测定钯,其 ε 高达 3.6×10^6 L·mol^{-1}·cm^{-1},是一种超高灵敏度的测定方法。

2. 浮选光度法

浮选光度法可分为溶剂浮选和泡沫浮选 2 类。前者靠有机溶剂将水相试液中的待测物带到两相界面上,经分离和除去溶剂后,再把待测物溶于少量的另一种溶剂中

进行光度测定。例如,在[H⁺] = 0.45 mol·L⁻¹的介质中,用环己烷作浮选剂浮选 Hg(Ⅱ)–I⁻–亚甲基蓝配合物使之与水相分离,蒸发除去环己烷,残余物溶于少量 甲醇后进行光度测定,$\varepsilon_{670nm} = 1.5 \times 10^5$ L·mol⁻¹·cm⁻¹。泡沫浮选法则使用适当的 起泡剂(如表面活性剂),使待测组分以离子形式或配合物形式随泡沫一起与原试样 溶液分离,随后加入合适的消泡剂消泡后进行光度测定。例如在 pH = 7 的条件下, 以 CTMAB 作起泡剂浮选 CN⁻–氯胺 T–异烟酸吡唑啉酮配合物,然后用乙醇作消 泡剂,可用于 CN⁻的测定,$\varepsilon_{638nm} = 5 \times 10^4$ L·mol⁻¹·cm⁻¹。

3. 固相光度法

这是利用固相载体(离子交换树脂、泡沫塑料或滤纸)对待测组分进行分离、富 集并显色,随后直接测定固相吸光度的方法。例如,强碱性阴离子交换树脂作载体用 于 BiI₄⁻、Bi(Ⅲ)–4 邻苯三酚红、Hg(Ⅱ)–双碱腙和磷(砷)杂多蓝等显色体系;强酸 性阳离子交换树脂作载体用于 Nb(Ⅴ)–5–Br–PADAP–酒石酸显色体系;泡沫塑 料作载体用于 Au(Ⅲ)–硫代米黄酮、Zn(Ⅱ)–双硫腙等显色体系等。

10.4.8　长光路毛细吸收管分光光度法

根据朗伯–比耳定律 $A = \varepsilon bc$,当浓度不变而增大 b 时,A 增大。换言之,可以通 过延长吸收光程 b 来降低待测吸光物质的浓度 c,从而提高光度法的测定灵敏度。近 年来,提出了全反射型长光路毛细吸收管分光光度法。该法使用长至数十米的毛细 管吸收池(LCC),可以高灵敏度地测定溶液极其微弱的吸收。已有的报道表明,它已 能顺利地测定水中 pg/g 级的磷和 ng/g 级的氟,使光度法测定铜、汞的灵敏度提高了 3 个数量级。用 50 m 长的毛细管液芯光纤系统,可使 Hg、I、Cu、P 等元素的测定灵敏 度达 0.02 pg/g。

从 LCC 的管型而言,已从最初较短的“直线型”、“弧型”和“圈型”,发展到较长 的“螺旋型”和“光导纤维型”(图 10.14)。例如,用内径为 1 mm,长 10 m 的螺旋型耐热玻 璃管作吸收池,或用内径为 250 μm,长 25 m 或 50 m 的硅树脂涂覆的毛细纤维管作吸收 池,后者称为“光导纤维型”吸收管,因此此方法又称为液芯光纤长光路分光光度法。

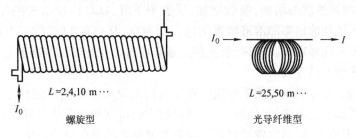

图 10.14　长光路毛细吸收管

从光在 LCC 中的传输方式而言,其光路大致可设想为图 10.15 所示的镜面反射 和全反射两种形式。当光的传输介质满足全反射条件时,光主要以螺旋光线的形式 通过 LCC;当反射率不是 100% 时,则光按镜面反射方式传输,此时入射光主要以较少的反射次数在同一平面内按子午光线的形式通过 LCC 管。

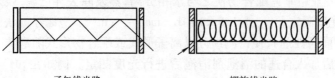

子午线光路　　　　　螺旋线光路

图 10.15　长光路毛细吸收管中的反射光路

Snell 的折射定律为：

$$Sin(90° - \theta) \geq n_2/n_1$$

式中：θ——入射角；

　　　n_1——溶剂折射率；

　　　n_2——LCC 材料的折射率。

只有 $n_1 > n_2$，即只有使用折射率大于 LCC 材料折射率的液体作溶剂时，才能在 LCC 中实现全反射。例如，常用作 LCC 材料的石英玻璃和耐热玻璃，在 20 ℃时对 589.3 nm 光的折射率分别为 1.459 和 1.474。相同条件下，水的折射率为 1.333，苯和二硫化碳的折射率分别为 1.501 和 1.627。显色反应以水为溶剂时，入射光在 LCC 中主要以镜面反射方式传输。为了满足全反射的条件，必须把显色物质转入（如萃取）到高折射率的溶剂中。用于全反射的溶剂可以是单一溶剂，亦可以是混合溶剂（称为混折射溶剂）。

已有的研究表明，即使在镜面反射（如水作溶剂）的 LCC 中，灵敏度（吸光度）增加的倍率亦明显大于吸收管增长的倍率。例如，磷钼蓝法测磷，用 1 m 的 LCC 比用 1 cm 吸收皿灵敏度增加约 300 倍而不是 100 倍，这主要是由于吸收管壁的反射增加了有效的吸收光程长度。在全反射条件下，由于高折射率的溶剂使入射光多重反射，进一步增大了有效的吸收光程长度，从而吸光度增加的倍率又明显高于镜面反射时的倍率，大约增至 700 倍。

由于随溶液浓度的增加，吸收增加，反射率下降，LCC 内反射光的光路长减小。因此，吸光度增加的倍率随溶液浓度的增大而减少，从而使 LCC 的工作曲线曲率加大，偏离朗伯－比耳定律。所以，长光路毛细吸收管分光光度法与普通分光光度法不同，其工作曲线不是直线。

综上所述，全反射长光路毛细吸收管法可以高灵敏度地测定溶液中极其微弱的吸收，大大提高了光度法的灵敏度。虽然目前它的研究和应用还不够深入和广泛，其理论研究尚不成熟，但毋容置疑它是一种有发展前途的超微量分析法。

思考与练习 10 – 4

1. 在分光光度法中，当 A = _____，或者 T = _____时，相对误差最小。

2. 双波长分光光度计与单波长分光光度计的主要区别在于(　　)。

A. 光源的种类及个数　　　　　B. 单色器的个数

C. 吸收池的个数　　　　　　　D. 检测器的个数

3. 等吸收双波长消去法定量分析的理论依据是(　　)。

A. 溶液对两波长的吸光度之和为定值

B. 溶液对两波长的吸光度之差与待测物浓度成正比

C. 吸光度具有加和性

D. 干扰物质和被测物质有等吸收点

4. 判断:示差分光光度法既适用于含量较高组分物质的测定,又适于含量较低组分物质的测定。(　　)

5. 参比溶液有什么作用? 请简述选取参比溶液的原则。

6. 示差分光光度法为什么能提高分光光度法的精确性?

阅读材料　分光光度法在抗生素类药物分析中的应用

紫外可见分光光度法在抗生素类药物分析中的应用

1. β—内酰胺类抗生素

β—内酰胺类抗生素的吸收往往无其它干扰,可不经显色直接测定含量。β—内酰胺类抗生素也可用显色光度法进行测定,杜黎明等对此进行了一系列研究,他们以四氰基对苯醌为显色剂,分别测定了头孢克洛和头孢噻吩;以硫酸铁铵为显色剂测定了头孢曲松钠,以苯基荧光酮为显色剂测定了头孢哌酮钠。

紫外可见分光光度法还可用于临床配伍药物。如李锦璨等在 272 nm 处考察了注射用头孢米诺钠在 5 种不同输注液中的稳定性,黄红瑞等在 274nm 处研究了头孢呋辛钠注射液与氨茶碱、鱼腥草 2 种注射液的配伍稳定性。

2. 氨基糖苷类抗生素

氨基糖苷类抗生素数量种类较多,包括链霉素、庆大霉素、卡那霉素、妥布霉素、丁胺卡那霉素、新霉素、核糖霉素、小诺霉素、阿斯霉素等。江虹等对硫酸庆大霉素、妥布霉素及硫酸新霉素做了一系列研究工作,发现在 pH 2.8 ~ 7.0 的条件下,曲利本红与硫酸妥布霉素、硫酸庆大霉素和硫酸新霉素等反应生成红色离子缔合物,于 570 nm、392 nm、392 nm 处产生新的吸收峰,于 498 nm、498 nm、502 nm 处产生褪色峰;他们用显色法、褪色法及双波长叠加法分别进行研究,并应用于硫酸庆大霉素注射液、复方硫酸新霉素滴耳液、硫酸妥布霉素注射液的测定,结果满意。

3. 四环素类抗生素

四环素类抗生素如四环素、金霉素、土霉素、强力霉素、美他环素、甲烯土霉素和米诺环素等曾广泛应用于临床,但由于病原菌耐药性、不良反应及人禽共用的危险性,本类药物临床应用已很少,目前主要用于牲畜饲料添加剂。抗生素会在牲畜体内形成药物残留,药残分析是目前研究的热点,但由于 UV 光度法的局限性,近几年在这方面的研究报道仅有几篇。

4. 大环内酯类抗生素

大环内酯类抗生素毒性低微,能够作用于细菌细胞膜,口服方便且价格较廉,在治疗学上重要性仅略次于 β—内酰胺类和氨基糖苷类。临床常用的有红霉素、克拉霉素、阿奇霉素、琥乙红霉素、罗红霉素吉他霉素等。一些紫外可见光度法在该类药物的研究中应用较多,并且这些方法与药典方法比较,结果基本一致,可以应用于生产管理及含量检测。

10.5   分光光度法的应用

分光光度法除了广泛应用于测定微量成分外,也能用于常量组分及多组分的测定,还可以用于研究化学平衡、络合物组成的测定等。下面简要地介绍有关这些方面的应用。

10.5.1   定性分析

物质的特征吸收光谱图可以作为物质定性分析的工具。每一种物质分子都有其特定的内部结构能级状态,不同能态的跃迁会相应产生不同的吸收谱线(谱带)。所以,利用物质的特征吸收光谱来鉴别物质是可行的。

长期的经验使人们积累了很多物质分子和分子上特征基团(使分子保持某一特性的基团)的特征吸收光谱,通过比较未知样品与已知样品光谱图的每一个细节,如极大波长、极小波长的位置、拐点的位置及其形状等,就有可能对未知样品作出判断。一般情况下,如果两者光谱图一致,就可以认为它们在化学结构或分子内部排列上相同,尤其对那些有易确定峰的样品,更容易得出结果。

无机物与有机物特征吸收的原因并不相同。有机物由于组成分子的原子种类、成键原因、成键后电子的状态键别具特点,一般特征吸收在波长小于 330 nm 的紫外光区,不属于可见光分光光度计测试的范围。无机物的特征吸收大多数在可见光区,如图 10.16 和图 10.17,分别为氧化镨溶液和氧化钛溶液的吸收光谱。

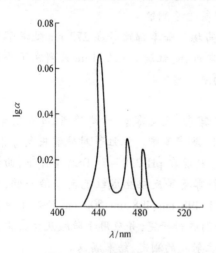

图 10.16   氧化镨溶液的吸收光谱

当物质溶液的光谱精细结构没有完全消失时,对定性判断将十分方便,尤其这些特定波长下的吸收峰是给定的纯物质所具有的特征。如果吸收峰相当显著,有可能作为仪器波长检测的标准。但如前所述,液体样品的紫外可见光谱吸收带往往较宽,

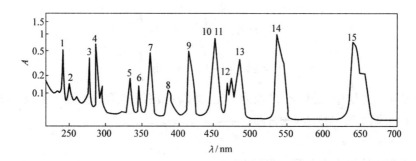

图 10.17   氧化钛溶液的吸收光谱

精细结构消失,尤其在分辨率低的仪器上更如此。因此,紫外可见光区的分光光度计主要应用于定量分析。

10.5.2   定量分析

1. 单组分的测定

在同一条件下配制样品溶液和标准溶液,在 λ_{max} 处测得两者的 A 值($A_样$ 和 $A_标$),进行比较,可求得样品含量:

$$\frac{A_标}{A_样} = \frac{c_标}{c_样}$$

$$c_样 = c_标 \times \frac{A_样}{A_标}$$

1)一般方法

当试液中只有一种被测组分在测量波长处产生吸收时,一般采用标准曲线法进行测定,即 $A - c$ 标准曲线法。配制一组合适的标准溶液,由低浓度到高浓度依次倒入吸收池,分别测其吸光度 A,以测得的吸光度为纵坐标,待测元素的含量或浓度 c 为横坐标,绘制 $A - c$ 标准曲线。在相同的实验条件下,喷入待测试样溶液,根据测得的吸光度,由标准曲线得出试样中待测元素的含量。标准曲线法简便、快速,但仅适用于组成简单的试样。

2)示差分光光度法

普通分光光度法只适用于微量组分的分析,而不适合于常量组分的分析,这主要是因为测量误差较大。即使能将 A 控制在合适的吸光度范围(0.2~0.8)之内,测量误差也仍有 4% 左右。这样大的相对误差对常量组分的测定是不允许的,因为此时不仅相对误差较大,而且绝对误差也较大。

示差分光光度法却可以应用于常量组分的测定,因为它们的测量相对误差可以降低到 0.5% 以下,从而使测量准确度大大提高。示差分光光度法与普通分光光度法的主要区别在于它所采用的参比溶液不同。示差分光光度法是以浓度比待测定溶液浓度稍低的标准溶液作为参比溶液。假设待测溶液浓度为 c_x,参比溶液浓度为 c_s,则 $c_s < c_x$。根据朗伯 – 比耳定律,在普通分光光度法中:

$$A_x = \varepsilon b c_x = -\lg T_x = -\lg \frac{I_x}{I_0}$$

$$A_s = \varepsilon b c_s = -\lg T_s = -\lg \frac{I_s}{I_0}$$

但是在示差法中,是以 c_s 溶液为参比,即以 c_s 溶液的透射光强 I_s 作为假想的入射光强 I_0^1 来调节吸光度零点的,即:

$$I_s = I_0^1$$

而当把待测溶液推入光路后,其透光率为:

$$T = \frac{I_x}{I_0^1} = \frac{I_x}{I_s} = \frac{I_x}{I_0} = \frac{I_0}{I_s} = \frac{T_x}{T_s}$$

可见,在示差分光光度法中,实际测得的吸光度 $A_{差}$ 就相当于在普通分光光度法中待测溶液与参比溶液的吸光度之差 ΔA。将朗伯 – 比耳定律代入:

$$\Delta A = A_x - A_s = \varepsilon b (c_x - c_s) = \varepsilon b \Delta c$$

其中

$$\Delta c = c_x - c_s$$

即在示差法中,朗伯 – 比耳定律可表示为:

$$\Delta A = \varepsilon b \Delta c$$

据此测得的浓度并不是 c_x 而是浓度差 Δc。但由于 c_s 是已知的标准溶液的浓度,由:

$$c_x = c_s + \Delta c$$

可间接推算出待测溶液的浓度 c_x。这即为示差法测定的原理。

在示差法中,由仪器噪音引起的测量误差依然存在,因此即使控制吸光度 ΔA 在合适范围(0.2 ~ 0.8)之内,测量相对误差也仍将达到约 4%。但与普通分光光度法不同的是,在示差法中这个近 4% 的相对误差是相对于 Δc 而言的,而不是相对于 c_x 而言的。如果是相对于 c_x 而言,则相对误差为:

$$E_r = \frac{4\% \times \Delta c}{c_x}$$

由于 c_x 仅仅是稍大于 c_s,故 c_x 总是远大于 Δc。假设 c_x 为 Δc 的 10 倍,则测量相对误差就等于 0.4%。这就使得示差分光光度法的准确度大大提高,可适用于常量组分的分析。

从仪器构造上讲,示差分光光度法需要一个大发射强度的光源,才能用高浓度的参比溶液调节吸光度零点。因此必须采用专门设计的示差分光光度计,这使它的应用受到一定限制。

2. 多组分的同时测定

应用光度法可以同时测定同一溶液中的两个甚至更多的组分。以两组分的混合物分析为例,如果两组分的吸收峰互不干扰,则可分别在 λ_{max}(Ⅰ)和 λ_{max}(Ⅱ)处测定Ⅰ和Ⅱ两组分,这本质上与单组分测定没有区别。而如果两组分的吸收峰互相干扰,则可以利用吸光度的加和性用解联立方程的方法求得各组分的含量。

吸光度的加和性是指如果溶液中各组分之间的相互作用可以忽略不计,则某波长溶液的总吸光度是其各组分单独存在时的吸光度之和:

$$A_{\text{总}} = A_1 + A_2 + \cdots + A_n$$

首先分别用单一组分 I 和单一组分 II 的标准溶液在 $\lambda_{\max}$(I)和 $\lambda_{\max}$(II)处测得它们的摩尔吸光系数,然后分别在 I 和 II 处测得待测混合溶液的总吸光度和。根据吸光度的加和性,得:

$$A_{\lambda_1}^{\text{总}} = A_{\lambda_1}^{\text{I}} + A_{\lambda_1}^{\text{II}} = \varepsilon_{\lambda_1}^{\text{I}} b c_1 + \varepsilon_{\lambda_1}^{\text{II}} b c_1$$

$$A_{\lambda_2}^{\text{总}} = A_{\lambda_2}^{\text{I}} + A_{\lambda_2}^{\text{II}} = \varepsilon_{\lambda_2}^{\text{I}} b c_2 + \varepsilon_{\lambda_2}^{\text{II}} b c_2$$

在这两个独立的方程中,未知量只有 c_1 和 c_2,故解方程就可以同时得到组分 I 的浓度 c_1 和组分 II 的浓度 c_2。

10.5.3　络合物组成和酸碱离解常数的测定

1. 络合物组成的测定

应用光度法测定络合物的组成有多种方法,如摩尔比法、等摩尔连续变化法、直线法、斜比率法和平衡移动法,较常用的是摩尔比法和等摩尔连续变化法。

1)摩尔比法

设络合反应

$$M^{n+} + mR \Longrightarrow MR_m^{n+}$$

若在某波长下只有络合物 MR_m^{n+} 有吸收,M^{n+} 和 R 及其他中间络合物均无吸收,可配制一系列溶液金属离子 M^{n+} 的浓度相等、而配位剂浓度各不相同的溶液,使摩尔比 c_R/c_M 分别等于 0.5、1、1.5、2、…测定这一系列溶液的吸光度 A,绘制 $A - c_R/c_M$ 曲线,如图 10.18 所示。

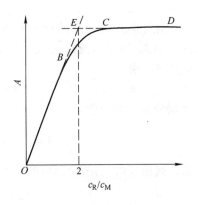

图 10.18　$A - c_R/c_M$ 曲线

分别作曲线上升部分和平台部分两条直线的延长线,二者交点的横坐标等于多少,配位比就是多少。如图中交点的横坐标等于2,形成的络合物就是 MR_2^{n+}。摩尔比法的原理是,当 c_R/c_M 小于 2 时,溶液中的 M^{n+} 只有一部分转变为 MR_2^{n+},因此当 R 浓度增大,即比值 c_R/c_M 增大时,MR_2^{n+} 的量也逐渐增多,吸光度逐渐增大,表现为一条随 c_R/c_M 增大而增大的直线。而当 c_R/c_M 大于 2 时,溶液中的 M^{n+} 已全部转变为 MR_2^{n+},MR_2^{n+} 的量不会随 R 浓度的增加而增加,因此吸光度不变,表现为一条水平的直线。从上升的直线到水平的直线的转折点对应的摩尔比就是络合物的配位比。在实际测定中,两条直线之间并非有明显的转折点,而是一段曲线。这是由于络合物 MR_2^{n+} 离解所造成的,故采用延长线的交点作为实际的转折点。

显然,所生成的有色络合物越稳定,转折点就越容易得到,络合比就越好求,所以摩尔比法只适用于求稳定络合物的组成。另外,在可能形成的各级络合物中,如果 MR_1^{n+}、MR_2^{n+}、$\cdots MR_{n-1}^{n+}$ 等中间络合物也很稳定,则摩尔比法也不适用。只有最后一级络合物 MR_m^{n+} 稳定且有色,其配位比才适于用摩尔比法测定。

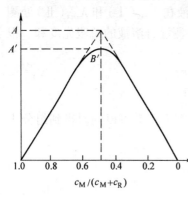

图 10.19　$A - c_M/(c_M + c_R)$ 曲线

2)等摩尔连续变化法

等摩尔连续变化法是保持溶液中 $c_M + c_R$ 为常数,连续改变 c_R/c_M 配制出一系列溶液。分别测量系列溶液的吸光度 A,以 A 对 $c_M/(c_M + c_R)$ 作图,曲线转折点对应的 c_R/c_M 值就等于络合比 n,如图 10.19 所示。

等摩尔连续变化法适用于络合比低、稳定性较高的络合物组成的测定。此外还可以测定络合物的不稳定常数。

2. 酸碱离解常数的测定

分光光度法可用于测定酸(碱)的离解常数。

设有一元弱酸 HL,按下式离解:

$$HL \Longrightarrow H^+ + L^-$$

$$K_a^\ominus = \frac{[H^+][L^-]}{[HL]}$$

先配制一系列总浓度 c 相等,而 pH 不同的 HL 溶液,用酸度计测定各溶液的 pH。在酸式(HL)或碱式(L^-)有最大吸收的波长处,用 1 cm 比色皿测定各溶液的吸光度 A。则:

$$A = \varepsilon_{HL}[HL] + \varepsilon_{L^-}[L^-]$$

根据分布系数的定义:

$$A = \varepsilon_{HL}\frac{[H^+]c}{K_a^\ominus + [H^+]} + \varepsilon_{L^-}\frac{K_a^\ominus \cdot c}{K_a^\ominus + [H^+]} \tag{10-10}$$

假设高酸度时,弱酸全部以酸式形式存在(即 $c = [HL]$),测得的吸光度为 A_{HL},则

$$A_{HL} = \varepsilon_{HL}c \tag{10-11}$$

在低浓度时,弱酸全部以碱式形式存在(即 $c = [L^-]$),测得的吸光度为 A_{L^-},则

$$A_{L^-} = \varepsilon_{L^-}c \tag{10-12}$$

将式(10-11)和式(10-12)代入式(10-10),得

$$A = \frac{[H^+]A_{HL}}{K_a^\ominus + [H^+]} + \frac{K_a^\ominus A_{L^-}}{K_a^\ominus + [H^+]}$$

整理得

$$K_a^\ominus = \frac{A_{HL} - A}{A - A_{L^-}}[H^+]$$

取负对数

$$pK_a^\ominus = pH + \lg\frac{A - A_{L^-}}{A_{HL} - A} \tag{10-13}$$

式(10-13)是用光度法测定一元弱酸离解常数的基本公式。利用实验数据,可由此公式求算离解常数。

思考与练习 10-5

1. 在 1.00 cm 比色皿中测得下列数据,求 A 与 B 混合液中 A 和 B 的物质的量浓度分别为多少?

溶液	浓度(mol/L)	吸光度(480 nm)	吸光度(600 nm)
A	2.5×10^{-4}	0.400	0.300
B	2.0×10^{-4}	0.100	0.600
混合液	未知	0.500	0.800

2. 用磺基水杨酸法测定微量铁。标准溶液是由 0.216 0 g 的 $NH_4Fe(SO_4)_2 \cdot 12H_2O$ 溶于水中稀释至 500 mL 配制。根据下列数据,绘制标准曲线:

标准铁溶液体积 (V/mL)	0.0	2.0	4.0	6.0	8.0	10.0
吸光度 A	0.0	0.165	0.320	0.480	0.630	0.790

某试液 5.0 mL,稀释至 250 mL。取此稀释液 2.0 mL,与绘制标准曲线相同条件下显色和测定吸光度,测得 A = 0.500,求试液中铁的含量(mg/mL)。

阅读材料 分光光度法在蛋白质含量测定中的应用

蛋白质通常是多种蛋白质的化合物,分光光度法测定的基础是蛋白质构成成分氨基酸(如酪氨酸,丝氨酸)与外加的显色基团或者染料反应,产生有色物质。有色物质的浓度与蛋白质反应的氨基酸数目直接相关,从而反应蛋白质浓度。常采用 BCA,Bradford,Lowry 等方法测定蛋白质含量。

1. Lowry 法:以最早期的 Biuret 反应为基础,并有所改进。蛋白质与 Cu^{2+} 反应,产生蓝色的反应物。但是与 Biuret 相比,Lowry 法敏感性更高。缺点是需要顺序加入几种不同的反应试剂;反应需要的时间较长;容易受到非蛋白物质的影响;含 EDTA,Triton x-100,ammonia sulfate 等物质的蛋白不适合此种方法。

2. BCA(Bicinchoninine acid assay)法:这是一种较新的、更敏感的蛋白测试法。要分析的蛋白在碱性溶液里与 Cu^{2+} 反应产生 Cu^+,后者与 BCA 形成螯合物,形成紫色化合物,吸收峰在 562nm 波长。此化合物与蛋白浓度的线性关系极强,反应后形成的化合物非常稳定。相对于 Lowry 法,操作简单,敏感度高。但是与 Lowry 法相似的是容易受到蛋白质之间以及去污剂的干扰。

3. Bradford 法:这种方法的原理是蛋白质与考马斯亮兰结合反应,产生的有色化合物吸收峰595nm。其最大的特点是,敏感度好,是 Lowry 和 BCA 两种测试方法的2倍;操作更简单,速度更快;只需要一种反应试剂;化合物可以稳定 1 小时;而且与一系列干扰Lowry,BCA 反应的还原剂(如 DTT,巯基乙醇)相容。但是对于去污剂依然是敏感的。最主要的缺点是不同的标准品会导致同一样品的结果差异较大,无可比性。

某些初次接触比色法测定的研究者可能为各种比色法测出的结果并不一致,感到迷惑,究竟该相信哪种方法? 由于各种方法反应的基团以及显色基团不一,所以同时使用几种方法对同一样品得出的样品浓度无可比性。例如:Keller 等测试人奶中的蛋白,结果 Lowry,BCA 测出的浓度明显高于 Bradford,差异显著。即使是测定同一样品,同一种比色法选择的标准样不一致,测试后的浓度也不一致。如用 Lowry 测试细胞匀浆中的蛋白质,以 BSA 作标准品,浓度 1.34 mg/ml,以 a 球蛋白作标准品,浓度 2.64 mg/ml。因此,在选择比色法之前,最好是参照要测试的样本的化学构成,寻找化学构成类似的标准蛋白作标准品。

技能训练一 721 型分光光度计的调校

一、实验目的

(1)学习可见分光光度计的波长准确度、零点稳定度、光电流稳定度和吸收池配套性检验方法。

(2)学会正确使用可见分光光度计。

二、实验仪器

实验仪器:721 型分光光度计(或其他型号分光光度计)、镨钕滤光片、螺丝刀等。

三、实验内容与操作步骤

在阅读过仪器使用说明后进行以下检查和调试。

1. 开机前检查和开机预热

(1)仪器开机前检查。将灵敏度档放在"1",光量调节器(100% T 旋钮)旋至较小,检查电表指针是否位于"0"刻线上,若不在"0"刻线上,可以用电表上调零螺丝进行校正。

注意:调电表零位时,不可将电源接上。

(2)打开仪器电源开关,开启吸收池样品室盖,取出样品室内遮光物(如干燥剂),预热20 min。

2. 仪器波长准确度检查和校正

(1)用调零旋钮(0T 旋钮)调节 $\tau\%$ =0,在吸收池位置插入一块白色硬纸片,将波长调节器从 720 nm 向 420 nm 方向慢慢转动,观察出口狭缝射出的光线颜色是否与波长调节器所指示的波长相符(黄色光波长范围较窄,将波长调节在580 nm处应出现黄光),若相符,说明该仪器分光系统基本正常;若相差甚远,应调节灯泡位置。

(2)取出白纸片,在吸收池架内垂直放入镨钕滤光片,以空气为参比,盖上样品室盖,将波长调至500 nm,旋转100%T旋钮使$\tau\% = 100$,用吸收池拉杆将镨钕滤光片推入光路,读取吸光度值。以后在500~540 nm波段每隔2 nm测一次吸光度值。记录各吸光度值和相应的波长盘示值,查出吸光度最大时对应的波长标示值($\lambda_{max}^{标示}$)。当$\lambda_{max}^{标示} - 529 > 3$ nm时,仔细调节波长调节螺丝,反复测(529 ± 5) nm处的吸光度值,直至波长盘示值为529 nm处相应的吸光度值最大为止,取出滤光片放入盒内。

注意:每改变一次波长,都应重新调空气参比的$\tau\% = 100$。

3. 仪器零点稳定度检查

在样品室盖开启情况下(此时光电管不受光),用调零旋钮将仪器调至$\tau\% = 0$,观察3 min,读取透射比示值的最大漂移量即为零点稳定度,光栅型1~3级仪器允许漂移量分别为± 0.1、± 0.2、± 0.5;棱镜型允许漂移± 0.5,数显仪器允许末位数变动± 1。

4. 光电流稳定度检查

将仪器波长置于仪器光谱范围两端往中间靠10 nm处(例如分光光度计光谱范围为360~800 nm,则分别在370 nm和790 nm处),分别用调零旋钮调零后,盖上样品室盖,使光电管受光,照射5 min。调100%T旋钮使$\tau\% = 95$(数显仪器$\tau\% = 100$)处,观察3 min,读取透射比示值最大漂移量,即为光电流稳定度。光栅型1~3级仪器允许漂移量为± 0.3、± 0.8、± 1.5,数显仪器允许末位数变动± 1。

5. 吸收池的配套性检查

(1)用波长调节旋钮将波长调至600 nm,用调零旋钮将电表指针调至"0"处(调节时应打开样品室盖)。

(2)检查吸收池透光面是否有划痕的斑点,吸收池各面是否有裂纹,如有,则不应使用。

(3)在选定的吸收池毛面上口附近,用铅笔标上进光方向并编号。用蒸馏水冲洗2~3次,必要时可用HCl(1:1)溶液浸泡2~3 min,再立即用水冲洗干净。

(4)用拇指和食指捏住吸收池两侧毛面,分别在4个吸收池内注入蒸馏水到池高的3/4,用滤纸吸干池外壁的水滴(注意不能擦),再用擦镜纸或丝绸巾轻轻擦拭光面至无痕迹。按池上所标箭头方向(进光方向)垂直放在吸收池架上,并用吸收池夹固定好。

注意:池内溶液不可装得过满以免溅出,以免腐蚀吸收池架和仪器。装入水后,池内壁不可有气泡。

(5)用调零旋钮调$\tau\% = 0$,盖上样品室盖,将在参比位置上的吸收池推入光路。用100%T调节钮调至$\tau\% = 100$,反复调节几次,直至稳定。

(6)拉动吸收池架拉杆,依次将被测溶液推入光路,读取相应的透射比或吸光度。若所测各吸收池透射比偏差小于0.5%,则这些吸收池可配套使用,超出上述偏差的吸收池不能配套使用。

6. 结束工作

检查完毕,关闭电源。取出吸收池,清洗后晾干入盒保存。在样品室内放入干燥剂,盖好样品室盖,罩好仪器防尘罩。清理工作台,打扫实验室,填写仪器使用记录。

四、实验思考题

(1)简述波长准确度检查方法。

(2)在吸收池配套性检查中,若吸收池架上二、三、四格的吸收池吸光度出现负值,应如何处理?

五、技能考核评分标准

序号	评分点	配分	评分标准		扣分	得分	考评员
1	开机前检查和开机预热	15	将灵敏度档放在"1"	(3分)			
			将光量调节器旋至较小	(3分)			
			检查并将电表指针调零	(5分)			
			取出遮光物,并对仪器预热	(4分)			
2	仪器波长准确度检查和校正	10	检查仪器分光系统是否正常	(4分)			
			对仪器波长准确度进行校正	(6分)			
3	仪器零点稳定度检查	7	进行仪器零点稳定度检查	(7分)			
4	光电源稳定度检查	8	进行光电源稳定度检查	(8分)			
5	吸收池的配套性检查	40	调节波长时打开样品室盖	(6分)			
			检查吸收池透光面的情况	(4分)			
			标进光方向并编号	(6分)			
			对吸收池毛面进行冲洗	(4分)			
			向吸收池注水后用滤纸吸干外壁水滴	(4分)			
			放置吸收池毛片,用吸收池夹固定	(4分)			
			将参比位置上的吸收池推入光路,调节 $\tau\% = 100$	(6分)			
			对吸收池透射比进行读取和判定	(6分)			
6	实验后的结束工作	10	关闭电源	(2分)			
			清洗吸收池并晾干保存	(3分)			
			在样品室内放入干燥剂	(3分)			
			清理工作台	(2分)			
7	考核时间	10	考核时间为120 min。超过时间10 min扣2分,超过20 min扣4分,以此类推,直至本题分数扣完为止				

技能训练二 目视比色法测定水中的铬

一、实验目的

(1)学习目视比色的方法。

(2)学习目视法测定水中铬的原理和方法。

二、实验原理

铬在水中常以铬酸盐(六价铬)形式存在,在酸性溶液中,六价铬与二苯碳酰二肼反应生成紫红色配合物,可以借此进行目视比色,测定微量(或痕量)Cr(Ⅵ)的含量。

三、仪器

实验仪器:50 mL 比色管 1 套、比色管架、250 mL 容量瓶 1 个、5 mL 移液管 1 支、5 mL 吸量管 2 支。

四、实验试剂及配制方法

(1)铬 Cr(Ⅵ)标准贮备液($\rho = 50.0$ mg·L^{-1})。称取 0.141 5 g 已在 105 ~ 110 ℃ 干燥过的分析纯 K$_2$Cr$_2$O$_7$ 溶于蒸馏水中,定量转移至 1 000 mL 容量瓶中,用蒸馏水稀释至标线,摇匀。

(2)铬 Cr(Ⅵ)标准操作液($\rho = 1.00$ μg·mL^{-1})。移取 5.00 mL 铬标准贮备液于 250 mL 容量瓶中,用蒸馏水稀释至刻度。

(3)二苯碳酰二肼。溶解 0.1 g 二苯碳酰二肼于 50 mL 的乙醇(95%)中,边搅拌边加入 20 mL 硫酸溶液(1:9)(此溶液应为无色溶液,如溶液有色,不宜使用),贮于棕色瓶,存放在冰箱中,一个月内有效。

五、实验内容与操作步骤

1. 实验步骤

(1)准备工作。选择一套 50 mL 比色管,洗净后置于比色管架上。

注意:比色管的几何尺寸和材料(玻璃颜色)要相同,否则将影响比色结果。洗涤时,不能使用重铬酸洗液洗涤,若必须使用,为防止器壁对铬离子的吸附,应依次使用 H$_2$SO$_4$ – HNO$_3$ 混合酸、自来水、蒸馏水洗涤为宜。

(2)配制铬系列标准溶液。依次移取铬 Cr(Ⅵ)标准操作液($\rho = 1.00$ μg·mL^{-1})0.00、0.50、1.00、2.00、3.00、4.00 mL 于 50 mL 比色管中,加 40 mL 水,摇匀。分别加入 2.50 mL 二苯碳酰二肼溶液后,再用蒸馏水稀释至标线,混匀,放置 10 min。

(3)移取水试样若干毫升(以试样显色后的色泽介于标准系列中为宜)于另一支干净比色管,按步骤(2)的方法显色,再用蒸馏水稀释至标线,混匀,放置 10 min 后,与标准色阶比较颜色的深浅。

注意:比色时应尽量在阳光充足而又不直接照射的条件下进行,若夜间或光线不足时,尽量采用日光灯。

(4)记录观察结果。

(5)结束工作。清洗仪器,整理工作台。

2. 注意事项

(1)为了提高测定准确度,在与样品颜色相近的标准溶液的浓度变化间隔要小些。

(2)不能在有色灯光下观察溶液的颜色,否则会产生误差。

(3)观察溶液颜色应自上而下垂直观察。

3. 数据处理

根据观测结果和试样体积确定废水中 Cr(Ⅵ)含量(以 $\mu g \cdot L^{-1}$ 表示)。

六、实验思考题

标准色阶的浓度间隔应如何来确定?

七、技能考核评分标准

序号	评分点	配分	评分标准	扣分	得分	考评员
1	准备工作	10	比色管选择的尺寸及材质相同　　(5分) 对比色管进行必要的洗涤　　(5分)			
2	配制铬系列标准溶液	20	配制标准溶液时摇匀　　(6分) 将溶液稀释至标线　　(8分) 稀释后摇匀、静置　　(6分)			
3	水试样的显色	20	将试样移入比色管显色　　(6分) 将溶液稀释至标线　　(8分) 稀释后摇匀、静置　　(6分)			
4	记录结果	10	与标准色阶进行比较并记录实验结果 　　(10分)			
5	分析结果	10	记录准确　　(5分) 结果与参照值比较误差不大　　(5分)			
6	结束工作	10	清洗仪器　　(5分) 进行工作台整理　　(5分)			
7	考核时间	20	考核时间为120 min。超过时间10 min扣2分,超过20 min扣4分,以此类推,直至本题分数扣完为止			

技能训练三　邻二氮菲分光光度法测定微量铁

一、实验目的

(1)学习如何选择分光光度分析的条件。

(2)学习分光光度法测定铁含量的操作方法。

二、实验原理

可见分光光度法测定无机离子通常要经2个过程:①显色过程;②测量过程。为了使测定结果有较高灵敏度和准确度,必须选择合适的显色条件和测量条件。这些条件主要包括入射光波长、显色剂用量、有色溶液稳定性、溶液酸度等。

(1)入射光波长。一般情况下,应选择被测物质的最大吸收波长的光为入射光,这样不仅灵敏度高,准确度也好。当有干扰物质存在时,不能选择最大吸收波长,可根据"吸收最大,干扰最小"的原则来选择波长。

(2)显色剂用量。显色剂的合适用量可通过实验确定。配制一系列被测离子浓度相同、显色剂用量不同的溶液,分别测其吸光度,作 $A - R$ 曲线,找出曲线平台部分,选择一合适用量即可。

(3)溶液酸度。选择合适的酸度,可以在不同 pH 缓冲溶液中加入等量的被测离子和显色剂,测其吸光度,作 $A - pH$ 曲线,由曲线上选择合适的 pH 范围。

(4)有色配合物的稳定性。有色配合物的颜色应当稳定足够的时间,至少应保证在测定过程中吸光度基本不变,以保证测定结果的准确度。

(5)干扰的排除。当被测试液中有其他干扰组分共存时,必须采取一定措施排除干扰。一般可以采取以下几种措施来达到目的:①根据被测组分与干扰物化学性质的差异,用控制酸度、加掩蔽剂、氧化剂等方法来消除干扰;②选择合适的入射光波长,避开干扰物引入的吸光度误差;③选择合适的参比溶液来抵消干扰组分或试剂在测定波长下的吸收。

用于铁的显色剂很多,其中邻二氮菲是测定微量铁的一种较好的显色剂。邻二氮菲又称邻菲罗啉,它是测定 Fe^{2+} 的一种高灵敏度和高选择性试剂,与 Fe^{2+} 生成稳定的橙色配合物。配合物的 $\varepsilon = 1.1 \times 10^4$ L·mol^{-1}·cm^{-1},pH 在 2~9(一般维持在 pH 5~6)之间,在还原剂存在下,颜色可保持几个月不变。Fe^{3+} 与邻二氮菲生成淡蓝色配合物,在加入显色剂之前,需用盐酸羟胺将 Fe^{3+} 还原为 Fe^{2+}。此方法选择性高,相当于铁量 40 倍的 Sn^{2+}、Al^{3+}、Ca^{2+}、Mg^{2+}、Zn^{2+},20 倍的 $Cr(Ⅵ)$、$V(Ⅴ)$、$P(Ⅴ)$,5 倍的 Co^{2+}、Ni^{2+}、Cu^{2+} 等均不干扰测定。

三、实验仪器

实验仪器:可见分光光度计(或紫外–可见分光光度计)1 台、100 mL 容量瓶 1 个、50 mL 容量瓶 10 个、10 mL 移液管 1 支、10 mL 吸量管 1 支、5 mL 吸量管 3 支、2 mL 吸量管 1 支、1 mL 吸量管 1 支。

四、实验试剂及配制方法

(1)铁标准溶液(100.0 μg·mL^{-1})。准确称取 0.886 34 g NH$_4$Fe(SO$_4$)$_2$·12H$_2$O 置于烧杯中,加入 10 mL 硫酸溶液(3 mol·L^{-1})移入 1 000 mL 容量瓶中,用蒸馏水稀释至标线,摇匀。

(2)铁标准溶液(10.00 μg·mL^{-1})。移取 100.0 μg·mL^{-1}铁标准溶液 10.00 mL 于100 mL容量瓶中,并用蒸馏水稀释至标线,摇匀。

(3)邻二氮菲溶液(1.5 g·L^{-1})。先用少量乙醇溶解,再用蒸馏水稀释至所需浓度(避光保存,两周内有效)。

(4)其他试剂:盐酸羟胺溶液($100 \text{ g} \cdot \text{L}^{-1}$)、醋酸钠溶液($1.0 \text{ mol} \cdot \text{L}^{-1}$)、氢氧化钠溶液($1.0 \text{ mol} \cdot \text{L}^{-1}$)。

五、实验内容

1. 实验步骤

(1)准备工作。实验前做好准备工作:①清洗容量瓶、移液管及需用的玻璃器皿;②配制铁标准溶液和其他辅助试剂;③按仪器使用说明书检查仪器。开机预热20 min,并调试至工作状态;④检查仪器波长的正确性和吸收池的配套性。

(2)绘制吸收曲线,选择测量波长。取两个 50 mL 干净容量瓶,移取 $10.00 \text{ μg} \cdot \text{mL}^{-1}$ 铁标准溶液 5.00 mL 于其中一个 50 mL 容量瓶中,然后在两容量瓶中各加入 1 mL $100 \text{ g} \cdot \text{L}^{-1}$ 盐酸羟胺溶液,摇匀。放置 2 min 后,各加入 2 mL $1.5 \text{ g} \cdot \text{L}^{-1}$ 邻二氮菲溶液和 5 mL 醋酸钠溶液,用蒸馏水稀释至刻线摇匀。用 2 cm 吸收池,以空白试剂溶液为参比,在 440 ~ 540 nm 间,每隔 10 nm 测量一次吸光度。在峰值附近每间隔 5 nm 测量一次。以波长为横坐标,吸光度为纵坐标确定最大吸收波长 $\lambda_{\max}$。

注意:每加入一种试剂都必须摇匀。改变入射光波长时,必须重新调节参比溶液吸光度至零。

(3)有色配合物稳定性实验。取两个洁净的容量瓶,用步骤(2)方法配制铁-邻二氮菲有色溶液和空白溶液,放置约 2 min 立即用 2 cm 吸收池,以空白试剂溶液为参比溶液,在选定的波长下测定吸光度。以后于 10、20、30、60、120 min 测定吸光度,并记录吸光度和时间(记录格式可参考下表)。

t/min	2	10	20	30	60	120
A						

(4)显色剂用量实验。取 6 只洁净的 50 mL 容量瓶,各加入 $10.00 \text{ μg} \cdot \text{mL}^{-1}$ 铁标准溶液 5.00 mL,1 mL 盐酸羟胺溶液,摇匀。分别加入 0.0、0.5、1.0、2.0、3.0、4.0 mL 邻二氮菲溶液,5 mL 醋酸钠溶液,用蒸馏水稀释至标线,摇匀。用 2 cm 吸收池,记录相应吸光度(记录格式参考下表)。

$V_{邻二氮菲}/\text{mL}$	0.0	0.5	1.0	2.0	3.0	4.0
A						

(5)溶液 pH 的影响。在 6 只洁净的 50 mL 容量瓶中各加入 $10.00 \text{ μg} \cdot \text{mL}^{-1}$ 铁标准溶液 5.00 mL、1 mL 盐酸羟胺溶液,摇匀。再分别加入 2 mL 邻二氮菲溶液,摇匀。用吸量管分别加入 $1 \text{ mol} \cdot \text{L}^{-1}$ NaOH 溶液 0.0、0.5、1.0、1.5、2.0、2.5 mL,用蒸馏水稀释至标线,摇匀。用精密 pH 试纸(或酸度计)测定各溶液的 pH 后,用 2 cm 吸收池,以空白试剂溶液为参比溶液,在选定波长下,测定各溶液吸光度。记录所测各溶液 pH 及其相应吸光度(记录格式参考下表)。

V_{NaOH}/mL	0.0	0.5	1.0	1.5	2.0	2.5
pH						
A						

（6）工作曲线的绘制。于 6 个洁净的 50 mL 容量瓶中，各加入 10.00 μg·mL^{-1} 铁标准溶液 0.00、2.00、4.00、6.00、8.00、10.00 mL 和 1 mL 盐酸羟胺溶液，摇匀后再分别加入 2 mL 邻二氮菲，5 mL 醋酸钠溶液，用蒸馏水稀释至标线，摇匀。用 2 cm 吸收池，以空白试剂溶液为参比溶液，在选定波长下，测定并记录各溶液吸光度（记录格式参考下表）。

$V_{铁标准溶液}$/mL	0.00	2.00	4.00	6.00	8.00	10.00
A						

（7）铁含量测定。取 3 个洁净的 50 mL 容量瓶，分别加入适量（以吸光度落在工作曲线中部为宜）含铁未知试液，按步骤（6）显色，测量吸光度并记录。

（8）结束工作。测量完毕，关闭电源，拔下电源插头，取出吸收池，清洗晾干后入盒保存。清理工作台，罩上仪器防尘罩，填写仪器使用记录。清洗容量瓶，并将其他所用的玻璃仪器放回原处。

2. 注意事项

（1）显色过程中，每加入一种试剂均要摇匀。

（2）在考察同一因素对显色反应的影响时，应保持仪器的测定条件。在测量过程中，应不时重调仪器零点和参比溶液的 $\tau\% = 100$。

（3）试样和工作曲线测定的实验条件应保持一致，所以最好两者同时显色，同时测定。

（4）待测试样应完全透明，如有混浊，应预先过滤。

3. 数据处理

（1）用步骤（2）所得的数据绘制 Fe^{2+} - 邻二氮菲的吸收曲线，选取测定的入射光波长 λ_{max}。

（2）绘制吸光度 - 时间曲线；绘制吸光度 - 显色剂用量曲线，确定合适的显色剂用量；绘制吸光度 - pH 曲线，确定适宜 pH 范围。

（3）绘制铁的工作曲线，计算回归方程和相关系数。

（4）由试样的测定结果，求出试样中铁的平均含量，计算测定标准偏差。

（5）计算铁 - 邻二氮菲配合物的摩尔吸光系数。

六、实验思考题

（1）实验中为什么要进行各种条件实验？

（2）绘制工作曲线时，坐标分度大小应如何选择才能保证读出测量值的全部有效数字？

（3）根据实验，说明测定 Fe^{2+} 的浓度范围。

七、技能考核评分标准

序号	评分点	配分	评分标准	扣分	得分	考评员
1	准备工作	20	清洗实验所需仪器　　　　　　　　　(2分) 标准溶液及其他辅助试剂配制适当 　　　　　　　　　　　　　　　　(5分) 进行仪器检查并开机预热　　　　　(3分) 检查仪器波长的正确性　　　　　　(5分) 检查吸收池的配套性　　　　　　　(5分)			
2	绘制吸收曲线	15	显色反应操作正确　　　　　　　　(5分) 吸光度测量正确　　　　　　　　　(5分) 吸收曲线绘制正确　　　　　　　　(5分)			
3	有色配合物稳定性实验	15	铁-邻二氮菲有色溶液和空白溶液配制 正确　　　　　　　　　　　　　　(5分) 吸光度测定正确　　　　　　　　　(5分) 实验记录正确　　　　　　　　　　(5分)			
4	显色剂用量实验	10	溶液配制正确　　　　　　　　　　(5分) 吸光度测定正确　　　　　　　　　(5分)			
5	溶液 pH 值的影响	10	溶液配制正确　　　　　　　　　　(5分) 吸光度测定正确　　　　　　　　　(5分)			
6	工作曲线的绘制	5	工作曲线绘制正确　　　　　　　　(5分)			
7	铁含量测定	5	溶液配制正确　　　　　　　　　　(2分) 吸光度测定正确　　　　　　　　　(3分)			
8	实验后的结束工作	10	洗涤仪器　　　　　　　　　　　　(5分) 台面清洁　　　　　　　　　　　　(5分)			
9	考核时间	10	考核时间为 120 min。超过时间 10 min 扣 2 分,超过 20 min 扣 4 分,以此类推,直至本题分数扣完为止			

技能训练四　分光光度法测定铬和钴的混合物

一、实验目的

学习用分光光度法测定有色混合物组分的原理和方法。

二、实验原理

当混合物两组分 M 及 N 的吸收光谱互不重叠时,则只要分别在波长 λ_1 和 λ_2 处测定试样溶液中的 M 和 N 的吸光度,就可以得到其相应的含量。若 M 及 N 的吸收光谱互相重叠,只要服从吸收定律则可根据吸光度的加和性质在 M 和 N 最大吸收波

长 λ_1 和 λ_2 处测量总吸光度 $A_{\lambda_1}^{M+N}$、$A_{\lambda_2}^{M+N}$。用联立方程 $c_x = \dfrac{A_x}{A_s} \cdot c_s$ 求出 M 和 N 组分含量。

本实验测 Cr 和 Co 的混合物。先配制 Cr 和 Co 的系列标准溶液,然后分别在 λ_1 和 λ_2 测量 Cr 和 Co 系列标准溶液的吸光度,并绘制工作曲线,所得四条工作曲线的斜率即为 Cr 和 Co 在 λ_1 和 λ_2 处的摩尔吸光系数,代入联立方程式中即可求出 Cr 和 Co 的浓度。

三、实验仪器与试剂

实验仪器:可见分光光度计(或紫外－可见分光光度计)1 台、50 mL 容量瓶 9 个、10 mL 吸量管 2 支。

实验试剂:$0.700\ \text{mol} \cdot \text{L}^{-1}\text{Co}(\text{NO}_3)_2$ 溶液、$0.200\ \text{mol} \cdot \text{L}^{-1}\text{Cr}(\text{NO}_3)_3$ 溶液。

四、实验内容

1. 实验步骤

(1)准备工作。实验前的准备工作:①清洗容量瓶、吸量管及需用的玻璃器皿;②配制 $0.700\ \text{mol} \cdot \text{L}^{-1}\ \text{Co}(\text{NO}_3)_2$ 溶液和 $0.200\ \text{mol} \cdot \text{L}^{-1}\text{Cr}(\text{NO}_3)_3$ 溶液;③按仪器使用说明书检查仪器,开机预热 20 min,并调试至工作状态;④检查仪器波长的正确性和吸收池的配套性。

(2)系列标准溶液的配制。取 4 个洁净的 50 mL 容量瓶分别加入 2.50、5.00、7.50、10.00 mL $0.700\ \text{mol} \cdot \text{L}^{-1}\text{Co}(\text{NO}_3)_2$ 溶液,另取 4 个洁净的 50 mL 容量瓶,分别加入 2.50、5.00、7.50、10.00 mL $0.200\ \text{mol} \cdot \text{L}^{-1}\ \text{Cr}(\text{NO}_3)_3$ 溶液,分别用蒸馏水将各容量瓶中的溶液稀释至标线,摇匀。

(3)测绘 $\text{Co}(\text{NO}_3)_2$ 和 $\text{Cr}(\text{NO}_3)_3$ 溶液的吸收光谱曲线,并确定入射光波长 λ_1 和 λ_2。取步骤(2)配制的 $\text{Co}(\text{NO}_3)_2$ 和 $\text{Cr}(\text{NO}_3)_3$ 系列标准溶液各一份,以蒸馏水为参比溶液,在 420 ~ 700 nm,每隔 20 nm 测一次吸光度(在峰值附近间隔小些),分别绘制 $\text{Co}(\text{NO}_3)_2$ 和 $\text{Cr}(\text{NO}_3)_3$ 的吸收曲线,并确定 λ_1 和 λ_2。

(4)工作曲线的绘制。以蒸馏水为参比在 λ_1 和 λ_2 处分别测定步骤(2)配制的 $\text{Co}(\text{NO}_3)_2$ 和 $\text{Cr}(\text{NO}_3)_3$ 系列标准溶液的吸收,并记录各溶液不同波长下的各相应吸光度(记录格式可参考下表)。

编号	1	2	3	4
$\text{Co}(\text{NO}_3)_2$ 标液体积 V/mL	2.50	5.00	7.50	10.00
$\text{Cr}(\text{NO}_3)_3$ 标液体积 V/mL	2.50	5.00	7.50	10.00
$A_{\lambda_1}^{\text{Co}(\text{NO}_3)_2}$				
$A_{\lambda_1}^{\text{Cr}(\text{NO}_3)_3}$				
$A_{\lambda_2}^{\text{Co}(\text{NO}_3)_2}$				
$A_{\lambda_2}^{\text{Cr}(\text{NO}_3)_3}$				

（5）未知试液的测定。取一个洁净的 50 mL 容量瓶，加入 5.00 mL 未知试液，用蒸馏水稀释至标线，摇匀。在波长 λ_1 和 λ_2 处测量试液的吸光度 $A_{\lambda_1}^{Cr+Co}$ 和 $A_{\lambda_2}^{Cr+Co}$。

（6）结束工作。测量完毕，关闭仪器电源，取出吸收池，清洗晾干后入盒保存。清理工作台，罩上仪器防尘罩，填写仪器使用记录。清洗容量瓶及其他所用的玻璃器皿，并放回原处。

2. 注意事项

作吸收曲线时，每改变一次波长，都必须重调参比溶液 $\tau\% = 100, A = 0$。

3. 数据处理

（1）绘制 $Co(NO_3)_2$ 和 $Cr(NO_3)_3$ 的吸收曲线，并确定 λ_1 和 λ_2。

（2）分别绘制 $Co(NO_3)_2$ 和 $Cr(NO_3)_3$ 在 λ_1 和 λ_2 下的 4 条工作曲线，并求出 $\varepsilon_{\lambda_1}^{Co}$、$\varepsilon_{\lambda_2}^{Co}$、$\varepsilon_{\lambda_1}^{Cr}$、$\varepsilon_{\lambda_2}^{Cr}$。

五、实验思考题

（1）同时测定两组分混合液时，应如何选择入射光波长？

（2）如何测定 3 组分混合液？

六、技能考核评分标准

序号	评分点	配分	评分标准	扣分	得分	考评员
1	准备工作	20	清洗实验所需仪器　　　　　　　　　（2分） $Co(NO_3)_2$ 溶液和 $Cr(NO_3)_3$ 配制正确 　　　　　　　　　　　　　　　　（5分） 进行仪器检查并开机预热　　　　　（3分） 检查仪器波长的正确性　　　　　　（5分） 检查吸收池的配套性　　　　　　　（5分）			
2	系列标准溶液的配制	10	标准溶液的配制正确　　　　　　　（7分） 溶液配制后，摇匀　　　　　　　　（3分）			
3	绘制吸收光谱曲线， 并确定入射光波长	18	吸光度测定正确　　　　　　　　　（8分） 吸收曲线绘制正确　　　　　　　　（5分） 求出入射光波长　　　　　　　　　（5分）			
4	工作曲线的绘制	13	测定配制的系列标准溶液的吸光度正确 　　　　　　　　　　　　　　　　（8分） 正确记录实验结果　　　　　　　　（5分）			
5	未知试液的测定	14	未知试液的配制正确　　　　　　　（6分） 吸光度测定正确　　　　　　　　　（8分）			
6	结束工作	15	洗涤仪器　　　　　　　　　　　　（4分） 关闭电源　　　　　　　　　　　　（3分） 保存吸收池　　　　　　　　　　　（5分） 台面清洁　　　　　　　　　　　　（3分）			
7	考核时间	10	考核时间为 120 min。超过时间 10 min 扣2 分，超过 20 min 扣 4 分，以此类推，直至本题分数扣完为止			

附 录

附录1　常见标准热力学数据(298.15 K)

物质	状态	$\Delta_f H_m^\ominus/(\text{kJ}\cdot\text{mol}^{-1})$	$\Delta_f G_m^\ominus/(\text{kJ}\cdot\text{mol}^{-1})$	$S_m^\ominus/(\text{J}\cdot\text{mol}^{-1}\cdot\text{K}^{-1})$
Ag	s	0	0	42.6
Ag^+	aq	105.6	77.1	72.7
AgBr	s	−100.4	−96.9	107.1
AgCl	s	−127.0	−109.8	96.3
AgI	s	−61.8	−66.2	115.5
$AgNO_3$	s	−124.4	−33.4	140.9
Ag_2O	s	−31.1	−11.2	121.3
Al	s	0	0	28.3
Al^{3+}	aq	−531.0	−485.0	−321.7
$AlCl_3$	s	−704.2	−628.8	110.7
$Al(OH)_3$	s	−1 284	−1 306	71
Br_2	l	0	0	152.2
Br^-	aq	−121.6	−104.0	82.4
C(石墨)	s	0	0	5.7
C(金刚石)	s	1.9	2.9	2.4
Ca	s	0	0	41.6
Ca^{2+}	aq	−542.8	−553.6	−53.1
CaC_2	s	−59.8	−64.9	70.0
$CaCO_3$(方解石)	s	−1 207.6	−1 129.1	91.7
$CaCl_2$	s	−795.4	−748.8	108.4
CaO	s	−634.9	−603.3	38.1
$Ca(OH)_2$	s	−985.2	−897.5	83.4
Cl_2	g	0	0	223.1
Cl^-	aq	−167.2	−131.2	56.5
ClO_3^-	aq	−104.0	−8.0	162.3
ClO_4^-	aq	−129.3	−8.5	182.0
CCl_4	l	−128.2	−62.6	216.2
CH_4	g	−74.6	−50.5	186.3
CH_3OH	l	−239.2	−166.6	126.8
$CO(NH_2)_2$	s	−333.1	−196.8	104.6
CH_3NH_2	g	−22.5	32.7	242.9
C_2H_2	g	227.4	209.9	200.9
C_2H_4	g	52.4	68.4	219.3
CH_3CHO	l	−192.2	−127.6	160.2
CH_3COOH	l	−484.3	−389.9	159.8
C_2H_6	g	−84.0	−32.0	229.2
C_2H_5OH	l	−277.6	−174.8	160.7
$(CH_3)_2CO$	l	−248.4	−152.7	199.8

物质	状态	$\Delta_f H_m^{\ominus}/(kJ \cdot mol^{-1})$	$\Delta_f G_m^{\ominus}/(kJ \cdot mol^{-1})$	$S_m^{\ominus}/(J \cdot mol^{-1} \cdot K^{-1})$
C_3H_8	g	−103.8	−23.4	270.3
C_6H_6	l	49.1	124.5	173.4
C_6H_6	g	82.9	129.7	269.2
CO	g	−110.5	−137.2	197.7
CO_2	g	−393.5	−394.4	213.8
CO_3^{2-}	aq	−677.1	−527.8	−56.9
CrO_4^{2-}	aq	−881.2	−727.8	50.2
Cr_2O_3	s	−1 139.7	−1 058.1	81.2
Cu	s	0	0	33.2
Cu^{2+}	aq	64.8	65.5	−99.6
CuO	s	−157.3	−129.7	42.6
Cu_2O	s	−168.6	−146.0	93.1
CuS	s	−53.1	−53.6	66.5
F_2	g	0	0	202.8
F^-	aq	−332.6	−278.8	−13.8
Fe	s	0	0	27.3
Fe^{2+}	aq	−89.1	−78.9	−137.7
Fe^{3+}	aq	−48.5	−4.7	−315.9
Fe_2O_3	s	−824.2	−742.2	87.4
$FeSO_4$	s	−928.4	−820.8	107.5
H_2	g	0	0	130.7
H^+	aq	0	0	0
HBr	g	−36.3	−53.4	198.7
HCl	g	−92.3	−95.3	186.9
HCO_3^-	aq	−692.0	−586.8	91.2
HCHO	g	−108.6	−102.5	218.8
HCOOH	l	−425.0	−361.4	129.0
HF	g	−273.3	−275.4	173.8
HI	g	26.5	1.7	206.6
HNO_3	l	−174.1	−80.7	155.6
H_2O	l	−285.8	−237.1	70.0
H_2O	g	−241.8	−228.6	188.8
H_2O_2	l	−187.8	−120.4	109.6
H_2O_2	g	−136.3	−105.6	232.7
H_2S	g	−20.6	−33.4	205.8
H_2SO_4	l	−814.0	−690.0	156.9
HgO	s	−90.8	−58.5	70.3
I_2	s	0	0	116.1
I_2	g	62.4	19.3	260.7
I^-	aq	−55.2	−51.6	111.3
K	s	0	0	64.7
K^+	aq	−252.4	−283.3	102.5

物质	状态	$\Delta_f H_m^{\ominus}/(kJ \cdot mol^{-1})$	$\Delta_f G_m^{\ominus}/(kJ \cdot mol^{-1})$	$S_m^{\ominus}/(J \cdot mol^{-1} \cdot K^{-1})$
KCl	s	−436.5	−408.5	82.6
KClO₃	s	−397.7	−296.3	143.1
Li⁺	aq	−278.5	−293.3	13.4
Mg	s	0	0	32.7
Mg²⁺	aq	−466.9	−454.8	−138.1
MgCl₂	s	−641.3	−591.8	89.6
MgO	s	−601.6	−569.3	27.0
Mg(OH)₂	s	−924.5	−833.5	63.2
MgSO₄	s	−1 284.9	−1 170.6	91.6
Mn²⁺	aq	−220.8	−228.1	−73.6
MnO₂	s	−520.0	−465.1	53.1
MnO₄⁻	aq	−541.4	−447.2	191.2
N₂	g	0	0	191.6
Na	s	0	0	51.3
Na⁺	aq	−240.1	−261.9	59.0
NaCl	s	−411.2	−384.1	72.1
Na₂CO₃	s	−1 130.7	−1 044.4	135.0
NaF	s	−576.6	−546.3	51.1
Na₂O	s	−414.2	−375.5	75.1
NaOH	s	−425.6	−379.5	40.0
NH₃	g	−45.9	−16.4	192.8
NH₄⁺	aq	−132.5	−79.3	113.4
NH₄NO₃	s	−365.5	−183.9	151.1
NO	g	91.3	87.6	210.8
NO₂	g	33.2	51.3	240.1
NO₃⁻	aq	−207.4	−111.3	146.4
O₂	g	0	0	205.2
O₃	g	142.7	163.2	238.9
OH⁻	aq	−230.0	−157.2	−10.8
P₄	g	58.9	24.4	280.0
PCl₃	g	287.0	−267.8	311.8
PCl₅	g	−374.9	−305.0	364.6
PO₄³⁻	aq	−1 277.4	−1 018.7	−220.5
S(正交)	s	0	0	32.1
SO₂	g	−296.8	−300.1	248.2
SO₃	g	−395.7	−371.1	256.8
Si	s	0	0	18.8
SiCl₄	l	−687.0	−619.8	239.7
	g	−657.0	−617.0	330.7
SiH₄	g	34.3	56.9	204.6
SiO₂	s	−910.7	−856.3	41.5
Sn(白)	s	0	0	51.2
SnO₂	s	−577.6	−515.8	49.0
Zn	s	0	0	41.6
ZnO	s	−350.5	−320.5	43.7

附录2　常见弱电解质的标准解离常数(298.15 K)

附录2.1　酸

名称	化学式	$K_a^\ominus$		$pK_a^\ominus$
砷酸	H_3AsO_4	$K_{a1}^\ominus$	5.50×10^{-3}	2.26
		$K_{a2}^\ominus$	1.74×10^{-7}	6.76
		$K_{a3}^\ominus$	5.13×10^{-12}	11.29
亚砷酸	H_3AsO_3		5.13×10^{-10}	9.29
硼酸	H_3BO_3		5.81×10^{-10}	9.236
焦硼酸	$H_2B_4O_7$	$K_{a1}^\ominus$	1.00×10^{-4}	4.00
		$K_{a2}^\ominus$	1.00×10^{-9}	9.00
碳酸	H_2CO_3	$K_{a1}^\ominus$	4.47×10^{-7}	6.35
		$K_{a2}^\ominus$	4.68×10^{-11}	10.33
铬酸	H_2CrO_4	$K_{a1}^\ominus$	1.80×10^{-1}	0.74
		$K_{a2}^\ominus$	3.20×10^{-7}	6.49
氢氟酸	HF		6.31×10^{-4}	3.20
亚硝酸	HNO_2		5.62×10^{-4}	3.25
过氧化氢	H_2O_2		2.4×10^{-12}	11.62
磷酸	H_3PO_4	$K_{a1}^\ominus$	6.92×10^{-3}	2.16
		$K_{a2}^\ominus$	6.23×10^{-8}	7.21
		$K_{a3}^\ominus$	4.80×10^{-13}	12.32
焦磷酸	$H_4P_2O_7$	$K_{a1}^\ominus$	1.23×10^{-1}	0.91
		$K_{a2}^\ominus$	7.94×10^{-3}	2.10
		$K_{a3}^\ominus$	2.00×10^{-7}	6.70
		$K_{a4}^\ominus$	4.79×10^{-10}	9.32
氢硫酸	H_2S	$K_{a1}^\ominus$	8.90×10^{-8}	7.05
		$K_{a2}^\ominus$	1.26×10^{-14}	13.9
亚硫酸	H_2SO_3	$K_{a1}^\ominus$	1.40×10^{-2}	1.85
		$K_{a2}^\ominus$	6.31×10^{-2}	1.20
硫酸	H_2SO_4	$K_{a2}^\ominus$	1.02×10^{-2}	1.99
偏硅酸	H_2SiO_3	$K_{a1}^\ominus$	1.70×10^{-10}	9.77
		$K_{a2}^\ominus$	1.58×10^{-12}	11.80
甲酸	HCOOH		1.772×10^{-4}	3.75
醋酸	CH_3COOH		1.74×10^{-5}	4.76
草酸	$H_2C_2O_4$	$K_{a1}^\ominus$	5.9×10^{-2}	1.23
		$K_{a2}^\ominus$	6.46×10^{-5}	4.19
酒石酸	$HOOC(CHOH)_2COOH$	$K_{a1}^\ominus$	1.04×10^{-3}	2.98
		$K_{a2}^\ominus$	4.57×10^{-5}	4.34
苯酚	C_6H_5OH		1.02×10^{-10}	9.99
抗坏血酸	$O=\!C\!-\!C(OH)=\!C(OH)\!-\!CH\!-\!CHOH\!-\!CH_2OH$ $\ \ \ \ \ \ \ \ \ \ \ \ \ \ \ \ \lfloor\!-\!-\!-\!O\!-\!-\!-\!\rfloor$	$K_{a1}^\ominus$	5.0×10^{-5}	4.10
		$K_{a2}^\ominus$	1.5×10^{-10}	9.82
柠檬酸	$HO\!-\!C(CH_2COOH)_2COOH$	$K_{a1}^\ominus$	7.24×10^{-4}	3.14
		$K_{a2}^\ominus$	1.70×10^{-5}	4.77
		$K_{a3}^\ominus$	4.07×10^{-7}	6.39
苯甲酸	C_6H_5COOH		6.45×10^{-5}	4.19
邻苯二甲酸	$C_6H_4(COOH)_2$	$K_{a1}^\ominus$	1.30×10^{-3}	2.89
		$K_{a2}^\ominus$	3.09×10^{-6}	5.51

附录2.2　碱

名称	化学式		$K_b^{\ominus}$	p$K_b^{\ominus}$
氨水	$NH_3 \cdot H_2O$		1.79×10^{-5}	4.75
甲胺	CH_3NH_2		4.20×10^{-4}	3.38
乙胺	$C_2H_5NH_2$		4.30×10^{-4}	3.37
二甲胺	$(CH_3)_2NH$		5.90×10^{-4}	3.23
二乙胺	$(C_2H_5)_2NH$		6.31×10^{-4}	3.2
苯胺	$C_6H_5NH_2$		3.98×10^{-10}	9.40
乙二胺	$H_2NCH_2CH_2NH_2$	$K_{b1}^{\ominus}$	8.32×10^{-5}	4.08
		$K_{b2}^{\ominus}$	7.10×10^{-8}	7.15
乙醇胺	$HOCH_2CH_2NH_2$		3.2×10^{-5}	4.50
三乙醇胺	$(HOCH_2CH_2)_3N$		5.8×10^{-7}	6.24
六次甲基四胺	$(CH_2)_6N_4$		1.35×10^{-9}	8.87
吡啶	C_5H_5N		1.80×10^{-9}	8.70

附录3　常见难溶电解质的溶度积(298.15 K,离子强度 $I=0$)

化学式	$K_{sp}^{\ominus}$	p$K_{sp}^{\ominus}$	化学式	$K_{sp}^{\ominus}$	p$K_{sp}^{\ominus}$
AgBr	5.35×10^{-13}	12.27	CaF_2	3.45×10^{-11}	10.46
Ag_2CO_3	8.46×10^{-12}	11.07	CdS	8.0×10^{-27}	26.10
AgCl	1.77×10^{-10}	9.75	$CoS(\alpha)$	4.0×10^{-21}	20.40
Ag_2CrO_4	1.12×10^{-12}	11.95	$CoS(\beta)$	2.0×10^{-25}	24.70
AgI	8.52×10^{-17}	16.07	$Cr(OH)_3$	6.3×10^{-31}	30.20
AgOH	2.0×10^{-8}	7.71	CuBr	6.27×10^{-9}	8.20
Ag_2S	6.3×10^{-50}	49.20	CuCl	1.72×10^{-7}	6.76
$Al(OH)_3$(无定形)	1.3×10^{-33}	32.89	CuI	1.27×10^{-12}	11.90
$BaCO_3$	2.58×10^{-9}	8.59	CuS	6.3×10^{-36}	35.20
BaC_2O_4	1.6×10^{-7}	6.79	Cu_2S	2.5×10^{-48}	47.60
$BaCrO_4$	1.17×10^{-10}	9.93	CuSCN	1.77×10^{-13}	12.75
$BaSO_4$	1.08×10^{-10}	9.97	$FeC_2O_4 \cdot 2H_2O$	3.2×10^{-7}	6.50
$CaCO_3$	3.36×10^{-9}	8.47	$Fe(OH)_2$	4.87×10^{-17}	16.31
$CaC_2O_4 \cdot H_2O$	2.32×10^{-9}	8.63	$Fe(OH)_3$	2.79×10^{-39}	38.55
FeS	6.3×10^{-18}	17.20	$PbCO_3$	7.40×10^{-14}	13.13
Hg_2Cl_2	1.43×10^{-18}	17.84	PbC_2O_4	4.8×10^{-10}	9.32
Hg_2I_2	5.2×10^{-29}	28.72	$PbCrO_4$	2.8×10^{-13}	12.55
HgS(红)	4.0×10^{-53}	52.40	PbF_2	3.3×10^{-8}	7.48
HgS(黑)	1.6×10^{-52}	51.80	PbI_2	9.8×10^{-9}	8.01
$MgCO_3$	6.82×10^{-6}	5.17	$Pb(OH)_2$	1.43×10^{-20}	19.84
$MgC_2O_4 \cdot 2H_2O$	4.83×10^{-6}	5.32	PbS	8.0×10^{-28}	27.10
MgF_2	5.16×10^{-11}	10.29	$PbSO_4$	2.53×10^{-8}	7.60
$MgNH_4PO_4$	2.5×10^{-13}	12.60	$SrCO_3$	5.60×10^{-10}	9.25
$Mg(OH)_2$	5.61×10^{-12}	11.25	$SrSO_4$	3.44×10^{-7}	6.46
$Mn(OH)_2$	1.9×10^{-13}	12.72	$Sn(OH)_2$	5.45×10^{-27}	26.26
MnS	2.5×10^{-13}	12.60	$Sn(OH)_4$	1.0×10^{-56}	56.00
$Ni(OH)_2$	5.48×10^{-16}	15.26	$Zn(OH)_2$(无定形)	3×10^{-17}	16.5
NiS (α)	3.2×10^{-19}	18.49	$ZnS(\alpha)$	1.6×10^{-24}	23.80
NiS (β)	1.0×10^{-24}	24.00	$ZnS(\beta)$	2.5×10^{-22}	21.60

附录 4 常见氧化还原电对的标准电极电势 $E^{\ominus}$

附录 4.1 在酸性溶液中

电对	电 极 反 应	$E^{\ominus}/V$
Li^+/Li	$Li^+ + e^- \rightleftharpoons Li$	-3.0401
Cs^+/Cs	$Cs^+ + e^- \rightleftharpoons Cs$	-3.026
K^+/K	$K^+ + e^- \rightleftharpoons K$	-2.931
Ba^{2+}/Ba	$Ba^{2+} + 2e^- \rightleftharpoons Ba$	-2.912
Ca^{2+}/Ca	$Ca^{2+} + 2e^- \rightleftharpoons Ca$	-2.868
Na^+/Na	$Na^+ + e^- \rightleftharpoons Na$	-2.71
Mg^{2+}/Mg	$Mg^{2+} + 2e^- \rightleftharpoons Mg$	-2.372
H_2/H^-	$1/2\ H_2 + e^- \rightleftharpoons H^-$	-2.23
Al^{3+}/Al	$Al^{3+} + 3e^- \rightleftharpoons Al$	-1.662
Mn^{2+}/Mn	$Mn^{2+} + 2e^- \rightleftharpoons Mn$	-1.185
Zn^{2+}/Zn	$Zn^{2+} + 2e^- \rightleftharpoons Zn$	-0.7618
Cr^{3+}/Cr	$Cr^{3+} + 3e^- \rightleftharpoons Cr$	-0.744
Ag_2S/Ag^-	$Ag_2S + 2e^- \rightleftharpoons 2Ag + S^{2-}$	-0.691
$CO_2/H_2C_2O_4$	$2CO_2 + 2H^+ + 2e^- \rightleftharpoons H_2C_2O_4$	-0.481
Fe^{2+}/Fe	$Fe^{2+} + 2e^- \rightleftharpoons Fe$	-0.447
Cr^{3+}/Cr^{2+}	$Cr^{3+} + e^- \rightleftharpoons Cr^{2+}$	-0.407
Cd^{2+}/Cd	$Cd^{2+} + 2e^- \rightleftharpoons Cd$	-0.4030
$PbSO_4/Pb$	$PbSO_4 + 2e^- \rightleftharpoons Pb + SO_4^{2-}$	-0.3588
Co^{2+}/Co	$Co^{2+} + 2e^- \rightleftharpoons Co$	-0.28
$PbCl_2/Pb$	$PbCl_2 + 2e^- \rightleftharpoons Pb + 2Cl^-$	-0.2675
Ni^{2+}/Ni	$Ni^{2+} + 2e^- \rightleftharpoons Ni$	-0.257
AgI/Ag	$AgI + e^- \rightleftharpoons Ag + I^-$	-0.15224
Sn^{2+}/Sn	$Sn^{2+} + 2e^- \rightleftharpoons Sn$	-0.1375
Pb^{2+}/Pb	$Pb^{2+} + 2e^- \rightleftharpoons Pb$	-0.1262
Fe^{3+}/Fe	$Fe^{3+} + 3e^- \rightleftharpoons Fe$	-0.037
$AgCN/Ag$	$AgCN + e^- \rightleftharpoons Ag + CN^-$	-0.017
H^+/H_2	$2H^+ + 2e^- \rightleftharpoons H_2$	0.0000
$AgBr/Ag$	$AgBr + e^- \rightleftharpoons Ag + Br^-$	0.07133
S/H_2S	$S + 2H^+ + 2e^- \rightleftharpoons H_2S(aq)$	0.142
Sn^{4+}/Sn^{2+}	$Sn^{4+} + 2e^- \rightleftharpoons Sn^{2+}$	0.151
Cu^{2+}/Cu^+	$Cu^{2+} + e^- \rightleftharpoons Cu^+$	0.153
$AgCl/Ag$	$AgCl + e^- \rightleftharpoons Ag + Cl^-$	0.22233
Hg_2Cl_2/Hg	$Hg_2Cl_2 + 2e^- \rightleftharpoons 2Hg + 2Cl^-$	0.26808
Cu^{2+}/Cu	$Cu^{2+} + 2e^- \rightleftharpoons Cu$	0.3419
$S_2O_3^{2-}/S$	$S_2O_3^{2-} + 6H^+ + 4e^- \rightleftharpoons 2S + 3H_2O$	0.5
Cu^+/Cu	$Cu^+ + e^- \rightleftharpoons Cu$	0.521
I_2/I^-	$I_2 + 2e^- \rightleftharpoons 2I^-$	0.5355
I_3^-/I^-	$I_3^- + 2e^- \rightleftharpoons 3I^-$	0.536
MnO_4^-/MnO_4^{2-}	$MnO_4^- + e^- \rightleftharpoons MnO_4^{2-}$	0.558
$H_3AsO_4/HAsO_2$	$H_3AsO_4 + 2H^+ + 2e^- \rightleftharpoons HAsO_2 + 2H_2O$	0.560

续表

电对	电极反应	$E^{\ominus}/V$
Ag_2SO_4/Ag	$Ag_2SO_4 + 2e^- \Longrightarrow 2Ag + SO_4^{2-}$	0.654
O_2/H_2O_2	$O_2 + 2H^+ + 2e^- \Longrightarrow H_2O_2$	0.695
Fe^{3+}/Fe^{2+}	$Fe^{3+} + e^- \Longrightarrow Fe^{2+}$	0.771
Hg_2^{2+}/Hg	$Hg_2^{2+} + 2e^- \Longrightarrow 2Hg$	0.797 3
Ag^+/Ag	$Ag^+ + e^- \Longrightarrow Ag$	0.799 6
NO_3^-/N_2O_4	$2NO_3^- + 4H^+ + 2e^- \Longrightarrow N_2O_4 + 2H_2O$	0.803
Hg^{2+}/Hg	$Hg^{2+} + 2e^- \Longrightarrow Hg$	0.851
Cu^{2+}/CuI	$Cu^{2+} + I^- + e^- \Longrightarrow CuI$	0.86
Hg^{2+}/Hg_2^{2+}	$2Hg^{2+} + 2e^- \Longrightarrow Hg_2^{2+}$	0.920
NO^{3-}/HNO_2	$NO_3^- + 3H^+ + 2e^- \Longrightarrow HNO_2 + H_2O$	0.934
NO^{3-}/NO	$NO_3^- + 4H^+ + 3e^- \Longrightarrow NO + 2H_2O$	0.957
HNO_2/NO	$HNO_2 + H^+ + e^- \Longrightarrow NO + H_2O$	0.983
$[AuCl_4]^-/Au$	$[AuCl_4]^- + 3e^- \Longrightarrow Au + 4Cl^-$	1.002
Br_2/Br^-	$Br_2(1) + 2e^- \Longrightarrow 2Br^-$	1.066
$Cu^{2+}/[Cu(CN)_2]^-$	$Cu^{2+} + 2CN^- + e^- \Longrightarrow [Cu(CN)_2]^-$	1.103
IO_3^-/HIO	$IO_3^- + 5H^+ + 4e^- \Longrightarrow HIO + 2H_2O$	1.14
IO_3^-/I_2	$2IO_3^- + 12H^+ + 10e^- \Longrightarrow I_2 + 6H_2O$	1.195
MnO_2/Mn^{2+}	$MnO_2 + 4H^+ + 2e^- \Longrightarrow Mn^{2+} + 2H_2O$	1.224
O_2/H_2O	$O_2 + 4H^+ + 4e^- \Longrightarrow 2H_2O$	1.229
$Cr_2O_7^{2-}/Cr^{3+}$	$Cr_2O_7^{2-} + 14H^+ + 6e^- \Longrightarrow 2Cr^{3+} + 7H_2O$	1.232
Cl_2/Cl^-	$Cl_2(g) + 2e^- \Longrightarrow 2Cl^-$	1.358 27
ClO_4^-/Cl_2	$2ClO_4^- + 16H^+ + 14e^- \Longrightarrow Cl_2 + 8H_2O$	1.39
ClO_3^-/Cl^-	$ClO_3^- + 6H^+ + 6e^- \Longrightarrow Cl^- + 3H_2O$	1.451
PbO_2/Pb^{2+}	$PbO_2 + 4H^+ + 2e^- \Longrightarrow Pb^{2+} + 2H_2O$	1.455
ClO_3^-/Cl_2	$ClO_3^- + 6H^+ + 5e^- \Longrightarrow 1/2Cl_2 + 3H_2O$	1.47
BrO_3^-/Br_2	$2BrO_3^- + 12H^+ + 10e^- \Longrightarrow Br_2 + 6H_2O$	1.482
$HClO/Cl^-$	$HClO + H^+ + 2e^- \Longrightarrow Cl^- + H_2O$	1.482
Au^{3+}/Au	$Au^{3+} + 3e^- \Longrightarrow Au$	1.498
MnO_4^-/Mn^{2+}	$MnO_4^- + 8H^+ + 5e^- \Longrightarrow Mn^{2+} + 4H_2O$	1.507
Mn^{3+}/Mn^{2+}	$Mn^{3+} + e^- \Longrightarrow Mn^{2+}$	1.5415
$HBrO/Br_2$	$2HBrO + 2H^+ + 2e^- \Longrightarrow Br_2 + 2H_2O$	1.596
H_5IO_6/IO_3^-	$H_5IO_6 + H^+ + 2e^- \Longrightarrow IO_3^- + 3H_2O$	1.601
$HClO/Cl_2$	$2HClO + 2H^+ + 2e^- \Longrightarrow Cl_2 + 2H_2O$	1.611
$HClO_2/HClO$	$HClO_2 + 2H^+ + 2e^- \Longrightarrow HClO + H_2O$	1.645
MnO_4^-/MnO_2	$MnO_4^- + 4H^+ + 3e^- \Longrightarrow MnO_2 + 2H_2O$	1.679
$PbO_2/PbSO_4$	$PbO_2 + SO_4^{2-} + 4H^+ + 2e^- \Longrightarrow PbSO_4 + 2H_2O$	1.691 3
H_2O_2/H_2O	$H_2O_2 + 2H^+ + 2e^- \Longrightarrow 2H_2O$	1.776
Co^{3+}/Co^{2+}	$Co^{3+} + e^- \Longrightarrow Co^{2+}$	1.92
$S_2O_8^{2-}/SO_4^{2-}$	$S_2O_8^{2-} + 2e^- \Longrightarrow 2SO_4^{2-}$	2.010
O_3/O_2	$O_3 + 2H^+ + 2e^- \Longrightarrow O_2 + H_2O$	2.076
F_2/F^-	$F_2 + 2e^- \Longrightarrow 2F^-$	2.866
F_2/HF	$F_2(g) + 2H^+ + 2e^- \Longrightarrow 2HF$	3.503

附录 4.2　在碱性溶液中

电对	电极反应	$E^{\ominus}/V$
$Mn(OH)_2/Mn$	$Mn(OH)_2 + 2e^- \rightleftharpoons Mn + 2OH^-$	-1.56
$[Zn(CN)_4]^{2-}/Zn$	$[Zn(CN)_4]^{2-} + 2e^- \rightleftharpoons Zn + 4CN^-$	-1.34
ZnO_2^{2-}/Zn	$ZnO_2^{2-} + 2H_2O + 2e^- \rightleftharpoons Zn + 4OH^-$	-1.215
$[Sn(OH)_6]^{2-}/HSnO_2^-$	$[Sn(OH)_6]^{2-} + 2e^- \rightleftharpoons HSnO_2^- + 3OH^- + H_2O$	-0.93
SO_4^{2-}/SO_3^{2-}	$SO_4^{2-} + H_2O + 2e^- \rightleftharpoons SO_3^{2-} + 2OH^-$	-0.93
$HSnO_2^-/Sn$	$HSnO_2^- + H_2O + 2e^- \rightleftharpoons Sn + 3OH^-$	-0.909
H_2O/H_2	$2H_2O + 2e^- \rightleftharpoons H_2 + 2OH^-$	-0.8277
$Ni(OH)_2/Ni$	$Ni(OH)_2 + 2e^- \rightleftharpoons Ni + 2OH^-$	-0.72
AsO_4^{3-}/AsO_2^-	$AsO_4^{3-} + 2H_2O + 2e^- \rightleftharpoons AsO_2^- + 4OH^-$	-0.71
SO_3^{2-}/S	$SO_3^{2-} + 3H_2O + 4e^- \rightleftharpoons S + 6OH^-$	-0.59
$SO_3^{2-}/S_2O_3^{2-}$	$2SO_3^{2-} + 3H_2O + 4e^- \rightleftharpoons S_2O_3^{2-} + 6OH^-$	-0.571
S/S^{2-}	$S + 2e^- \rightleftharpoons S^{2-}$	-0.47627
$[Ag(CN)_2]^-/Ag$	$[Ag(CN)_2]^- + e^- \rightleftharpoons Ag + 2CN^-$	-0.31
CrO_4^{2-}/CrO_2^-	$CrO_4^{2-} + 4H_2O + 3e^- \rightleftharpoons Cr(OH)_4^- + 4OH^-$	-0.13
O_2/HO_2^-	$O_2 + H_2O + 2e^- \rightleftharpoons HO_2^- + OH^-$	-0.076
NO_3^-/NO_2^-	$NO_3^- + H_2O + 2e^- \rightleftharpoons NO_2^- + 2OH^-$	0.01
$S_4O_6^{2-}/S_2O_3^{2-}$	$S_4O_6^{2-} + 2e^- \rightleftharpoons 2S_2O_3^{2-}$	0.08
$[Co(NH_3)_6]^{3+}/[Co(NH_3)_6]^{2+}$	$[Co(NH_3)_6]^{3+} + e^- \rightleftharpoons [Co(NH_3)_6]^{2+}$	0.108
MnO_2/Mn^{2+}	$Mn(OH)_3 + e^- \rightleftharpoons Mn(OH)_2 + OH^-$	0.15
$Cr_2O_7^{2-}/Cr^{3+}$	$Co(OH)_3 + e^- \rightleftharpoons Co(OH)_2 + OH^-$	0.17
Ag_2O/Ag	$Ag_2O + H_2O + 2e^- \rightleftharpoons 2Ag + 2OH^-$	0.342
O_2/OH^-	$O_2 + 2H_2O + 4e^- \rightleftharpoons 4OH^-$	0.401
MnO_4^-/MnO_2	$MnO_4^- + 2H_2O + 3e^- \rightleftharpoons MnO_2 + 4OH^-$	0.595
BrO_3^-/Br^-	$BrO_3^- + 3H_2O + 6e^- \rightleftharpoons Br^- + 6OH^-$	0.61
BrO^-/Br^-	$BrO^- + H_2O + 2e^- \rightleftharpoons Br^- + 2OH^-$	0.761
ClO^-/Cl^-	$ClO^- + H_2O + 2e^- \rightleftharpoons Cl^- + 2OH^-$	0.81
H_2O_2/OH^-	$H_2O_2 + 2e^- \rightleftharpoons 2OH^-$	0.88
O_3/OH^-	$O_3 + H_2O + 2e^- \rightleftharpoons O_2 + 2OH^-$	1.24

附录 5　一些氧化还原电对的条件电极电势 $E^{\ominus}$

电极反应	$E^{\ominus}/V$	介质
$Ag(II) + e^- \rightleftharpoons Ag^+$	1.927	$4\ mol \cdot L^{-1} HNO_3$
$Ce(IV) + e^- \rightleftharpoons Ce(III)$	1.70	$1\ mol \cdot L^{-1} HClO_4$
	1.61	$1\ mol \cdot L^{-1} HNO_3$
	1.44	$0.5\ mol \cdot L^{-1} H_2SO_4$
	1.28	$1\ mol \cdot L^{-1} HCl$
$[Co(en)_3]^{3+} + e^- \rightleftharpoons [Co(en)_3]^{2+}$	-0.20	$0.1\ mol \cdot L^{-1} KNO_3 + 0.1\ mol \cdot L^{-1} en$
$Cr_2O_7^{2-} + 14H^+ + 6e^- \rightleftharpoons 2Cr^{3+} + 7H_2O$	1.000	$1\ mol \cdot L^{-1} HCl$
	1.030	$1\ mol \cdot L^{-1} HClO_4$
	1.080	$3\ mol \cdot L^{-1} HCl$
	1.050	$2\ mol \cdot L^{-1} HCl$

续表

电极反应	$E^{\ominus}/V$	介质
$CrO_4^{2-} + 2H_2O + 3e^- \Longrightarrow CrO_2^- + 4OH^-$	1.150	$4\ mol \cdot L^{-1} H_2SO_4$
	-0.120	$1\ mol \cdot L^{-1} NaOH$
$Fe(\text{III}) + e^- \Longrightarrow Fe(\text{II})$	0.750	$1\ mol \cdot L^{-1} HClO_4$
	0.670	$0.5\ mol \cdot L^{-1} H_2SO_4$
	0.700	$1\ mol \cdot L^{-1} HCl$
	0.460	$2\ mol \cdot L^{-1} H_3PO_4$
$H_3AsO_4 + 2H^+ + 2e^- \Longrightarrow H_3AsO_3 + H_2O$	0.557	$1\ mol \cdot L^{-1} HCl$
$H_2SO_3 + 4H^+ + 4e^- \Longrightarrow S + 3H_2O$	0.557	$1\ mol \cdot L^{-1} HClO_4$
$Fe(EDTA)^- + e^- \Longrightarrow Fe(EDTA)^{2-}$	0.120	$0.1\ mol \cdot L^{-1} EDTA (pH = 4 \sim 6)$
$[Fe(CN)_6]^{3-} + e^- \Longrightarrow [Fe(CN)_6]^{4-}$	0.480	$0.01\ mol \cdot L^{-1} HCl$
	0.560	$0.1\ mol \cdot L^{-1} HCl$
	0.720	$1\ mol \cdot L^{-1} HClO_4$
$I_2(水) + 2e^- \Longrightarrow 2I^-$	0.627 6	$1\ mol \cdot L^{-1} H^+$
$MnO_4^- + 8H^+ + 5e^- \Longrightarrow Mn^{2+} + 4H_2O$	1.450	$1\ mol \cdot L^{-1} HClO_4$
	1.27	$8\ mol \cdot L^{-1} H_3PO_4$
$[SnCl_6]^{2-} + 2e^- \Longrightarrow [SnCl_4]^{2-} + 2Cl^-$	0.140	$1\ mol \cdot L^{-1} HCl$
$Sn^{2+} + 2e^- \Longrightarrow Sn$	-0.160	$1\ mol \cdot L^{-1} HClO_4$
$Sb(\text{V}) + 2e^- \Longrightarrow Sb(\text{III})$	0.750	$3.5\ mol \cdot L^{-1} HCl$
$[Sb(OH)_6]^- + 2e^- \Longrightarrow SbO_2^- + 2OH^- + 2H_2O$	-0.428	$3\ mol \cdot L^{-1} NaOH$
$SbO_2^- + 2H_2O + 3e^- \Longrightarrow Sb + 4OH^-$	-0.675	$10\ mol \cdot L^{-1} KOH$
$Ti(\text{IV}) + e^- \Longrightarrow Ti(\text{III})$	-0.010	$0.2\ mol \cdot L^{-1} H_2SO_4$
	0.120	$2\ mol \cdot L^{-1} H_2SO_4$
	-0.040	$1\ mol \cdot L^{-1} HCl$
$Pb(\text{II}) + 2e^- \Longrightarrow Pb$	-0.320	$1\ mol \cdot L^{-1} NaAc$
	-0.140	$1\ mol \cdot L^{-1} HClO_4$

附录6　常见配离子的稳定常数

配位体	金属离子	n	$lg\beta_n$
NH_3	Ag^+	1,2	3.24, 7..05
	Cu^{2+}	$1,\cdots,4$	4.31, 7.98, 11.02, 13.32
	Ni^{2+}	$1,\cdots,6$	2.80, 5.04, 6.77, 7.96, 8.71, 8.74
	Zn^{2+}	$1,\cdots,4$	2.37, 4.81, 7.31, 9.46
F^-	Al^{3+}	$1,\cdots,6$	6.10, 11.15, 15.00, 17.75, 19.37, 19.84
	Fe^{3+}	1,2,3	5.28, 9.30, 12.06
Cl^-	Hg^{2+}	$1,\cdots,4$	6.74, 13.22, 14.07, 15.07
CN^-	Ag^+	2,3,4	21.1, 21.7, 20.6
	Fe^{2+}	6	35
	Fe^{3+}	6	42

续表

配位体	金属离子	n	$\lg\beta_n$
	Ni^{2+}	4	31.3
	Zn^{2+}	4	16.7
$S_2O_3^{2-}$	Ag^+	1,2	8.82, 13.46
	Hg^{2+}	2,3,4	29.44, 31.90, 33.24
OH^-	Al^{3+}	1,4	9.27, 33.03
	Bi^{3+}	1,2,4	12.7, 15.8, 35.2
	Cd^{2+}	1,…,4	4.17, 8.33, 9.02, 8.62
	Cu^{2+}	1,…,4	7.0, 13.68, 17.00, 18.5
	Fe^{2+}	1,…,4	5.56, 9.77, 9.67, 8.58
	Fe^{3+}	1,2,3	11.87, 21.17, 29.67
	Hg^{2+}	1,2,3	10.6, 21.8, 20.9
	Mg^{2+}	1	2.58
	Ni^{2+}	1,2,3	4.97, 8.55, 11.33
	Pb^{2+}	1,2,3,6	7.82, 10.85, 14.58, 61.0
	Sn^{2+}	1,2,3	10.60, 20.93, 25.38
	Zn^{2+}	1,…,4	4.40, 11.30, 14.14, 17.66
EDTA	Ag^+	1	7.32
	Al^{3+}	1	16.11
	Ba^{2+}	1	7.78
	Bi^{3+}	1	22.8
	Ca^{2+}	1	11.0
	Cd^{2+}	1	16.4
	Co^{2+}	1	16.31
	Co^{3+}	1	36.00
EDTA	Cr^{3+}	1	23
	Cu^{2+}	1	18.70
	Fe^{2+}	1	14.33
	Fe^{3+}	1	24.23
	Hg^{2+}	1	21.80
	Mg^{2+}	1	8.64
	Mn^{2+}	1	13.8
	Ni^{2+}	1	18.56
	Pb^{2+}	1	18.3
	Sn^{2+}	1	22.1
	Zn^{2+}	1	16.4

注:表中数据为 20～25 ℃、$I=0$ 的条件下获得。

附录7　相对分子质量

AgBr	187.772	H_2O	18.015	SO_3	80.064
AgCl	143.321	H_2O_2	34.015	SO_2	64.065
AgCN	133.886	H_3PO_4	97.995	$SbCl_3$	228.118
AgSCN	165.952	H_2S	34.082	$SbCl_5$	299.024
Ag_2CrO_4	331.730	H_2SO_3	82.080	CaF_2	78.075
AgI	234.772	H_2SO_4	98.080	$Ca(NO_3)_2$	164.087
$AgNO_3$	169.873	$Hg(CN)_2$	252.63	$Ca(OH)_2$	74.093
$AlCl_3$	133.340	$HgCl_2$	271.50	$Ca_3(PO_4)_2$	310.177
Al_2O_3	101.961	Hg_2Cl_2	472.09	$CaSO_4$	136.142
$Al(OH)_3$	78.004	HgI_2	454.40	$CdCO_3$	172.420
$Al_2(SO_4)_3$	342.154	$Hg_2(NO_3)_2$	525.19	$CdCl_2$	183.316
As_2O_3	197.841	$Hg(NO_3)_2$	324.60	CdS	144.477
As_2O_5	229.840	HgO	216.59	$Ce(SO_4)_2$	332.24
As_2S_3	246.041	HgS	232.66	CH_3COOH	60.05
$BaCO_3$	197.336	$HgSO_4$	296.65	CH_3OH	32.04
BaC_2O_4	225.347	Hg_2SO_4	497.24	CH_3COCH_3	58.08
$BaCl_2$	208.232	$KAl(SO_4)_2 \cdot 12H_2O$	474.391	C_6H_5COOH	122.12
$BaCrO_4$	253.321	$KB(C_6H_5)_4$	358.332	C_6H_5COONa	144.11
BaO	153.326	KBr	119.002	$C_6H_4COOHCOOK$	204.22
$Ba(OH)_2$	171.342	$KBrO_3$	167.000	CH_3COONH_4	77.08
$BaSO_4$	233.391	KCl	74.551	CH_3COONa	82.03
$BiCl_3$	315.338	$KClO_3$	122.549	C_6H_5OH	94.11
BiOCl	260.432	$KClO_4$	138.549	$(C_9H_7N)_3H_3PO_4 \cdot 12MoO_3$	
CO_2	44.010	KCN	65.116		2 212.74
CaO	56.077	KSCN	97.182	（磷钼酸喹啉）	
$CaCO_3$	100.087	K_2CO_3	138.206	$COOHCH_2COOH$	104.06
CaC_2O_4	128.098	K_2CrO_4	194.191	$COOHCH_2COONa$	126.04
$CaCl_2$	110.983	$K_2Cr_2O_7$	294.185	CCl_4	153.82
HCOOH	46.03	$K_3Fe(CN)_6$	329.246	$CoCl_2$	129.838
H_2CO_3	62.0251	$K_4Fe(CN)_6$	368.347	$Co(NO_3)_2$	182.942
$H_2C_2O_4$	90.04	$KHC_2O_4 \cdot H_2O$	146.141	CoS	91.00
$H_2C_2O_4 \cdot 2H_2O$	126.066 5	$Pb(CH_3COO)_2 \cdot 3H_2O$	427.3	$CoSO_4$	154.997
$H_2C_4H_4O_6$（酒石酸）	150.09	PbI_2	461.0	$CO(NH_2)_2$	60.06
HCl	36.461	$Pb(NO_3)_2$	331.2	$KHC_2O_4 \cdot H_2C_2O_4 \cdot 2H_2O$	
$HClO_4$	100.459	PbO	223.2		254.20
HF	20.006	PbO_2	239.2	$KHC_4H_4O_6$	188.178
HI	127.912	Pb_3O_4	685.6	$KHSO_4$	136.170
HIO_3	175.910	$Pb_3(PO_4)_2$	811.5	KI	166.003
HNO_3	63.013	PbS	239.3	KIO_3	214.001
HNO_2	47.014	$PbSO_4$	303.3	$KIO_3 \cdot HIO_3$	389.91

$KMnO_4$	158.034	$SnCO_3$	178.82	Na_3AsO_3	191.89
$KNaC_4H_4O_6 \cdot 4H_2O$	282.221	$SnCl_2$	189.615	$Na_2B_4O_7$	201.220
KNO_3	101.103	$SnCl_4$	260.521	$Na_2B_4O_7 \cdot 10H_2O$	381.373
KNO_2	85.104	SnO_2	150.709	$NaBiO_3$	279.968
K_2O	94.196	SnS	150.776	$NaBr$	102.894
KOH	56.105	$SrCO_3$	147.63	$NaCN$	49.008
K_2SO_4	174.261	SrC_2O_4	175.64	$NaSCN$	81.074
$MgCO_3$	84.314	$SrCrO_4$	203.61	$Na_2CO_3 \cdot 10H_2O$	286.142
$MgCl_2$	95.210	$Sr(NO_3)_2$	211.63	$Na_2C_2O_4$	134.000
$MgC_2O_4 \cdot 2H_2O$	148.355	$SrSO_4$	183.68	$NaCl$	58.443
$Mg(NO_3)_2 \cdot 6H_2O$	256.406	$CrCl_3$	158.354	$NaClO$	74.442
$MgNH_4PO_4$	137.82	$Cr(NO_3)_3$	238.011	NaI	149.894
MgO	40.304	Cr_2O_3	151.990	NaF	41.988
$Mg(OH)_2$	58.320	$CuCl$	98.999	$NaHCO_3$	84.007
$Mg_2P_2O_7 \cdot 3H_2O$	276.600	$CuCl_2$	134.451	Na_2HPO_4	141.959
$MgSO_4 \cdot 7H_2O$	246.475	$CuSCN$	121.630	NaH_2PO_4	119.997
$MnCO_3$	114.947	CuI	190.450	$Na_2H_2Y \cdot 2H_2O$	372.240
$MnCl_2 \cdot 4H_2O$	197.905	$Cu(NO_3)_2$	187.555	$NaNO_2$	68.996
$Mn(NO_3)_2 \cdot 6H_2O$	287.040	CuO	79.545	$NaNO_3$	84.995
MnO	70.937	Cu_2O	143.091	Na_2O	61.979
MnO_2	86.937	CuS	95.612	Na_2O_2	77.979
MnS	87.004	$CuSO_4$	159.610	$NaOH$	39.997
$MnSO_4$	151.002	$FeCl_2$	126.750	Na_3PO_4	163.94
NO	30.006	$FeCl_3$	162.203	Na_2S	78.046
NO_2	46.006	$Fe(NO_3)_3$	241.862	Na_2SiF_6	188.056
NH_3	17.031	FeO	71.844	Na_2SO_3	126.044
$NH_3 \cdot H_2O$	35.046	Fe_2O_3	159.688	$Na_2S_2O_3$	158.11
NH_4Cl	53.492	Fe_3O_4	231.533	Na_2SO_4	142.044
$(NH_4)_2CO_3$	96.086	$Fe(OH)_3$	106.867	$NiC_8H_{14}O_4N_4$	288.92
$(NH_4)_2C_2O_4$	124.10	FeS	87.911	（丁二酮肟合镍）	
$NH_4Fe(SO_4)_2 \cdot 12H_2O$	482.194	Fe_2S_3	207.87	$NiCl_2 \cdot 6H_2O$	237.689
$(NH_4)_3PO_4 \cdot 12MoO_3$	1876.35	$FeSO_4$	151.909	NiO	74.692
NH_4SCN	76.122	$Fe_2(SO_4)_3$	399.881	$Ni(NO_3)_2 \cdot 6H_2O$	290.794
$(NH_4)_2HCO_3$	79.056	H_3AsO_3	125.944	NiS	90.759
$(NH_4)_2MoO_4$	196.04	H_3AsO_4	141.944	$NiSO_4 \cdot 7H_2O$	280.863
NH_4NO_3	80.043	H_3BO_3	61.833	P_2O_5	141.945
$(NH_4)_2HPO_4$	132.055	HBr	80.912	$PbCO_3$	267.2
Sb_2O_3	291.518	HCN	27.026	PbC_2O_4	295.2
Sb_2S_3	339.718	$(NH_4)_2S$	68.143	$PbCl_2$	278.1
SiO_2	60.085	$(NH_4)_2SO_4$	132.141	$PbCrO_4$	323.2

$Pb(CH_3COO)_2$	325.3	$ZnC_2O_4 \cdot 2H_2O$	189.44	$Zn_2P_2O_7$	304.72
TiO_2	79.866	$ZnCl_2$	136.29	ZnO	81.39
$UO_2(CH_3COO)_2 \cdot 2H_2O$	422.13	$Zn(CH_3COO)_2$	183.48	ZnS	97.46
WO_3	231.84	$Zn(NO_3)_2$	189.40	$ZnSO_4$	161.45
$ZnCO_3$	125.40				

参 考 文 献

[1] 史启祯. 无机化学与化学分析[M]. 北京:高等教育出版社,2001.

[2] 薛　华,李隆弟,郁鉴源. 分析化学[M]. 第2版. 北京:清华大学出版社,2000.

[3] 倪静安,商少明,翟滨编. 无机及分析化学教程[M]. 第2版. 北京:化学工业出版社,2005.

[4] 林俊杰. 无机化学[M]. 第2版. 北京:化学工业出版社,2007.

[5] 于世林,苗凤琴. 分析化学[M]. 第2版. 北京:化学工业出版社,2007.

[6] 杨宏孝. 无机化学简明教程[M]. 天津:天津大学出版社,1997.

[7] 华东理工大学分析化学教研组,成都科学技术大学分析化学教研组. 分析化学 [M]. 北京:
   高等教育出版社,1995.

[8] 南京大学. 无机及分析化学[M]. 第3版. 北京:高等教育出版社,1998.

[9] 武汉大学. 分析化学[M]. 第4版. 北京:高等教育出版社,1998.

[10] 武汉大学,吉林大学. 无机化学[M]. 第2版. 北京:高等教育出版社,1993.

[11] 天津大学无机化学教研室. 无机化学[M]. 第2版. 北京:化学工业出版社,1992.

[12] 杭州大学化学系分析化学教研室. 分析化学手册[M]. 北京:化学工业出版社,1979.

[13] 马卫兴,许瑞波,孙吉佑. 药物分析中的显色反应[J]. 时珍国医国药,2008(02).